国家出版基金项目

教育部文科重点研究基地重大项目

叶朗 主编　朱良志 副主编

中国美学通史

HISTORY

OF

CHINESE

AESTHETICS

明代卷

肖鹰 著

江苏人民出版社

图书在版编目(CIP)数据

中国美学通史.明代卷/叶朗主编;肖鹰著.--
南京:江苏人民出版社,2021.3
 ISBN 978-7-214-23588-6

Ⅰ.①中… Ⅱ.①叶…②肖… Ⅲ.①美学史-中国
-明代 Ⅳ.①B83-092

中国版本图书馆 CIP 数据核字(2020)第 036311 号

中国美学通史

叶 朗 主编 朱良志 副主编
第六卷 明代卷
肖 鹰 著

项目策划	王保顶	
项目统筹	胡海弘	
责任编辑	张惠玲	
装帧设计	周伟伟	
出版发行	江苏人民出版社	
地 址	南京市湖南路 1 号 A 楼,邮编:210009	
网 址	http://www.jspph.com	
照 排	江苏凤凰制版有限公司	
印 刷	苏州市越洋印刷有限公司	
开 本	652 毫米×960 毫米 1/16	
印 张	214.75 插页 32	
字 数	2 980 千字	
版 次	2021 年 3 月第 2 版	
印 次	2021 年 3 月第 1 次印刷	
标准书号	ISBN 978-7-214-23588-6	
总 定 价	880.00 元(全八册)	

江苏人民出版社图书凡印装错误可向承印厂调换

总　序

一

　　中国历史上有极为丰富的美学理论遗产。继承这份遗产，对于我国当代的美学学科建设，对于我国当代的审美教育和审美实践，对于 21 世纪中华文化的伟大复兴，有着重要的意义。近代以来，梁启超、王国维、蔡元培、朱光潜、宗白华等前辈学者对这份美学理论遗产进行了整理和研究，取得了重要的成果。20 世纪 80 年代以来，学术界开始尝试对中国美学的发展历史进行系统的研究，出版了一批中国美学史的著作。我们试图在前辈学者和学术界已有研究成果的基础上，写出一部更具整体性和系统性的中国美学通史，力求勾勒出中国美学思想发展的内在脉络，呈现中国美学的基本精神、理论魅力和总体风貌。

二

　　我们在《中国美学通史》的写作中注意以下几点：

　　一、《中国美学通史》是关于中国历史上美学思想的发展史。美学是对审美活动的理论性思考，是表现为理论形态的审美意识，所以这部美学通史不同于审美文化史、审美风尚史等著作。

二、中国美学史的发展,在一定程度上体现为美的核心范畴和命题的发展史。一个时代美学的核心范畴和命题的形成和发展,反映那个时代美学的基本精神和总体风貌。这部通史重视研究各个时期的重要美学概念、范畴和命题,力求通过这样的研究勾勒出一个理论形态的中国美学发展的历史。

三、这部通史注意在历史发展过程中把握中国美学的内在逻辑线索,不同于孤立地介绍单个的美学家和单本的美学著作。

四、中国美学的一个重要特点是它不限于少数学者在书斋中做纯学术的研究,而是与人生紧密结合,与各个门类的艺术实践紧密结合,它渗透到整个民族精神的深处。因此,我们这部通史既注意在哲学、宗教等相关著作中发现有价值的思想,又注意发掘艺术理论、艺术批评中所蕴涵的丰富的美学思想,同时还注意到各个时代的社会生活中寻找美学理论与现实人生相互联结的各种材料,以更深一层地显示美学理论的时代特色。

五、这部通史注意新材料的发现,同时力求以研究者独特的眼光去发现和照亮历史材料中的新的意蕴。这部通史的写作还力求体现我们这个时代的时代精神。这部通史从上古时期的商代开始一直写到1949年,反映中国美学从上古时代到近现代的全幅波动,但并不意味着把它写成过往时代历史材料的堆积,我们力求使这部通史反映当代的理论关注点,反映当代的美学理论的追求,从而在某种程度上使它成为一部闪耀着当代光芒的美学史。

三

这部《中国美学通史》是由教育部文科重点研究基地北京大学美学与美育研究中心组织编写的。由叶朗任主编,朱良志任副主编。全书由江苏人民出版社出版。

这部美学通史共有八卷,分别是先秦卷、汉代卷、魏晋南北朝卷、隋唐五代卷、宋金元卷、明代卷、清代卷、现代卷。

　　这部书的著者以北京大学的学者为主,同时邀请了国内其他高校的一批有成就的中青年学者参加。本书从 2007 年启动,前后经过六年多时间。全书初稿完成后,又组织几位学者进行统稿。参加统稿的学者为:叶朗、朱良志、彭锋、肖鹰。统稿时对各卷文稿作了若干修改,其中对个别卷作了较大的修改。

　　这部美学通史被列入教育部文科基地重大项目,并获得国家出版基金资助,我们对此表示深深的谢意。本书编写过程中得到北京大学相关部门的帮助,很多学者参加过本书从提纲到初稿的讨论,在此一并表示谢意。

　　由于多方面的原因,全书还存在着很多缺点,敬请读者提出批评意见。

目　录

1

导　言

一

朱明王朝,1368 年立国,1644 年覆灭,统治中国 276 年。在明朝灭亡 50 年后出生的法国哲学家伏尔泰(1694—1778)用诗人哲学家的想象,将明朝描述为一个皇帝神圣、法制严明、社会富裕、文化优越的东方帝国。① 对于伏尔泰所赞美的明代中国"法制社会",亲历了明朝各级官吏的掳略、压榨、讹诈的利玛窦神父,感受的却是另一番景象——"大臣们作威作福到这种地步,以致简直没有一个人可以说自己的财产是安全的,人人都整天提心吊胆,唯恐受到诬告而被剥夺他所有的一切。"②

对于明代文人,农民造反出身的洪武皇帝朱元璋,开国就为他们营造了肃杀恐怖的政治境遇。建国之际,百废待举,尤其亟需文士从政,朝廷派员四处搜罗隐逸文人。或者因为忠于元朝,或者慑于明祖的戾政,明初文人多不愿出仕。朱元璋对文人采取的政策是暴力征官,专门设置了新的罪行"寰中士夫不为君用之科",而对此"罪行"的处罚是"被征不

① ［法］伏尔泰:《风俗论》下卷,谢戊申等译,第 461 页,北京:商务印书馆,1997 年。
② ［意］利玛窦,［比］金尼阁:《利玛窦中国札记》,何高济等译,第 94—95 页,北京:中华书局,2010 年。

至皆诛而籍其家"①（处死当事人及其全体家人）。然而,屈服而入仕的文人,也难免于难——"武臣被戮者固不具论,即文人学士,一授官职亦罕有善终者"②。

宋濂（1310—1381）、刘基（1311—1375）和高启（1336—1373）并称"明初诗文三大家"。诗人高启因辞官归隐被腰斩。宋濂撰有《朱元璋奉天讨元北伐檄文》,曾被朱元璋誉为"开国文臣之首",官拜太子师傅,但他因长孙宋慎牵连胡惟庸（？—1380）党案而被流放茂州,途中病死于夔州。刘基是辅佐朱元璋灭元建明的主要谋士,被朱元璋授"开国翊运守正文臣"称号。朱元璋欲借刘基之手灭除开国丞相李善长,刘不从,辞官归乡,后刘忧惧成疾,朱元璋派丞相胡惟庸带御医为刘诊病,刘服御医用药不久即亡,时为洪武八年,公元1375年。

关于刘基之死,明史记载:"刘基亦尝言其（胡惟庸）短,久之基病。帝遣惟庸挟医视,遂以毒中之,基死,益无所忌。"③明代程敏政《明文衡》记载得更清楚:

> 洪武八年正月,胡丞相以医来视疾,饮其药二服,有物积腹中如卷石。公遂白于上（朱元璋）,上亦未之省也。自是疾遂笃,三月上以,公久不出,遣使问之知,其不能起也。特御制为文一通,遣使驰驿送公还乡里,居家一月而薨。④

朱元璋曾就胡惟庸是否适宜做宰相征询刘基意见,刘基不看好胡氏,回答说"譬之驾,惧其偾辕也"——指胡氏不可为相,否则必成祸国者。胡惟庸在刘基辞官归乡后曾操纵以"洋地有王气,基图为墓"罪名向上弹劾刘基,所得结果是"帝虽不罪基,然颇为所动,遂夺基禄。基惧,入谢,乃留京,不敢归"⑤。朱元璋自然深知刘胡仇嫌,他派胡氏带医为刘氏看

---

① ［清］嵇璜:《续通典》卷一二〇,清文渊阁四库全书本。
② ［清］赵翼:《廿二史札记》卷三二,清嘉庆五年湛贻堂刻本。
③⑤ ［清］张廷玉《明史》卷一二八列传第一六,清乾隆武英殿刻本。
④ ［明］程敏政:《明文衡》皇明文衡卷之六二,四部丛刊景明本。

病,刘氏禀告服药异情又不及时着令查办,其借胡灭刘之意是非常明显的。刘基死后,胡惟庸以"逆谋"案发,毒害刘基之罪就完全推到胡氏头上——"中丞涂节首惟庸逆谋,并谓其毒基致死"①。

宋濂、刘基以开国元勋之贵,命运尚且如此颠覆,更无论其他寒士安危无度了。对于明初文人,更为不堪的是,出身贫寒,早年曾为僧,并以流寇起家的洪武皇帝朱元璋,心胸极端狭隘奸疑,正与其"洪武"帝号相反讽。"明祖通文义固属天纵,然其初学问未深,往往以文字疑误杀人,亦已不少。"②朱元璋虽然已享九五之尊,但恐惧臣民对他的贫寒、流寇身世的记忆,因此血腥禁绝一切可以使人记忆和联想他到的"不良"身世、经历的文字,不仅"僧"、"贼"等字不能用,同音、谐音字和近义字也不能用,涉嫌即遭诛。清人赵翼《明初文字之祸》一文记载,明初多地府学训导上表为朱元璋贺寿,因为表中用了"则"字,全被诛杀。摘录其中两例:

> 杭州教授徐一夔《贺表》有"光天之下天生圣人,为世作则"等语。帝览之大怒,曰:"生者,僧也,以我尝为僧也。光则剃发也。则字音近贼也。"遂斩之。礼臣大惧,因请降表式。帝乃自为文播天下。又僧来复谢恩诗,有"殊域"及"自惭无德颂陶唐"之句。帝曰:"汝用殊字,是谓我歹朱也。"又言"无德颂陶唐,是谓我无德,虽欲以陶唐颂我,而不能也。"遂斩之。③

这种令人匪夷所思的联想和草菅人命的治罪,恐怕是举世无二的。在此我们回顾伏尔泰所说,"如果说曾经有过一个国家,在那里人们的生命、名誉、财产受到法律保护,那就是中华帝国……尽管有时君主可以滥用职权加害于他所熟悉的少数人,但他无法滥用职权加害所他所不认识的、在法律保护下的大多数百姓"④,就只能将这样的说法视作对朱元璋及其明朝帝国的绝妙讽刺了。

---

① [清]张廷玉《明史》卷一二八列传第一六。
②③ [清]赵翼:《廿二史札记》卷三二。
④ [法]伏尔泰:《风俗论》下卷,第461页。

二

朱元璋的重典整肃,在为明王朝建立极端的中央集权体制的同时,为明代文人构筑的是一个峻法禁言的"天下"。在这个"天下",文人们出仕,没有唐代白居易、宋代苏东坡那样的升贬沉浮的进退空间;他们致仕,没有元代黄公望、倪瓒在山水间隐逸的自由。在进退维谷之中,他们培养锻炼出来的是谨慎保守的作风和内敛自省的人格。黄仁宇认为晚明是"一个停滞但注重内省的时代","当时的士绅官僚,习于一切维持原状,而在这种永恒不变的环境中,形成注重内思的宇宙观"。① 这种"习于一切维持原状"、"注重内思"的状态,既不肇始于晚明,也不属于晚明专有,而是自朱元璋开国以来明代文人中的普遍心态。

朱元璋以后,表面的酷政有所缓解,但是锦衣卫和东、西厂特务是明代皇帝及其身边的宦官奸臣控制各阶层文人和百姓的铁幕黑手,党锢之祸,始终伴随着明代文人。明末顾宪成、高攀龙等江南士夫,因为不满当时朝廷弊弱、奸党专权,汇聚无锡东林书院讲学,"讲习之余,往往讽议朝政,裁量人物"②,世称"东林党"。1624年(天启四年)专权的宦官魏忠贤血腥镇压东林党人,肆意造罪,滥杀无辜,累月发榜追捕,诛杀数百人,在明朝行将覆灭之际的恶性表现了利玛窦所说的"中国大臣无法无天"。

"学而优则仕",科举入仕,是隋朝以来中国传统社会为文人设置的实现自我价值的普遍而唯一的途径。对于文人,科举入仕,意义不仅在于求得功名,开拓富贵前程,而且是其尽忠尽孝的大德之为。"达则兼济天下,穷则独善其身",抱着这样的士夫观念,既往的文人们,如李白、杜甫、白居易、苏东坡等,虽屡遭谪贬,仍无悔于仕途,一旦再得朝廷启用,又抱着否极泰来、天降大任的心情欣然赴任。唐代诗人王维,以其著名诗歌集《辋川集》来看,实在是一片禅心空诸名利,但他其实是很恋栈的。

---

① 黄仁宇:《中国大历史》,第216页,北京:生活·读书·新知三联书店,2007年。
② 〔清〕高廷珍:《东林书院志》卷七,清雍正刻本。

安禄山之乱,他以朝廷命官给事中身份被逮,不仅不以死名节,反而受迫做了安禄山叛军的伪官。安乱被平之后,因其弟王缙勤王平叛有功,"请削己刑部侍郎以赎兄罪",王维才免于一死。[①]　虽然有"伪署"之过,但王维并没有就此退出官场,而是在京都长安与辋川别业之间半仕半隐,慢慢把官做到比原来的给事中更高级的尚书右丞。

在以风流放达传世的魏晋名士中,如嵇康、阮籍均有拒官之行,然而,他们拒官的要因,是惧为官致祸。既往文人辞官绝大多数是被迫于时势无奈,是"被辞官"。晋宋时代著名的隐士刘程之(号"遗民",352—410)拒官不做,赴庐山投高僧释慧远做居士。释慧远问:"官禄巍巍,何以不为?"刘程之回答说:"君臣相疑,疣赘相亏,晋室无盘石之固,物情有累卵之危。吾何为哉!"[②]与惧祸辞官不同,魏晋名士也真有以山水为乐而辞官归隐之人。王羲之50岁(353年)书《兰亭序》,感慨人生兴亡:"向之所欣,俯仰之间,已为陈迹,犹不能不以之兴怀,况修短随化,终期于尽! 古人云,死生亦大矣。岂不痛哉!"[③]此亦为知天命之言,两年后他即称病辞官,归隐越中佳山秀水,称"吾卒当以乐死"。在王羲之之后,被尊为"隐逸诗人之宗"的陶渊明(352?—427),54岁时,刚到任彭泽县令80余天,因拒绝"束带迎接"浔阳郡督邮,声称"我岂能为五斗米折腰向乡里小儿",即挂印回乡,成为"躬耕自资"的隐逸诗人。[④]　王羲之、陶渊明为人生修养计,真图山水田园之乐,致仕而隐,在明以前的士夫中是不多见的。

赵翼说"明初文人多有不欲仕者"[⑤]。但在明朝帝国运行进入常规状态之后,文人们在传统惯性作用下,又重新踏上这条为国为家的"功名之路"。为后世标举为"旷世奇人"的徐渭,从20岁到40岁,投考举人八次

---

① [五代]刘昫:《旧唐书》卷一九〇下,列传第一四〇《文苑》下,清乾隆武英殿刻本。
② [元]释念常:《佛祖通载》卷七,大正新修大藏经本。
③ [唐]房玄龄:《晋书》卷八〇列传第五〇,清乾隆武英殿刻本。
④ 陶渊明卒于公元427年,但其享年有63、52、59、76诸说。本书采信渊明享年76之说,即他生于公元352年,卒于公元427年。参见袁行霈《陶渊明研究》,"陶渊明享年考辨",第211—242页,北京大学出版社,1997年。
⑤ [清]赵翼:《廿二史札记》卷三二。

落第,如果不是因为得罪了丞相李春芳,还将第九次投考。① 然而,晚明文人对于入仕,并非如既往朝代的文人们那样抱着只进不退的态度。在明代文人中,科举进仕,是不得不走之路;但是,一旦及第授官,他们又常常以作官为累身之物,辞官则成为其修养人生不得不为的功课。

王阳明 50 岁因平叛勤王之功被授两京兵部尚书、封新建伯,功高招忌、位重生谗,他 51 岁辞官归乡,在越中兴教传学。在王阳明之后,李贽因为只有举人头衔,近 50 岁才得授云南姚安县令,但一届任满后,53 岁的李贽自动中止仕途,继而剃发出家,纵情于他的"自私自利"的"圣学"开拓。汤显祖也是在 49 岁时,于遂昌县令任上提出辞呈,不待上司批准,率自挂印还乡。董其昌以 82 岁寿终,万历十七年(1589 年),34 岁中进士,供职于翰林院,开始了他漫长的宦途。他曾做皇长子朱常洛的讲官,最高的官职是南京礼部尚书。在他从政的 47 年间,董其昌数度辞官归隐,归隐时间最长的一次是他约 50 岁时拒绝"河南参政"(从三品)的官职,在家乡"高卧十八年"(1604—1622)。1631 年,他最后一次从归隐中应召入京,职掌詹事府事(负责辅导太子事务),次年即请辞归乡,1634 年获准,两年后(1636 年)卒于故里。袁宏道生年 43 岁,27 岁(1595 年)谒选为吴县知县,至其 1610 年病逝,15 年间三度辞官归乡,共计在位时间仅约七年。

值得注意的是,除 43 岁即病逝的袁宏道外,上述明代文人在位辞官均在 50 岁左右。孔子讲"五十而知天命",朱熹(1130—1200)注说:"天命,即天道之流行而赋于物者,乃事物所以当然之故也。知此则知极其精,而不惑又不足言矣。"②朱熹是从天道说天命,而自人道而言,"知天命"即知自我人生之大限,知可为不可为,当为不当为,因此之知,则不仅产生自我意志行为的深刻变化,而且也形成自我与世界关系的大转换。孔子 55 岁,官拜鲁国大司寇,与执政的季恒子政见不合,弃官离鲁,为其仁政理想奔走列国,颠沛造次而不悔,14 年后返鲁。③ 这就是孔子知天命

---

① [明]徐渭:《徐渭集》,第 1329 页,北京:中华书局,1983 年。
② [宋]朱熹:《四书章句集注》,第 55 页,北京:中华书局,1983 年。
③ [汉]司马迁:《史记》,第 1548—1558 页,北京:中华书局,2005 年。

之为。同样值得注意的是，王阳明、徐渭、李贽、汤显祖和董其昌诸人，一生最重大的思想和艺术创作时期，并不是在他们少壮之际，而是在他们约于50岁之际辞官归隐之后的一段时期。王阳明说，50岁以前的他为官场束缚，"尚有乡愿的意思"，50岁以后辞官乡居的他，"只依良知行"。应当说，身与心的双重解放，释放了他们伟大的思想和艺术创造力。

三

朱元璋以酷政建立的极端中央集权国体，对文人的高压，在明代前期桎梏个体生命的同时，又为个体生命冲决这桎梏培养了强劲的动机。明代中晚期的文人，以王阳明、李贽、汤显祖、董其昌、袁宏道为典型，展示了一种有别于此前传统文人的人生意旨，他们与朝廷、宗族的关系，不再是传统世袭的。他们并不抛弃家国——除了极端如李贽者；但他们不是在简单顺应、附庸的意义上维系自我与家国关系，而是在考量自我人生的责任和意义时，必须把"我"作为一个不可忽略或公约的中心要素。正因为如此，他们不能如传统文人一样始终如一地归顺于官僚体制，甚至对于家族，他们也具有难以消除的矛盾、障碍。晚明文人的辞官风气，表现的正是"寰中士夫不为君用"的时势，只是明末的皇帝再也没有洪武皇帝"诛而籍其家"的意志和能力了。①

晚明文人的思想和创作，正在酝酿着一个他们尚未觉悟到的新时代——借助于新兴的商品经济而产生个性化的自我的市民时代。晚明社会不仅在生活层面开了"弃儒就贾"和"士商合流"的社会转向②，而且在精神层面，则是以王阳明的心学为主导的由"天理"向"人心"的价值轴心转换。王阳明本人是坚持儒家道学立场的，他反对朱熹向外求理，但他与朱熹同样坚持"存天理灭人欲"的道学原则。但是，王阳明反对宋

---

① 参见黄仁宇：《万历十五年（增订本）》，"世间已无张居正"章，第70—100页，北京：中华书局，2007年。

② 参见余英时：《现代儒学的回顾与展望》，第197—252页，北京：生活·读书·新知三联书店，2004年。

代朱熹"向心外求理"（"格物致知"）的理学路线，禀承宋代陆九渊（1139—1193）的"心即理"的心学哲学，主张直接从自我本心体认良知（"致良知"）。他引禅学"明心见性"理论入其良知学，主张以顿悟的方式"发明良知本心"。他还消除凡圣界限，主张"人胸中各有个圣人"。①

王阳明的心学主张，在"良知本然自有"的旗帜下，逆转了传统的以"公"统"私"的儒家伦理，承认并且推崇"私我"的价值，推行的是以张扬"私我"的生命意气为主旨的"移风移俗"的下行路线。② 王阳明对儒学的哲学变革，犹如马丁·路德16世纪欧洲所作的宗教改革。路德把基督教的信仰个人化、内心化——让个人的心灵代替教堂；王阳明则认为圣人就是个人良知本心的觉悟。他们共同的意义，是启发了社会个体的自我意识和内心自觉，从而开启新时代。这个新时代的生活需要决定，"自我"是不能被体制（无论是国家层面，还是家族层面）同化和淹没的。

进入明代美学史叙述的时候，我们要引用历史学家将1449年视作明代历史由中兴走向衰落的分水岭的说法。③ 然而，明代美学史的运动正与明代国势运动相反。以1449年为界，前期明代约100年时间，在经历明初的严厉整肃政策，承受了包括"文字狱"等明朝酷法的打击之后，由内阁和翰林院文臣倡导率行，明代文坛兴起了"颂上之德而鸣国家之盛"④的"台阁体"文风，虚华造作，守旧迂腐，是一个"真诗渐忘"的百年。明代美学的有生命力的发端，是在15世纪下半叶，先后以李东阳代表的茶陵派和李梦阳、何景明所代表的前七子所推动的反"台阁文学"运动。"台阁文学"循理守法，用严格的古旧格套约束文学创作，文学沦为八股制艺之作。茶陵派和前七子主张向唐宋和秦汉文章学习气节高尚、文风简朴的"第一义"，针对"台阁派"为法造文，他们强调情感在文学创作中的基本意义，因此展开文论中"情"与"法"的斗争，而且经过后续的唐宋

---

① ［明］王守仁：《王阳明全集》，第96页，上海：上海古籍出版社，1999年。
② 参见余英时：《现代儒学的回顾与展望》，第132—186页。
③ 黄仁宇：《中国大历史》，第219页。
④ ［明］王直：《抑庵文集》卷一二，清文渊阁《四库全书》补配本。

派、后七子的持续努力,实现了文论"由法而情"的主题转变。

　　相伴于文学理论"由法而情"的主题转变,15世纪下半叶以来的绘画思想着重于扭转元代以来的重神轻形(重意轻质)的绘画立场。这个转换工作,从14世纪后期的王履已经开始,但直到沈周、文徵明在15世纪中、后期的创作和理论建树,才真正把这个转换运动展开。与沈周、文徵明并称"明四大家"的唐寅、仇英则以他们的绘画创作支持和拓展了这个运动,因此,15世纪中期以后的明代绘画,强化的是绘画的形质而不是意趣,以直观感人而不是以沉思妙悟取胜。与此相应的,是书法理论对书法笔画、字体、篇章各层面的形态特征的强调,主张通过对古人法书的熟练临摹获得创造完美形态的书法作品,因此,"以态为韵"成为明代书法理论的一个自觉或不自觉的主导观念。就美学而言,明代中后期书法理论呼应的是绘画理论"重形质而轻意趣"的精神。

　　明代美学在进入16世纪之后,获得了王阳明哲学思想的洗礼。他的以"发明自我本心"为"致良知"的心学主张,催生了徐渭、李贽和汤显祖等人所倡导发扬的以自我为中心的"唯情论美学"。"唯情论美学"的核心是肯定个体的自然情感,张扬个性,并以自我为中心构建艺术创作原则和评价体系。在自我中心主义原则下,"唯情论美学"不仅颠覆儒家"温柔敦厚"、"文质彬彬"的道学教化美学,而且也颠覆道家"空灵自然"的美学理念。它的核心意旨是对个体的感性存在及其日常娱乐的肯定和满足。这就是说,"唯情论美学"开拓的是一个以肯定人的自然需要为前提的世俗化的审美运动,这个运动在16世纪末至17世纪初的明末之际得到空前未有的展开。晚明唯情论美学思潮的中兴,不仅是从文人士夫内部获得启动力量,而且是从当时正在萌发的中国社会的市民化运动获得了社会推动力。这就是说,一条与传统儒家尚义重德的精神路线相反的世俗化的生活路线被开启出来,一个可以概括为"化雅入俗"的美学趋向也相伴萌芽。

四

　　利玛窦神父适逢其时来到中国,正是"这个中国"使他看到了中国人

"将现世视为天堂,沉醉于盛宴戏曲、歌舞笙廷和世间所有的一切陋习"。①然而,如果利玛窦在洪武初年的明朝时期到过中国,阅历过朱元璋的重典酷政,他的看法一定是不一样的。他或者会赞同伏尔泰的看法,认为他在 17 世纪初看到的某些中国人的生活场景表明,"他们是按照人性的要求享受着幸福"②。

利玛窦 16 世纪 70 年代后期离开意大利来到东方传教。他接受的文化教养是经历了文艺复兴洗礼的 16 世纪意大利文化。离开他的祖国时,不仅文艺复兴的三位巨人达芬奇、米开朗琪罗和拉斐尔均早已作古,而且继他们之后的提香也在 1576 辞世。文艺复兴为意大利和欧洲留下了重续古希腊文化的理性、科学和热爱自然的精神。当利玛窦用文艺复兴的文化教养看待 17 世纪初的中国艺术的时候,他看到的是中国艺术家"从不曾与他们国境之外的国家有过密切的接触"而造成的"原始落后"。他说:

> 他们对油画艺术以及在画上利用透视的原理一无所知,结果他们的作品更像是死的,而不像是活的。看起来他们在制造塑像方面也并不很成功,他们塑像仅仅遵循由眼睛所确定的对称规则。这当然常常造成错觉,使他们比例较大的作品出现明显的缺点。③

利玛窦在华十数年,曾与当时中国的重要学者、文人徐光启、焦竑、李贽、汤显祖等人有不同程度的交往。但是,对于中国艺术,他的看法是一种纯粹外在的眼光。他不能欣赏中国艺术,因为他不能理解中国艺术内在的美学精神。他没有办法理解,中国艺术正在经历一次破除传统的精神变革,尽管这场变革很快会因为清朝取代明朝而被中断,一直要等到 20 世纪初的中国新文化运动才会重新开始,并且与他所受教养的文艺复兴传统所引发的现代文化交融。

---

① [意]利玛窦:《利玛窦中国书札》,第 86 页。
② [法]伏尔泰:《风俗论》下卷,第 461 页。
③ [意]利玛窦,[比]金尼阁:《利玛窦中国札记》,第 22—23 页。

第一章　明代美学开端(上):情与法

第一节　由法而情的美学转进

一、不求其成文而文生

在明朝文论史中,作为开国文臣的宋濂(1310—1381),不仅以其历史在先,而且为明代美学的发展,提供了一个逻辑起点。他的文论工作,当然是为朱明王朝政权的建构和巩固提供一种相配合的美学思想。宋濂的文论思想,集中表现在他的《文原》一文中。这篇非常短小的文论,将南朝文论家刘勰《文心雕龙》①前三章"原道"、"宗经"、"征圣"的主要思想概括地表达了出来。如果认为,在明代的 276 年历史中,前期的艺术思想是以复古拟古的主张为主导,那么,宋濂的《文原》可视作一纲领性文件:

> "呜呼! 吾之所谓文者,天生之,地载之,圣人宜之,本建则其末治,体著则其用章,斯所谓乘阴阳之大化,正三纲而齐六纪者也;亘

---

① [南北朝]刘勰:《文心雕龙》,《四部丛刊》景明嘉靖刊本。

宇宙之始终,类万物而周八极者也。呜呼! 非知经天纬地之文者,恶足以语此!"①

宋濂的文论本体观,是以《易传·贲》"观乎天文,以察时变;观乎人文,以化成天下"的文化整体思想来看待"文"。这种文论观,把天文、地理和包括文章在内的人文视作一个宇宙整体的不同表现——"文"。天、地、人,三者虽然表现不同,却属于共同的本体,因此,是相互影响的。《易传·系辞下》说:"《易》之为书也,广大悉备,有天道焉,有人道焉,有地道焉,兼三材而两之,故六。六者非它也,三材之道也。"②在这种宇宙整体观下,不仅封建伦理体制被赋予了超人伦的形上意义,而且作为狭义的"人文"的文章也在这个宇宙整体中被赋予了形上意义。

美国学者刘若愚对中国古代文学的形上文论有系统的阐释。他主张,"形上文论"就是"以文学为宇宙原理之显示这种概念为基础的各种理论";"宇宙原理"在古代儒家和道家的学说中都被定义为"道"。刘若愚虽然认为中国批评家折中和融合地使用儒道两家的"道"的概念,但是,他在具体论述中却是偏向于庄子的思想。这个偏向明显表现在他对中国形上文论与西方的模仿论、表现论和现象学美学诸艺术思想的比较中。比如他说:

> 至于宇宙、作家和文学作品间的互相关系,在西方的模仿理论中,诗人或被认为有意识地模仿自然或人类社会,如亚里士多德派和新古典派的理论,或被认为是神灵附体,而不自觉地吐出神谕,一如柏拉图在《伊安篇》(Ion)中所描述的。可是,在中国的形上理论中,诗人被认为既非有意识地模仿自然,亦非以纯粹无意识的方式反映"道"——好像他是被他所不知而无力控制的某种超自然的力量所驱使的一个被动的、巫师般的工具——而是在他所达到的主客观的区别已不存在的"化境"中,自然地显示出"道"。在形上观点看

① [明]宋濂:《文原》,蔡景康(编选):《明代文论选》,第3页,北京:人民文学出版社,1991年。
② [三国]王弼:《周易》卷八,《四部丛刊》景宋本。

来,作家与宇宙的关系是一种动力(dynamic)的关系,含有的一个转变的过程是:从有意识地致力于观照自然,转到与"道"的直觉合一。①

宋濂所禀承的"形上文论",是与基于庄子道学的"与道合一"的文学观不同宗旨的。他关于文的观念,"吾之所谓文者,天生之,地载之,圣人宜之",是直接沿用先秦儒家《易传》的"兼三材"的思想;"斯所谓乘阴阳之大化,正三纲而齐六纪者也",则是明确以汉代官方儒家的"天人感应"理论作形上基础。"三纲六纪"是汉代学者班固概括的封建伦理体系。班固说:"君臣、父子、夫妇六人也,所以称三纲何?一阴一阳谓之道,阳得阴而成,阴得阳而序,刚柔相配,故六人为三纲,三纲法天地人,六纪法六合。"②宋濂的"正三纲而齐六合",是承班固"三纲法天地人,六纪法六合"而言。因此,他的形上文论观,是因循的儒家而非道家的"文道"。换言之,作为开国文臣,宋濂的文论的"形上诉求",是封建伦常的"天道",而非道家的自然精神。

在"正三纲而齐六纪"的"天道"文论观下,宋濂主张以"养气"为文学进修的根本途径。宋濂说:"为文必在养气,气与天地同,苟能充之,则可配序三灵,管摄万众。不然,则一介之小夫尔,君子所以攻内不攻外,图大不图小也。力可以举鼎,人之所难也;而乌获能之,君子不贵之者,以其局乎小也;智可以搏虎,人之所难也,而冯妇能之,君子不贵之者,以其骛乎外也。"③宋濂"养气说"的核心就在所谓"攻内不攻外,图大不图小"。"攻内",是指自我心胸的陶冶提升;"图大",就是以形上精神把握和表现封建纲常。"不攻外"和"不图小",当然是否定了"文"的外在、具体的意义诉求。这也就是说,宋濂为明代确立的"正统文论",是追求精神性的、本原性的文学表现,简单讲,就是"立其大"。

---

① 刘若愚:《中国文学理论》,杜国清译,第 73 页,南京:江苏教育出版社,2006 年。
② [汉]班固:《白虎通德论》卷七,《四部丛刊》景元大德覆宋蓝本。
③ [明]宋濂:《文原》,蔡景康(编选):《明代文论选》,第 3 页。

宋濂的文论,即以"正统"和"立其大"为主旨,自然不免于复古和保守,称其为明代前期复古主义思潮的奠基者,是适宜的。但是,宋濂的文论在精神上也为明代后期的艺术思想的变革播下了种子。这个"精神种子"就在于他的"立其大"观念,在强化文学的精神性和本原性追求的同时,也赋予了艺术的原创性和情感性的自由。宋濂说:

> 由此观之,诗之格力崇卑,固若随世而变迁,然谓其皆不相师可乎?第所谓相师者,或有异焉。其上焉者师其意,辞固不似而气象无不同;其下焉者,师其辞,辞则似矣,求其精神之所寓,固未尝近也。然唯深于比兴者,乃能察知之尔。虽然,为诗当自名家,然后可传于不朽。若体规画圆,准方作矩,终为之臣仆,尚乌得谓之诗哉?是何者?诗乃吟咏性情之具,而所谓《风》《雅》《颂》者,皆出于吾之一心,特因事感触而成,非智力之所能增损也。古之人其初虽有所沿袭,末复自成一家言,又岂规规然必于相师者哉?①

在这段话中,宋濂提出了关于诗学的几个关键主张:(一)诗中学古人,应当"师其意"而非"师其辞","求其精神之所寓","辞固不似而气象无不同"。主张在精神上学习古人,而非在辞藻上模拟古人,这当然为今人的自由创新提供了空间。(二)学习名家,是作诗必要的起点,但如果循规蹈矩地模仿古人,"体规画圆,准方作矩",就未进入创作的境界;"诗乃吟咏性情之具",诗的创作,根本在于自我情感的触发和表现,"出于吾之一心,特因事感触而成,非智力之所能增损也"。(三)诗人要从学习前人开始,进而突破前人,要"自成一家言"。

宋濂文论,虽然"本体"不离于"正三纲而齐六纪"的"道",但他主张为文要"求其精神之所寓","出于吾之一心,特因事感触而成",直到"自成一家之言",对于明代中、后期艺术的情感主义和个性化思潮,却是具有铺垫之功。"明道之谓文,立教之谓文,可以辅俗化民之谓文。斯文

---

① [明]宋濂:《答章秀才论诗书》,蔡景康(编选):《明代文论选》,第10页。

也,果谁之文也? 圣贤之文也。非圣贤之文也,圣贤之道充乎中,著乎外,形乎言,不求其成文而文生焉者也。不求其成文而文生焉者,文之至也。"①"不求其成文而文生焉者,文之至也",这个说法,显然对于后世李贽、公安三袁所主张的"直吐胸臆"和"独抒性灵"的主张,提供了一个"正统"的资源。

二、不为无法,但不可泥

在经历明初的严厉整饬政策,接受了包括"文字狱"等明朝酷法的打击之后,由内阁和翰林院文臣倡导率行,明代文坛兴起了"颂上之德而鸣国家之盛"的"台阁体"文风。"台阁体"的兴盛期在明永乐至成化年间(1402—1487),这期间也是明朝由草创而进入中兴的时期,是所谓"海内晏安,民物康阜"的时代。

"台阁体"在内容上以歌功颂德为宗旨,在形式上刻板矫饰,形成了15世纪明代文学创作的虚弱低迷、"真诗渐忘"的局面。以台阁重臣李东阳(1447—1516)为首的茶陵派文人,不满"台阁体"的谄媚酸腐气,提出学习汉唐的诗学主张。"汉、唐及宋,代与格殊,逮乎元季,则愈杂矣。今之为诗者,能轶宋窥唐,已为极致,两汉之体,已不复讲。而或者又曰:必为唐,必为宋,规规焉,俛首蹑步至不敢易一辞出一语。纵使似之,亦不足贵矣,况未必似乎!"②

李东阳的推崇诗学汉唐,自然也是复古文学主张;但是,与台阁体文学"必为唐,必为宋,规规焉,俯首蹑步至不敢易一辞出一语"不同,他从宋人严羽论诗的"第一义"着眼。严羽说:"夫学诗者以识为主:入门须正,立志须高;以汉魏晋盛唐为师,不作与开元、天宝以下人物。若自退屈,即有下劣诗魔入其肺腑之间;由立志之不高也。行有未至,可加工力;路头一差,愈骛愈远;由入门之不正也。故曰:学其上,仅得其中;学

---

① [明]宋濂:《文说赠王生黼》,蔡景康(编选):《明代文论选》,第19页。
② [明]李东阳:《镜川先生诗集序》,蔡景康(编选):《明代文论选》,第87页。

其中,斯为下矣。又曰:见过于师,仅堪传授;见与师齐,减师半德也。工夫须从上做下,不可从下做上。"①李东阳则接着严羽说:"说者谓:诗有别才,非关乎书;诗有别趣,非关乎理。然非读书之多,识理之至,则不能作。必博学以聚乎理,取物以广乎才,而比之以声韵,和之以节奏,则其为辞,高可讽,长可咏,近可以述,而远则可以传矣。岂必模某家效某代,然后谓之诗哉?"②他在《沧洲诗集序》中又说:

> 诗之体与文异,故有长于记述,短于吟讽,终其身而不能变者。其难如此。而或庸言谚语,老妇稚子之所通解,以为绝妙,又若易然。何哉?若诗之才,复有迟速精粗之异者,而亦无所与系。杜子美以死徇癖,"语必惊人"、"斗酒百篇"者,方嘲其大苦;而秦少游之挥毫对客,乃不若闭户觅句者之为工也。是又将以为易耶?以为难耶?盖其所谓有异于文者,以其有声律讽咏,能使人反复讽咏,以畅达情思,感发志气,取类于鸟兽草木之微,而有益于名教政事之大,必其识足知其窔奥,而才足以发之,然后为得。及天机物理之相感触,则有不烦绳墨而合者。诗非难作,而亦不易作也。③

可见,李东阳论诗,论"难"说"易",不外着眼于两点:(一)诗与文相异,在于"其有声律讽咏,能使人反复讽咏",因此,强调对诗的声调节奏等法则的掌握;(二)诗歌的效用主要在于"畅达情思,感发志气",因此,作诗之难,非难于法则,而是难于性情的感发。这两点,使他的诗学观与宋濂的文论观既相继承,又相差异。相继承者,在于两人都强调诗文的精神性和情感性;相差异者,李东阳主张的情感性和精神性不再将"正三纲齐六纪"作诗文传载的"形上本体",而只是诗文表现的复合内容之一,故只提"有益于名教政事之大"。

李东阳的诗论,与明代前后学者相比较,一个重要的特征在于他对

---

① [宋]严羽:《沧浪诗话校释》,郭绍虞校释,第1页,北京:人民文学出版社,1983年。
② [明]李东阳:《镜川先生诗集序》,蔡景康(编选):《明代文论选》,第87—88页。
③ [明]李东阳:《沧州诗集序》,蔡景康(编选):《明代文论选》,第86页。

作诗的法则与自然的矛盾采取了辩证或开放的态度。他说："古律诗各有音节，然皆限于字数，求之不难。惟乐府长短句，初无定数，最难调叠。然亦有自然之声。古所谓'声依永'者，谓有长短之节，非徒永也。故随其长短，皆可以播之律吕，而其太长太短之无节者，则不足以为乐。今泥古诗之成声，平仄短长，字字句句模仿而不敢失，非惟格调有限，亦无以发人之情性。若往复讽咏，久而自有所得。得于心而发之乎声，则虽千变万化，如珠之走盘，自不越乎法度之外矣。如李太白《远别离》，杜子美《桃竹杖》，皆极其操纵，易尝按古人声调？而和顺委屈乃如此。固初学所未到，然学未至乎是，亦未可与言诗也。"①李东阳重视诗的声律法度，因为这是诗的形式规定；但是，因为以"发人之情性"为诗的主旨，他又认为诗的真正原则是超越有限格调的，甚至于推崇"极其操纵，不按古人声调"的李杜之作。

　　对于承继着两千多年诗歌史的明代诗人，遵从古人创立的法度是当然之理，循古法作诗是"正"，反之则是"邪"。李东阳反对"台阁体"的迂腐伪制，主张诗学汉唐，自然要面对如何看待"古人诗法"的问题。对此，李东阳有这一段说法："唐人不言诗法，诗法多出宋，而宋于诗无所得。所谓法者，不过一字一句，对偶雕琢之工，而天真兴致，则未可与道。其高者失之捕风捉影，而卑者坐于粘皮带骨，至于江西诗派极矣。惟严沧浪所论超离尘俗，真若有所自得，反复譬说，未尝有失。顾其所自为作，徒得唐人体面，而亦少超拔警策之处。予尝谓识得十分，只得八九分，其一二分乃拘于才力，其沧浪之谓乎？若是者往往而然。然未有识分数少而作分数多者，故识先而力后。"②

　　李东阳反对宋人言诗法，因为以江西诗派为代表，宋诗泥于古人诗法而不能自拔。他所谓"唐人不言诗法"，以"天真兴致"为尚，显然是化

①［明］李东阳：《怀麓堂诗话》，叶朗总主编《中国历代美学文库》明代卷（上），第74页，北京：高等教育出版社，2003年。

②［明］李东阳：《怀麓堂诗话》，叶朗总主编《中国历代美学文库》明代卷（上），第75页。

用严羽所谓"盛唐诸人惟在兴趣,羚羊挂角无迹可求"①。与严羽的诗学趋同,在法度与兴趣(兴致)之间,李东阳是尚兴趣而卑法度的。"诗有三义,赋止居一,而比兴居其二。所谓比与兴者,皆托物寓情而为之者也。盖正言直述,则易于穷尽,而难于感发。惟有所寓托,形容摹写,反复讽咏,以俟人之自得,言有尽而意无穷,则神爽飞动,手舞足蹈而不自觉,此诗之所以贵情思而轻事实也。"②因为"贵情思而轻事实",更因为"托物寓情"要达到"自然之妙",所以"不为无法,但不可泥"。"大匠能与人以规矩,不能使人以巧。律者,规矩之谓,而其为调,则有巧存焉。苟非心领神会,自有所得,虽日提耳而教,无益也。"③

在诗的表现内容上追求"天真兴致",在诗的法度上主张"自有所得",李东阳为后来的"前后七子文学"就开辟了一条通过模古拟古而走向情感主义和个性化的道路。"'诗有别材,非关书也,诗有别趣,非关理也',然非诗书之多,明理之至者,则不能作。论诗者无以易此矣。彼小夫贱隶,奴人女子,真情实意,暗合而偶中、固不待于教。而所谓骚人墨客、学士大夫者,疲神思,弊精力,穷壮至老而不能得其妙,正坐是哉!"④李东阳讲"学诗须读书明理"、"识先而力后",是遵循严羽的"夫学诗者以识为主"的路线而来的。但是,他所倡导的"彼小夫贱隶,奴人女子,真情实意,暗合而偶中、固不待于教",就与严羽的"工夫须从上做下,不可从下做上"的原则不同,这个不同,实际上开启了李梦阳"真诗在民间"的诗学路线。

三、真诗在民间

在李东阳的影响下,明代中期(15 世纪后期至 16 世纪初期)重要的文学思潮是前、后"七子"文学复古运动。"前七子文学"以李梦阳

① [宋]严羽《沧浪诗话校释》,第 26 页。
② [明]李东阳:《怀麓堂诗话》,叶朗总主编《中国历代美学文库》明代卷(上),第 78 页。
③ 同上书,第 82 页。
④ 同上书,第 81 页。

(1472—1529)为首。《明史·文苑传》称:"梦阳才思雄鸷,卓然以复古自命,弘治时,宰相李东阳主文柄,天下翕然宗之,梦阳独讥其萎弱,倡言'文必秦汉,诗必盛唐',非是者弗道。"①

郭绍虞指出,李梦阳并没有明显主张"文必秦汉,诗必盛唐","他只是受沧浪所谓第一义的影响,而于各种体制之中,都择其高格以为标的而已。古体宗汉、魏,近体宗盛唐,而七古则兼及初唐。这是他的诗学宗主。"②所谓"第一义",就是在诗的风格上求最高格调,"择其高格以为标的"。这样的诗学追求,无论对于作诗还是论诗,都免不了"前七子"同仁何景明(1483—1521)所批评的"高处是古人影子"。何景明说:"追昔为诗,空同子刻意古范,铸形宿模,而独守尺寸。仆则欲富于材积,领会神情,临景构结,不仿形迹。诗曰:'惟其有之,是以似之。'以有求似,仆之愚也。"③对于何景明的批评,李梦阳撰文回应说:

> 古之工,如倕,如班,堂非不殊,户非同也,至其为方也,圆也,弗能舍规矩。何也?规矩者,法也。仆之尺尺而寸寸之者,固法也。假令仆窃古之意,盗古形,剪截古辞以为文,谓之影子诚可。若以我之情,述今之事,尺寸古法,罔袭其辞,犹班圆倕之圆,倕方班之方,而倕之木,非班之木也。此奚不可也?夫筏我二也,犹兔之蹄,鱼之筌,舍之可也。规矩者,方圆之自也,即欲舍之,乌乎舍?子试筑一堂,开一户,措规矩而能之乎?措规矩而能之,必方圆而遗之可矣,何有于法?何有于规矩?④

在李何之争中,争议的焦点并不是作诗是否"有法",而是对"法"的不同态度。李梦阳认为,作诗犹如匠人做木器和建房屋,虽然成品的形状、款式不一样,但都必须依据方圆规矩;何景明则认为,依法作诗,不是

---

① 《明史·文苑传》,《二十五史》本,第 801 页,上海:上海古籍出版社,1966 年。
② 郭绍虞:《中国文学批评史》下卷,第 162 页,天津:百花文艺出版社,1999 年。
③ [明]何景明:《与李空同论诗书》,蔡景康(编选):《明代文论选》,第 114 页。
④ [明]李梦阳:《驳何氏论文书》,蔡景康(编选):《明代文论选》,第 99 页。

亦步亦趋的模仿古人,而是"领会神情,临景构结,不仿形迹"。何景明说:"故法同则语不必同矣。仆观尧、舜、周、孔、子思、孟氏之书,皆不相沿袭,而相发明,是故德日新而道广,此实圣圣传授之心也。后世俗儒,专守训诂,执其一说,终身弗解,相传之意背矣。今为诗不推类极变,开其未发,泯其拟议之迹,以成神圣之功,徒叙其已陈,修饰成文,稍离旧本,便自杌隉。如小儿倚物能行,独趋颠仆。虽由此即曹、刘,即阮、陆,即李、杜,且何以兴于道化也?佛有筏喻,言舍筏则达岸矣,达岸则舍筏矣。"①

李梦阳以古人之法为拐杖,所以不可离去;何景明以古人之法为渡筏,所以必须离去。两者的分歧如此。然而,更进一步,在对诗之为诗的本来意义上,两者却是一致的,大有何氏所说的"残余百虑,而一致同归"之意。何景明说:"夫诗本性情之发者也。其切而易见者,莫如夫妇之间,是以《三百篇》首乎雎鸠,六义首乎风,而汉、魏作者义关君臣朋友,辞必托诸夫妇,以宜郁而达情焉,其旨远矣。"②李梦阳:"诗有六义,比兴要焉。夫文人学子,比兴寡而直率多。何也?出于情寡而工于词多也。夫途巷蠢蠢之夫,固无文也,乃其讴也、咢也、呻也、吟也、行咕而坐歌,食咄而寤嗟,此唱而彼和,无不有比焉兴焉,无非其情焉,斯足以观义矣。故曰:诗者,天地自然之音也。"③

"诗有六义",即《毛诗序》所说的"风、雅、颂、赋、比、兴"。在"六义"中,何景明强调"六义首乎风",李梦阳"诗有六义,比兴要焉",两人意旨都在强调、推崇自然真实的性情在诗作中的核心意义。实际上,在主张诗的情感本体性的路线上,李梦阳甚至比何景明更为大胆激进。李梦阳说:"夫诗比兴错杂,假物以神变者也,难言不测之妙。感触突发,游动情思,故其气柔厚,其声悠扬,其言切而不迫。故歌之心畅,而闻之者动

---

① [明]何景明:《与李空同论诗书》,蔡景康(编选):《明代文论选》,第115—116页。
② [明]何景明:《明月篇序》,蔡景康(编选):《明代文论选》,第119页。
③ [明]李梦阳:《诗集自序》,叶朗总主编《中国历代美学文库》明代卷(上),第158页。

也。"①这句话本是论诗的声韵格调的,但落脚点却是诗的灵气在于"感触突发,游动情思"。李梦阳有一则话,很好地阐发了他的这一思想:

> 情者动乎遇者也。幽崖寂滨,深野旷林,百卉既霏,乃有缟焉之英,媚枯、缀疏、横斜、嵌崎、清浅之区,则何遇之不动矣。是故雪益之,色动,色则雪;风闻之,香动,香则风;日助之,颜动,颜则日;云增之,韵动,韵则云;月与之,神动,神则月。故遇者物也,动者情也。情动则会,心会则契,神契则音,所谓随遇而发者也。梅月者,遇乎月者也。遇乎月,则见之目怡,聆之耳悦,嗅之鼻安。口之为吟,手之为诗。诗不言月,月为之色;诗不言梅,梅为之馨。何也? 契者会乎心者也,会由乎动,动由乎遇,然未有不情者也,故曰:情者动乎遇者也。②

根据这则话我们可知:特殊的境遇才能触动特定的情思;然而,非有一定的心境,不能为境遇所触动,诗情的关键在于情与境的感触契合。李梦阳论诗的情感体验和表现,以"遇"为中枢,已经摆脱了复古诗学的"道统"观念,在探寻诗学的自由观念的道路上,比前人当然更为解放。

李梦阳的诗学主张,对后世最具积极影响的是他提出的"真诗在民间"说:"李子曰:曹县盖有王叔武云,其言曰:夫诗者,天地自然之音也。今途咢而巷讴,劳呻而康吟,一唱而群和者,其真也,斯之谓风也。孔子曰:'礼失而求之野。'今真诗乃在民间。而文人学子,顾往往为韵言,谓之诗……真者,音之发而情之原也。古者国异风,即其俗成声。今之俗既历胡,乃其曲乌得而不胡也? 故真者,音之发而情之原也,非雅俗之辨也。"③"今真诗乃在民间"之说,对于明代前半期的文学界,不啻是一个具有大胆反叛挑战意义的口号。它不仅直指当下文坛的拟古萎弱,而且也指向对《诗经》以来诗史的重估。认为诗的情感本原在于民间,这是比

---

① [明]李梦阳:《缶音序》,蔡景康(编选):《明代文论选》,第 106 页。
② [明]李梦阳:《梅月先生诗序》,蔡景康(编选):《明代文论选》,第 112 页。
③ [明]李梦阳:《诗集自序》,叶朗总主编《中国历代美学文库》明代卷(上),第 158 页。

"雅俗差异"更根本的"真";当然也是主张,在《诗经》的三类不同来源的诗作中,"风"比"雅"和"颂"更真实本原。"故天下无不根之萌,君子无不根之情,忧乐潜之中,而后感触应之外,故遇者因乎情,情者形乎遇,于乎!"①以"真诗在民间"来诠释"故天下无不根之萌,君子无不根之情"的"情—遇"诗说,我们就会看到,执复古文学旗帜的李梦阳,却又正是为后期明代文学革命思潮发先声之人。当然,这个出自"雅文学"领域的诗学革命口号,的确又呼应了明代前期"俗文学"的萌动兴发。

第二节　诗歌意象论的展开

一、意象观念的突出

明代中期文论,一个重要的特点是在肯定表现情(性情)的前提下,突出诗文的美学本性,因此发展了关于诗歌的意象理论。杨慎(1488—1559)明确倡导"六经"分殊、"诗""史"异宗,是非常有代表性的。他说:

> 宋人以杜子美能以韵语纪时事,谓之诗史,鄙哉!宋人之见,不足以论诗也。夫《六经》各有体,《易》以道阴阳,《书》以道政事,《诗》以道性情,《春秋》以道名分。后世之所谓史者,左记言,右记事,古之《尚书》、《春秋》也。若《诗》者,其体其旨,与《易》、《书》、《春秋》判然矣。三百篇,皆约情合性,而归之道德也,然未尝有道德性情句也。……皆意在言外,使人自悟。至于变风变雅,尤其含蓄……杜诗之含蓄蕴藉者,盖亦多矣,宋人不能学之。至于直陈时事,类于讪讦,乃其下乘,而宋人拾以为己宝,又撰出"诗史"二字以误后人,如诗可兼史,则《尚书》、《春秋》可以并省。又如今俗《卦气歌》、《纳甲歌》,兼阴阳而道之,谓之"诗易"可乎?②

---

① [明]李梦阳:《梅月先生诗序》,蔡景康(编选):《明代文论选》,第112页。
② [明]杨慎:《诗史》,叶朗(总主编):《中国历代美学文库》明代卷(上),第198页。

在明代诗学中,使用"意象"概念评说诗歌,是较为普遍的现象。例如何景明在致信与李梦阳争议中,就说道:"夫意象应曰合,意象乖曰离,是故乾坤之卦,体天地之撰,意象尽矣。"(《与李空同论诗书》)与此相应,对意象理论的探讨也成一时风气。王廷相(1474—1544)说:

> 夫诗贵意象透莹,不喜事实粘着,古谓水中之月,镜中之影,可以目睹,难以实求是也。《三百篇》比兴杂出,意在辞表;《离骚》引喻借论,不露本情。……斯皆包韫本根,标显色相,鸿才之妙拟,哲匠之冥造也。若夫子美《北征》之篇,昌黎《南山》之作,玉川《月蚀》之词,微之《阳城》之什,漫敷繁叙,填事委实,言多趁贴,情出附辏。此则诗人之变体,骚坛之旁轨也。浅学曲士,志乏尚友,性寡神识,心惊目骇,遂区畛不能辨矣。嗟乎! 言征实则寡余味也,情直致而难动物也。故示以意象,使人思而咀之,感而契之,邈哉深矣,此诗之大致也。①

王廷相的意象观念,是对宋代严羽和欧阳修(1007—1072)诗学的继承。严羽说:"盛唐诸人惟在兴趣,羚羊挂角,无迹可求。故其妙处透彻玲珑,不可凑泊,如空中之音,相中之色,水中之月,镜中之象,言有尽而无穷。"②在王廷相这段论述中,"夫诗贵意象透莹,不喜事实粘着"显然来自严羽的"空灵意象",而"言征实则寡余味也,情直致而难动物也"则标举了欧阳修的"诗贵含蕴"。

二、以养发真,以悟入妙

谢榛(1495—1575)曾做后七子的首领,因遭李攀龙(1514—1570)和王世贞(1526—1590)的排挤而退出。谢榛论诗,立足于"性情"二字。他说:"《三百篇》直写性情,靡不高古,虽其逸诗,汉人尚不可及。今学之

---

① [明]王廷相:《与郭价夫学士论诗书》,叶朗(总主编):《中国历代美学文库》明代卷(上),第166—167页。
② [宋]严羽:《沧浪诗话校释》,第26页。

者,务去声律,以为高古;殊不知文随世变,且有六朝、唐、宋影子,有意于古,而终非古也。"①这个立足点,就决定了谢榛对意象理论发展的特殊道路:专注于情景关系的论说。

> 作诗本乎情景,孤不自成,两不相背。凡登高致思,则神交古人,穷乎遐迩,系乎忧乐,此相因偶然,著形于绝迹,振响于无声也。夫情景有异同,模写有难易,诗有二要,莫切于斯者。观则同于外,感则异于内,当自用其力,使内外如一,出入此心而无间也。景乃诗之媒,情乃诗之胚:合而为诗,以数言而统万形,元气浑成,其浩无涯矣。同而不流于俗,异而不失其正,岂徒丽藻炫人而已。然才亦有异同:同者得其貌,异者得其骨。人但能同其同,而莫能异其异。吾见异其同者,代不数人尔。②

对诗歌意象情景关系的论述,宋代范晞文已论及两点:一则,情景相含相生,"情景相融而莫分也","固知景无情不发,情无景不生";二则,情景具有虚实转化的关系,"不以虚为实,而以实为虚。化景物为情思"。③从上面这段引文可见,谢榛论情景,不是一般地论说情景"相融莫分",而是揭示了情景关系中的特殊层面:其一,情本景用,"景乃诗之媒,情乃诗之胚";其二,景同情异,"观则同于外,感则异于内"。谢榛主张要在同样的景观中表现不同的性情("异其同"),以此见出诗人非凡的才情,这就是对情景说的深化。

谢榛的诗学观,直接受到严羽的影响,一则主张要在精神意气上"合于古人",二则主张"诗道在妙悟"(《沧浪诗话·辨诗》)。谢榛说:"历观十四家所作,咸可为法。当选其诸集中之最佳者,录成一帙,熟读之以夺神气,歌咏之以求声调,玩味之以裒精华。得此三要,则造乎浑沦,不必

---

① [明]谢榛:《四溟诗话》,宛平校点,第 3 页,北京:人民文学出版社,1998 年。
② [明]谢榛:《四溟诗话》,第 69 页。
③ [宋]范晞文:《对床夜话》,叶朗(总主编):《中国历代美学文库》辽宋金卷(下),第 596、598 页,北京:高等教育出版社,2003 年。

塑谪仙而画少陵也。夫万物一我也，千古一心也，易驳而为纯，去浊而归清，使李杜诸公复起，孰以予为可教也。"①谢榛标举"万物一我，千古一心"，这不仅为"合于古人"找到了立足处，更为"诗道在妙悟"奠定了个性独立的基础。

关于学习古人，谢榛在《四溟诗话》中有多处论述，现举出三则：

> 今之学子美者：处富有而言穷愁，遇承平而言干戈；不老曰老，无病曰病。此摹拟太甚，殊非性情之真也。②

> 作诗有专用学问而堆垛者，或不用学问而匀净者，二者悟不悟之间耳。惟神会以定取舍，自趋乎大道，不涉于歧路矣。③

> 诗无神气，犹绘日月而无光彩。学李杜者，勿执于句字之间，当率意熟读，久而得之。此提魂摄魄法也。④

这三则诗话谈学古人，反对模仿拘泥，而主张以熟读古人涵养精神意气，即所谓"提魂摄魄"。谢榛说："《余师录》曰：'文不可无者有四：曰体，曰志，曰气，曰韵。'作诗亦然。体贵正大，志贵高远，气贵雄浑，韵贵隽永。四者之本，非养无以发其真，非悟无以入其妙。"⑤学古人，不为复古，不为仿古，而为自我真性情的培养发扬，即所谓"养真悟妙"。关于学诗的涵养功夫，谢榛另有两则诗话：

> 严沧浪谓："作诗譬诸刽子手杀人，直取心肝。"此说虽不雅，喻得极妙。凡作诗，须知道紧要下手处，便了当得快也。其法有三：曰事，曰情，曰景。若得紧要一句，则全篇立成。熟味唐诗，其枢机自见矣。⑥

> 自古诗人养气，各有主焉。蕴乎内，著乎外，其隐见异同，人莫

---

① ［明］谢榛：《四溟诗话》，第 80 页。
② 同上书，第 47 页。
③ 同上书，第 94 页。
④ 同上书，第 46 页。
⑤ 同上书，第 10 页。
⑥ 同上书，第 103 页。

之辨也。熟读初唐、盛唐诸家所作,有雄浑如大海奔涛,秀拔如孤峰峭壁,壮丽如层楼叠阁,古雅如瑶瑟朱弦,老健如朔漠横雕,清逸如九皋鸣鹤,明净如乱山积雪,高远如长空片云,芳润如露蕙春兰,奇绝如鲸波蜃气,此见诸家所养之不同也。学者能集众长,合而为一,若易牙以五味调和,则为全味矣。①

从这两则诗话可见,谢榛主张学诗涵养精神意气,既认同性情意气的差异,"各有所主",又推崇"集众长而为一",标举的仍然是严羽的"第一义"妙悟观。

在论诗歌意象构成时,谢榛突出的是在"悟"的基础上实现"情景浑化"。他说:

> 诗乃模写情景之具,情融乎内而深且长,景耀乎外而远且大。当知神龙变化之妙:小则入乎微罅,大则腾乎天宇。此惟李杜二老知之。古人论诗,举其大要,未尝喋喋以泄真机,但恐人小其道尔。诗固有定体,人各有悟性。夫有一字之悟,一篇之悟,或由小以扩乎大,因著以入乎微,虽小大不同,至于浑化则一也。②

怎样实现"情景浑化"? 谢榛对情景说有三方面的重要论述:

其一,反对拘泥体例景事。谢榛说:"诗有可解、不可解、不必解,若水月镜花,勿泥其迹可也。"③他认为,诗歌的体例法度非为确定不变之规,不应该受之拘泥。"体无定体,名无定名,莫不拟斯二者,悟者得之。措词短长,意足而止;随意命名,人莫能易。所谓信手拈来,头头是道也。"他主张"当摆脱常格,复出不测之语,若天马行空,浑然无迹"④。他还主张,"写景述事,宜实而不泥乎实。有实用而害于诗者,有虚用而无

---

① [明]谢榛:《四溟诗话》,第69页。
② 同上书,第118页。
③ 同上书,第3页。
④ 同上书,第50、55页。

害于诗者。此诗之权衡也。"①他告诫"作诗不可太切"，甚至主张"诗妙在含糊"。"凡作诗不宜逼真，如朝行远望，青山佳色，隐然可爱，其烟霞变幻，难于名状；及登临非复奇观，惟片石数树而已。远近所见不同，妙在含糊，方见作手。"②不拘泥实景事迹，根据在于诗歌创作的根本是情景相融。"夫情景相触而成诗，此作家之常也。或有时不拘形胜，面西言东，但假山川以发豪兴尔。譬若倚太行而咏峨嵋，见卫漳而赋沧海，即近以徹远，犹夫兵法之出奇也。"③

其二，反对立意作诗，主张诗以兴为主。谢榛说：

> 诗有辞前意、辞后意，唐人兼之，婉而有味，浑而无迹。宋人必先命意，涉于理路，殊无思致。

> 宋人谓作诗贵先立意。李白斗酒百篇，岂先立许多意思而后措词哉？盖意随笔生，不假布置。

> 唐人或漫然成诗，自有含蕴讬讽。此为辞前意，读者谓之有激而作，殊非作者意。④

"立意作诗"病在"涉于理路，殊无思致"，而"诗以兴为主"的妙处则在于"婉而有味，浑而无迹"。谢榛认为，"诗有天机，待时而发，触物而成，虽幽寻苦索，不易得也"；"情景适会，与造物同其妙，非沉思苦索而得之也"。⑤ 他说："凡作诗，悲欢皆由乎兴，非兴则造语弗工。欢喜之意有限，悲感之意无穷。欢喜诗，兴中得者虽佳，但宜乎短章；悲感诗，兴中得者更佳，至于千言反复，愈长愈健。孰读李杜全集，方知无处无时而非兴也。"⑥"诗有天机，待时而发，触物而成"，"情景适会，与造物同其妙"，"无处无时而非兴"，这些说法，不仅揭示了"兴"的美学特征，而且明确地将

---

① ［明］谢榛：《四溟诗话》，第 22 页。
② 同上书，第 74 页。
③ 同上书，第 121—122 页。
④ 同上书，第 23 页。
⑤ 同上书，第 41、56 页。
⑥ 同上书，第 85 页。

情感确立为诗歌创作的有机主体和核心动力。

其三,主张诗语平实自然,反对雕刻之气。谢榛说:"《古诗十九首》,平平道出,且无用工字面,若秀才对朋友说家常话,略不作意。如'客从远方来,寄我双鲤鱼。呼童烹鲤鱼,中有尺素书'是也。及登甲科,学说官话,便作腔子,昂然非复在家之时。若陈思王'游鱼潜绿水,翔鸟薄天飞。始出严霜结,今来白露晞'是也。此作平仄妥帖,声调铿锵,诵之不免腔子出焉。魏晋诗家常语与官话相半;迨齐梁开口俱是官话。官话使力,家常话省力;官话勉然,家常话自然。夫学古不及,则流于浅俗矣。今之工于近体者,惟恐官话不专,腔子不大,此所以泥乎盛唐,卒不能超越魏进而追两汉也。"①谢榛的诗语主张,是对李梦阳的"真诗在民间"的呼应。主张诗语平实自然,当然是与主张"直写性情"相一致的,也是其"情景浑化"的意象理论在诗语层面的落实。

> 自然妙者为上,精工者次之,此着力不着力之分,学之者不必专一而逼真也。专于陶者失之浅易,专于谢者失之饾饤。孰能处于陶谢之间,易其貌,换其骨,而神存千古。②

> 赋诗要有英雄气象:人不敢道,我则道之;人不肯为,我则为之。厉鬼不能夺其正,利剑不能折其刚。古人制作,各有奇处,观者自当甄别。③

这两则诗话,是谢榛所标举的诗学精神的概括表达。"自然妙者为上,精工者次之",是以无法胜有法;"易其貌,换其骨,而神存千古",是师古人而不与古人同;"赋诗要有英雄气象",敢说敢为,独立担当,作诗成为诗人生命的自由无限的表现。

---

① [明]谢榛:《四溟诗话》,第66—67页。
② 同上书,第127—128页。
③ 同上书,第107页。

三、情景妙合,风格自上

后七子的代表人物之一,王世贞论诗,承续了前七子"诗写性情"的思想。他说:

> 自昔人谓言为心之声,而诗又其精者。予窃以诗而得其人,若靖节之言,淡雅而超诣;青莲之言,豪逸而自喜;少陵之言,宏奇而饶境;左司之言,幽冲而偏造;香山之言,浅率而尚达,是无论其张门户树颐颊,以高下为境,然要自心而声之,即其人亦不必征之史,而十已得其八九矣。后之人好剽写余似,以苟猎一时之好,思蹐而格襟,无取于性情之真,得其言而不得其人,与得其集而不得其时者,相比比也。①

王世贞虽然主张写诗必须要"取于性情之真","要自心而声之",但并不以"直写性情"为作诗的标的。他评判诗歌的标准,在表现性情之上,还有意象理论的标准。王世贞诗话三例:

> 剽窃模拟,诗之大病。亦有神与境触,师心独造,偶合古语者。如"客从远方来","白杨多悲风","春水船如天上坐",不妨俱美,定非窃也。其次衰览既富,机锋亦圆,古语口吻间,若不自觉。如鲍明远"客行有苦乐,但问客何行"之于王仲宣"从军有苦乐,但问所从谁",陶渊明"鸡鸣桑树颠,狗吠深巷中"之于古乐府"鸡鸣高树颠,狗吠深宫中",王摩诘"白鹭""黄鹂",近世献吉、用修亦时失之,然尚可言。②
>
> (七言律)篇法有起有束,有放有敛,有唤有应,大抵一开则一阖,一扬则一抑,一象则一意,无偏用者。句法有直下者,有倒插者,倒插最难,非老杜不能也。字法有虚有实,有沉有响,虚响易工,沉

---

① [明]王世贞:《章给事诗集序》,蔡景康(编选):《明代文论选》,第 219 页。
② [明]王世贞:《艺苑卮言》卷四,叶朗(总主编):《中国历代美学文库》明代卷(上),第 474 页。

实难至。……篇法之妙,有不见句法者;句法之妙,有不见字法者。此是法极无迹,人能之至,境与天会,未易求也。有俱属象而妙者,有俱作高调而妙者,有直下不对偶而妙者,皆兴与境诣,神合气完使之然。①

今天下人握夜光,途遵上乘,然不免邯郸之步,无复合浦之还,则以深造之力微,自得之趣寡。诗云:"有物有则。"又曰:"无声无臭。"昔人有步趋华相国者,以为形迹之外学之,去之弥远。又人学书,日临《兰亭》一贴,有规则之者云:"此从门而入,必不成书道。"然则情景妙合,风格自上,不为古役,不堕蹊径者,最也。随质成分,随分成诣,门户既立,声实可观者,次也。或名为闰继,实则盗魁,外堪皮相,中乃肤立,以此言家,久必败矣。②

在这三则诗话中,王世贞提出了"神与境触"、"兴与境诣"和"情景妙合"三个命题。这三个命题,分别以"兴"、"神"、"情"与"景"("境")关联、互动和契合,揭示了诗歌创作的发生("神与境触")、进行("兴与境诣")和诗歌意象("情景妙合")的特征。"神",即刘勰《文心雕龙》中所谓"神思",在这里特指诗歌创作的灵感,"神与境触"是指作诗灵感来自于特殊境遇的触发;"兴",这里不是指诗歌表现手法的"托物喻情",而是指诗歌创作中自始至终的情感与景物相谐调和促进的状态,因此说"皆兴与境诣,神合气完使之然";"情",即"情感"("性情"),它既是诗歌创作的原动力,又是诗歌要抒写、表现的对象,"情景妙合,风格自上",在诗歌的表现中,情感经过了创作提炼,与景物交融,而形成了情景化合的"意象"。王世贞论诗,正是以诗歌意象为标的。

值得注意的是,王世贞反对蹈袭模仿和拘泥因循,但又以实现诗歌意象的"情景妙合"或出自于诗歌创作的"神与境触"为前提,认同某些因袭古人和法度的情况,认为是"不为古役,不堕蹊径"和"师心独造,偶合

①[明]王世贞:《艺苑卮言》卷一,叶朗(总主编):《中国历代美学文库》明代卷(上),第434页。
② 同上书,第478页。

古语"。依据王世贞之论，我们可以说，诗歌评判的标准，就所使用语言和形式而言，不在于是否独创，是否因袭，而在于是否"神与境触"，"兴与境诣"和"情景妙合"。因为"神与境触"、"兴与境诣"是创作过程，多非读者可见识，因此，评判诗歌的标准就落实在"情景妙合"一条里。

诗歌意象理论，在情景两个范畴下，还包含着多组相关联或对应的概念。王世贞在评析李白、杜甫两人的诗歌时，对其中的一些概念的运用，表明了他的思考。王世贞说：

> 李杜光焰千古，人人知之。沧浪并极推尊，而不能致辨。元微之独重子美，宋人以为谈柄。近时杨用修为李左袒，轻俊之士往往傅耳。要其所得，俱影响之间。五言古、选体及七言歌行，太白以气为主，以自然为宗，以俊逸高畅为贵；子美以意为主，以独造为宗，以奇拔沈雄为贵。其歌行之妙，咏之使人飘扬欲仙者，太白也；使人慷慨激烈，欷歔欲绝者，子美也。《选》体，太白多露语率语，子美多稚语累语，置之陶、谢间，便觉伧父面目，乃欲使之夺曹氏父子位耶！五言律、七言歌行，子美神矣，七言律，圣矣。五七言绝，太白神矣，七言歌行，圣矣，五言次之。太白之七言律，子美之七言绝，皆变体，间为之可耳，不足多法也。①

在这段引文中："气"与"意"，是从诗歌创作的动力而言，"气"指"气势"、"意气"；"意"指"立意"、"意旨"。王世贞此处所论即指李杜作诗，分别以"气"或"意"为主导；"自然"与"独造"相对，可说"自然"是指创作状态的"顺情而行"，而"独造"则是追新务奇，"为宗"即指两人在创作中分别以"自然"或"独造"为原则；"俊逸高畅"和"奇拔沈雄"是指称的李杜诗作意象的不同风格。从这则诗话，我们可看见王世贞意象理论的多层面性及其解释的独到。

王世贞作为后七子中声望和影响均极显赫的文学家，在前期是特别

---

① ［明］王世贞：《艺苑卮言》卷四，叶朗（总主编）：《中国历代美学文库》明代卷（上），第466—467页。

强调学古人遵法度的。他提出："才生思，思生调，调生格。思即才之用，调即思之境，格即调之界。"①这表明，他主张格调对于才思的体现和限制作用，而诗歌的"境界"是在一定的格调中形成的。可以说，王世贞的思想是前后七子复古主义落实于格调说的集大成者。但是，因为他将才思与格调联系起来，认识到它们相互之间的内在联系，王世贞的格调主张是"探源穷本之论"，而非"拘泥于形貌求之"②。而且，王世贞在晚期表现了摆脱复古格调论而走向表现性情（"真我"）的转化。王世贞如是说：

> 先有它人，而后有我，是用于格者也，非能用格者也。彦吉之所为诗，诸体不易指屈，然大要皆和平、粹夷、悠深、隽远。铿然之音与渊然之色，不可求之耳目之蹊，而至味出于齿舌流羡之外。盖有真我而后有真诗。③

"用于格"，就是拘泥于格调，被格调束缚；"能用格"，就是以"用格"为表现性情的途径：以"真我"为前提，不为格所制约。"有真我而后有真诗"则在性情说的前提下喊出了表现"真我"的口号。④

四、意不待寻，兴情即是

谢榛的意象诗学，在明清之际陆时雍（1612—1670?）的诗论中得到了呼应。陆时雍论诗歌意象，主张"实际内欲其意象玲珑，虚涵中欲其神色毕著"⑤，是与谢榛的"情融乎内而深且长，景耀乎外而远且大"的观点一致的；他主张"诗贵真，诗之真趣，又在意似之间。认真则又死矣"⑥，也

---

① ［明］王世贞：《艺苑卮言》卷一，叶朗（总主编）：《中国历代美学文库》明代卷（上），第435页。
② 参见郭绍虞《中国文学批评史》下卷，第174页。
③ ［明］王世贞：《弇州山人四部续稿》卷五一文部，清文渊阁《四库全书》本。
④ "他在反省格调说的流变时，明确地将主格调者分成两种，一种是'先有它人而后有我'的'用于格者'，另一种是在确立自我基础上学习古人的'用格者'，从而提出了'有真我而后有真诗'的主张。"（袁行霈主编：《中国文学史（第二版）》第四卷，第71页，北京：高等教育出版社，2005年。）
⑤ ［明］陆时雍：《诗镜》，任文京、赵东岚点校，第12页，保定：河北大学出版社，2010年。
⑥ 同上书，第12页。

与谢榛的"写景述事,宜实而不泥乎实。有实用而害于诗者,有虚用而无害于诗者"之论旨意相同。但是,陆时雍对谢榛诗学的继承,着重表现于他对"以意为诗"的宋代诗学的批判。

诗文立意之说,本来是"诗言志说"的应有之义。刘勰有"立意之士,务欲造奇"(《文心雕龙·隐秀》)之说;萧统(501—531)则言:"老庄之作、管孟之流,盖以立意为宗,不以能文为本。"①刘勰、萧统的观点,并不偏重、推崇"立意"。唐代王昌龄(698—756)将"立意"作为作诗三宗旨之一。他说:"诗有三宗旨:一曰立意,二曰有以,三曰兴寄。"②杜牧(803—约852)说:"文以意为主,气为辅,以辞彩章句为之兵卫。未有主强胜而辅不飘逸者,兵卫不华赫而庄整者。"③然而,如谢榛所言,"作诗贵先立意",确是宋人的特别主张。④欧阳修说:"诗家虽率意,而造语亦难。若意新语工,得前人所未道者,斯为善也。必能状难写之景,如在目前,含不尽之意,见于言外,然后为至矣。"⑤他不仅指出"诗意在言外",而且指出"含不尽之意",这就将"立意为先"(以意为主)的两个根本原理讲出来了。

作为北宋文人的先行领袖人物,欧阳修此论对宋代文学具有纲领性意义。继他之后,"尚意"成为宋代文学的精神传统,而其领军人物就是苏轼(1037—1101)和黄庭坚(1045—1105)。苏东坡说:"诗者不可言语求而得,必将观其意焉。"⑥黄庭坚说:"诗文不可凿空强作,待境而生,便自工耳。每作一篇,先立大意。长篇须曲折三致意,乃可成章。"⑦苏黄二

① [梁]萧统:《照明太子集》卷四,《四部丛刊》景明本。
② [唐]王昌龄:《诗格》,[宋]陈应行(编):《吟窗杂绿》卷五,明嘉靖二十七年《崇文书堂》刻本。
③ [唐]杜牧:《樊川集·樊川文集》卷一三,《四部丛刊》景明翻宋本。
④ 魏庆之(约公元1240年前后在世)的《诗人玉屑》卷六《命意》一章,纪录南北宋诗文家论作诗立意(命意)语录,录有"诗以意义为主"(陈贡甫)、"须是自得他言外之意"(朱熹)、"作诗须先命意"(刘贡父)、"不尽之意见于言外"(欧阳修)等。([宋]魏庆之:《诗人玉屑》,清文渊阁《四库全书》本)
⑤ [宋]欧阳修:《欧阳修全集》,李逸安点校,第1952页,北京:中华书局,2001年。
⑥ [宋]魏庆之:《诗人玉屑》卷六,清文渊阁《四库全书》本。
⑦ [宋]胡仔:《苕溪渔隐丛话前集》卷四七,清乾隆刻本。

人的"尚意"诗学观,对宋代后世影响很大,江西诗派是受其影响的典型。[①]

我们看两则陆时雍诗话:

> 专寻好意,不理声格,此中、晚唐绝句所以病也。诗不待意,即景自成,意不待寻,兴情即是。王昌龄多意而多用之,李太白寡意而寡用之。昌龄得之椎炼,太白出于自然,然而昌龄之意象深矣。刘禹锡一往深情,寄言无限,随物感兴,往往调笑而成。"南宫旧吏来相问,何处淹留白发生","旧人惟有何戡在,更与殷勤唱渭城",更有何意索得? 此所以有水到渠成之说也。[②]

> 少陵五古,材力作用,本之汉、魏居多。第出手稍钝,苦雕细琢,降为唐音。夫一往而至者,情也;苦摹而出者,意也;若有若无者,情也;必然必不然者,意也。意死而情活,意迹而情神,意近而情远,意伪而情真。情意之分,古今所由判矣。少陵精矣刻矣,高矣卓矣,然而未齐于古人者,以意胜也。假令以《古诗十九首》与少陵作,便是首首皆意。假令以《石壕》诸什与古人作,便是首首皆情。此皆有神往神来,不至而自至之妙。太白则几及之矣。十五国风皆设为其然而实不必然之词,皆情也。晦翁说《诗》,皆以必然之意当之,失其旨矣。数千百年以来,愦愦于中而不觉者众也。[③]

陆时雍反对"立意作诗",直接批评的对象是杜甫。杜甫不仅有"诗清立意新"的诗说[④],而且宋人评杜诗也多以"立意"论之。洪迈(1123—1202)说:"杜公诗命意用事,旨趣深远,若随口一读,往往不能晓解。"[⑤]这是较有代表性的一个说法。陆时雍批杜甫,实际上是批宋人以意论诗的宗主,但根本针对的还是宋人诗学。这里有两点值得注意。其一,"诗不待

---

① 参见郭绍虞《中国文学批评史》上卷,第 366—370 页。
② [明]陆时雍:《诗镜》,第 12 页。
③ 同上书,第 9 页。
④ [唐]杜甫(撰),[宋]王洙(注):《分门集注杜工部诗》卷五,《四部丛刊》景宋本。
⑤ [宋]洪迈:《容斋随笔》卷六,清修明崇祯马元调刻本。

意,即景自成,意不待寻,兴情即是"。这是反对将"作诗"与"立意"分为先后轻重,明确指出作诗无须"立意""寻意",而是"即景自成""兴情即是",即将诗歌创作完全确定为情景相触而发之事。其二,"意死而情活,意迹而情神,意近而情远,意伪而情真"。这样明确地将"意"和"情"对立起来,目的在于强调"情"在诗中的本体价值;用"活""神""远"和"真"定义"情",不仅是对"情"的自发性、本然性的标举,而且也是从"情"的范畴定义诗歌意象。

陆时雍将之与"情"相对之"意",就是黄庭坚所谓"诗词高胜要从学问中来"的"意"(《苕溪渔隐丛话前集》卷四七),而非严羽所为"不涉理路,不落言筌"的"意"。[1] 换言之,前者是与意象分离(意象之外)的概念,后者是情景交融(情景不分)的意蕴。"意不待寻,兴情即是",陆时雍实际上是以情代意。由此可以说,在明代后期情感主义的语境中,陆时雍将意象理论完全情感化了。

第三节　性情论对道学的剥离

一、诗文只是直写胸臆

出于对前后七子复古主义的反拨,嘉靖年间又有唐宋派的文学主张出现。唐宋派本来也是复古主义的主张,但是与前后七子"文必秦汉、诗必盛唐"不同,主张宗崇唐宋诗文。唐宋派不满于前后七子,在于他们模仿剽袭。唐宋派代表人物归有光(1506—1571)说:

> 夫诗之道,岂易言哉!孔子论乐,必放郑、卫之声,今世乃惟追章琢句,模拟剽窃,淫哇浮艳之为工,而不知其所为,敝一生以为之,徒为孔子之所放而已。今先生率口而言,多民俗歌谣,悯时忧世之语,盖大雅君子之所不废者。文中子谓:"诸侯不贡诗,天子不采风,

---

① [宋]严羽:《沧浪诗话校释》,第26页。

乐官不达雅,国史不明变,斯已久矣,诗可以不续乎?"盖《三百篇》之后,未尝无诗也。不然,则古今人情无不同,而独于诗有异乎? 夫诗者,出于情而已矣。①

归有光主张"诗出于情而已",并以"古今人皆有情"("古今人情无不同"),推导出"今人当有今人之诗"("三百篇之后,未尝无诗也"),这就是倡导"主情"的诗学。这个主张,其实并不与前后七子的观念根本矛盾;相反,它实际是与李梦阳的"真诗在民间"和王世贞的"有真我而后有真诗"是相呼应的。进而言之,前后七子与唐宋派,虽然有宗秦、汉、盛唐与宗唐宋的殊途,但是在归宗于"性情"上,是一致的。

唐顺之(1507—1560)是唐宋派的另一代表人物。关于"有法无法"的争论,他有这样的论说:"汉以前之文,未尝无法,而未尝有法,法寓于无法之中,故其为法也,密而不可窥。唐与近代之文,不能无法,而能毫厘不失乎法,以有法为法,故其为法也严而不可犯。密则疑于无所谓法,严则疑于有法而可窥,然而文之必有法,出乎自然而不可易者,则不容异也。且夫不能有法,而何以议于无法? 有人焉见夫汉以前之文,疑于无法,而以为果无法也,于是率然而出之,决裂以为体,饾饤以为词,尽去自古以来开阖首尾经纬错综之法,而别为一种臃肿侜涩浮荡之文。其气离而不属,其声离而不节,其意卑,其语涩,以为秦与汉之文如是也,岂不犹腐木湿鼓之音,而且诧曰:吾之乐合乎神。呜呼! 今之言秦与汉者纷纷是矣,知其果秦乎汉乎否也?"②

在唐顺之看来,秦汉文与唐宋文,均是有法之文;两者的差别不在于"有法"与"无法",而在于秦汉文"法寓于无法之中,故其为法也,密而不可窥",而唐宋文"以有法为法,故其为法也严而不可犯"。换言之,唐宋文所依之法体现为"严",即具有体例格调上的相对确定的规定性;而秦汉文所依之法体现为"密",即法度融合在语句文章之中。他反对宗秦汉

---

① [明]归有光:《沈次谷先生诗序》,蔡景康(编选):《明代文论选》,第153页。
② [明]唐顺之:《董中峰侍郎文集序》,蔡景康(编选):《明代文论选》,第160—161页。

者作文,因为秦汉文之法"密不可见",就以为作文无须有法,"尽去自古以来开阖首尾经纬错综之法,而别为一种臃肿僻涩浮荡之文"。值得注意的是,唐顺之既反"无所谓法"也反对"有法可窥",前者否定"文必有法",后者拘泥于法度。他的反对态度引文中从两"疑"字见出:"密则疑于无所谓法,严则疑于有法而可窥,然而文之必有法,出乎自然而不可易者,则不容异也。"

唐顺之论文法的核心在于将文法立于自然的基础上,即所谓"文之必有法,出乎自然而不可易者"。他以管乐原理作比喻说:"喉中以转气,管中以转声。气有湿而复畅,声有歇而复宣。阖之以助开,尾之以引首;此皆发于天机自然,而凡为乐者,莫不能然也。最善为乐者,则不然。其妙常在于喉管之交,而其用常潜乎声气之表。气转于气之未湮,是以湮畅百变而常若一气;声转于声之未歇,是以歇宣万殊而常若一声。使喉管声气融而为一,而莫可以窥,盖其机微矣。然而其声与气之必有所转,而所谓开阖首尾之节,凡为乐者,莫不皆然者,则不容异也。使不转气与声,则何以为乐? 使其转气与声而可以窥也,则何以为神?"[①]

管乐法度的根本是"属于天机自然"的"阖之以助开,尾之以引首",在管乐演奏中,只有依法度进行声气转换,才能吹奏出音乐;但是如果所依法度显然可见,则只是普通乐工的水平,高水平的演奏要达到"神"的境界:"使喉管声气融而为一,而莫可以窥,盖其机微矣。"这个"神"(机微)的境界,当然是"有法而无法"的境界,也就是唐氏所说"时出新意于绳墨之余,盖其所自得而未尝离乎法"。[②]

"自然"范畴,是中国美学的核心范畴之一,内涵非常丰富。唐顺之文论的"自然",是以"性情"为标的的。所以,他同时又主张作文的"本色说"。他说:

　　盖谓学者先务,有源委本末之别耳。……今有两人,其一人心地超然,所谓具千古只眼人也,即使未尝操纸笔呻吟,学为文章,但

---

① ② [明]唐顺之:《董中峰侍郎文集序》,蔡景康(编选):《明代文论选》,第161页。

直抒胸臆，信手写出，如写家书，虽或疎卤，然绝无烟火酸馅习气，便是宇宙间一样绝好文字；其一人犹然尘中人也，虽其专专学为文章，其于所谓绳墨布置，则尽是矣，然翻来覆去，不过是这几句婆子舌头语，索其所谓真精神与千古不可磨灭之见，绝无有也，则文虽工而不免为下格。此文章本色也。即如以诗为谕，陶彭泽未尝较声律，雕句文，但信手写出，便是宇宙间第一等好诗。何则？其本色高也。自有诗以来，其较声律，雕句文，用心最苦而立说最严者，无如沈约，苦却一生精力，使人读其诗，只见其捆缚龌龊，满卷累牍，竟不曾道出一两句好话。何则？其本色卑也。本色卑，文不能工也，而况非其本色者哉？①

依唐顺之之论，诗文的源本是本色，而体例法度只是诗文的枝末。作者的本色高，诗文格调就高，即使没有学习写作，"但直抒胸臆，信手写出……便是宇宙间一样绝好文字"；作者的本色低，诗文格调就低，即严守法度，刻苦雕琢，"不过是这几句婆子舌头语，索其所谓真精神与千古不可磨灭之见，绝无有"。唐顺之的"本色说"，是与本章第一节所述宋濂的"养气说"相传承的。宋濂说："圣贤之道充乎中，着乎外，形乎言，不求其成文而文生焉者也。不求其成文而文生焉者，文之至也。"②唐宋两人论文，都主张作者精神意气的充实超越。但是，宋濂主张"为文必在养气"，其"气"的核心是传统儒家之道，"养气"就是让"圣贤之道充乎中"，其道学意识是明显的；唐顺之主张"本色"为诗文的根本源泉，并没有限定于道学体系，而是更广泛地从作者的"涵养蓄聚之素"来论"本色"。他认为，儒、道、墨、法、阴阳诸家，各家有各家的本色（"莫不皆有一段千古不可磨灭之见"），各家只为自家的本色而言。"其所言者，其本色也。是以精光注焉，而其言遂不泯于世。"③

---

① ［明］唐顺之：《答茅鹿门知县二》，蔡景康（编选）：《明代文论选》，第 162 页。
② ［明］宋濂：《文说赠王生黼》，蔡景康（编选）：《明代文论选》，第 19 页。
③ ［明］唐顺之：《答茅鹿门知县二》，蔡景康（编选）：《明代文论选》，第 161 页。

　　明代诗学，从宋濂论提出"诗乃吟咏性情之具"到李梦阳提出"夫诗本性情之发者也"，是一变。"诗吟咏性情"来源于汉代儒家诗学经典《毛诗序》。"国史明乎得失之迹，伤人伦之废，哀刑政之苛，吟咏性情，以风其上，达于事变而怀其旧俗者也。故变风发乎情，止乎礼义。发乎情，民之性也；止乎礼义，先王之泽也。"①"发乎情，止乎礼义"，限定了"吟咏性情"的儒家道学原则，实际上就是"以理节情"。宋濂说："诗乃吟咏性情之具，而所谓《风》、《雅》、《颂》者，皆出于吾之一心，特因事感触而成，非智力之所能增损也。"②宋濂所谓"性情"，实质上就是儒家经典所涵蕴的千古不变的"道义"。李梦阳说："今真诗乃在民间。……故真者，音之发而情之原也，非雅俗之辩也。"③李梦阳所谓"性情"，是以"真"为核心的人的现实情感。"性情之具"与"性情之发"的区别是传统道学诗歌观与明代情感说诗歌观的区别。

　　在李梦阳之后，唐顺之提出"诗文一事，只是直写胸臆"，这是明代诗学的又一变。唐顺之说：

　　　　近来觉得诗文一事，只是直写胸臆，如谚语所谓开口见喉咙者，使后人读之，如真见其面目，瑜瑕俱不容掩，所谓本色，此为上乘。扬子云闪缩谲怪，欲说不说，不说又说，此最下者。其心术亦略可知。④

唐顺之此说，是对性情论诗学的突破扩张之论。李梦阳"性情之发"，申明的是以"性情"为诗歌的本原，它的焦点是"真"；唐顺之的"直写胸臆"，是在"性情之发"的前提下，由"真"而"直"，即主张性情表现的自主性和

---

① [汉]毛亨撰，[汉]郑玄笺，[唐]孔颖达疏：《毛诗注疏》卷一，阮元刻《十三经注疏》本。引文"性情"，原作"情性"，据明津逮秘书本《诗序·大序》改。南朝钟嵘《诗品·序》有"气之动物，物之感人；故摇荡性情，形诸舞咏"，同时代的刘勰《文心雕龙》"性情"和"情性"兼用。唐朝孔颖达《毛诗注疏·诗谱序》有"乐之所起，发于人之性情；性情之生，斯乃自然而有"之说。为就通用之便，本书采用"吟咏性情"。
② [明]宋濂：《答章秀才论诗书》，蔡景康(编选)：《明代文论选》，第10页。
③ [明]李梦阳：《诗集自序》，叶朗(总主编)：《中国历代美学文库》明代卷(上)，第158页。
④ [明]唐顺之：《与洪方洲书》，蔡景康(编选)：《明代文论选》，第168页。

直接性。李梦阳的性情说仍然是以《毛诗序》"诗有六义"为纲领（"诗有六义，比兴要焉。"），并没有主动突破儒家诗学伦理的框束。唐顺之的"直写胸臆说"，主张作诗要"开口见喉咙"，阅读效果是"如真见其面目"，而评价标准是"瑜瑕俱不容掩，所谓本色，此为上乘"。"只是直写胸臆"，"本色为上乘"，这样的诗学观显然从主题和形式上都提出了突破儒家诗学原则的主张。

二、诗是性灵之所寄

继归有光、唐顺之之后，焦竑（1541—1620）和屠隆（1542—1605）以相对温和的面目，推进了情感本色论的文学观。

焦竑论诗文，仍以道为本源，他说："世无舍道而能成文者也。无论言必称先王，学必窥原本，即巧如承蜩，捷如转丸，甘苦徐疾，如斫轮运斤，亦必有进于技者。技岂能自神哉？技进于道，道载于经，而谓舍经术而能文，是舍泉而能水，舍燧而能火，舍日月而能明，无是理也。"①在"原道"的思想前提下，焦竑主张诗文"以实为胜"：

> 故性命事功其实也，而文特所以文之而已。惟文以文之，则意不能无首尾，语不能无呼应，格不能无结构者也，词与法也，而不能离实以为词与法也。《六经》、四子无论已，即庄、老、申、韩、管、晏之书，岂至如后世之空言哉！庄、老之于道，申、韩、管、晏之于事功，皆心之所契，身之所履，无丝粟之疑，而其为言也，如倒囊出物，借书于手，而天下之至文在焉，其实胜也。②

焦竑的"文以实胜论"，显然受到南朝刘勰的《文心雕龙》论文质关系的影响。刘勰说："圣贤书辞，总称文章，非采而何！夫水性虚而沦漪结，本体实而花萼振：文附质也"；"夫以草木之微，依情待实；况乎文章，述志为本，言与志反，文岂足征"。（《文心雕龙·情采》）当注意的是，刘勰有

① ［明］焦竑：《刻两苏经解序》，蔡景康（编选）：《明代文论选》，第247页。
② ［明］焦竑：《与友人论文》，蔡景康（编选）：《明代文论选》，第244页。

"研味李[孝]老,则知文质附乎性情;详览庄韩,则见华实过乎淫侈"之说,即推崇《孝经》《老子》的平实文风,贬责庄子、韩非子文章的"藻饰""绮丽";焦竑却认为无论《六经》、孔孟,还是庄韩诸子之文,即为天下之至文,均非空言,"皆心之所契,身之所履,无丝粟之疑,而其为言也,如倒囊出物"。焦竑之论,表明他用了比刘勰更具有包含性的观念来看待文质关系,而不是据于儒家的"文附质说"。他说:

> 孔子曰:"夫言岂一端而已。"言者心之变,而文其精者也。文而一端,则鼓舞不足以尽神,而言将有时而穷。《易》有之:"物相杂曰文。"相杂则错之综之,而不穷之用出焉。①

在焦竑对孔子文论的引申阐述中,"言非一端"、"相杂成文",不仅是主张广采博取的开放的文学观,即所谓"相杂则错之综之,而不穷之用出焉";而且也是在"言者心之变,而文其精者也"的立场上主张诗文表现的个性化和自由。焦竑说:

> 诗也者,率其自道所欲言而已,以彼体物指事,发乎自然,悼逝伤离,本之襟度,盖悲喜在内,啸歌以宜,非强而自鸣也。以故二《南》无分音,列国无辨体,两《雅》可小大而不可上下,三《颂》可今古而不可选择,异调同声,异声同趣,邈哉旨远矣。岂可谓瑟愈于琴,琴愈于磬,磬愈于柷圉,而辄差等之哉?
>
> 古贤豪者流,隐显殊致,必欲泄千年之灵气,勒一家之奥言,错综《雅》《颂》,出入古今,光不灭之名,扬未显之蕴,乃其志也。倘如世论,于唐则推初盛而薄中晚,于宋又执李、杜而绳苏、黄,植木索涂,缩缩焉循而无敢失,此儿童之见,何以伏元和、庆历之强魄也。②

"诗也者,率其自道所欲言而已",就否定了以固定单一的标准衡量要求诗文的原则,这正如乐器有不同的音质,而不能彼此论优劣。"错综

---

① [明]焦竑:《文坛列俎序》,蔡景康(编选):《明代文论选》,第246页。
② [明]焦竑:《竹浪斋诗集序》,蔡景康(编选):《明代文论选》,第251页。

《雅》《颂》，出入古今"，目的不在于师古拟古，而是表现性情。他说："古之立言者，皆卓然有所自见，不苟同于人，而惟道之合，故能成一家之言，而有所讬以不朽。"①

焦竑的文学观，是明确针对于当时文学的复古拟古及其虚弱矫饰风格的。对于当时的"缩缩焉循而无敢失"的文风，他有一段尖锐的批评：

> 夫词非文之急也，而古之词，又不以相袭为美。《书》不借采于《易》，《诗》非假途于《春秋》也。至于马、班、韩、柳，乃不能无本祖，顾如花在蜜，药在酒，始也不能不藉二物以贻之。而脱弃陈骸，自标灵采，实者虚之，死者活之，臭腐者神奇之，如光弼入子仪之军，而旌旗壁垒皆为色变，斯不为善法古者哉。②

蜜与酒的生成，须以花与药为元素，但是，蜜与酒不复同于花、药。李光弼和郭子仪均为唐时将领。安绿山叛乱，汉人郭子仪受命率军平叛，将契丹人李光弼部纳为部属，即所谓"旌旗壁垒皆为色变"。善师古者，当如蜜出于花、酒出于药；而非"光弼入子仪之军"，即要从古出我，而非我泯于古。"脱弃陈骸，自标灵采，实者虚之，死者活之，臭腐者神奇之"，才是师古的正途，作文的"急要"。

刘勰的"情采篇"的主旨是主张"为情造文"，反对"为文造情"。他说："昔诗人什篇，为情而造文；辞人赋颂，为文而造情。何以明其然？盖风雅之兴，志思蓄愤，而吟咏情性，以讽其上，此为情而造文也；诸子之徒，心非郁陶，苟驰夸饰，鬻声钓世，此为文而造情也；故为情者要约而写真，为文者淫丽而烦滥。"（《文心雕龙·情采》）焦竑的诗学观显然是由刘勰这一主张源出。焦竑说：

> 古之称诗者，率羁人怨士，不得志之人，以通其郁结，而抒其不平，盖《离骚》所从来矣。岂诗非在势处显之事，而常与穷愁困悴者

---

① ［明］焦竑：《刻苏长公诗集序》，蔡景康（编选）：《明代文论选》，第248页。
② ［明］焦竑：《与友人论文》，蔡景康（编选）：《明代文论选》，第245页。

直邪？诗非他,人之性灵之所寄也。苟其感不至,则情不深,情不深,则无以惊心而动魄,垂世而行远。①

刘勰所谓"风雅之兴,志思蓄愤,而吟咏情性,以讽其上",焦竑所谓"常与穷愁困悴者直邪？诗非他,人之性灵之所寄也",两说大意相似,但主旨不同。"志思蓄愤"与"穷愁困悴"的内涵是不一样的;"吟咏情性,以讽其上"与"人之性灵之所寄"的目的也不同。刘勰的诗学观仍然是"发乎其、止乎礼义"的"风人之旨",所以其"吟咏性情"是"要约写真";焦竑的诗学观则主张诗歌为情感(性灵)的直率抒发("常与穷愁困悴者直"),要写至感深情,而给读者"惊心动魄"的影响。焦竑的诗学观直接影响了后来袁宏道的"性灵说"。

三、性情以可喜为要

与焦竑同时的屠隆,也发主性情、倡自我之说。屠隆说:"夫诗由性情生者也。诗自《三百篇》而降,作者多矣,乃世人往往好称唐人,何也？则其所托兴者深也。非独其托兴者深也,谓其犹有风人之遗也。非独谓其犹有风人之遗也,则其生乎性情者也。"②唐诗之妙处,在于"托兴者深";"托兴者深",是《诗经》以来的"风"的传统;"风"的传统的根本,就是"诗生乎性情者也"。屠隆此论,递进循环,其宗旨就在于强调主张诗以"性情"为本体。

以"诗主吟咏、抒性情"立论,屠隆也主张"古诗多在兴趣",将有无"兴趣"作为诗歌高下的基本准则。他说:

唐人长于兴趣,兴趣所到,固非拘挛一途。且天地山川风云草木止数字耳,陶铸既深,变化若鬼,即不出此数字,而起伏顿挫,回合正变,万状错出,悲壮沉郁,清空流利,迥乎不齐,而总之协于官商,娴于音节,固琅然可诵也。子徒以其琅然可诵也,而谓一切工致已

---

① [明]焦竑:《雅娱阁集序》,蔡景康(编选):《明代文论选》,第245—246页。
② [明]屠隆:《唐诗品录选释断序》,蔡景康(编选):《明代文论选》,第263页。

尔,唐人不又称大冤乎?诚如子云,诗道不已杂乎?诗者非他,人声韵而成诗,以吟咏写性情者也。固非搜隐博古,标异出奇,旁通俚俗,以炫耀恢诡者也。①

屠隆讲"唐人长于兴趣",是承接严羽的"兴趣说"。严羽说:"诗者,吟咏情性也。盛唐诸人惟在兴趣,羚羊挂角,无迹可求。"②两人都以"性情(情性)"为诗之本体,而且都以"兴趣"为唐诗之长。但是,严羽的"兴趣",是一种"不落言筌的妙悟"的产物,其意象特征是"透彻玲珑,不可凑泊……言有尽而意无穷";屠隆的"兴趣",是"陶铸既深"的产物,它的意象特征是"起伏顿挫,回合正变,万状错出,悲壮沉郁,清空流利,迥乎不齐"。两相比较,我们可以说,严羽的"兴趣"是"性情"的妙悟,即超越;屠隆的"兴趣"是"性情"的陶铸,即深厚。

屠隆的诗学观,主性情说,其特点在于主张诗歌表现性情的变化与个性。他说:"造物有元气,亦有元声,钟为性情,畅为音吐,苟不本之性情而欲强作,假设如楚学齐语、燕操南音、梵作华言,鸦为鹊鸣,其何能肖乎?故君子不务饰其声,而务养其气,不务工其文字,而务陶其性情,古之人所以藏之京师,副在名山,金函玉箧,明月齐光者,非其文传,其性情传也。"③屠隆所言"非其文传,其性情传也",与焦竑的"天下之至文在焉,其实胜也"(《与友人论文》)和刘勰的"述志为本,言与志反,文岂足征"(《文心雕龙·情彩》)两说相接近,三者都主张"文本于质"。但是,焦竑的"质"是"性命事功其实也",刘勰的"质"是"吟咏性情,以讽其上"的"志",屠隆的"质",却是"鸦不鹊鸣"的"性情"。屠隆申张个性的主张,在另一则诗话中说得很清楚:

文章只要有妙趣,不必责其何出;只要有古法,不必拘其何体。语新而妙,虽出己意自可,文袭而庸,即字句古人亦不佳。杜撰而都

---

① [明]屠隆:《与友人论诗文》,蔡景康(编选):《明代文论选》,第260页。
② [宋]严羽:《沧浪诗话校释》,第26页。
③ [明]屠隆:《诗文》,蔡景康(编选):《明代文论选》,第268—269页。

无意趣，乃忌自创；摹古而不损神采，乃贵古法。元美每以体格卑山人孙太初，不知孙风致自翩翩可喜。①

主张"妙趣"、"己意"、"风致"，而不拘"何出"、"体格"和"字句"，以"神采"辨"古法"，都表明屠隆主张"性情说"非是沿袭旧说泛议，而是专注于"性情"的"非法"、"非体"的直觉和个性特征。

屠隆倡导性情的个性发扬，明确反对因袭依傍。他说："夫文不程古，则不登于上品；见非超妙，则傍古人之藩篱而已。壮夫者禀灵异之气，挺秀拔之姿，竭生平才智以从事文章家，乃不能高足远览，洞幽极玄，以特立千百载之下，与古人并驱而前，分道而抗旌，而徒傍人藩篱，拾人咳唾，以为生活。彼古人且奴视之曰：是为我负担而割裂我者。"②屠隆反对"傍人藩篱，拾人咳唾"，他认为师法古人（"程古"），是要得古人"高足远览，洞幽极玄"的"神采"，"与古人并驱而前，分道而抗旌"。他认为，达到这样的境界就是"自得"。"吾文即非古，然何者而非自得？而徒咕咕仿古自喜也！"③

将"自得"与"仿古"相对立，这是屠隆的性情诗学观很明确的意识，在此意识下，他主张"诗文随世而递进"的观念。他说：

> 诗之变随世递迁，天地有劫，沧桑有改，而况诗乎？善论诗者，政不必区区以古绳今，各求其至可也。论汉、魏者，当就汉、魏求其至处，不必责其不如《三百篇》；论六朝者，当就六朝求其至处，不必责其不如汉、魏……宋诗河汉不入品裁，非谓其不如唐，谓其不至也。如必相袭而后为佳，诗止《三百篇》，删后果无诗矣？至我明之诗，则不患其不雅，而患其太袭；不患其无辞采，而患其鲜自得也。夫鲜自得，而不至也。即文章亦然，操觚者不可不虑也。④

---

① ［明］屠隆：《论诗文》，蔡景康（编选）：《明代文论选》，第 269 页。
② ［明］屠隆：《文论》，蔡景康（编选）：《明代文论选》，第 257—258 页。
③ ［明］屠隆：《文论》，蔡景康（编选）：《明代文论选》，第 258 页。
④ ［明］屠隆：《论诗文》，蔡景康（编选）：《明代文论选》，第 270—271 页。

一代诗文的品质优劣,在于能否"各求其至"。"自得"就是"至",因此,评判诗文的根本标准,就在于是否表现了各自时代的深厚独特的性情,这就是"非其文传,其性情传也"之宗旨。

然而,屠隆以"自得即至"申张性情说的个性原则,虽然是从时代和个人的两个向度都将"吟咏性情"确立在个性基础上,但并不是主张纯粹的情感自然主义,仍然在明代格调派的范畴中。屠隆的"格调派"意识,在如下一则诗话中表达得很充分,是其诗学观的代表之说:

> 夫性情有悲有喜,要之乎可喜矣。五音有哀有乐,和声能使人欢然而忘愁,哀声能使人凄怆恻恻而不宁。然人不独好和声,亦好哀声,哀声至于今不废也,其所不废者可喜也。唐人之言,繁华绮丽,悠游清旷,盛矣。其言边塞征戍离别穷愁,率感慨沉抑,顿挫深长,足动人者,即悲壮可喜也。读宋而下诗则闷矣,其调俗,其味短,无论哀思,即其言愉快,读之则不快,何也?《三百篇》博大,博大则诗;汉、魏雄浑,雄浑则诗;唐人诗婉壮,婉壮则诗。彼宋而下何为,诗道其亡乎。①

"可喜"的标准是什么?"《三百篇》博大"、"汉、魏雄浑"、"唐人诗婉壮",这些风格,就是"可喜"的标准。要达到这样的风格,当然不是自然情感的吐露,而是在"陶铸性情"之后的"自得"。因此,屠隆论诗文,主张"性情"和"自得",但并没有脱离前后七子的格调论。②

韩愈说:"夫和平之音淡薄,而愁思之声要妙;欢愉之辞难工,而穷苦之言易好也。是故文章之作,恒发于羁旅草野。至若王公贵人气满志得,非性能而好之,则不暇以为。"③韩愈此说,要义在于"愁思"、"穷苦"相比于"和平"、"欢愉",是人生中更真切深刻的感情,因此出于前者的声音

---

① [明]屠隆:《唐诗品录选释断序》,蔡景康(编选):《明代文论选》,第263页。
② 郭绍虞说:"这是他《由拳集》中的文字,所以扬唐抑宋,仍是格调之说,然而他的解释已与他人不同。"(《中国文学批评史》下卷,第184页)
③ [唐]韩愈撰,[宋]廖莹中注:《东雅堂昌黎集注》卷二七,清文渊阁《四库全书》本。

文字,就比后者更具有感染力,更能获得认同;换言之,韩说旨在于申明诗文情感的真实性的价值。屠隆讲"夫性情有悲有喜,要之乎可喜矣",其中"可喜",是指要产生审美欣赏的积极效果,要被审美认同和赞赏。屠隆此说是对韩韩之说的美学提炼,韩愈的"悲感易好说",只讲到情感本身的感染力,屠隆的"悲喜之要在可喜说",则揭示了悲喜情感在诗文中的力量必须经过艺术的转化、提升,成为"可喜"之情。

第二章　明代美学开端(下)：意与形

第一节　对重意轻形观念的反拨

一、心目师华山

　　明代绘画,在总体上是反元复宋,从元代文人画的"写意"精神,逆转到宋代院体画的"尚技崇法"精神,从而表现出复古主义的趋向。这复古的趋向,不仅是明王朝统治者施行的"去元复宋"的政治压力的结果,而且也是明代绘画在商品经济发展背景下的职业化转型的结果。因此,我们看到,不仅以戴进(1388—1462)为代表的、具有院体画背景的浙派绘画,而且以"明四家"①为代表的、禀承文人画传统的吴派绘画,都共同表现出这复古的趋向。美国学者方闻指出："整个 15 世纪,明代画家们沿袭宋元山水画风格,并没有出现什么理论纷争。院体的和浙派的职业画家擅长用南宋墨染传统,将作品的写实性雄伟感与技巧的完美程度引向了新的高峰。吴派的文人画家承续本地元末隐逸画家的书法性用笔,在

---

① 明四家,又称吴门四家,指明代最具代表性的沈周(1427—1509)、唐寅(1470—1523)、文徵明(1470—1559)和仇英(1498—1552)四位画家。

发扬光大中追求自制与天然这些为文人士大夫所重视的特性。"①这虽然只是概括明代上半叶的绘画状态,但正如这个时期包括了明代最具代表性的画家戴进和明四家诸人,这个状态也代表了明代绘画的整体风貌。

在反元复宋的画风转变中,早期明代绘画有一个从精神上舍南宋而归北宋的进程。宫廷画家郭纯(1370—1444)擅长于作"山水布置茂密"的图画,这种画风为明成祖朱棣(1360—1424)"最爱"。有人将南宋夏珪(生卒年不详)、马远(1190—1279)之画论郭画,朱棣不以为然,斥马夏之画说:"是残山剩水,宋僻安之物也,何取焉?"②所谓"残山剩水"的构成,是指马夏绘画中所表现的清旷疏寂的南宋画风。"很清楚,作为复兴的帝国象征,明代院体山水画必须以茂郁取代空旷,以雄劲取代疏简,以繁华取代幽逸。"③

这种追求"茂密""繁华"的院体画画风,显然也影响到了非宫廷绘画。业余文人画家王履(约 1332—1391)"画师夏圭,行笔秀劲,布置茂密"④。"行笔秀劲"可说得夏圭遗风;"布置茂密"却是反"残山剩水"的"帝国象征"。行医出身的王履在约 50 岁左右登上华山,自然的奇险峻逸给予他强烈的震撼,改变了他的绘画观。在一封书信中,王履自述说:"余自少喜画山,模拟四五家余三十年,常以不得逼真为恨。及登华山,见奇秀天出,非模拟者可模拟,于是屏去旧习,以意匠就天则,出之虽未能造微,然天出之妙,或不为诸家畦径所束。虽然李思训果孰授欤? 有病余不合家数者,则对曰:只可自怡,不堪持赠。"⑤

王履在华山上,"以纸笔自随,遇胜则貌"⑥;其后,以半年时间完成了总计 40 幅绘画的《华山图》画册。他谈自己创作《华山图》意旨说:

---

① [美]方闻:《心印:中国书画风格与结构分析研究》,李维琨译,第 175—176 页,西安:陕西人民出版社,2004 年。
② [明]叶盛:《水东日记》卷三,清康熙刻本。
③ [美]方闻:《心印:中国书画风格与结构分析研究》,第 154 页。
④ [明]陈继儒:《书画史》,明宝颜堂秘籍本。
⑤ [清]卞永誉:《式古堂书画录考》卷三六,清文渊阁《四库全书》本。
⑥ [明]王履:《始入山至西峰记》,[清]卞永誉:《式古堂书画录考》卷三六。

图传神，记志事，诗道性情，此三者所以不能已于太华之游也。太华天下名山之冠也，故古人以得游为快，以不得游为恨。余也恨于昔而快于今，可无图欤？无记欤？无诗欤？备三者矣，叙者谁耶？夫叙，叙其实也。文而弗游，将以余为诞；游而弗文，异乎吾之所得，故复自叙，以待其人。志山者曰：山高五千仞，直上四十里。余之登也，但知喘息，随之数步一息而已，计其几仞几里？又曰：凡峰岩洞谷池潭台殿井坛之属之著者，逾百余之览也。当世远事殊地荒人散之后，知名不面，见面迷名，又安能尽把其胜，以全其所快？虽然，神会心得，固不在于无遗也。故秀而不可不图者，图之不以无名而弃；常而可以不图者，已之不以有名而取夫，然其不谓之神会心得矣夫。①

王履明确主张绘画的本质和宗旨，在于"图传神"；所见华山景致，图绘与否，以"神会心得"为取舍标准。他批评以名取景的绘画作风，"知名不面，见面迷名"，指的就是作画者依赖和受束于既往画家的成规之作，不能以自我的观察体验为作画的基础。"不以无名而弃"、"不以有名而取"，就是要在切实观察的"神会心得"基础上描绘景物。他的《华山图序》系统地阐发了这个思想，下面我们具体解析此文。

画虽状形，主乎意。意不足，谓之非形可也。虽然，意在形，舍形何所求意？故得其形者，意溢乎形，失其形者，形乎哉！画物欲似物，岂可不识其面？古之人之名世，果得于暗中摸索耶？彼务于转摹者，多以纸素之识是足而不之外，故愈远愈伪，形尚失之，况意？苟非识华山之形，我其能图耶？既图矣，意犹未满。由是存乎静室，存乎行路，存乎床枕，存乎饮食，存乎外物，存乎听音，存乎应接之隙，存乎文章之中。一日燕居，闻鼓吹过门，怵然而作曰："得之矣夫。"遂麾旧而重图之。斯时也，但知法在华山，竟不知平日之所谓

---

① ［明］王履：《游华山图记诗序》，［清］卞永誉：《式古堂书画录考》卷三六。

家数者何在。①

王履这段话,显然是针对元代文人画家对"写意"的过度强化而发。明代画家倪瓒说:"以中每爱余画竹。余之竹聊以写胸中逸气耳,岂复较其似与非,叶之繁与疏,枝之斜与直哉? 或涂抹久之,他人视以为麻为芦,仆亦不能强辩为竹,真没奈览者何! 但不知以中视为何物耳。"②为抒发"胸中逸气"(超尘绝俗的精神),画家无须顾及绘画是否与原型相似,倪瓒这样的绘画主张,在元代晚期绘画中,是很有代表性的。王履所要反对的,正是这种"以意舍形"的绘画观。他主张"图传神",也认为绘画要以意为主,"意"得不到充分的表现,"形"的描绘也就未得完成("意不足,谓之非形可也")。但是,他又认为,"意在形",离开了形,失其形似,"意"也无可表现。在"意"和"形"的矛盾关系中,王履主张辩证统一地看待二者。

不仅如此,王履还指出,画物必须缘于亲自实地观察原物,不能止于"纸素之识"("画物欲似物,岂可不识其面");缺少对原物的实地观察,临摹前人作的结果是"愈远愈伪","形"的真实性丧失了,"意"也得不到表现。换言之,王履认为,绘画的"形"必须以客观自然的真实性为前提,他画华山,根据于他对华山的"形"的实地考察和直接感知。"苟非识华山之形,我其能图耶?"

在这段话中,王履描述了他画华山的二度创作过程:在初稿完成之后,经历一段时间的生活、阅读,以新的感识再度酝酿和提炼画作,在新灵感来临之际重新作画("麾旧而重图之")。这时的创作,是"神会心得"的高度提炼的结果,是我与物、意与形高度统一的结晶;画家的意识也超越了他既有的知识技能("平日之所谓家数"),惟有形意一体的"华山意象"。王履在二度创作的前提下提出"但知法在华山",就是提出了一个比自然模仿论更高层次的命题。

---

① [明]王履:《华山图序》,叶朗(总主编):《中国历代美学文库》明代卷(上),第 24 页。
② [明]倪瓒:《清閟阁遗稿》卷一一,明万历刻本。

> 夫家数因人而立名,既因于人,吾独非人乎?夫宪章乎既往之迹者谓之宗。宗也者,从也,其一于从而止乎?可从,从,从也;可违,违,亦从也。违果为从乎?时当违,理可违,吾斯违矣。吾虽违,理其违哉!时当从,理可从,吾斯从矣。从其在我乎?亦理是从而已焉耳。谓吾有宗欤?不拘拘于专门之固守;谓吾无宗欤?又不远于前人之轨辙。然则余也,其盖处于宗与不宗之间乎?①

这段话论述自我与前人的关系。前人的知识技能(家数、宪章)是自我学习(宗从)的资源,但是,不能一味宗从,而应是理当从则从,理当违则违。继承前人而又不固守前人,在循理而行中,自我所依凭的是对自然现实的切身独到的体认。在物我关系上主张源于实地观察的"神得心会",在人我关系中主张"宗违依理",王履的"法在华山"命题由此表现出辩证综合的绘画观。

> 且夫山之为山也,不一其状:大而高焉嵩,小而高焉岑,狭而高焉峦,卑而大焉扈,锐而高焉峤,小而众焉巍,形如堂焉密,两向焉嵚,陬隅高焉岊,上大下小焉嶙,边焉崖,崖之高焉岩,上秀焉峰,此皆常之常者也。不纯乎嵩,不纯乎岑,不纯乎峦,不纯乎扈,不纯乎峤,不纯乎岊,不纯乎密,不纯乎嵚,不纯乎岊,不纯乎嶙,不纯乎崖,不纯乎岩,不纯乎峰,此皆常之变焉者也。至于非嵩、非岑、非峦、非峤、非岊、非密、非嵚、非岊、非嶙、非崖、非岩、非峰,一不可以名命,此岂非变之变焉者乎?②

"山之为山,不一其状"的思想,是对前人关于山水的形式观念的很有意义的推进。五代画家荆浩说:"山水之象,气势相生。故尖曰峰,平曰顶,圆曰峦,相连曰岭,有穴曰岫,峻壁曰崖,崖间崖下曰岩。路通山中曰谷,不通曰峪,峪中有水曰溪,山夹水曰涧。其上峰峦虽异,其下冈岭

---

① [明]王履:《华山图序》,叶朗(总主编):《中国历代美学文库》明代卷(上),第24—25页。
② 同上书,第25页。

相连。掩映林泉,依稀远近。夫山水无此象亦非也。有画流水,下笔多狂,文如断线,无片浪高低者亦非也。夫雾云烟霭,轻重有时,势或因风,象暂不定。须去其繁章,采其大要,先能知此是非,然后受其笔法。"①荆浩的说法,是专注于山水的各种类型及其相互关系的"一般性"掌握,是类型化、概括性地把握山水的形势特征。宋代郭熙注意到山水远近四时的差异。他说:"真山水之川谷,远望之以取其深,近之以取其浅;真山水之岩石,远望之以取其势,近看之以取其质;真山水之云气四时不同:春融冶,夏蓊郁,秋疏薄,冬黯淡;画见其大象,而不为斩刻之形,则云气之态度活矣。"②荆浩与郭熙的相同之处在于,他们都相信并且试图去把握山水的类型形式,以展现山水的抽象大势为意旨,实际上就是概括把握"山水的常之常者"。王履山水观的进展在于,他认为山水不仅有"常之变",而且有"变之变"——不可名状者。

> 彼既出于变之变,吾可以常之常者待之哉?吾故不得不去故而就新也。虽然,是亦不过得其仿佛耳,若夫神秀之极,固非文房之具所能致也。然自是而后,步趋奔逸,渐觉已制,不屑屑瞠若乎后尘。每虚堂神定,默以对之,意之来也,自不可以言喻。余也安敢故背前人,然不能不立于前人之外,俗情喜同不喜异,藏诸家,或偶见焉,以为乖于诸体也。怪问何师? 余应之曰:"吾师心,心师目,目师华山。"③

叶朗说:"王履认为,绘画创作既然是'形'和'意'的矛盾统一,那就必然要突破旧的绘画技术的局限,必然要'去故就新'。因为审美客体各各特殊,千变万化,绘画技法要各审美客体的特殊性相适应,也就不能不变化。"④自然无常("出于变之变"),自我就不能不变("去故而就新")。

---

① [五代]荆浩:《笔法记》,叶朗(总主编):《中国历代美学文库》隋唐五代卷(下),第552页,北京:高等教育出版社,2003年。
② [宋]郭熙:《林泉高致集》,明刻《百川学海》本。
③ [明]王履:《华山图序》,叶朗(总主编):《中国历代美学文库》明代卷(上),第25页。
④ 叶朗:《中国美学史大纲》,第324页,上海:上海人民出版社,1985年。

"变"的源起在于自然,但"变"的动力却在于自我内心。这就是说,绘画就是一个"神得心会"的自外而内的主动而不可违背的创新过程。荆浩说:"度物象而取其真。"①郭熙说:"盖身即山川而取之,则山水之意度见矣。"②两者似都专注于对自然本性的把握和表现,而未照顾到"心"在"目"与"山"之间的作用。王履意识到自然的本性,是不能完全把握和表现的("夫神秀之极,固非文房之具所能致也"),因此,他无意将绘画的意旨悬设到呈现自然的本真玄妙的高度,而是旨归于"心""目""山"之间现实际会中的"神得心会"。这就是"吾师心,心师目,目师华山"的内涵所在。

美国学者高居翰说:"忠于外在自然之真或内在情感之真:这是与其他议题错综交合的另一个议题。文人画家倾向于后者,并尝试在他们的作品中展现出来。王履并非全然秉持第一种理念——按他的说法,介于真华山与画华山之间者,乃是他的目与心——但他坚持忠于自然是形成一幅好画的基本要件。"③从绘画的美学延展而言,王履的绘画观在文人画的情感主义和院体画的拟古主义之间,开拓出了以自然实感联系、调合两者的路线。相对于文人画的重情路线,王履强调"形"的客观性和技术性;相对于院体画的重形路线,王履强调"意"的主观性和差异性。结合两者,则是既师承前人,又出于真察实感的"神得心会"。这个"神得心会",是明代绘画的内在的美学起点。

二、身与事接而境生

比王履晚一百余年的祝允明(1460—1526),在审美意象的"形""意"关系上采取了与前者同样的立场。他说:

> 近时画家以翎毛专科称南海林良以善,数年来有四明吕纪廷振

---

① [五代]荆浩:《笔法记》,叶朗(总主编):《中国历代美学文库》隋唐五代卷(下),第552页。
② [宋]郭熙:《林泉高致集》,明刻《百川学海》本,第2页。
③ [美]高居翰:《江岸送别:明代初期与中期绘画》,第4页,北京:生活·读书·新知三联书店,2009年。

特擅花鸟之誉。林笔多水墨，寡傅染，大率气胜质，廷振则兼之。盖古之作者，师楷化机，取象形器，而以寓其无言之妙。后世韵格过像者，乃始以为得其精遗其粗，至三五涂抹，便成一人一物。如九方皋不辨牝牡，固人间一种高论。然尽如是，不几于废事邪！①

正如王履反对重意轻形，祝允明反对重韵轻像(重气轻质)。九方皋是伯乐推荐给秦穆公的相马师，他将纯黑色的公马视为黄色的母马。伯乐为他辩解说："一至于此乎？是乃其所以千万臣而无数者也。若皋之所观天机也。得其精而忘其粗，在其内而忘其外。见其所见，不见其所不见；视其所视，而遗其所不视。若皋之相马，乃有贵乎马者也。"②祝允明用此典故批评写意绘画"得其精遗其粗，至三五涂抹，便成一人一物"的现象，他主张形象与气韵(傅染与水墨)要兼得。

叶朗指出："祝允明对于宋元画家中某些人忽视具体形象的倾向提出了非议。他要求'象'和'韵'的统一，反对离开具体形象的逼真而孤立地追求韵味。这个观点和王履是一致的。王履说的是：意在形，舍形何所求意？祝允明说的是：韵在象，舍象何所求韵？"③王履、祝允明的论说直接针对的是苏东坡"画贵神，诗贵韵"的观点。苏东坡诗说："论画以形似，见与儿童邻；赋诗必此诗，定知非诗人。"④对于苏东坡此论的偏颇，金代文学家王若虚(1174—1243)作了纠偏的阐释。王若虚说：

> 东坡云："论画以形似，见与儿童邻；赋诗必此诗，定知非诗人。"夫所贵于画者，为其形似耳；画而不似，则如勿画。命题而赋诗，不必此诗，果为何语？然则坡之论非欤？曰：论妙在形似之外，而非遗其形似，不窘于题，而要不失其题，如是而已耳。世之人不本其实，无得于心，而借此论以为高。画山水者，未能正作一木一石，而托云

---

① [明]祝允明：《吕纪画花鸟记》，叶朗(总主编)：《中国历代美学文库》明代卷(上)，第 125 页。
② [春秋战国]列御寇：《列子》卷八，《四部丛刊》景北宋本。
③ 叶朗：《中国美学史大纲》，第 326 页。
④ [宋]魏庆之：《诗人玉屑》卷五，清文渊阁《四库全书》本。

烟杳霭,谓之气象。赋诗者茫昧偏远,按题而索之,不知所谓,乃曰格律贵尔。一有不然,则必相嗤点,以为浅易而寻常。不求是而求奇,真伪未知,而先论高下,亦自欺而已,岂坡公之本意也哉。①

王若虚此论,正可与王履、祝允明的论说相互阐发。

但是,王若虚仅就绘画的形意关系作了辩证阐释,王履、祝允明都论说了在绘画意象的形成中,画家自我对自然景物的实地观察和感知的基础作用。前面我们已介绍王履的"画物欲似物,岂可不识其面"的观念。祝允明的思想更进一步,他将主体自我的生活事物与审美意象(艺术境界)的构成直接联系起来。他说:

> 身与事接而境生,境与身接而情生。尸居巩逎之人,虽口泰、华,而目不离檐栋,彼公私之憧憧,则寅燕西越,川岳盈怀,境之生乎事也。至于蛮烟塞雪,在官辙者聂聂尔,若单骑孤旅,骑岭峤而舟江湖者,其逸乐之味充然而不穷也。情不自境出耶?情不自已,则丹青以张,宫商以宣,往往有俟于才。夫韵,人之为者。是故以情之钟耳,抑其自得之处,其能以人之牙颊而尽哉?关中蔡子华,放迹长江之南久矣,此来吴乃诣予致殷勤焉,今者将登临而赋归。予乡人某请予言为子华行色重。嗟乎子华,情生境,境生事,其为好游而有得,则予能言之矣。若其目之所视,足之所履,体之所止,意之所指,则岂他人之知旨乎?②

相对于既往的艺术创作论,祝允明并不否定艺术家的天赋("才")在艺术表现中的必要性,也不否认艺术技艺和格调的审美价值("韵"),但是,强调天赋的"才"和后天(人为)的"韵",都必须依赖艺术家的现实生活的丰富性和亲历性。"身与事接而境生",是以生活的亲历性定义"境";"境与身接而情生",是以感受的亲历性定义"情"。换言之,祝允明

---

① [金]王若虚:《滹南遗老集》卷三,《四部丛刊》景旧抄本。
② [明]祝允明:《送蔡子华还关中序》,叶朗(总主编):《中国历代美学文库》明代卷(上),第124页。

揭示的是艺术创作须以艺术家对生活世界的审美体验为前提。"审美体验是与生命、与人生紧密相联的直接的经验,它是瞬间的直觉,在瞬间的直觉中创造一个意象世界(一个充满意蕴的完整的感性世界),从而显现(照亮)一个本然的生活世界。"①王夫之论诗歌创作时说:"身之所历,目之所见,是铁门限。"②王夫之与祝允明指出审美体验的亲历性对于意象世界的创造的必要性——"铁门限"。

祝允明思想的核心是,"情"和"境"是生活经验的一体两面,而生活经验本身是艺术表现的真正本体。"情生境,境生事,其为好游而有得",艺术家生活阅历的广阔性,决定了他的艺术表现的丰富性和深刻性。晚明大画家董其昌说:"读万卷书,行万里路,胸中脱去尘浊,自然丘壑内营,立成郫鄂,随手写出,皆为山水传神矣。"③董其昌此言,实为祝允明所论的脚注;而明代画风纠正宋元重神韵而轻形质的偏颇,转向感性写实,其理亦在其中。

祝允明从生活亲历性的层面阐释意境构成中的物我关系,而不是把审美意境构成的物我同一定义在游离于生活之外的玄思臆想中,这就为意境论注入了现实生活性。因此,祝允明对意境理论做了新的开拓。

第二节 感性突出:从修身到审美

一、以画澄人心神情

沈周(1427—1509)是明四家之一,吴派文人画家的精神领袖。沈周出身苏州富绅之家,祖父、父亲及伯父都过着隐逸文人的生活。他不仅从先辈接受了良好的文化教养,而且也继承了他们的隐逸精神,虽然一

---

① 叶朗:《美学原理》,第98页,北京:北京大学出版社,2012年。
② [清]王夫之:《姜斋诗话》卷二,《四部丛刊》景船山遗书本。
③ [明]董其昌:《画禅室随笔》卷二,清文渊阁《四库全书》本。

生屡屡被官府强逼入仕,但坚辞不受,以82岁高龄"隐逸"而终。作为典型的文人画家,沈周毕生潜心于诗书画的学习创进,对于元代文人画,尤其是元四家的画作和技艺,有着非常精深的造诣。

在1492年,65岁的沈周作《夜坐图》,并写了长篇的题记,"以图文并茂的方式,很特别地记录了他那年秋天夜晚的一次经验"①。《夜坐图题记》全文如下:

> 寒夜寝甚甘,夜分而寤,神度爽然,弗能复寐,乃披衣起坐。一灯荧然相对,案上书数帙,漫取一编读之;稍倦,置书束手危坐。久雨新霁,月色淡淡映窗户,四听阒然。盖觉清耿之久,渐有所闻。

> 闻风声撼竹木,号号鸣,使人起特立不回之志;闻犬声狺狺而苦,使人起闲邪御寇之志。闻小大鼓声,小者薄而远者渊渊不绝,起幽忧不平之思,官鼓甚近,由三挝以至四至五渐急,以趋晓。俄东北声钟,钟得雨霁,音极清越,闻之又有待旦兴作之思,不能已焉。

> 余性喜夜坐,每摊书灯下,反复之,迨二更方已为常;然人喧未息,而又心在文字间,未尝得外静而内定。于今夕者,凡诸声色,盖以定静得之,故足以澄人心神情而发其志意如此。且他时非无是声色也,非不接于人耳目中也,然形为物役而心趣随之,聪隐于铿訇,明隐于文华,是故物之益于人者寡而损人者多。有若今之声色不异于彼,而一触耳目,犁然与我妙合,则其为铿訇文华者,未始不为吾进修之资,而物(案:句内有脱字,疑脱"不"字——引者)足以役人也已。声绝色泯,而吾之志冲然特存,则所谓志者果内乎外乎,其有于物乎,因得物以发乎?是必有以辨矣。于乎,吾于是而辨焉。

> 夜坐之力宏矣哉!嗣当齐心孤坐,于更长明烛之下,因以求事物之理,心体之妙,以为修己应物之地,将必有所得也。

> 作夜坐记。弘治壬子秋七月既望,长州沈周。②

---

① [美]高居翰:《江岸送别:明代初期与中期绘画》,第79页。
② [明]沈周:《夜坐图跋》,[清]张照:《石渠宝笈》卷三八,清文渊阁《四库全书》本。

在这篇题记中,沈周告诉读者他在一个秋夜醒来独坐的特殊经验。星夜独坐,灯下读书,本是沈周喜好的常事。但是,寻常的夜坐吟读,因外界嘈杂干扰,得不到"外定内静"的境界。这个秋夜,沈周醒来,是"久雨新霁"的时分,雨歇了,在鲜润舒朗的空气中,风声、犬声、鼓声和钟声,相次而来,沉静而悠扬,真切而又飘逸。这本是一个不宁静的雨夜,然而,正是夜雨洗涤了世俗的喧哗浮躁,向画家呈现出一个既生机活泼又静谧深幽的世界。"于今夕者,凡诸声色,盖以定静得之,故足以澄人心神情而发其志意如此。"所谓"外静",是自然摆脱了人事的挠攘而自然无碍地呈现;所谓"内定",是自我消除了忧思烦虑、以朗然如镜的感官迎接自然之声色。"澄人心神情而发其志意",在自我与自然朗然相照、自由交流中,自我的感知力和生命精神都达到了高度的澄明活跃。这个秋夜独坐的经验,自然的澄明开放和自我的提升超越统一,它的终点是物我两忘的浑然一体("声绝色泯,而吾之志冲然特存")。

对于沈周这篇题记,高居翰阐释说:

  沈周虽未特别将以上的沉思与艺术创作的过程相提并论,但以之阐明他和一般明代文人画家对外在现象与个人经验之间关系的看法——或者,更广义地说,在大自然中所观察到的意象与这些意象在艺术作品中的转化——可能没有什么不妥。感官刺激的本身过于纷杂而令人眼花缭乱,同时,总是毫不客气地压迫人的意识,因此不容易为心灵所充分吸收,也无法以其原始的面貌呈现在艺术作品当中。文人画家一再坚持不追求"形似",这是基于一种信念:亦即再现世界的形貌乃是无关宏旨的;艺术中的写实主义并未能真正地反映人类对这个世界的体验或了解;身为艺术家,一旦他们选择心向自然,那么他所想要传达的,也正是这份体验与了解。在极度清明之时,心灵是虚静、一无杂念的——正如沈周此处所描写的动人时刻——个人的知觉便在浑然一体的"感觉生命的过程"(passage of felt life)之中,化为自我的一部分。不断地吸收这些感觉,并予以整理,这即是儒家所谓的"修身",而这些终究仍然是艺术创作的适当素材。①

高居翰的解释,指出沈周思想的两点:其一,感官刺激本身是对人的意识的压迫资源,即沈周所谓"形为物役";只有在极度清明(外静内定)之时,人的感知才能自由主动地感知自然,并将之内化为自我的一部分;其二,绘画的主旨,不是再现现实的形貌,而是真实地反映人类对这个世界的体验或了解,即沈周所谓物我不分、内外一体的境界("声绝色泯,而吾之志冲然特存,则所谓志者果内乎外乎,其有于物乎,因得物以发乎?")。就此,我们可以联系到弟子文徵明称沈周40前后画风的变化:

> 石田先生风神玄朗,识趣甚高,自其少时,作画已脱去家习,上师古人,有所模临,则乱真迹。然所为率盈尺小景,至四十外,始拓为大幅。粗株大叶,草草而成。虽天真烂发,而规度点染,不复精工矣。②

文徵明的评点表明,40岁前的沈周作画,上师古人,专长于技艺楷模——规度精工;40岁以后的沈周作画,超越前人影响,从容自在于书写自我——天真烂发。沈周绘画的课题,对于自然而言,是要解决感觉的内化问题;对于传统(前人)而言,是要解决楷模法度的现实化问题。前者,是要赋予自然以精神性,后者是要将传统再自然化。这两者的结合,则统一成为沈周所谓的人生进修之资——他人生的主体内容,他及其所代表的隐逸文人拒入仕而隐于诗画,所寄托也在此。

沈周为明代文人画开拓了新的画风。这个画风,一方面是强调继承和法度的,追求扎实精致的古典韵味,另一方面是突出个人感知经验,把最细致的个人意趣做淋漓张扬。这两个方面,前者是素养,后者是个性,本是艺术创作中矛盾的两个方面,纠缠着自我与传统、感知与理性的冲

---

① [美]高居翰:《江岸送别:明代初期与中期绘画》,第80页。
② [明]文徵明:《甫田集》卷二一,清文渊阁《四库全书》本。

突,但在这冲突的语境中寻求调和,并表现出高度的自得和从容,就是吴派文人画的理想境界。沈周既是这理想的开拓者,也是它的极致的实现者。文徵明有一首诗,很好地概括了沈周画的精神意趣。该诗说:

> 细泉汩汩落涧平,苍烟不动沙洲横。湖亭欲上山满目,新水浮空春雨晴。江南此景谁貌得?白石先生最神逸。轻风淡日总诗情,疏树平皋俱画笔。由来画品属诗人,何况王维发兴新。胸中烂漫富丘壑,信手涂抹皆天真。墨痕惨淡发古意,笔力简远无纤尘。古人论画贵气骨,先生老笔开嶙峋。近来俗手工摹拟,一图朝出暮百纸,先生不辩亦不嗔,自谓适情聊复尔。岂知中有三昧在,可以意传非色取。庸工恶札竞投集,凤凰一出山鸡靡。高堂拂晓见沧州,恍然置我重岩里。定应夺却造化工,不然剪取吴淞水。神完意到轻千年,题作古人谁不然?①

文徵明这首诗,揭示了江南独特的秀丽景致和沈周画风笔意的统一,“轻风淡日总诗情,疏树平皋俱画笔”;但更重要的是,它指出了沈周在绘画中的自我率性抒发(烂漫天真)和传承传统规度格调(古意简远)的统一。正是在这两者统一的前提下,自我对自然风物的感知经验,才能成为自我心性进修提炼的经验(“修己应物之地”)。当然,也是在这个意义上,我们可以理解,隐逸文人画家的绘画活动,在本质上是超功利的,自在自为的(无为)生存方式。所以,如诗中所写的那样,沈周作为一代名师,他并不计较社会上对他的作品的大量摹仿,面对摹仿之作,“先生不辩亦不嗔,自谓适情聊复尔”。这就是完全取了一种纯粹的“生存于画”的人生态度。

沈周的《夜坐图》极富象征韵味地呈现了他在这个独特的秋夜独坐的意象,高居翰对此画如此评析:

> 在题记之下的《夜坐图》里,沈周描绘了自己在屋中敞门而坐的

---

① [明]文徵明:《题石田先生画》,[明]文洪:《文氏五家集》卷四,清文渊阁《四库全书》本。

情景,其身旁的桌上有蜡烛一盏和书册数帙。其人物身形甚小,以简单几笔画成,但由于处于整个构图中央最引人注意的位置,因而无可避免地成为整张画的焦点。自人物起,构图呈螺旋状往外发展,先是从最近的屋宇开始,经由树木、小溪以及山岚,而后至最远处的堤岸、小丘和山麓。这个简单的设计,很能有效地以视觉形式来传达沈周文中所描述的心情和感觉,在此,他是透过感官来将外在的世界吸收并涵纳至他内在的经验之中,首先是他即刻感受到的周遭环境,而后是透过声音来感受距离越来越遥远的事物。画中的夜色与月色在某几处用淡淡的色彩,另外几处则以略微变暗来提示。图文的和谐也见于笔法,一如《雨意图》般,通篇宽阔而随意,看不出任何用力的痕迹,视觉效果与文章中谦冲自抑、沉思冥想的语气颇为相符。这种笔法并不只是描写外在的世界,将景物作理性的分析与界定,而似乎是想让画笔成为景物的代言人,并与景物合而为一;这种处理真实经验的取向又是图文相近的一个方式。[1]

二、感物由己

沈周的绘画观念对明代中期绘画产生了重要影响。他的学生文徵明有一首诗,可称为表达其绘画理念的诗。该诗说道:

> 虚斋坐深寂,凉声送清美,杂佩摇天风,孤琴泻流水。寻声自何来?苍筤在庭圮。泠然如有应,声耳相诺唯。竹声良已佳,吾耳亦清矣。谁云听在竹?要识听由己。人清比修竹,竹瘦比君子,声入心自通,一物聊彼此。傍人漫求声,已在无声里。不然吾自吾,竹亦自竹尔。虽日与竹君,终然邈千里。请看太始音,岂入筝琶耳。[2]

文徵明这首诗,与苏东坡《琴诗》有意思相通处。《琴诗》:"若言琴上

---

① [美]高居翰:《江岸送别:明代初期与中期绘画》,第80—81页。
② [明]文徵明:《听竹》,[明]文洪:《文氏五家集》卷四,清文渊阁《四库全书》本。

有琴声,放在匣中何不鸣?若言声在指头上,何不于君指上听?"①《琴诗》与《听竹》均指出了在经验活动中,主体与客体是不能分离的。但苏东坡是"以琴说法",其诗的本意是揭示"心境不分"的佛理,文徵明则强调在感知活动中自我主动向客体的投入,"谁云听在竹?要识听由己"。在自我的主动投入前提下,感知活动所产生的结果是自我与客体相互影响、相互表现,"人清比修竹,竹瘦比君子"。没有自我的主动投入,就不能产生积极有效的感知,"虽日与竹君,终然邈千里"。文徵明这首诗强化了沈周以自我对景物的细致幽微的感知为重的绘画观,而且揭示了这样的感知是物我统一的。文徵明另有一段话,讲得更明白。他说:"自古写生家无逾黄筌,为能画其神,悉其情也。"此非景与神会,象与心融,鲜有得其门者。至于山水,初年虽祖李升法;其后自成,得心应手,出入变化,丹青铅粉,与腕相忘,随其所施,无不合道。②"景与神会,象与心融","得心应手,出入变化",这些说法,都是从物我统一的感知经验来论画艺。

三、商画的感性

沈周开拓的重物我统一的感性经验的绘画观,一方面为明代文人画在传统的框架下走向自我提供了路径,因而使复古主义的明代文人画表现出个性化风格;另一方面也以其感性化的取向修正了元代绘画的清疏平淡,为隐逸文人画转向市场化的职业文人画开辟了美学道路。唐寅(1470—1523)是职业文人画家的典型代表。他出生于商人家庭,受过良好的教育而极富才情,因为牵涉京师科场舞弊案而断绝仕途,纵情酒色,卖画为生。唐寅作画,有明确的商业目的,而非如沈周"适情聊复耳"。他的山水画,为了适应大众买家的需要,强化了图画的叙事性和直观性。这种作画情态,在他的题画诗中表现得很清楚。比如:

其一,野店桃花万树低,春光多在画桥西。幽人自得寻芳兴,马

---

① [明]陈继儒:《岩楼幽事》,明宝颜堂秘籍本。
② [明]文徵明:《黄筌蜀江秋净图跋》,[清]孔广陶:《岳雪楼书画录》,清咸丰十一年刻本。

背诗成路欲迷。

其二，峯前千涧玉潺潺，落日层层树里山。一段胜情谁领略，幽人虚阁俯沧湾。

其三，女几山前春雪消，路傍僛杏发柔条。心期此日来游赏，载酒携琴过野桥。

其四，寒雪朝来战朔风，万山开遍玉芙蓉。酒深尚觉冰生脚，何事溪桥有客踪。①

这种叙事和景致都具鲜明观赏性的题画诗，是与唐氏自己的画风相配合的，它们走的都是通俗艳美的路线。

唐寅不仅作画趋于感性唯美，他论画评画，也多是从技艺如何达致直观美致而言。他论画说："工画如楷书，写意如草圣，不过执笔转腕灵妙耳。世之善书者多善画，由其转腕用笔之不滞也。"②"作画破墨，不宜用井水，性冷凝故也。温汤或河水，皆可洗砚。磨墨，以笔压开，饱浸水讫，然后蘸墨，则吸上匀畅。若先蘸墨而后蘸水，被水冲散不能运动也。"③这就是纯粹从笔墨技巧来论不同画种的特点，然而，这的确也是他的绘画特点所在。他对文徵明的推崇，也着眼于文画"曲尽精妙"、"宛然在目"这种形象层面的品质。他说：

征明先生《关山积雪图》全法二李，兼效王维、赵千里蹊径。观其殿宇、树石、邨落、旅况，无不曲尽精妙，可以追踪古人。千山寒色宛然在目，殊非高手不能。余生平谓文先生工于赵文敏、叔明、大痴诸名家，独此卷丰致清逸，令人畏敬，信胜国诸贤不能居其右矣。④

方闻对于唐寅，有一段很贴切的论述。他说：

以技巧精湛与才思敏捷而论，唐寅是无可比拟的。以掌握古人

---

① ［明］唐寅：《唐伯虎先生集》外编卷一，明万历刻本。
② ［明］朱谋垔：《画史会要》卷五，清文渊阁《四库全书》本。
③ ［清］卞永誉：《式古堂书画汇考》卷三一画一，清文渊阁《四库全书》本。
④ ［清］吴升：《大观录》沈唐文仇四家名画卷二〇，民国九年武进李氏圣译廎本。

的笔法语汇而论,他用绘画手段模仿自然又超越了这种模仿。唐寅笔法精妙的秘诀,在于他的书法功力,尤其是得益于学习李邕的行草书风格,这是唐寅晚年最为倾心的。他的行笔仿佛水银泻地,又似火花喷射,劲锐地伸出叉枝,方棱的斧劈起笔变成了瘦圆而滋润的披麻皴、大块墨染交织着随意勾画的拖网皴。唐寅用墨法十分敏感:浓丽的墨染与大片丝绸般透明的灰色形成响亮的对比。①

唐寅如此戏剧性地运用笔墨,是与他同样戏剧性地设计构图相统一的,他的目的明显地是在突出富有审美愉悦的视觉效果。高居翰说:"沈周和文徵明画如其人,唐寅也不例外,他机智、敏捷,有时还很急躁。如果说沈周、文徵明两人的作品非常适合静默沉思,那么,唐寅的绘画就是为了引人注目,自娱娱人,甚至会让观者看得目不暇接。"②作为一个职业文人画家,唐寅在这个意义上成为一代大师,他炉火纯青地将自然写实和抽象笔法统一起来,创作出了富有挑战性的叙事风格,而又出人意外地完成了赏心悦目的画图。然而,这正是明代文人画的商业理想所在。

晚明时期,文学家屠隆论画,认为上古之画"迹简意淡,真趣自然"、唐代绘画"意趣具于笔前,故画成神足",宋代绘画"精工之极"、"以巧太过而神不足",元代绘画"不求物趣,以得天趣为高"。③ 他认为明代绘画是"可宋可元"的,亦指明代绘画的旨趣是在追求意趣(天趣)与工巧(精工)之间巡行的。若以屠隆之后董其昌的理想,绘画之道自然是意趣与工巧的高度结合。但是,明代绘画的路线,以明四家周、文、唐、仇为标志,实在走了一条由意趣融于工巧开始,而终于精工至上的路线。

屠氏论"学画",要求"人能以学画寓意",认为观赏景物,触景生意,"不觉妙合天趣"为学画的前提。"不以天生活泼为法,徒窃纸上形似,终为俗品。"④仇英之成"大家",就全赖其因为学画时期,大量临摹古画真

---

① [美]方闻:《心印:中国书画风格与结构分析研究》,第 172 页。
② [美]高居翰:《江岸送别:明代初期与中期绘画》,第 200—201 页。
③④ [明]屠隆:《考盘余事》卷二,明陈眉公订正秘籍本。

迹,因而精于古法,并且达到临摹胜真的境地。清代姜绍书的《无声诗史》道:"(仇)英之画,秀雅纤丽,毫素之工,侔于叶玉,凡唐宋名笔,无不临摹,皆有藁本其规仿之迹,自能夺真,尤工士女神采,生动虽周昉复起未过也。"①"秀雅纤丽"、"临仿夺真",不仅对仇英的绘画是一个贴切的评判,而且也说明了当时明人画风的改变。临画本为学画的途径,但是在仇英开拓的路线上,临画却成为一个直接成"创作"并完成"作品"的途径。这当然是因为仅以明四家为例,沈周和文徵明继续的是传统文人画家的路线,而唐寅、仇英开始的是新兴的商业职业画家的路线。②

因此,尽管主张以自然为师、求天趣,屠氏也不得不在有限的论画篇幅中专列"临画"一条。他说:

> 临模古画,着色最难。极力模拟,或有相似,惟红不可及。然无出宋人,宋人摹写唐朝五代之画,如出一手,秘府多宝藏之。今人临画,惟求影响,多用己意,随手苟简,虽极精工,先乏天趣,妙者亦板。国朝戴文进临摹宋人名画,得其三昧,种种逼真,效黄子久、王叔明画,较胜二家。沈石田有一种本,色不甚称。摹仿诸旧,笔意夺真,独于倪元镇不似。盖老笔过之也。评者云:子昂近宋,而人物为胜;沈启南近元,而山水为尤。今如吴中莫乐泉,临画亦称当代一绝。③

第三节　以态为韵的形质观

董其昌论书,有"晋人书取韵,唐人书取法,宋人书取意"之说。④ 清人梁巘续董说称:"晋尚韵,唐尚法,宋尚意,元、明尚态。"⑤梁巘进而阐述说:

---

① [清]姜绍书:《无声诗史》卷三,清康熙观妙斋刻本。
② 参见[美]高居翰《江岸送别:明代初期与中期绘画》,第 232 页。
③ [明]屠隆:《考盘余事》卷二,明陈眉公订正秘籍本。
④ [明]董其昌:《容台集》别集卷二,明崇祯三年董庭刻本。
⑤ [清]梁巘:《评书帖》,华东师范大学古籍整理研究室(编):《历代书法论文选》,第 575 页,上海书画出版社,1979 年。

晋书神韵潇洒,而流弊则轻散。唐贤矫之以法,整齐严谨,而流弊则拘苦。宋人思脱唐习,造意运笔,纵横有余,而韵不及晋,法不逮唐。元、明厌宋之放轶,尚慕晋轨。然世代既降,风骨少弱。[①]

梁氏将承董氏而出的"书史四分说"讲述得很清楚。"韵"与"法"的差异,并不在于是否有法,而在于对法是取"潇洒"还是取"谨严"的态度。董其昌说:"晋宋人书但以风流胜,不为无法,而妙处不在法。至唐人始,专以法为蹊径,而尽态极妍矣。"[②]"但以风流胜"和"专以法为蹊径"就是"取韵"与"取法"的区别。梁氏指宋人"造意运笔,纵横有余",因而失韵失法,也将宋人"取意"的要害讲得很清楚。但是,梁氏之论,最见己意的是他对元、明书家的评价。有元以来,以赵孟頫(松雪)为发端,学书的道路是越过宋、唐而回溯到晋宋的王羲之,以王羲之为宗,其余傍涉苏、黄、米、赵。这个由赵氏开拓的风气,在明代成为书道的正宗,明代重要的书论家,解缙(1369—1415)、何良俊(1506—1573)和邢侗(1551—1612)、项穆(生卒年不详,16世纪后期书法家)等人,都持此主张。梁巘说"元、明厌宋之放轶,尚慕晋轨。然世代既降,风骨少弱",这是说到明人学晋学二王的要害处:明人学晋人,是以书法形质的层面去学,他们以临摹毕肖为工,化为自家笔墨,就是徒有形态而少气韵(风骨)。

明代前期,书论寡薄,较为重要的论著是解缙的《春雨杂述》。解氏论书法,强调"学书之法,非口传心授,不得其精",即重视传授工夫;如果没有传授之资,他主张以长时间的临摹为学书功夫。他说:"惟日临名书,无吝纸笔;工夫精熟,久乃自然。"就书法本体而言,以临摹为工夫,"工夫精熟,久乃自然",这样的"自然",不仅得之于纯技巧,而且得之于临摹。这样的书道主张,与宋人苏、黄的主张是大异旨趣的。苏东坡说:

物一理也,通其意则无适而不可。分科而医,医之衰也。占色而画,画之陋也。和缓之医,不别老少。曹吴之画,不择人物。谓彼

---

① [清]梁巘:《评书帖》,《历代书法论文选》,第581页。
② [明]董其昌:《画禅室随笔》卷一。

长于是,则可曰能,是不能是,则不可。世之书篆不兼隶,行不及草,殆未能通其意者也。如君谟真、行、草、隶,无如意其;遗力余意变为飞白,可爱而不可学,非通其意能如是乎。①

苏东坡主张以意为书法统率,书法艺术的培养、精进,皆在于"通其意"。与之相对,解氏以技的培养铸造为书法要旨。

关于学书,黄庭坚有一段与苏东坡意旨相趋的论述。他说:

> 凡学书,欲先学用笔。用笔之法,欲双钩、回腕、掌虚、指实,以无名指倚笔,则有力。古人学书,不尽临摹,张古人书于壁间,观之入神,则下笔,时随人意。学字既成,且养于心中,无俗气,然后可以作示人,为楷式。凡作字,须熟观魏晋人书,会之于心,自得古人笔法也。欲学草书,须精真书,知下笔向背,则识草书法,草书不难工矣。②

黄氏的书学观,肯定学用笔、临摹的基础意义,但认为学书更根本的是"观之入神"、"下笔随意",这与解氏"日临名书"、"久乃自然"自然之说,也是不同的。

解缙书论,重要的特点为对字体形质和篇章结构作细致的解析、规定,由此达到对学书者的具体技术指导。他论"用笔"一节可为其要旨的代表。他说:

> 若夫用笔,毫厘锋颖之间,顿挫之,郁屈之,周而折之,抑而扬之,藏而出之,垂而缩之,往而复之,逆而顺之,下而上之,袭而掩之。盘旋之,踊跃之,沥之使之入,蚓之使之凝,染之如穿,按之如扫,注之趯之,擢之指之,挥之掉之,提之拂之。空中坠之,架虚抢之,穷深掣之,收而纵之,蛰而伸之。淋之浸淫之使之茂,卷之蹙之雕之琢之使之密,复之削之使之莹,鼓之舞之使之奇。喜而舒之,如见佳丽,

---

① [清]孙岳颁:《佩文斋书画谱》卷七六历代名人书跋七,清文渊阁《四库全书》本。
② [宋]黄庭坚:《豫章黄先生文集》第二十九,《四部丛刊》景宋乾道刊本。

如远行客过故乡,发其怡;怒而夺激之,如抚剑,操戈矛,介万骑而驰之也,发其壮。哀而思之,低回戚促,登高吊古,慨然叹息之声。乐而融之,如梦华胥之游,听钧天之乐,与其箪瓢陋巷之乐之意也。①

解氏如此不厌其烦地解说用笔之法,是完全从结字的技巧层面着眼的。问题还不在于此,而在于他认为结字的圆熟巧妙、中正停匀,就是书法的主旨。在论篇章时,他在解调规范的必要性基础上,指出法书之美就是一种无可增减的"完美"。他说:"昔右军之《叙兰亭》,字既尽美,尤善布置,所谓增一分太长、亏一分太短,鱼鬣鸟翅花须蜂芒,油然,粲然,各止其所,纵横曲折,无不如意,毫发之间,直无遗憾。"②这无疑是以形式美为要旨论述法书。他明确认为钟王之法所以为尽美尽善,就在于他们的法书"如美石之蕴良玉,使人玩绎不可名言"。

作为明代晚期、万历年间书法理论的代表人物、书法家项穆在其书学专著《书法雅言》中,采取了比解缙更全面、更具学理性的书学观。他的书学宗旨,是崇尚晋人并以王羲之为法。"书不入晋,固非上流;法不宗王,讵称逸品。"③在这个尚晋宗王的宗旨下,他主张古今、形质、资学、奇正、常变诸反对因素的统一,以达成书法的"中和之妙"。他与解缙的重要区别是,在讲楷法的同时,他讲学书者性情殊异,学书就会因其性情之长而偏失,因此要"辨体",即明白自己的性情偏长,"不安于一得之门"。他说:

　　使艺成独擅,不安于一得之能;学出专门,益进于通方之妙。理工辞拙,知罪甘焉。夫人之性情,刚柔殊禀;手之运用,乖合互形。谨守者拘敛襟怀,纵逸者度越典则;速劲者惊急无蕴,迟重者怯郁不飞;简峻者挺掘鲜道,严密者紧实寡逸;温润者妍媚少节,标险者雕绘太苛;雄伟者固愧容夷,婉畅者又惭端厚;庄质者盖嫌鲁朴,流丽者复过浮华;驶动者似欠精深,纤茂者尚多散缓;爽健者涉兹剽勇,

①②[明]解缙:《文毅集》卷一五,清文渊阁《四库全书》本。
③[明]项穆:《书法雅言》,清文渊阁《四库全书》本。

稳熟者缺彼新奇。此皆因夫性之所偏,而成其资之所近也。①

项氏认为,要纠正这些因性情而产生的偏失之病,就必须"资学兼长",学书的最高境界是"会古通今,不激不厉,规矩谙练,骨态清和,众体兼能,天然逸出,巍然端雅,奕矣奇鲜,此谓大成已集。妙入时中,继往开来,永垂模轨,一之正宗也"②。

项穆尽管在理论框架上,比解缙更顾及到对学书者的心性、精神的培养和要求,然而,他在具体的论述中,并没有摆脱明代主流书学的技重于道、形重于意的书论趋向。我们看他论"奇正"和"神化"的两则话:

> 世之厌常以喜新者,每舍正而慕奇。岂知奇不必求,久之自至者哉。假使雅好之士,留神翰墨,穷搜博究,月习岁勤,分布条理,谙练于胸襟;运用抑扬,精熟于心手,自然意先笔后,妙逸忘情,墨洒神凝,从容中道,此乃天然之巧,自得之能。犹夫西子、毛嫱,天姿国色,不施粉黛,辉光动人矣。何事求奇于意外之笔,后垂超世之声哉?③

> 书之为言散也,舒也,意也,如也。欲书,必舒散怀抱,至于如意所愿,斯可称神。书不变化,匪足语神也。所谓神化者,岂复有外于规矩哉?规矩入巧,乃名神化。固不滞不执,有圆通之妙焉。④

项氏论"奇正",认为"奇"来自于通过长期刻苦训练"正"而至于娴熟精巧之后的"天然之巧";他论"神化",也将之归结为技术精湛之后的"规矩入巧"。这是与解缙所谓"工夫精熟,久乃自然"是完全出于一辙的。

这种技术主导的书学观,自然与晋人取韵的精神相背离,而其成就的书家不过是"进退于肥瘦之间,深造于中和之妙的"(项穆语)临池之士。梁巘称元、明人"尚慕晋轨,风骨少弱",并以"尚态"论之,是确实之见。在书史上,祝允明、文徵明和王宠(1494—1533)被列为明代三大书家(又称"吴中三才子")。邢侗(1551—1612)说:

---

① ② ③ ④ [明]项穆:《书法雅言》。

> 王履吉书元自献之出,疏拓秀媚,亭亭天拔,即祝之奇崛,文之
> 和雅,尚难议雁行,矧余子乎? 余三十许时实谙此法,久之易辙改涂
> 茫然,故步殊,不任年华之感也。此轴阳丘铨部胡公家藏,神明焕
> 发,校别作更觉精娴,若无论世代,真可登子昂上估矣。百穀向余
> 言,履吉品清夷简贵,乌衣龙凤,俦拊今念昔,愿执厮役于斯人。①

邢侗以"奇崛"论祝允明(枝山),以"和雅"论文徵明,以"疏拓秀媚"论王
宠(履吉),是概括地标志了此三人书法风格的。应当说明的是,以"奇
崛"论祝允明书法,尚有可议处。祝氏书法,即使以其狂草作品《杜甫诗
轴》《歌风台》等论,与其所师的张旭、怀素法书相比,也是流丽胜于奇
崛。换言之,若必以"奇崛"论,祝允明是形态过于神气。实际上,祝氏的
"奇崛"是在明代求形态而轻神气的环境下被标举的。他与文徵明、王宠
相比较,"奇崛"之"态"就更为鲜明。应当说,以明代"尚态"的书旨论,文
徵明是不二人选。正因为如此,在三人中,文徵明被更多的书论家推为
明代书家之最。何良俊说:

> 至衡山出其隶书专宗梁鹄,小楷师《黄庭经》,为余书《语林序》,
> 全学《圣教序》,又有其《兰亭图》上书《兰亭序》又咄咄逼右军,乃知
> 自赵集贤后集书家之大成者衡山也。世但见其应酬草书大幅遂以
> 为支山在衡山上,是见其杜德机也。支山小楷亦臻妙,其余诸体虽
> 备然,无晋法,且非正锋不逮衡山远甚。衡山之后书法,当以王雅宜
> 为第一。盖其书本于大令,兼之人品高旷,故神韵超逸,迥出诸人
> 之上。②

何氏之论,是代表明代书论的主流观念的。

尚态的书法与书学,是明代文化商业化发展的产物。它的积极意义
是对书法作为观赏艺术的世俗化与普及,"尚态"就是"尚美",追求的是

---

① [清]孙岳颁《佩文斋书画谱》卷八〇历代名人书跋十一。
② [明]何良俊:《四友斋丛说》卷二七,明万历七年张仲颐刻本。

各种书体的入眼之媚。这种书法旨趣,的确是削平各种"奇崛"之后的"和雅",或是可直观较量的"中和之妙"。它以技巧的精熟圆润为神化,以平正无棱为奇妙。晚明书画大师董其昌从文人书画家的立场对这种"尚态"的书学观作了系统的批判。他说:

> 章子厚日临《兰亭》一本,东坡闻之谓其书必不得工。禅家云:"从门入者,非是家珍也。"惟赵子昂临本甚多,世所传十七跋、十三跋是已。"世人但学《兰亭》面,欲换凡骨无金丹。"山谷语与东坡同意,正在离合之间。守法不变即为书家奴耳。[①]

> 古人作书,必不作正局,盖以奇为正。此赵吴兴所以不入晋、唐室也。《兰亭》非不正,其纵宕用笔处,无迹可寻,若形模相似,转去转远。柳公权云"笔正须善学柳下惠者"参之。余学书三十九年见此意耳。

董其昌本人学书,也长于临摹。他在多大程度上实践了自己的理论主张很难说,但是,他反对步趋模拟、守法不变,反对以正代奇、以精巧为神化,是对明代主流书学偏失的对症下药。他针对明代书学家以仿袭王羲之为鹄的,提出学书之要旨,就是"脱去右军老子习气"。他说:

> 大慧禅师论参禅云:"譬如有人具百万资,吾皆籍没尽,更与索债。"此语殊类书家关捩子。米元章云:"如撑急水滩船,用尽气力,不离其处。"盖书家妙在能合,神在能离。所以离者,非欧、虞、褚、薛名家伎俩,直要脱去右军老子习气。所以难耳。那叱拆骨还父、拆肉还母。若别无骨肉,说甚虚空粉碎,始露全身?唐以后,惟杨凝式解此窍耳。赵吴兴未梦见在。[②]

"书家妙在能合,神在能离",这就是一个主张既在高远旨趣上追求与古人远致合道,又在表现性情上"拆骨还父、拆肉还母"。这样的书学精神,

---

① [明]董其昌:《容台集》别集卷二。
② [明]董其昌:《容台集》别集卷二。

在承接了钟王以来的书法千百年传承史的明代语境中,董其昌本人似并没有真正实践。若求之于明代士夫,大概只有那个在生时"名不出越中"的旷世奇人徐渭可以兑现。徐渭说:

> 夫不学而天成者尚矣,其次则始于学,终于天成,天成者非成于天也,出乎己而不由于人也。敝莫敝于不出乎己而由乎人,尤莫敝于罔乎人而诡乎己之所出,凡事莫不尔,而奚独于书乎哉?近世书者阅绝笔性,诡其道以为独出乎己,用盗世名,其于点画漫不省为何物,求其仿迹古先以几所谓由乎人者已绝不得,况望其天成者哉!①

他的书法,确可当此言论。然而,在明代书史上,徐渭确是一个极端个案。

---

① 《徐渭集》,第 1091 页。

第三章　王阳明的美学思想

第一节　知行合一的王阳明

　　王阳明(1472—1528)，本名王守仁，"阳明"是其号，世人以其号称
"王阳明"。王阳明出生在浙江余姚县的书香、官宦世家，祖父王伦官授
翰林院修撰，父亲王华状元及第、官至南京吏部尚书。王阳明先祖为琅
琊临沂(今山东临沂)人，是晋光禄大夫王览(206—278)后人，王览曾孙
王羲之(公元303—361年)迁居浙江山阴(今绍兴)。

　　王羲之是中国历史上为文做官皆超拔卓绝的典范，他的精神意气，
薪火相传，至王阳明而逾加光辉照世。王羲之少年时代，在东晋太尉郗
鉴(269—339)派人到王家选女婿时，独自"在东床坦腹食，独若不闻"，而
成为郗鉴选中的女婿，即传世佳话的"东床快婿"。[1]　王阳明则在自己十
七岁大婚当日，偶然闲入道观铁柱宫，得听一道士谈养生之说，"遂相对
坐忘归"，至第二天早晨才被岳父手下人找到。[2]　婚姻之事，何其郑重，王
羲之、王阳明都能够率性任之，两人对于人生中事，是何等超迈自在。由

---

[1] ［唐］房玄龄:《晋书》卷八〇列传第五〇，"王羲之传"，清乾隆武英殿刻本。
[2] 《王阳明全集》，第1222页。

此可见,虽有千百年之隔,王羲之的神逸精气依然汩汩荡漾在王阳明的心胸之中。

生长于这个传统的名望士族中,王阳明的人生旅途一方面循通常的科举功名之路而进展,22 岁首次科举,至 28 岁三试及第中进士,29 岁授刑部云南清吏司主事,自此以后,虽然宦海浮沉,历经生死坎坷,但至 51 岁辞官居乡时,得授两京兵部尚书、封新建伯,可谓位登极品、光炳先祖了。但是,伴随这常规的仕宦之途,王阳明的人生又有一条不循常轨的路迹。他少年时代虽以"豪迈不羁"行世,却在 11 岁时,就知"登第恐未为第一等事,或读书学圣贤耳",即"做圣贤"已是他少年人生之志。(《王阳明全集》,第 1221 页)

王阳明生活的时代,是经历宋代程朱理学①之后,儒学进展的轨迹沦入了"一般儒者流于章句训诂而丧失了精神生活的追求"②时代。21 岁时,王阳明信从程朱理学"格物致知"之说,"众物必有表里精粗,一草一木,皆涵至理",因此有"亭前格竹"之举,但他所得结果却是不仅没有领悟"至理",而反而劳累成疾。这次向理学追求至理的失败,使他认识到理学的基本缺陷:"言益详,道益晦;析理益精,学益支离无本,而事于外者益繁以难。"(《王阳明全集》,第 230 页)王阳明因为对理学深为失望,一时溺志词章,出入释老,但并未得到"入圣之道"。

然而,理学在王阳明时代之弊,不止于学理上的"支离无本",更在于丧失孔孟开启的传统儒学的"精神生活的追求"。理学本以"存天理灭人欲"为旗帜,因为其精神性的丧失,反而把"圣人之学"演变成为争名逐利的功名之学,"百戏之场",结果是:"圣人之学日远日晦,而功利之习愈趋愈下"(《王阳明全集》,第 56 页);"斯人沦于禽兽夷狄,而犹自以为圣人之学"(《王阳明全集》,第 54 页)。圣学已毁,人心已丧,王阳明毕生的志向就是要"救圣学"、"治人心"。

---

① "程朱理学",指宋代程颢(1032—1085)、程颐(1033—1107)和朱熹哲学的统称。
② 陈来:《有无之境》,第 323 页,北京:人民出版社,1991 年。

王阳明认为程朱理学对圣人之学的基本偏离,形式上是支离碎裂,本体上是心理分离——"析心与理为二,而精一之学亡。"(《王阳明全集》,第245页)他"救圣学"的路径是从陆九渊的心学路线回归孔孟"精一之学"。所谓"精一之学",就是"心外无理、心外无物",本用一源,知行合一的"致良知"之学。"象山陆氏之学纯粹和平若不逮于周程,而简易直截真有以接孟氏之传。"[1]王阳明发挥陆九渊的心学,主张圣人之学归根到底就是发明自我良知本心的"心学"。他的思想,有两次大的觉悟转折。第一次,他35岁时,因为参与反对宦官刘瑾专权的活动,被处入狱并廷杖四十,既而被贬谪贵州龙场;王阳明行进路上,遭刘瑾多次派人追杀,历经千难万险,三年后才得抵达龙场。他在龙场"居夷处困,动心忍心性之余",觉悟到"圣人之道,吾性自足,向之求理于外事物者误也",这是著名的"龙场悟道"(《王阳明全集》,第1221页)。第二次,王阳明在近50岁之际,在江西遇宁王朱宸濠兵变,叛军强势危及旧都南京,王阳明当机立断,"未获成命起兵",用兵如神,以少胜多,迅速平定了这次叛乱,但平叛之后,王阳明又经历了武宗皇帝的侍臣张忠、江彬等人的谗言相害。在这一系列生死荣辱的艰难磨砺之后,王阳明提出了"致良知"之说。王阳明认为,"良知"是人人心中本来就有的,而且就是"天理","致吾心之良知"就是"致知天理",因此"合心与理而为一"。(《王阳明全集》,第1294页)

王阳明的心学,由其"致良知说"的提出,在主张"良知本然"的前提下,将"天理"统一于"心理",将向外求知转换为内心觉悟("发明本心"),主张打破由程朱理学推于极端的"圣人之学"的"捆绑束缚",求"自信"、"自得"的"圣人之道"。他特别强调"致良知"的"亲历"和"心证"。关于"亲历",他说:"某于此良知之说,从百死千难中得来"(《王阳明全集》,第1279页);"若非自家经过,如何得他许多苦心处?"(《王阳明全集》,第113页)。关于"心证",他说:"良知只是一个,随他发见流行处当下具足,更无去来,不须假借"(《王阳明全集》,第85页);"夫学贵得之心。求之

---

① [明]王守仁:《阳明先生则言》卷上,明嘉靖十六年薛侃刻本。

于心而非也,虽其言之出于孔子,不敢以为是也,而况其未及孔子者乎!求之于心而是也,虽其言之出于庸常,不敢以为非也,而况其出于孔子者乎!"(《王阳明全集》,第 76 页)。

　　王阳明将"圣人之学"的终极目标确立为实现"万物一体之仁"的至上境界,体认并践行这个境界,就是圣人。在这个境界中,"我心"与天下人之心同一,"我"的生命与天地万物一体——这是一个无穷无际、生气活跃、光明空灵的世界。1527 年,56 岁的王阳明,在浙江故里归隐数年后,被朝廷再度启用作两广巡抚,请辞不允,受命镇压广西少数民族暴乱;平乱之后,次年上疏请求回乡养病,病逝于回归途中的江西南安。他在一条夜泊于南安青龙铺镇的船上辞世。辞世时弟子询问有何遗言,王阳明回答说:"此心光明,亦复何言?"说毕,"瞑目而逝"。(《王阳明全集》,第1324 页)

第二节　体用一源的圣人之境

一、知行合一与人生境界

　　王阳明以"成圣"为人生志向,也就是以达到"圣人境界"为理想。他认为,知行合一的良知体认就是圣人境界;良知作为本体(本心)是体用一源的,它是本体与工夫的统一。王阳明所谓本体与工夫统一,就是统一于这圣人境界的生成。准确讲,本体与工夫的统一,归根到底,是本体与境界的同一。王阳明说"盖良知只是一个天理,自然明觉发见处,只是一个真诚恻怛,便是他本体"(《王阳明全集》,第 84 页)。王阳明此说,自然承袭孔子"仁远乎哉? 我欲仁,斯仁至矣"(《论语·述而》)[1]和孟子"求则得之,舍则失之,是求有益于得也,求在我者也"(《孟子·尽心上》)[2]之意。但是,王阳明更进一步,也是更明确地把自我对道("仁")的内在体认同自我的现实(外在)存在当下直接地统一

---

①② 本书引用《论语》自[宋]朱熹:《四书章句注》,北京:中华书局,1983 年。

起来。王阳明以体认良知为"圣人境界",实质就是以体认良知的个体存在为道德本体的现实生成和呈现。这就是他所说的"工夫不离本体,本体原无内外"。

冯友兰认为中国哲学的传统是以提高心灵的境界("达到超乎现世的境界,获得高于道德价值的价值")为目标[①],并且以天地境界("同天的境界")为最高境界。[②] 冯先生此论实为精深洞见。根据冯先生的概括,天地境界的特征是:一方面,人的意识达到最高的觉解,即"尽心知性知天";另一方面,人的行为达到最高的完善,即"存心养性事天"。冯先生的"天地境界"含义主要是对《中庸》"唯天下至诚,为能尽其性;能尽其性,则能尽人之性;能尽人之性,则能尽物之性;能尽物之性,则可以赞天地之化育,则可以与天地参矣"和孟子"尽其心者,知其性也。知其性,则知天矣。存其心,养其性,所以事天也"(《孟子·尽心上》)两说的发挥。天地境界的两个方面,即"知"和"行",也就是精神性和生活性两个方面。[③] 如冯先生所指出,天地境界是中国哲学"极高明而道中庸"精神的最终实现,那么,怎样把"高明"(精神性)与"中庸"(生活性)统一起来,则是中国哲学诸家,自然也是宋明理学与心学分殊关键所在。

理学与心学在认知路线的对立,即"知先行后"还是"知行合一"的对立,根本上就是怎样看待这个至高境界中的精神性与生活性,及其两者的关系。理学分心理为二,并以理导心,实际上是以理为这至高境界的本体,以心(情和生活)为本体之用,也就是以精神性为本体,以生活性为本体之用。因此,在理学中,至高境界中的精神性和生活性的对立不仅没有被消除,而且作为基本原则被确定、强化,在其纯粹至极中,则是生

---

① 冯友兰:《中国哲学简史》,第 6 页,北京:北京大学出版社,1985 年。
② 冯友兰:《贞元六书》下,第 558 页,上海:华东师范大学出版社,1996 年。
③ 冯先生没有明确指出天地境界的精神性和生活性双重含义。但冯先生的具体论述,无疑是一以贯之的坚持双性并举的。(见《贞元六书》:《新原人·天地》;《新原道·道学》)陈来独以"精神性"来规定儒家的理想的人生境界,当是偏失;所下的境界定义,"境界是标志人的精神完善性的范畴,是包含人的道德水平在内的对宇宙人生全部理解水平的范畴",其涵盖面无疑过狭。(见《有无之境》,第 6 页)

活性完全为精神性所压倒和排斥。换言之，理学的极致发展，是把儒家所追求的人生境界极端化为超生活的纯粹精神境界（理世界）。王阳明批判理学，责难它向心外格物求理，不能真正诚意（"纵格得草木来，如何反来诚得自家意？"），其实质乃是针对理学的非生活性原则的。而且，如前所述，王阳明认为，正是理学的非生活性原则导致了精神性的丧失。然而，就儒学的学理传统而言，程朱的心理二分、知先行后原则是孔孟传统正宗教义的逻辑发挥。① 与此相反，心理为一，知行合一，实质上就是要在这至高境界中实现精神性与生活性的根本性统一。没有精神性就没有真正（本真）的生活性，反之，没有生活性也就没有真正（现实）的精神性。这是心学的基本原则。就此而言，王阳明主张"圣人为人人可到"（《王阳明全集》，第 120 页）是对孟子主张"人皆可以为尧舜"（《孟子·告子下》）的继承，也是对其突破性发展。"人皆可以为尧舜"，是以"仁义内在"，即道德原则先验地内在主体心性中为基础，这个先验的设定，实际上确定了知先行后的践履路线；而"圣人为人人可到"，是在知行合一、体用一源，即本体与境界合一的意义上提出的，此命题的核心是内外一体，当下即得。

王阳明理想的存在境界（本然状态）与康德的"意志自由"之间的根本差异，即在于康德主张本体与现象、先验与经验、主体与客体的根本分裂，因此，其自由是无实践性的先验设定（"消极的自由"②）。王阳明心学无疑大异其旨。但是，在王阳明与康德的根本差异之外，两人之间又存在一个重要的共同点，即两人都认为道德原则不是一个外在于个体存在的实体（本质）对象。这种共同的反本质主义立场，使王阳明和康德都主张个体自我与道德原则是存在性统一的。在这个意义上，两者都意识

---

① 牟宗三曾指出理学集大成者朱熹（实际亦指理学）自宋以来被尊为儒学正统是"别子为宗"，陆王心学才是孔孟正宗。（《心体与性体》）李泽厚对此提出相反异议。（《中国古代思想史论》，第 258—259 页，合肥：安徽艺术出版社，1994 年）我赞成李先生以程朱为孔孟正宗的看法。

② 康德有"积极自由""消极自由"之说，但这只是一物两说，而归根到底，他自己也认为意志自由作为自我超感性的本性设定，只是"消极的防御"。（《道德形而上学之基本原则》，载牟宗三译注：《康德的道德哲学》，第 111—112 页，台北：学生书局，1982 年）

到,并且强调主体性的意义。然而,在其主体性观念中,两人却又存在重要差别。这个差别就是,康德认为,理想的人格是永远不能实现的,即现实中的人不能赋予这种理想以客观实在性,所谓理想的人,是"只在于思想中,完全与'智慧之理念'相符合的人"①。与之相反,王阳明则认为,只要就自己在工夫上体验,圣人人人可以做到。这一差别,根源于康德主张,自由原则,只是个体作为一个理性存在者的先验设定,自由在本质上是非经验的超感性观念:即不能在经验中实现,也不能被经验表示。康德说:

> 但是,自由却是一个纯然的理念,此理念的客观实在性决不能照自然之法则而被表示,因而结果也就是说决不能在任何可能经验中被表示;因此之故,它亦决不能被领悟或被理解,因为我们不能藉任何实例或类比来支持它。②

王阳明却认为:

> 天命之性,粹然至善,其灵昭不昧者,此其至善之发见,是乃明德之本体,而即所谓良知也。至善之发见,是而是焉,非而非焉,轻重厚薄,随感随应,变动不居,而亦莫不自有天然之中,是乃民彝物则之极,而不容少有议拟增损于其间也。(《王阳明全集》,第969页)

讲"粹然至善"、"自有天然之中"、"不容少有议拟增损",就是讲理想实现于现实中的真切、笃实、完满、澄明。

二、无我为用

在王阳明心学中,无我与有我有其相对而言的确定意义。有我,即

---

① 见康德《纯粹理性批判》,第412—413页,北京:商务印书馆,中译本,1982年。
② [德]康德:《道德形而上学之基本原则》,载牟宗三译注《康德的道德哲学》,第112页,台北:学生书局,1982年。

自我执着,或执着于私欲,或执着于成见。对本体而言,有我即是以私欲成见遮蔽了本心,要复明本心,即要克除此有我。所谓无我为用,即破除自我执着,以复澄明本心,实现圣人境界。王阳明说:

> 诸君常要体此人心本是天然之理,精精明明,无纤介染着,只是一无我而已;胸中切不可有,有即傲也。古先圣人许多好处,也只是无我而已,无我自能谦。谦者众善之基,傲者众恶之魁。(《王阳明全集》,第125页)

根据王阳明,本体无善无不善,无有无不有。因此,王阳明讲"无我",正如其讲"有我",当都是在工夫上立教。[①] 就此,王阳明另有两段语录可证明:

> 工夫不是透得这个真机,如何得他充实光辉? 若能透得时,不由你聪明知解得来。须胸中渣滓浑化,不使有毫发沾滞始得。(《王阳明全集》,第105页)

> 先生曰:"有心俱是实,无心俱是幻;无心俱是实,有心俱是幻。"汝中曰:"有心俱是实,无心俱是幻,是本体上说工夫。无心俱是实,有心俱是幻,是工夫上说本体。"先生然其言。(《王阳明全集》,第124页)

这两段语录,直接而言,是以"有"说本体,以"无"说工夫。特别是第二段语录,即所谓"严滩四句",说得更分明。这四句,源于王阳明答弟子汝中关于佛教实相幻相之问。但深一层却辩明了王阳明本体工夫合一,有无一体的思想,即如陈来所言:"明显表现出以有为体,以无为用的精神,使有与无,有心与无心,在儒家的立场上得到统一的思想更加明确。这种

---

① 阳明有"圣人之学,以无我为本,而勇以成之"一说(《王阳明全集》,第232页),但这只是一时方便之说。陈来据此认为阳明主张"无我是心之本体","无我是一个无的境界"(见《有无之境》,第242页),似不妥。若阳明如此主张,将一则难以圆融其心学体系,二则难与佛教意旨相辨别。

统一既表现为工夫的有无合一,也同时是心体(本心)的有无合一。"①

以无我为用,即"不动气"、"无累于心",也就是不为私欲成见所驱遣,"不要着一分意思"。"不动","无累","不着意思",不是如槁木死灰、无情无识的虚静,而是以"定"为心之本体。"定者心之本体,是静定也,决非不睹不闻、无思无为之谓也,必常知、必常存、常主于理之谓也。"(《王阳明全集》,第 63 页)王阳明以"定"为本,是对程颢思想的发挥。程子认为,人情之蔽,根源于自私用智。自私用智,必然将迎意必,也就动气累心。去除自私用智,则心体澄明,如此,"动亦定,静亦定,无将迎,无内外",自然不动气,不累于心(《二程文集》卷三)。二程(程颢,程颐)和王阳明都认为,人心不能无,七情亦不能无,只是"心要正"、"情要顺"。王阳明以无我为用,并不是要在其圣人境界中排除情感意愿,而是主张理顺情感意愿,使之同流于天然之理。王阳明说:"七情都是人心合有的,但要认得良知明白。"(《王阳明全集》,第 111 页)对王阳明而言,心理为一(心统性情),就是感性和理性同一,体用一源,即体即用。这种同一原则,明确表现在王阳明对性(理,理性)气(情,感性)关系的论述上。

> 问:"'生之谓性',告子亦说得是,孟子如何非之?"先生曰:"是性,但告子认得一边去了,不晓得头脑。若晓得头脑,如此说亦是。孟子亦曰'形色天性也',这也是指气说。"又曰:"凡人信口说,任意行,皆说此是依我心性出来,此是所谓生之谓性。然却要有过差。若晓得头脑,依吾良知上说出来,行将去,便自是停当。然良知亦只是这口说,这身行,岂能外得气,别有个去行去说? 故曰:'论性不论气不备,论气不论性不明。'气亦性也,但须认得头脑是当。"(《王阳明全集》,第 101 页)

"生之谓性","生"字即是"气"字,犹言气即是性也。气即性,人生而静以上不容说,才说气即是性,即已落在一边,不是性之本原矣。孟子性善,是从本原上说。然性善之端须在气上始见得,若无

---

① 陈来:《有无之境》,第 231 页。

气亦无可见矣。恻隐羞恶辞让是非即是气,程子谓'论性不论气不备,论气不论性不明',亦是为学者各认一边,只得如此说。若见得自性明白时,气即是性,性即是气,原无性气之可分也。(《王阳明全集》,第61页)

这两段语录表明,王阳明对孟子批评告子"生之谓性"观念采取了双重态度。王阳明一方面从孟子,反对告子执定的看"性",即"专在气质上说性",另一方面又暗中修正了孟子谈性不谈气,而认为"良知岂能外得气","性善之端在气上始见得",因此"气即是性,性即是气,原无性气之可分"。性气并举,体用一源,也是二程的思想。然而,二程是以性为体、气为用为前提的。王阳明则是以"即体即用","有是体,即有是用"立论的。所以,王阳明把告子的错误概括为,"但告子执定看了,便有个无善无不善的性在内。有善有恶又在物感上看,便有个物在外。"(《王阳明全集》,第107页)性不能与气相离,理不能与心相分,本体无内外,只有在王阳明"即体即用",也就是感性与理性同一的圣人境界中才能落到实处。

王阳明主张须以清除私欲成见方可进入圣人境界,特别是他主张圣人之境的体认是超越概念认识的(即"无知之学"),与康德关于审美判断是既非感官享乐,又非概念认识的思想是相近的。① 但是,两者之间又存在两个区别。其一,王阳明认为,圣人境界的实现,就是本体的真实呈现,是对本体最本真的体认(认识),康德则认为,审美判断是无关于认识的,在其纯粹意义上,不提供任何对象的知识②;其二,王阳明认为,在圣人境界中,感性与理性是同一而不可区分的,康德虽然承认"美若没有对于主体的情感的关系,它本身就一无所有",但是,他关于审美判断先于审美愉悦的观点实际上是否定了审美判断中感性(感觉)的意义。③ 这两

① [德]康德:《判断力批判》上卷,第一章"美的分析",北京:商务印书馆,中译本,1964年。
② 同上书,第66页。
③ 同上书,第54—57页。

点区别,决定了王阳明与康德各自所持的不同的主体与客观关系原则。王阳明之所以倡导无我为用,是要个体复明"天地万物,本吾一体"的良知本心,以达成"人心与天地一体,故上下与天地同流"的存在状态,因此,无心即有心,无情却是大情;康德所谓"人的自由本性",如他自己所坚持申明的,只是纯粹的理性设定,而其实质就在于"超越感性和经验"这一形式原则本身,因此,在审美判断中,排除感性,实际上就是排除客体的意义,主张由对于对象存在的"无所关心"①转向主体自我心意自由的肯定,则是其逻辑结论。阿多诺认为,"无所关心",作为康德美学的基础概念,表达了一种"去势的享乐主义"审美观。② 这无疑是指出了康德的矛盾和困境所在。

三、胸次与气象

就圣人境界的实现而言,无我的另一面就是自得。对于王阳明,自得有两含义:其一、道(良知)须是自己切身感悟而得;其二、本心即道(良知),也就是说良知根本来自于对自我生命本真存在的体认。这两个含义是统一的,而其统一的体现则是自我生命在现实世界中的本真的扩展。它首先展现为一种超越个体有限存在的自在自然情态,即王阳明所谓"狂者胸次"。《年谱》载王阳明自述为:

> 吾自南京已前,尚有乡愿意思。在今只信良知真实真非处,更无掩藏卫护,才做得狂者。使天下尽说我行不掩言,吾亦只依良知行。(《王阳明全集》,第1287页)

乡愿狂者之辩,孔孟就有。③ 王阳明也是发挥孔孟大意而辩:

> 请问乡愿狂者之辩。曰:"乡愿以忠信廉洁见于君子,以同流合

---

① 康德《判断力批判》中"disinterested"一词,宗先生译为"无利害感",似不妥。依上下文意可见,康德用此词在于表示"对对象的存在无所关心(不在意)",此意比"无利害感"要宽泛。
② Adorno, *Aesthetic Theory*, Routledge & Kegan Paul, 1984, p. 16.
③ 见《论语》:《阳货》、《子路》;《孟子》:《尽心下》。

污媚无忤于小人,故非之无举,刺之无刺。然究其心,乃忠信廉洁所
以媚君子也,同流合污所以媚小人也,其心已破坏矣,故不可与入尧
舜之道。狂者志存古人,一切纷嚣俗染,举不足以累其心,真有凤凰翔
于千仞之意,一克念即圣人矣。惟不克念,故阔略事情,而行常不掩。
惟其不掩,故心尚未坏而庶可裁。(《王阳明全集》,第 1287—1288 页)

依王阳明的论述,狂者胸次主要在于超越自在,一任其千古志向高
飞远举("一切纷嚣俗染,举不足以累其心")。但狂者胸次,与圣人气象,
还有"一克念"之差。说其"不克念",即是意味狂者之举,还未达到"天则
自然"的至境,其超越情态还不是"自然流出"(因此,"念"尚未尽去,亦即
尚未纯粹)。所谓"阔略事情,而行常不掩",是指狂者人生,还未把工夫
彻底落到实处,尚不能真正素其位而行,情顺万物而无情,即《中庸》所谓
"素夷狄行乎夷狄,素患难行乎患难,无入而不自得"①。王阳明认为,能
素位而行,自得其道,则成就"敬畏"与"洒落"一体的胸襟。"夫君子之所
谓敬畏者,非有所恐惧忧患之谓也,乃戒慎不睹,恐惧不闻之谓耳。君子
所谓洒落者,非旷荡放逸,纵情肆意之谓也,乃其心体不累于欲,无入而
不自得之谓耳。""和融莹澈,充塞流行,动容周旋而中礼,从心所欲而不
逾矩,斯乃所谓真洒落矣。是洒落生于天理之常存,天理常存生于戒慎
恐惧之无间。"(《王阳明全集》,第 190 页)以真洒落为其心之体,以真敬
畏为其洒落之功,即是一克念,为圣人气象。圣人气象,却是淳庞朴素,
自然流出("圣人心体自然如此")。

"气象"一词,似在宋代盛行用于人物品鉴。二程,特别是程颐,常以
"气象"论圣人。程颐即说:"学者不欲学圣人则已,若欲学之,须(当作
非——冯友兰注)熟玩圣人之气象不可。"(《二程遗书》卷十五)冯友兰指
出,"道学家认为,人的精神世界虽是内心的事,但也必然表现于外,使接

---

① 王阳明在论《论语·先进》"曾点言志"时,阐发《中庸》此语义,似赞许曾点有"素其位而行"之
意;(《王阳明全集》,第 14 页)但另处又只许曾子"何等狂态"。(《王阳明全集》,第 104 页)此
两说,稍有异。因依王阳明意,狂者不克念,尚未至"君子素其位"境界。

触到的人感觉到一种气氛。这种气氛,道学家称之为"气象"。冯先生又说:"气象是人的精神境界所表现于外的,是别人所感觉的。有某种精神境界的人,他自身也可以有一种感觉。这种感觉是内在的。"①冯先生是单以"精神性"来说"气象"的。但是,即使就二程而言,"气象"一词,似也不单指所品鉴人物的"精神"。如下面一段论说:

> 仲尼,元气。颜子,春生也。孟子,并秋杀尽见。仲尼,无所不包,颜子示"不违如愚"之学于后世,有自然之和气,不言而化者也。孟子则露其才,盖亦时然而已。仲尼,天地也。颜子,和风庆云也。孟子,泰山岩岩之气象也。观其言皆可以见之矣。(《二程遗书》卷五)

此段语录所论圣贤气象,虽只是"观其言而见",也是对圣贤的包括精神与感性为一体的整体生命的把握。因此,叶朗对"气象"一词有如下诠释:

> 但是我以为不必限定["气象"——引者]为"精神风貌"。因为"气"这个范畴,无论在中国古典哲学或在中国古典美学中,都是指宇宙万物的本体,它包括人的精神,但并不限于人的精神。……就宋代来说,大哲学家张载(1020—1077)就认为,宇宙万物本体就是元气,元气聚则成为有形的东西,元气散则成为无形的东西。虚空也是气。诗论家用"气象"一词来概括诗的整体风貌,特别是诗歌意象所呈现的时间感与空间感,恐怕与"气"的这种含义是有关的。但是诗的这种整体风貌,不仅表现诗本身的精神风貌,而且也表现时代生活的风貌。②

---

① 冯友兰:《中国哲学史新编》第五册,第122页,北京:人民出版社,1988年。
② 叶朗:《中国美学史大纲》,第320页。按:叶朗此论,是针对叶嘉莹认为"气象"一词"当是指作者之精神透过作品中之意象与规模所呈现出来的一个整体的精神风貌"(《王国维及其文学批评》,第284页,广东人民出版社,1982年)而发。在此书同页,叶朗还进一步指出:"'气象'作为一个美学范畴,乃是概括诗歌意象所呈现的整体美学风貌,特别是它的时空感。这种整体美学风貌和时空感,既反映出诗人的精神风貌,也反映时代生活的风貌。'气象'这个范畴的出现,以及它在诗歌美学中占据重要地位,说明美学家开始注意研究诗歌意象的整体美学风貌,特别是注意研究诗歌意象的时间感和空间感。"

叶朗所论,与王阳明的"气象"观念甚为吻合。王阳明谈"气象",是两个大源头的融汇。这两个大源头,一是孟子"吾善养浩然之气"(《孟子·公孙丑》)一说;一是张载而后的"元气说"。王阳明讲"人心是天渊。心这本体无所不赅,原是一个天"(《王阳明全集》,第 95 页);"可见人心与天地一体,上下与天地同流"(《王阳明全集》,第 106 页),无疑是孟子所谓"其为气也,至大至则,以直养而无害,则塞于天地之间"精神的发挥。另一方面,王阳明继承了张载的"元气说",并且把它发展为阴阳一体、身心同调的理气一元论。① 这两个方面的结合,构成了王阳明"气象"观念的基本内含。这就是:第一,感性生命与理性生命的同一;第二,个体存在与时代生活的同一。下面几段语录,可以为证:

先生曰:"胸中须常有舜、禹有天下不与气象。"德洪请问。先生曰:"舜、禹有天下而身不与,又得丧介于其中?"(《王阳明全集》,第 1287 页)

先生曰:"圣人之学,不是这等捆缚苦楚的,不是装做道学的模样。"汝中曰:"观'"仲尼与曾点言志'一章略见。'先生曰:"然。以此章观之,圣人何等宽洪包含气象!"(《王阳明全集》,第 104 页)

羲、黄之世,其事阔疏,传之者鲜矣。此亦可以想见其时,全是淳庞朴素,略无文采的气象。(《王阳明全集》,第 9 页)

问:"世道日降,太古时气象如何复见得?"先生曰:"一日便是一元。人平旦时起坐,未与物接,此心清明景象,便如在伏羲时游一般。"(《王阳明全集》,第 21 页)

曰:"天理何以谓之中?"曰:"无所偏依。"曰:"无所偏是何等气象?"曰:"如明镜然,全体莹澈,略无纤尘染着。"(《王阳明全集》,第

---

① 王阳明与陆象山同志,都坚决反对程朱以太极为形而上之道、阴阳为形而下之器(气)相分的理气分殊论。王阳明说:"太极之生生,即阴阳之生生。就其生生之中,指其妙用无息者谓之动,谓之阳之生,非谓动而后生阳也。就其生生之中,指其常体不易者而谓之静,谓之阴之生,非谓静而后生阴也。""阴阳一气也,一气屈伸而为阴阳;动静一理也,一理隐显而为动静。"(《王阳明全集》,第 64 页)

23 页）

　　刘观时问："未发之中是如何？"先生曰："汝但戒慎不睹，恐惧不闻，养得此心纯是天理，便自然见。"观时请略示气象。先生曰："哑子吃苦瓜，与你说不得。你要知此苦，还须你自吃。"（《王阳明全集》，第 37 页）

　　"先认圣人气象"，昔人曾有是言矣，然亦欠有头脑。圣人气象自是圣人的，我从何处识认。若不就自己良知上真切体认，如以无星之称而权轻重，未开之镜而照妍媸，真所谓以小人之腹而度君子之心矣。圣人气象何由认得？自己良知原与圣人一般，若体认得自己良知明白，即圣人气象不在圣人而在我矣。（《王阳明全集》，第 59 页）

上述语录可见，气象不仅是个体生命精神与感性统一的整体呈现，而且是时代风貌的整体呈现。更进一步，王阳明认为，气象是生命本真状态（本体）的呈现和体认（良知）。对这个本真状态，不仅不能用名言概念去把握，而且根本上不能以物我外在的观照方式去把握。因此，只有自我生命与对象同样达到其本真状态，才能真正感悟到对象的气象。但在这个意义上，自我的生命与对象的生命融为一体，对象的气象，亦就是，而且根本就是自我的气象。这就是所谓"圣人气象不在圣人而在我"。对于王阳明，体认圣人气象，也就是恢复无人己之分、内外之别的"本心"。因此，自我也就达到圣人境界而呈现出圣人气象。王阳明说：

　　盖其心学纯明，而有以全其万物一体之仁，故其精神流贯，志气通达，而无有乎人己之分，物我之间。譬之一人之身，目视、耳听、手持、足行，以济一身之用。目不耻其无听，而耳之所涉，目必营焉；足不耻其无执，而手之所探，足必前焉；盖其元气充周，血脉条畅，是以痒疴呼吸，感触神应，有不言而喻之妙。（《王阳明全集》，第 55 页）

从狂者胸次而至圣人气象，是个体自我生命的极致发展（"尽我之性"），也是个体生命复至于万物一体的整体生命运动中，到位天地，育万物（"尽天之性"）。因此，圣人气象，作为对自我生命的最高体认，不仅是对自我作为一个个体存在者的生命现实的肯定,而且是对我与之浑然一体、上下同流的天地万物整体生命现实的肯定。所以,圣人气象实现并肯定的是自我与世界同一的整体生命感。正是在这个意义上,王阳明认为圣人气象的实现是"复心体之同然"。王阳明特别强调良知的绝对性。

> 良知之在人心,亘万古,塞宇宙,而无不同……
>
> 良知只是一个。随他发见流行处当下具足,更无去求,不须假借。
>
> 毫发不容增减……此良知之妙用,所以无方体,无穷尽,语大天下莫能载,语小天下莫能破者也。
>
> 不是以私意去安排思索出来……(以上见《传习录》)

王阳明对良知绝对性的强调,就是对良知所包含的生命整一感的真切体认和肯定。牟宗三用佛教的"圆教"观念来诠释王阳明良知说的生命整一感,认为王阳明良知说的路线是"圆教的直贯",是很有启发的。牟宗三说:

> 不特此也,良知感应无外,必与天地万物全体相感应。此即函着良知之绝对普遍性。心外无理,心外无物。此即佛家所谓圆教。必如此,方能圆满。由此,良知不但是道德实践之根据,而且亦是一切存在之存有论的根据。由此,良知亦有其形而上的实体之意义。①

从学理看,王阳明哲学要解决的基本矛盾是主观(个体的心)与客观(宇宙的心)的矛盾。这个矛盾在这种绝对普遍的生命整一感即体即用(知行合一)的当下呈现中被化解了。

在此,可以把王阳明的"体认圣人气象"观念与康德关于审美判断的"主观的普遍性"观念作一比较。康德是把审美判断作为感性与理性、自由与自然、主观与客观之间的过渡和桥梁来确立的。这个出发点,与王

---

① 牟宗三:《从陆象山到刘蕺山》,第 223 页,台北:学生书局,1982 年。

阳明通过体认圣人气象寻求"无人己之分,物我之间"的观念是一致的。但是,由于康德的二元论立场,审美判断作为对立面的统一,只是形式的,而不是内容的;只是先验主观的,而非经验客观的。根据康德,审美判断的基础是"一般的主观的形式的条件",亦即主体心意诸机能的协调活动。① 正是在这个主观的先验的形式的基础上,审美判断作为一个对于对象的单一的主观感性(不凭借概念)判断,却又具有普遍性。康德把这种普遍性规定为"主观的普遍性"。这就是说,审美判断的普遍性在于,它不是实际要求每个人的同意,而是设想(期待)每个人的同意。

康德又把这种不以逻辑认识为基础的审美普遍性,称为"共同感"。他认为,在审美判断中,共同感的前提条件就是审美的无所关心。"因为人自觉到他对那令其愉快的对象的存在并无兴趣时,他就不能不判定这对象必具有使每个人愉快的根据。"②因此,康德所谓审美判断的统一和共同感,是抽象的,实际上也是主体个体自我的先验设定。J.M·伯恩斯坦认为,康德的共同感观念所表现的只是对个体自我已经丧失的整体感的悲悼。③ 此论提示我们,康德对审美判断内容的抽象根源于其个体主义原则对整体性的先验排斥。因此,康德把"无所关心"作为审美判断的前提条件,这种"无所关心"使主体自我在对自然与道德的双重独立中达到一种抽象的自由(自律)。就此而言,康德与王阳明存在基本方向上的分殊。

四、心外无物

对圣人气象的体认,即圣人境界的现实生成和呈现,以其完整同一的生命感充致尽至,圣人境界即是浑然与万物一体同流的天地境界。王阳明讲"心外无物",实是从这天地境界的无所不含、无所不成而言的。

---

① [德]康德:《判断力批判》上卷,第130页。
② 参见康德《判断力批判》上卷,宗白华译文。
③ J. M. Bernstein, *The Fat of Art*, Polity Press, 1993, p. 63.

关于"心外无物"一说，王阳明有两段说解：

> 先生游南镇，一友指岩中花树问曰："天下无心外之物，如此花树在深山中自开自落，于我心亦何相关？"先生曰："你未看此花时，此花与汝心同归于寂。你来看此花时，则此花颜色一时明白起来，便知此花不在你心外。"（《王阳明全集》，第107—8页）

> 身之主宰便是心，心之所发便是意，意之本体便是知，意之所在便是物。如意在于事亲，即事亲便是一物；意在于事君，即事君便是一物；意在于仁民爱物，即仁民爱物便是一物；意在于视听言动，即视听言动便是一物。所以某说，无心外之理，无心外之物。（《王阳明全集》，第6页）

当今，对王阳明"心外无物"，有两种流行的阐释。一是借用胡塞尔现象学意向性理论的解释，即认为王阳明不是在本体世界的构成，而是在意义世界的生成意义上，讲"心外无物"，因为根据意向性理论，客体作为意义对象，是主体意向性活动的产物。[①] 二是依王阳明诚意格物之说，训物为事，事在人为，人之为事，自然在于心有此意，即有心方有意，有意方有事，所以心外无事，事即物，亦所以心外无物。[②] 当然，在实际阐释中，这两种解释并不是对立的，而经常是交叉的。

因为两者都认为主体和客体之间存在内在联系，胡塞尔现象学对阐释王阳明心学无疑有借鉴意义。但是由于胡塞尔所保留的康德主义先验立场，其现象学的还原实际上是主体自我意识的先验抽象（"先验现象学家则通过他的绝对普遍的悬搁把心理学纯粹的主体性还原成为先验纯粹的主体性"[③]），并且，这种先验抽象强化了个体主体性原则，因此，现象学对王阳明心学的解释力是非常有限的。这个局限性，学者们都有所

---

① 参见陈来《有无之境》，第57—58页；杨国荣：《心学之思》，第102—103页，北京：生活·读书·新知三联书店，1997年。

② 参见陈来《有无之境》，第50页。

③ ［德］胡塞尔：《现象学的方法》，第179—181页，上海译文出版社，1984年。

认识。对"心外无物"的另一种阐释，即随王阳明训"物"为"事"，无疑是有根据的（如我们上面引文所示）。这种阐释，就学理而言，也可以起到修正王阳明在此命题中因"事""物"不分而导致的"形式大于内容"的错误。① 但是，以现代学理修正王阳明思想是一回事，阐明王阳明思想又是一回事，不当以古人迁就（"将迎"）今人。

以王阳明思想整体而言，他之所以训《大学》"格物"两字分别为"正"和"事"，不仅在于建立知行合一的诚意格物说，而且要成就"无人己之分，物我之间"的人生境界。牟宗三对此有精到的阐发。他说：

> 是故王阳明落于《大学》上言"格物"，训物为事，训格为正，是就意之所在为物而言。若就明觉之感应而言，则事物兼赅，而"格"字之"正"义在事在物俱转而为"成"义，格者成也。格物者成己成物之谓也。"成"者实现之谓也。即良知明觉是"实现原理"也。就成己而言，是道德创造原理，即引生德行之"纯亦不已"。就成物而言，是宇宙生化之原理，亦即道德形而上学之存有论的原理，使物物皆得其所然而然，即良知明觉之同于天命实体而"于穆不已"也。在圆教下，道德创造与宇宙生化是一，一是皆在明觉之感应中朗现。②

据此，就王阳明的整体生命觉识而言，事和物都必须包含其中，而且不当事物内外相分。③ 统一事物，即事即物而成之，才是良知彻上彻下，一以贯之的实现。王阳明自己也明确指出："仁者以天地万物为一体，使有一物失所，便是吾仁有未尽处。"（《王阳明全集》，第 25 页）总之，王阳明不分"物""事"，是出于其良知觉识的内在要求，尽管有悖学理，但也是"不容已"而为之。依此而论，王阳明训"物"为"事"，当有两重含义：一是以"物"说"事"（即以"物"的名词指称"人事"）；二是以"物"为"事"（即以成

---

① 陈来：《有无之境》，第 56 页。
② 牟宗三：《从陆象山到刘蕺山》，第 242 页。
③ 牟宗三指出："真诚恻怛之良知，良知之天理，不能只限于事，而不可应用于物。心外无事，心外亦无物。一切盖皆在吾良知明觉之贯彻与涵润中。"（《王阳明全集》，第 240 页）

万物为己分内事)。因此,心外无物,亦即心外无事;心外无事,即不以一事一物外于己心。这就是王阳明《大学问》章所说的"大人者,以天地万物为一体者也,其视天下犹一家,中国犹一人焉。若夫间形骸而分尔我者,小人矣。大人之能以天地万物为一体也,其心之仁本若是,其与天地万物而为一也。"(《王阳明全集》,第968页)

现在来看"先生游南镇"一章,就可对王阳明"心外无物"说有更透彻的领悟。王阳明说,"你未看此花时,此花与汝同归于寂",不是就花存在的实在(实然)状态而言,而是就花存在的本真(本然)状态而言。在存在的实在状态上,花与人自然可以两不相关;在存在的本真状态上,花与人是一体不分的,是有此花即有此人,无此花即无此人,反之亦然。王阳明所论的关键是,"此花""此人",如果"存在",不能只是作为实在物而存在的此花此人,而是必然在万物一体的本真存在中的此花此人。因此,"你未看此花时,此花与汝同归于寂"。用"看"来喻解"心外无物"的含义,自然只是因问就答,方便的说法。而就王阳明心学精神,这个"看"所隐喻的是"致良知"的"致",也就是牟宗三所说的"成己成物"、"实现之"的本义。就此而言,杨祖汉对此章的释义值得重视:

> 从王阳明的答语,知道他也认为一般说的存在物之物,亦不在我的心外。所以在这段话中,所说的心外无物,并不是心外无事,而是一切物与心不相离。王阳明在答语中用来说明外物(花)不在心外的说法甚为简单。王阳明的答语,是表示花的存在,依于人心的觉,但这存在依于心觉,应并不是依于经验的认知心,而是依于超越的、普遍的良知。良知心觉对于花的知,并不是横摄的认知之,而是创造性的实现之。[①]

以良知灵明为实现原理,即在"创造性的实现之"的意义上来理解和

---

① 杨祖汉:《儒家的心学传统》,第256页,台北:文津出版社,1991年。

阐释王阳明"心外无物"说,是深得王阳明要旨的。① 在这个良知之心成物成己而创造性的实现之的意义上,心外无物,也就是心物同体。王阳明对此,有明澈论述:

> 问:"人心与物同体,如吾身原是血气流通的,所以谓之同体;若于人便异体了,禽兽草木益远矣,而何谓之同体?"先生曰:"你只在感应之几看,岂旦禽兽草木,虽天地也与我同体的,鬼神也与我同体的。"请问。先生曰:"你看这个天地中间什么是天地的心?"对曰:"曾闻人是天地的心。"曰:"人又什么叫做心?"对曰:"只是一个灵明。""可知充天塞地中间,只有这个灵明,人只为形体自间隔了。我的灵明,便是天地鬼神的主宰,天没有我的灵明,谁去仰他高? 地没有我的灵明,谁去俯他深? 鬼神没有我的灵明,谁去辩他吉凶灾祥? 天地鬼神万物离去我的灵明,便没有天地鬼神万物了。我的灵明离去天地鬼神万物,亦没有我的灵明。如此,便是一气流通的,如何与他间隔得!"又问:"天地鬼神万物,千古见在,何没了我的灵明,便俱无了?"曰:"今看死的人,他这些精灵游魂散了,他的天地万物尚在何处?"(《王阳明全集》,第 124 页)

王阳明这段关于"心物同体"意义的阐述,明白、周全。其大意是:第一,心物同体,不是就直观现象而论,而是在存在的本真状态("感应之几")上而言;第二,人个体自我的存在是心物同体的现实展开("人为天地心");第三,人与物的本真的存在(意义)必须在个体自我心物一体的生命觉识中才能得到实现("天地鬼神万物离去我的灵明,便没有天地鬼神万物;我的灵明离去天地鬼神万物,亦没有我的灵明");第四,心物同

---

① "先生游南镇"一章义,对把握审美体验与审美意象的同一关系,很有启发。叶朗曾借用此典。叶朗指出:"从美学的角度,我们很欣赏王阳明这里说的话:'你未看此花时,此花与汝同归于寂;你来看此花时,则此花颜色一明白起来',这句话可以用来作为对于审美体验的意向性的一种形象的描绘。"(叶朗主编:《现代美学体系》,第 566 页,北京大学出版社,1989 年)这是很有创见的借用。但此后,学界似有把此章义局限于美学范畴来阐释的倾向,这无疑是大偏狭了,亦误解了叶朗借用之意。

体的本体基础是上下同流,一以贯之的"元气"("便是一气流通的,如何与他间隔得")。

王阳明"心物同体"说,与海德格尔的存在哲学关于此在存在(个体存在)的超越性观念非常相近。海德格尔认为,"存在地地道道是transcendens[超越]。此在存在的超越性是一种与众不同的超越性,因为最激进的个体化的可能性与必然性就在此在存在的超越性之中,存在这种 transcendens 的一切开展都是超越的认识。"①个体存在的超越性就在于"领会"是个体本真的存在方式。"领会,作为此在的展开状态,一向涉及到在世的整体。在对世界的每一领会中,生存都被一道领会了,反过来说也是一样。"②领会是对自我存在与世界整体同一的领会,而且,在这种同一中,一切物都不是作为现成东西,而是作为在世界中的"存在者"与个体存在本真地联系着,这无疑是与王阳明"心物同体"意义一致的。但是,在王阳明的"心物同体"说中,并不存在海德格尔所谓"此在是自由地作为最本己的能在而自由存在的可能性"③。由于"以天地万物一体为仁"的生命觉识和气的一元论本体观,王阳明心学排除了海德格尔式的"最激进的个体化的可能性"④。也就是说,在存在结构的意义上,王阳明肯定个体生命作为本体现实化的必要性和意义("人是天地之心"),但在本体整一性的意义上,王阳明又以这个本体整一性同化和消解了个体生命("一气流通")。

五、乐是心之本体

在王阳明的著述中,直接论述艺术问题的文字,非常少,不过十数段。这与他留下的大量的诗作不相称,也与他的思想对后世(明清)艺术

---

① [德]海德格尔:《存在与时间》,陈嘉应译,第 47 页,北京:商务印书馆,1987 年。
② 同上书,第 186 页。
③ 同上书,第 176 页。
④ 从《形而上学导论》开始,海德格尔逐渐转化(削弱)自己的主体性立场,在《人道主义通信》中,对笛卡尔所代表的人道主义传统进行了批判,到后期,在《走向语言之路》等文中,则把主体性的真理意义转化(消解)到作为存在的显现的语言活动中。这使海德格尔与阳明更为接近。

的重大影响不相称。在关于艺术的论述中,又集中于乐(音乐)论(诗论次之)。也许可以说,正是乐论,构成了王阳明艺术哲学的主体。

王阳明乐论在朱熹之后,是对朱熹思想的反拨。知行合一的心学哲学和这一哲学体系所指向的体用一源的人生境界,自然成为王阳明艺术哲学的基础,并且确定了它独特的精神原则。这种精神原则,我们可以简要地概括为艺术与人生的统一,个体与世界(天地)的统一,更进一步讲,这是一种以中国哲学整体性的宇宙生命意识为核心的审美精神原则。王阳明乐论的核心,就是这种整体性的宇宙生命意识的审美精神的贯彻流通和活泼发扬。也正是在这个意义上,它成为对朱熹思想的反拨。

无疑,传统儒家乐教的基本观念,即"乐由中出"(乐根源于本然之性)和"乐以治心"(反情以和其志),也是王阳明乐论的出发点。但是,王阳明通过有针对性地重新阐释《四书》经典乐论,不仅反拨了朱熹所代表的宋儒乐论,以复明传统儒家乐论,而且同时深化和发展了这个乐论传统。这种深化和发展,集中表现在王阳明"乐是心之本体"命题的提出和阐发中。

"乐是心之本体",可以直接看作"乐由中(性)出"命题的另一种,或强式表达。但是,这一命题的主要意义却在于对"乐由中出"命题所开启的对性理与情感作形而上与形而下区分的反拨。这首先表现在王阳明对《中庸》"未发""已发"观念的重新阐释。《中庸》说:"喜怒哀乐之未发,谓之中;发而皆中节,谓之和。中也者,天下之大本也;和也者,天下之达道也。"(《中庸·第一章》)对此,朱熹解释说:

> 喜、怒、哀、乐,情也。其未发,则性也,无所偏倚,故谓之中。发皆中节,情之正也,无所乖戾,故谓之和。大本者,天命之性,天下之理皆由此出,道之体也。达道者,循性之谓,天下古今之所共由,道之用也。此言性情之德,以明道不可离之意。(《四书章句集注·中庸》)

朱熹的解释是把性理与情感分为本体与发用,并以性理为先(未发)、情感为后(已发)。王阳明早年依从程朱,也以性为未发,情为已发。但他的良知说建立后,王阳明的重新阐释却指出性理与情感无分未发—

已发、动—静、内—外、前—后,而浑然一体:

> ‘未发之中’即是良知也,无前后内外而浑然一体者也。有事无
> 事,可以言动静,而良知无分于有事无事也。寂然感通,可以言动
> 静,而良知无分于寂然感动也。动静者所遇之时,心之本体固无分
> 于动静也。理无动者也,动即为欲。循理是虽酬酢万变而未曾动
> 也;从欲则虽槁心一念而未曾静也。动中有静,静中有动,又何疑
> 乎? 有事而感通,固可以言动,然而寂然者未曾有增也。无事而寂
> 然,固可以言静,然而感通者未曾有减也。动而无动,静而无静,又
> 何疑乎? 无前后内外而浑然一体,则至诚有息之疑,不待解矣。未
> 发在已发之中,而已发之中未曾别有未发者在;已发在未发之中,而
> 未发之中未曾别有已发者存;是未曾无动静,而不可以动静分者也。
> (《王阳明全集》,第 64 页)

这段话的要义是,以良知为性,则“良知虽不滞于喜怒哀乐忧惧,而
喜怒哀乐忧惧亦不外于良知”。其核心是“循理为静,从欲为动”。其中,
有两个关键必须把握:第一,不可把性体(未发之中)执着看为一物,因为
本体原无一物。“不可谓未发之中,常人皆有。盖体用一源,有是体即有
是用,有未发之中,即有发而皆中节之和。今人未能有发而皆中节之和,
须知他未发之中亦未能全得。”(《王阳明全集》,第 17 页)第二,不可以动
静来分体用,因为动中有静,静中有动。“心不可以动静为体用。动静时
也,即体而言用在体,即用而言体在用,是谓体用一源。若说静可以见其
体,动可以见其用,却不妨。”(《王阳明全集》,第 31 页)

王阳明对《中庸》“未发已发”的阐释,综合了“心统性情”(张载)和
“体用一源”(程伊川),但是这种综合,又是对这两个命题的理学意义的
否定。就本体论而言,它否定了这两个命题包含的以性为体以情为用的意
义;就工夫论而言,它否定了这两个命题所主张的本体工夫相分的原则。①

---

① 陈来指出,在阳明论述,“未发”兼有“本体”“工夫”双重含义(《有无之境》,第 173 页),似可从
　此意理解。

进一步可以看到,构成这两个否定的基础的是王阳明对《中庸》"至诚不息",孟子"夜气说",和《易传》"阴阳一气"观念的打通和发扬。其中,构成中国哲学本体论主线的"气(元气)一元论"观念是贯穿全体而且生气活泼的主线。因此,王阳明形成了他关于性体(性)与心体(情)浑然一体的"精一"观念:

> 夫良知一也,以其妙用而言谓之神,以其流行而言谓之气,以其凝聚而言而谓之精,安可以形象方所求哉?真阴之精,即真阳之气之母;真阳之气,即真阴之精之父;阴根阳,阳根阴,亦非有二也。(《王阳明全集》,第62页)

> 理一而已。以其理之凝聚而言,则谓之性;以其凝聚之宰而言,则谓之心;以其主宰以发动而言,则谓之意;以其发动之明觉而言,则谓之知;以其明觉之感应而言,则谓之物。(《王阳明全集》,第76—7页)

这种"精一"观念,不仅是心的统一(生气性,亦即知情意一体),而且是心物统一(物我一气流通)。因此,对于王阳明,"精一"就是体用、有无、内外、动静的统一。正是在这个意义上,他才说,"可见人心与天地一体,故上下与天地同流"。七情是天之一气合有的,也就是人心合有的。"七情顺其自然而行,皆是良知之用,不可分别善恶,但不可有着。"(《王阳明全集》,第111页)循理而行,现在落实为循自然而行。而循自然而行,亦是所谓"无所住而生其心",则是"乐"的真义,也就是乐的本体:

> 问:"乐是心之本体,不知遇大故于哀哭时,此乐还在乎?"先生曰:"须是大哭一番方乐,不哭便不乐矣。虽哭,此心安处,即是乐也,本体未曾有动。"(《王阳明全集》,第112页)

在王阳明的"精一"观念中,理学所设定的道心与人心,亦即天理与人欲先验的分裂和对立被消除了。相反,性与情,亦即良知与七情在根本上是统一的,统一的内含就是人心自然。《中庸》开篇立言,"天命之谓性,率性之谓道,修道之谓教"。王阳明则阐发为,"圣人率性而行,即是道"(《王阳明全集》,第37页)。率性而行,也就是七情顺其自然而行,而

"乐"亦在其中。

在儒家乐论传统中,是由音乐推进人心、由艺术联系人生的,其中著名的公案,是《论语》的"曾点言志"。《论语》载:"(曾点)曰:'莫春者,春服既成,冠者五六人,童子六七人,浴乎沂,风乎舞雩,咏而归。'夫子喟然叹曰:'吾与点也!'"(《论语·先进》)朱熹以理学精神解释孔子对"曾点言志"的认同。朱熹说:

> 曾点之学,盖有以见夫人欲尽处,天理流行,随处充满,无少欠缺。故其动静之际,从容如此。而其言志,则又不过即其所居之位,乐其日用之常,初无舍己为人之意。而其胸次悠然,直与天地万物上下同流,各得其所之妙,隐然自见于言外。(《四书章句集注·论语集注卷六》)

朱熹的解释,完全是在理学道德精神的原则下来把握曾点之志。由于他坚持视天理与人欲为形而上与形而下的对立,实际上是片面地发展了孔子"尽善尽美"的乐教原则,剔除或压抑了其中自然的、感性的情意——"曾点言志"被孔子赞许,其意义就在于曾点的志向着眼于人生的自然与人伦之和谐,朱熹却将自然与人伦割裂,独断为"人欲尽处,天理流行"。

《论语》载有孔子两则话:其一,子曰:"饭疏食,饮水,曲肱而枕之,乐亦在其中矣!不义而富且贵,于我如浮云。"(《论语·雍也》)其二,子曰:"贤哉回也!一箪食,一瓢饮,在陋巷,人不堪其忧,回也不改其乐。贤哉回也!"(《论语·述而》)宋代理学宗师周敦颐(1017—1073)为二程师,曾命二程"寻孔颜乐处,所乐何事",程颢觉悟后的表现是"再见周茂叔后,吟风弄月以归,有'吾与点也'之意"。① 周敦颐所要点拨二程的正是孔子思想原旨中的对个体生命精神的道德活力激发,"孔颜之乐"本质是个体生命道德意气的自然流露。王阳明在论"乐"的精神要义时,强调的正是生命精神和道德意气的本原性统一——"情"与"性"的同一。他说:

---

① [元]脱脱:《宋史》,卷四二七,列传第一八六,清乾隆武英殿刻本。

> "乐"是心之本体,虽不同于七情之乐,而亦不外于七情之乐。虽
> 则圣贤别有真乐,而亦常人之乐所同有。但常人有之而不自知,反自
> 求许多忧苦,自加迷弃。虽在忧苦迷弃之中,而此乐又未常不存。但
> 一念开明,反身而诚,即此而在矣。(《王阳明全集》,第70页)

王阳明对孔颜之乐的解释,初看与朱熹无大异。因为两人都明确指
出,"乐"是性(天理,或良知)的流行展现,而且,都主张"乐"不离开日常
生活,而是乐在其中,归结起来,就是"极高明而道中庸"。但是,在这里,
理学与心学的基本差异并没有被消除,而是在建设人生境界的意义上被
最后确定了。对于朱熹,"乐"是天理制约或剔除人欲的结果,是人心受
制于道心,它作为理想的人生境界,是个体精神对普遍道德原则的单纯
体认。这可以说是"极高明以道中庸"。因为主张道心、人心的根本性统
一("心一也"),对于王阳明,"乐"非但不是理对情的压制,反而是情的顺其
自然,即率性而行。率性而行即是道,道中庸即所以极高明,这就是"乐"。
当然,王阳明也主张天理人欲之辩,但反对将两者并立。因为在王阳明看
来,七情无分善恶,只在于是否有"过"、有"着",有"偏依",也就是是否"自
私用智"——即所谓"人伪",还是"顺其自然而行"。王阳明如是说:

> 心一也。未杂于人[伪——引者]谓之道心,杂以人伪谓之人
> 心。人心得其正者即道心;道心之失其正者即人心:初非有二心也。
> (《王阳明全集》,第7页)

王阳明乐论,反拨朱熹性情相分,以理制心,其宗旨是要实现与天地
万物为一体,生气合一的存在境界。[1] 这就是他孜孜以求的亘万古、塞宇

---

[1] 关于阳明"乐"的观念,有两种观点。一是李泽厚认为:"理学心学所追求的'孔颜乐处'的最
高境界,既可以是伦理——宗教式的,又可以是伦理的——审美式的,或还原为纯审美式
的。"(《中国思想史论》,第262页)二是陈来认为:"乐并不表示审美境界,它与定都表示一种
'存在'的境界。"(《有无之境》,第81页)这两个观点的共同点,都认为阳明的"乐"的观念所
表示或指向的是一种"境界";差异在于,这种境界是否能归结或还原于"审美境界"。我认为
陈来的观点符合阳明本意。后来,李泽厚对自己的观点有所修正,他说:"这个本体不是神,
也不是道德,而是'天地境界',即审美的人生境界。"(《华夏美学》,第194页,北京:中外文化
出版公司,1989年)

宙的"心体之同然":良知。

现在,我们可以对王阳明所论述的"乐"的基本含义作一个简要的总结。"乐",是一种本真的,亦即理想的存在境界。因此,"乐"不限于是"精神境界",也不实现为"审美境界"。① "乐"作为生命本然状态的当下呈现,是本体、工夫与境界的同一。这种同一,否定了程朱性体与心体之分,同时,也否定了本质主义的心体观念。② 这样,"乐",作为"心之本体",既不是先验的性(理),也不是经验的物,而是作为一个本真境界展开的存在。也就是说,"乐"作为个体生命的最高实现,是感性与理性、自我与世界的同一。作为理想的存在境界,"乐"是以天地精神为核心的生命意识的呈现,它的对象是大象无形的天地境界或宇宙生命。在这个境界中,乐的真义就是人我内外、天地万物一气流通,"出入无时,莫知其乡",无限生意中的"与物无对"。

第三节 与天地为一的审美精神

一、良知与《易》象

王阳明哲学的两个基本原则,即知行合一、体用一源,决定了本体、功夫和境界三者的同一。这三者的同一,也就成为王阳明美学的哲学前提。在这个前提下,王阳明美学认为,对天地的审美观照,就是对天地万物的本体和生命的"道"的观照;"道",是统一万物一体之气,也就是"与

---

① 在讨论王阳明"乐是心之本体"含义中,陈来认为,"乐不是作为情感范畴,而是作为境界范畴被规定为心体的",这是正确的;但他又认为王阳明所谓乐"也是一种高级的精神境界之乐,与人在日常生活中经验的感性快乐(包括生理快乐与审美愉悦)是完全不同的"。(《有无之境》,人民出版社,1991,第78页)这似不确切王阳明本义,也似未注意在"乐"义中王阳明与程朱的区别。王阳明最为坚持的一个原则,就是"生"、"气"、"性"的同一。这在王阳明多次关于孟子和告子"生之谓性"的争辩的阐释中表示得极明白。(《王阳明全集》,第100—1页)既以生气性同一,在其理想的存在境界中,是不可能以对这个境界的核心内含的"乐"限定为纯粹的"高级的精神境界之乐"的。

② 参见陈来《有无之境》,第83页。

天地万物一体"的自我本心——"仁"。因此,观照天地万物,就是通过感发自我本心的良知,以创化这个"仁"的境界(意境)。因此,以良知为个体自我与天地万物相互感发的境界,就成为王阳明美学的旨归。这个旨归的思想来源,可以追溯到《易传》。

王阳明特别反对把良知观照(把捉)为一个"物"(无论是实在的"心",还是超验的"理"),他说:"善即吾之性,无形体可指,无方所可定,夫岂自为一物,可从何处得来者乎?"(《王阳明全集》,第155页)他一再强调"本体原无一物",并阐发"文王望道不见,乃是真见"观点,就是要破除把良知(道)实在化、概念化、抽象化的成见。王阳明的立足点是易象观念。王阳明在表述对良知(道)的观照(体认)中,基本上是用《易传》的"易象"观念来描述良知的境界特征。如"道无方体,不可执着","良知之妙用,无方体,无穷尽"等话语,在《传习录》中随处可见。下面这段话,王阳明讲得明确:

> 良知即是易,其为道也屡迁,变动不居,周流六虚,上下无常,刚柔相易,不可为典要,惟变所适。此知如何捉摸得? 见得透时便是圣人。(《王阳明全集》,第125页)

《易传》的易象观念,是建立在《易传·系辞》的天地观念基础上的。《易传·系辞》的天地观念,可以概括为三个基点:一、"一阴一阳之谓道",二、"天地之大德曰生",三、"乾坤成列,而《易》行乎其中矣"。这三个基点展示的是一个以生成变化为本体,也就是体用同一的天地境界。"一阴一阳之谓道",即是说天地万物是由阴阳变化而成,阴阳变化就是天地万物的根本(道);"天地之大德曰生",天地以阴阳变化为根本,天地存在的最高形式就是生生不息,发展变化;《易》是天地万物变化的总体表象,离开天地万物的变化,则不能显出《易》,反之也可以说不能显出《易》,则天地万物也归于死寂毁溃,这就是"乾坤成列,而易立乎其中矣"。这个生成变化、体用不二的宇宙观念,与西方绝对完整永恒的宇宙观念相比,确实以"神无方而易无体"为基本精神。

　　《易传》讲了两种象，一是天地变化之象，是客观的；二是圣人所立之象，是主观的。天地变化之象，自显于天地，圣人摹拟这客观的象而成象。"是故易者，象也。象也者，像也"（《系辞下》），即是说，易象是摹拟天地变化之象而成。但是，因为天地以阴阳为道，变化不居，天地的原象，是变化之象，是无形之象，是"神无方"；所以，圣人不是凭借直观印象模仿现实景象，而是仰观俯察，远近比拟，体会天地阴阳变化（"拟诸其形容，象其物宜"），而得易象，因此"易无体"。易象无体，可从两方面理解。一、易象在现实中没有原型。卦象、爻象，都是对阴阳变化之象总体的摹拟，而不是对某种物象具体的写照（"神也者，妙万物而为言者也"）。二、易象没有具体的，确定的形状和规定。卦象、爻象，"唯变所适"，不能按一定之规来解释和应用，而要因时变化，感应天地。

　　易象的根本，在于变。"通其变，遂成天下之文；极其数，遂定天下之象。非天下之至变，其孰能与于此。"（《系辞上》）对易象的把握和运用，则在于感。"《易》无思也，无为也，寂然不动，感而遂通天下之故。非天下之至神，其孰能与于此。"（《系辞上》）正是以变为本，以感为用，使易象既不同于具体有限的器物（形），也不同于超然物外、虚静守一的理（道）。在《易传》中，象（易象）、形器与道是相互区分、处于不同层次的。象与形器不同，因为形器是具体化的象，是定形的象（"见乃谓之象，形乃谓之器"）；就象与形器的关系而言，不是象模仿形器，而是形器模仿象（"制器者尚其象"）。象与道不同，因为象是天地变化之象，是道的呈现。① 由此可见，象处于形器与道之间。易象是虚实相生、动静一体的，正因为如此，易象与自然之象相合，能"通神明之德，类万物之情"。

　　以变、以感来体悟易象，就要超越对易象做实体性的和具象性的理解，要在创化天地境界的层次上来把握易象，而这正是《易传》把《易经》从卜筮之书发展为中国哲学的一个思想源地的关键所在。在《系辞》中，

①　庞朴对"象""器（形）""道"三者的关系有很好的阐释，可参阅庞朴《一分为三》，"原象"，深圳：海天出版社，1995 年。

阐释得最充分的,是天地观念,而天地观念,却是展现为易象与天地的同位关系("《易》与天地准,故能弥纶天地之道")、共生关系("天地设位,而易行乎其中矣")、同形关系("与天地相似,故不违")、包容关系("范围天地之化而不过")。实际上,《易传》非常清楚地阐释了易以天地为象,易即天地之象的观念:

> 天地之道,贞观者也,日月之道,贞明者也,天下之动,贞夫一者也。夫乾,确然示人易矣;夫坤,聩然示人简矣。爻也者,效此者也,象也者,像此者也。(《易传·系辞下》)

> 夫《易》广大矣,以言乎远则不御,以言乎尔则静而正;以言乎天地之间则备矣……广大配天地,变通配四时,阴阳之义配日月,易简之善配至德。(《易传·系辞上》)

以易象为天地境界,就是以象得意。书不尽言,言不尽意,"圣人立象以尽意"。易象之所以能尽意,是因为易象同时超越了具体物象和语言的有限性和规定性,它以变、以感与天地之意汇通。这就是"夫《易》……其称名也小,其取类也大;其旨远,其辞文"(《系辞下》),"变而通之以尽利,鼓之舞之以尽神"(《系辞上》),"神也者,妙万物而为言者也"(《说卦》)。易象在不断地生成变化和与天地感应汇通之中,实现了天地之象与天地之意的同一,极而言之,易象的本体就是这天地阴阳变化之象——圣人所尽之"意"(道)则在其中。易象之所以广大,就在于最终是超言出象,汇同于天地的。因为易象是虚实相生,"象外之象",也就是"境生象外"之"境"。易象就是天地阴阳变化的意境。因此可以说,易象是后世意境理论的原型。尽管《易传》没有使用"意境"概念,但意境论的基本思想已在《易传》的"易象"概念中形成了雏形。[①]

[①] 本书认为,王弼《周易略例·明象》,以《庄子》注《易》,所持"象"的含义与《易传》"象"的含义当有重要差别,这个差别,可说是"形"与"象",或"象"与"境"(象外之象)的差别。庞朴《一分为三·原象》有关易象的阐释似可证明这个差别。因此,后来的"得意忘象","意象"诸观念中的"象",沿王弼之说而行,而不是从《易传》"象"的含义。《易传》"象"义,在唐以来的"境"或"意境"中被阐发。

王阳明正是在易象作为意境（天地境界）的创化的意义上，用易象观念来规定良知观念。王阳明哲学的宗旨，是把个体存在同化和消解在天地的整一性存在中。王阳明所做的同化和消解，是以易象的"意境"构成为基础的。对于王阳明，这个同化和消解，是个体自我存在与天地万物相互感发的扩展过程，无限生长着的整一性的创化——天地境界的实现。因此，在同化和消解中，个体自我存在不但没有被扼制，而是突破和超越了自身的有限性而复归于整体的无限性。在这个意义上，个体自我存在在同化和消解中得到了真正的肯定和实现。

天地境界对个体自我的同化和消解，在根本意义上，是对个体存在的限定性和局限性的否定。王阳明常说，人心是一个天渊，无穷尽；只为私欲窒塞，则天渊之本体失了；致良知，就是要消除障碍，恢复人心是一个天渊的本体。相对于私欲对"有"的把捉，王阳明特别强调"虚""无"。这"虚""无"，既是本体，又是整体——是统一天地人我的生命。所以，在对良知的体认（观照）中，王阳明将天地整一性对个体生命的同化和消解，提炼为"良知之虚"与"天之太虚"的同一性体认。这种体认，显然是融合了佛道的虚无体验。王阳明说：

> 仙家说到虚，圣人岂能虚上加得一毫实？佛氏说到无，圣人岂能无上加得一毫有？但仙家说虚，从养生上来；佛氏说无，从出离生死苦海上来；却于本体上加却这些子意思在，便不是他虚无的本色了，便于本体有障碍。圣人只是还他良知的本色，更不着些子意思在。良知之虚，便是天之太虚；良知之无，便是太虚之无形。日月风雷山川民物，凡有貌象形色，皆在太虚无形中发用流行，未曾作得天的障碍。圣人只是顺其良知之发用，天地万物，俱在我良知的发用流行中，何曾又有一物超于良知之外，能作得障碍？（《王阳明全集》，第 106 页）

王阳明由"心外无物"、"心物同体"，而成就天地境界的"太虚无形"，这迫近于佛老虚无之境。但是，王阳明所谓"良知之虚"，不是隔断天地之虚;"良知之无",不是弃绝万物之无;所谓"太虚无形",是我与物从有限(有形)中解脱出来,浑然与天地万物一体的"廓然大公"。因此,在这虚无之中,是个体生命与天地生气一体同流,即是生命最本真的呈现和最深广的扩充。

在对易象观念的阐发中,王阳明的良知境界观念具有三个方面的重要意义:第一,王阳明强调了自我本心(良知)与世界本体(道)的存在的统一性,并且认为这个统一是超概念(语言)的存在境界的统一;第二,基于这种统一性,王阳明认为个体存在的根本意义(本真状态)在于自我超越,即从有限到无限,有形到无形;第三,王阳明特别强调了对良知(道)体认(观照)的存在意义,即生活意义。对于王阳明,生命的本真境界只能在真实的生活之流中实现和呈现。这就是他所说的:

> 盖是日用之间,见闻酬酢,虽千头万绪,莫非良知之发用流行,除却见闻酬酢,亦无良知可致也。(《王阳明全集》,第71页)

这三点,是对中国古典美学"重视内心感发"精神的再次发挥,这一发挥,不仅在理论上深化和完备了"感发"观念,而且,对于当时艺术思潮趋于专业化、娱乐化,即审美活动的精神关注和现实关注的退缩,具有警策和阻遏作用。如果说,明清美学是个体意识和现实情怀的新兴,那么,王阳明的良知境界观念无疑对明清美学是一个重要的启发。

二、致良知与游心

王阳明美学必然突破儒家的阈限,而与道家美学汇通。王阳明美学与道家美学的汇通,主要表现在王阳明对庄子审美精神的发扬。庄子说:"天地有大美而不言,四时有明法而不议,万物有成理而不说。圣人者,原天地之美而达万物之理,是故圣人无为,大圣不作,观于天地之谓也。"(《庄子·知北游》)王阳明说:"良知只是一个,随他发现流行处当下具足,更无去求,不须假借。"(《王阳明全集》,第85页)这两句话,可以分别作为庄子和王阳明审美观念的概括表达。在其中,包含着两者基本的一致:第一,两者都主张"道"(大美,良知)是存在于天地万物之中的,天地万物的存在就是道的表现;第二,两者都主张"道"是不能用"明言"(概念)把握,也不能向外去求的,而只能在个体自我与天地万物相互感发的当下存在中,直接观照(体认)"道",即庄子所谓"原天地之美而达万物之理",王阳明所谓"随他发现流行处当下具足"。

以"道"(天地之大美)为观照对象,决定了庄子美学以审美心胸的发现和培养为中心。这个中心以"道"的观念为基础,生发出两个基本点,即关于世界的气的一元论和关于审美的气化思想。《庄子》中有两段话,是很有名的:

> 人之生,气之聚也,聚则为生,散则为死。若死生为徒,吾又何患?故万物一也,是其所美者为神奇,其所恶者为臭腐。臭腐复化为神奇,神奇复化为臭腐。故曰:通天下一气耳。圣人故贵一。
> (《庄子·知北游》)

> 若一志,无听之以耳而听之以心,无听之以心而听之以气。耳止于听①,心止于符。气也者,虚而待物者也。唯道集虚。虚者,心斋也。……夫徇耳目内通而外于心知,鬼神将来舍,而况人乎!
> (《庄子·人间世》)

这两段话表明,庄子以"气"为世界的本体和生命(道),也就是以"气"为人与世界最内在的联系,从而主张要把握道,就必须突破和超越感官心智有限的、分隔的辨析层次,恢复个体生命与天地万物自然感通的"气"的统一,在这种统一中,来观照道。因此,对于庄子,审美活动的根本问题,不是对象的属性问题,而是主体的心胸问题。就对象而言,通天下一气,万物为一,美与不美(臭腐与神奇)的区别是相对的,在根本上是没有意义的。审美活动的关键是主体审美心胸的建立。庄子提出了两个建立审美心胸的条件"心斋"和"坐忘"。简单讲,这两个条件的核心就是主

---

① 通行本作"听止于耳",据俞樾校改。

体自我彻底排除欲望和心智的束缚,以身心一体的纯粹自由的生命与天地万物的生命交响合流。这种交响合流,庄子称为"游"。他认为,审美活动的本质,就是"游心于物之初",即所谓"独与天地精神往来,而不傲逆于万物"(《庄子・天下》),它所实现的是"天地与我并生,而万物与我为一"(《庄子・齐物论》)的境界。

王阳明继承了庄子万物一体,天下一气的观念。

> 朱本思:"人有虚灵,方有良知。若草木瓦石之类,亦有良知否?"先生曰:"人的良知,就是草木瓦石的良知。若草木瓦石无人的良知,不可以为草木瓦石矣。岂惟草木瓦石为然,天地无人的良知,亦不可以为天地矣。盖天地万物与人原是一体,其发窍最精处,是人心一点灵明。风、雨、露、雷、日、月、星、辰、禽、兽、草、木、山、川、土、石,与人原只一体。故五谷禽兽之类,皆可以养人;药石之类,皆可以疗疾:只为同此一气,故能相通耳。"(《王阳明全集》,第 107 页)

对于王阳明,对良知的体认,也就是审美活动的关键,也不在于对象,而在于主体自我心胸能否"如明镜然,全体莹澈,略无纤尘染着"(《王阳明全集》,第 107 页)。只有达到自我心体的纯粹莹澈,才能与天地万物一气相通,成为天地万物的良知(灵明)。因此,与庄子一样,王阳明也主张:第一,要净化主体心胸,使之超越私欲心智的束缚;第二,良知境界的实现,是一个非概念认识的生命飞跃过程。王阳明说:"功夫不是透得这个真机,如何得他充实光辉? 若能透得时,不由你聪明知解得来。须是胸中渣滓尽化,不使毫发沾滞,始得。"(《王阳明全集》,第 105 页)

由于强调主体心胸纯洁对于审美观照的前提意义,强调良知之心是天地万物的"一点灵明",即强调主体心灵在创化天地境界中的感发作用,王阳明对于现实对象的审美价值,也持相对观点。这种相对观点,与他一贯坚持反对"执着"、反对"偏依"的思想是一致的。概括地讲,王阳明反对把美(良知,道)看作"一物"。比如对待诗文,他就持相对态度。对于以诗文为累(有碍专心道德进修)的观点,他批评说:"志立得时,良知千事万为只是一事。读书作文安能累人？人自累于得失耳。"(《王阳明全集》,第 100 页)对于专志于诗文的态度,他批评说:"如外好诗文,则精神日渐漏泄在诗文上去;凡百外好皆然。"(《王阳明全集》,第 32 页)因此,诗文的意义,不在于诗文本身,而在于主体自我是以什么样的心胸去对待诗文:若以之为"心中一物",则为之所累;若以之化合于良知流行,则可由之感发心志。

王阳明的这种审美价值的相对观念,与孔子"文质彬彬""温柔敦厚"的美学原则是不一致的。① 但是,与孔子的"至乐无声"观念,即儒家美学的"非乐"精神是相通的。而且,王阳明面临所在时代美学精神的世俗化趋向。无疑,王阳明是反对这种世俗化趋向中的审美—艺术活动的非精神性因素的增长。因此,他反对"执着""偏依"诗文,反对以之为"心中一物"就具有现实意义。王阳明对所谓"高抗通脱之士"的批判,是很有针对性的:

世之高抗通脱之士,捐富贵,轻利害,弃爵禄,决然长往而不顾者,亦皆有之。彼其或从好于外道诡异之说,投情于诗酒山水技艺之乐,又或奋发于意气,感激于愤悱,牵溺于嗜好,有待于物以相胜,是以去彼取此而后能。及其所之既倦,意衡心郁,情随事移,则忧愁悲苦随之而作。果能捐富贵,轻利害,弃爵禄,快然终身,无入而不自得已乎?(《王阳明全集》,第 210—1 页)

王阳明认为真正的有道之士,其心体"圆融洞澈,廓然与太虚而同体",自然无时无处不活泼超脱,即所谓"吾儒养心,未曾离却事物,只顺其天则自然,就是功夫"。(《王阳明全集》,第 106 页)

相对于传统儒家强调"文质彬彬"的"有",王阳明的审美相对观更多讲"与太虚同体"的"无"。如在《传习录》"侃去花间草"一章中,王阳明说:"天地生意,花草一般,何曾有善恶之分? 子欲观花,则以花为善,以草为恶;如欲用草时,复以草为善矣。"(《王阳明全集》,第 29 页)如此主

---

① 当然也与王阳明自己的一些说法不一致,如《传习录》中他关于孔子删郑卫诗的说法。

张"无善无恶",似与佛老一样。但是,王阳明所谓"无善无恶"是就本体,即"万物一体之仁"而言。这是天理。但在这个天理之下,仍有善恶之别,也应当分别善恶。有善恶就自有好恶。"只是好恶一循于理,不去又着一分意思。"所谓"不着意思",就是不要自私用智,而是顺其天则自然。对此,王阳明讲得很清楚:

> 曰:"去草如何是一循于理,不着意思?"曰:"草有妨碍,理亦宜去,去之而已。偶不即去,亦不累心。若着了一分意思,即心体便有贴累,便有许多动气处。"曰:"然则善恶全不在物?"曰:"只在汝心循理便是善,动气便是恶。"(同上)

在这个意义上,王阳明又与庄子相区别。因为庄子的审美相对论后面是价值虚无论("泯是非"),而王阳明的审美相对论后面是良知本体论;对于庄子,审美是指向出世的,对于王阳明,审美却是指向入世的。无疑,这一差别,又保证了王阳明美学的儒家精神。

王阳明与庄子,两者都主张审美的核心是主体自我心胸的解放和扩充,而且两者都有极强烈的天地意识,但是,一者归于入世,一者归于出世。可以说,两者的一致和差异都具有重要意义,值得当代美学深入研究。在这里,我们要指出王阳明美学的特别意义是,他把人间性的良知观念注入道家化的"意"(天地意识)中,从而把出世化的自然关注转向入世的生命情怀。这对于中国美学精神内涵的再次深化,对于它的现实化,无疑是一个关键的环节。

三、照心应物

王阳明认为,良知是本体与功夫同一的存在境界。因此,良知的气象,有无之间,见与不见之妙,是不可以言语求知的。即所谓"哑子吃苦瓜,与你说不得。你要知此苦,还须你自吃"(《王阳明全集》,第30页)。正是对良知这种"不可言求"、"须自家体认"的境界特征的认知,使审美观照对王阳明哲学具有内在意义。王阳明对审美观照的特殊规定可以概括为"照心应物"。所谓"照心",即良知之心,其"如明镜然,全体莹澈,略无纤尘染着"(《王阳明全集》,第 23 页);所谓"应物",即以良知之心感应万物,其"随感随应,变动不居,而亦莫不自有天然之中"(《王阳明全集》,第 969 页)。

"照心应物"说,有三个基本来源。一是道家来源。"心明若镜",这是老庄的观念。老子说:"涤除玄鉴,能无疵乎?"(《老子·十章》)①庄子更是常以"明镜"喻心斋之心。"至人之用心镜,不将不迎,应而不藏,故能胜物而不伤。"(《庄子·应帝王》)"圣人之心静乎,天地之鉴也,万物之镜也。"(《庄子·天道》)二是佛教来源。王阳明"照心应物"说,直接吸收了《金刚经》"应无所著而生其心"的教义和《坛经》"于一切时中念念自见,万法无滞,一真一切真,万境自如如,如如之心即是真实"的教义。对此,王阳明自己毫不讳言:

> 圣人之致知之功至诚无息,其良知之体皎如明镜,略无纤翳。妍媸之来,随物见形,而明镜曾无留染。所谓情顺万事而无情也。无所住而生其心,佛氏曾有是言,未为非也。明镜之应物,妍者妍,媸者媸,一照而皆真,即是生其心处。妍者妍,媸者媸,一过而不留,即是无所住处。(《王阳明全集》,第 70 页)

三是理学的来源。理学来源,又分邵雍和程颢两头。邵雍一头,是"以物观物"的观念。以物观物,亦即观之以理(性)。邵雍说:

> 夫鉴之所以能为明者,谓其能不隐于万物之形也。虽然鉴之能不隐于万物之形,未若水之能一万物之形也。虽然水之能一万物之形,又未若圣人能一万物之情也。圣人之所以能一万物之情者,谓其能反观也;所以谓之反观者,不以我观物也。不以我观物者,以物观物之谓也,既能以物观物,又安有我于其间哉?《皇极经世书·观物外篇》

---

① 本书引用[周]老聃撰,[三国]王弼注:《老子》,古逸丛书景唐写本。

程颢一头,是"廓然大公,物来顺应"。程颢《定性书》说:

> 夫天地之常,以其心普万物而无心;圣人之常,以其情顺万事而无情。故君子之学,莫若廓然而大公,物来而顺应……人之情各有所蔽,故不能适道,大率患在于自私而用智。自私则不能以有为为应迹,用智则不能以明觉为自然。今以恶外物之心而求照无物之地,是反鉴而索照也……与其非外而是内,不若内外之两忘也。两忘则澄然无事矣。无事则定,定则明,明则尚何应物之为累哉!圣人之喜,以物之当喜;圣人之怒,以物之当怒;是圣人之喜怒不系于心而系于物也。(《二程文集》卷三)

因此,在王阳明的"照心"观念中,构成核心的不是佛教的"出离生死"意志,而是以"仁者以天地万物为一体"(程明道)为内含的良知。换句话说,王阳明接受了佛家"无所住而生其心"的形式,而充实以"与天地万物为一体"的"仁"的内含。所以,虽然都以虚无立言,王阳明与佛家之所谓"照心"却是走向不同的人生境界。

王阳明"照心"观念,有四个要点:

第一,照心如日,无心照物而无物不照。王阳明说:"无知无不知,本体原是如此。比如日未曾有心照物,而自无物不照。无照无不照,原是日的本体。"(《王阳明全集》,第109页)

第二,照心照物,当下即得,不滞不迎。王阳明说:"圣人之心如明镜,只是一个明,则随感而应,无物不照;未有已往之形尚在,未照之形已具者。"(《王阳明全集》,第12页)

第三,就本体而言,照心妄心为一。王阳明说:"非动者,以其发于本体明觉之自然,而未曾有所动也。有所动即妄矣。妄心亦照者,以其本体明觉之自然者,未曾不在于其中,但有所动耳。"(《王阳明全集》,第65—6页)

第四,照心本体无物,以与天地万物相感应为体。王阳明说:"目无体,以万物之色为体;耳无体,以万物之声为体;鼻无体,以万物之臭为体；口无体，以万物之味为体；心无体，以天地万物感应之是非为体。”
（《王阳明全集》，第 108 页）

四、与物无对

在王阳明的心学体系中，作为理想的存在境界，“乐”是以天地精神
为核心的生命意识的呈现，它的对象是大象无形的天地境界或宇宙生
命；在这个境界中，乐的真义就是人我内外、天地万物一气流通，“出入无
时，莫知其乡”，无限生意中的“与物无对”。这个“与物无对”的境界，乃
是王阳明审美精神的最高追求和最终体现。王阳明说：

> 良知是造化的精灵。这些精灵，生天生地，成鬼成帝，皆从此
> 出，真是与物无对。人若复得他完完全全，无少亏欠，自不觉手舞足
> 蹈，不知天地间更有何乐可代。（《王阳明全集》，第 104 页）

“与物无对”概念，出自玄学家郭象《庄子注》。郭象注“尧让许由”
章说：

> 夫自任者对物，而顺物者与物无对，故尧无对于天下，而许由与
> 稷、契为匹矣。何以言其然邪？夫与物冥者，故群物之所不能离也。
> 是以无心玄应，唯感之从，泛乎若不系之舟，东西之非己也。（《庄
> 子·逍遥游》注）

庄子人生哲学，大意可以“心斋”“坐忘”“忘物”“物化”而至于“天地与我
并生，而万物与我为一”（《庄子·齐物论》）来概括。“与物无对”则是郭
象用来阐发庄子大意的基本概念。对这个概念的含义，汤用彤的解
释是：

> 循顺自然，玄同彼我。与物无对，任而不助。旷然无累，与物俱
> 化，而无所不应。（一）与物俱化，则任天下之自能，而各当其分，放
> 万物之自尔，而各反其极。所谓圣人无心，与物冥也。（二）无所不
> 应者，因时变不一，故感应无方。无成见，无执着，务自来，而理自

应。随其分,故所施无常。所谓圣人无心,随感而应也。①

根据汤先生的解释,"与物无对"的要点有二:一是无心则与物冥合一体;二是无心则顺应自然。这两点的核心都是一个"无心"。这是符合郭象意思的。《庄子注》中这些话语,可作为脚注:

> "故无心者与物冥,而未曾有对于天下也。"(《齐物论注》)
>
> "无所藏而都任之,则与物无不冥,与化无不一。"(《大宗师注》)
>
> "夫神全角具而体与物冥者,虽涉至变而未始非我"(《齐物论注》)

郭象"与物无对"观念强调无心应物、随感而应,这是与庄子及先秦道家强调虚静无为、归隐自然是不一致的。但是,正如冯友兰所指出的,郭象《庄子注》的主旨就在于取消无为与有为、人为与自然的对立,以合"内圣外王"之道。② 在"无心应物"的意义上,有为即是无为,人为就是自然。也就是说,无心应物,就是顺应自然,与天地万物变化为一。这就是"与物无对"的实质所在。

玄学之后,理学用"与物无对"来描述"道"(理)"博厚配地,高明配天"(《中庸》)的境界。程颢《识仁篇》说:

> 学者须先识仁,仁者浑然与物同体,义礼知信仁也。识得此理,以诚敬存之而已,不须防检,不须穷索。若心懈则有防,心苟不懈,何防之有?理有未得,故须穷索;存久自明,安得穷索?此道与物无对,大不足以名之。天地之用,皆我之用。孟子言万物皆备于我,须反身而诚,乃为大乐。若反身未诚,则犹是二物有对,以己合彼,终未有之,又安得乐?(《二程遗书》卷二)

不是自我身心与物自然冥合,而是道统括一切,无物可与之相对。理学与玄学观念的差别判然若此。但是,以"万物皆备于我"为本体论前提,又以同于大道的"反身而诚"为人生理想之途,道的"与物无对"又可实现

---

① 汤用彤:《魏晋玄学论稿》,第 110 页,北京:人民出版社,1957 年。

② 冯友兰:《贞元六书》下,第 805 页,上海:华东师范大学出版社,1996 年。

为人的"与物无对",即实现为人自我同于大道之后的超越——无限的"大乐"。因此,玄学以"无心"而"与物冥化为一",理学以"合道"而"浑然与物同体",却又是殊途同归于天人合一的"天地境界"。

王阳明讲"与物无对",既取玄学与理学之同,又取两者之异。取两者之同,王阳明也是以天人合一的天地境界的实现为立言宗旨。取两者之异,一方面,王阳明从郭象,在自我身心与物合一的意义上讲"与物无对";另一方面,王阳明从明道,认为个体自我可以通过"反身而诚"而同化于大道的"与物无对"。通过对理学与玄学的"同"和"异"的取舍,王阳明的"与物无对"观念就成为两者的综合和改造。

在前面所引王阳明话语中,所谓"这些精灵,生天生地,成鬼成帝,皆从此出,真是与物无对"是核心。要把握王阳明"与物无对"的独特意义,关键在于对这一句话的分析。这句话中,"生天生地,成鬼成帝",语出《庄子·大宗师》。庄子以这句话描述"道"的创化力量。郭象的注释是:

> 无[道——引者]也,岂能生神哉? 不神鬼帝而鬼帝自神,斯乃不神之神也;不生天地而天地自生,斯乃不生之生。

这个注释,是郭象自己"物之生也,莫不块然自生"观念的阐发,实际上否定了庄子原意。王阳明的使用更近于庄子,即两人都肯定"生"(创化)的意义。但是,王阳明与庄子之间有一个基本立场上的区别:庄子以超人的"道",王阳明却以自我的本心(良知)为这一创化力量的本原。王阳明转换庄子立场的根据是《中庸》的"至诚"观念和孟子的"尽心"观念。[①]《中庸》以"至诚"而成己成物,并至于"与天地参",孟子以"尽心"而知性知天,并至于"上下与天地同流",这是王阳明"与物无对"的内在精神。然而,在良知本心的意义上,王阳明强调了"与天地参"、"上下与天地同流"创化过程的个体意义,即强调了在这一创化过程中个体生命存在作

[①]《中庸》说至诚"可以赞天地之化育,则可以与天地参也","诚者非自成而已,所以成物也。"孟子说"尽其心,知其性,知其性,则知天矣","夫君子所过者化,所存者神,上下与天地同流,岂曰小补哉"? (《孟子·尽心上》)

为主体的当下性和直接性。因此,"与物无对",既不再是玄学的"以无心应物",也不是道的"绝对大全"①,而是个体自我生命与天地万物浑然一体创化的天地境界。这个境界是流行不息、充实完满而活泼泼地,是无乐可替代的大乐(至乐)。

"与物无对"观念揭示了王阳明美学一个更深的本质,就是王阳明坚持人生境界的始终一贯的统一性和完整性。因此,"与物无对"与"心外无物"、"心物同体"是同一的。这三者同一的意义是,良知本体论的心物同体,必然实践地展开为存在境界的心外无物,而审美心胸的与物无对则是对这存在境界的直接体认和呈现。王阳明在审美观上坚持审美价值的相对性,其实质就是坚持人生境界的整体性。就此而言,"与物无对",就是不以形相对和拘滞于具体景物。正是在这个意义上,"乐"不限于是"精神境界",也不限定为"审美境界",而是一种本真的存在境界——"人生—审美境界"。

王阳明审美精神的本质特点在于它以人生境界的整体性为基本原则。这使王阳明与先秦道家,特别是庄子的审美精神相通。② 王阳明通过"心外无物"和"与物无对"等观念,综合儒道两家的"参与自然"观念形成人与自然统一、连续的"人生—审美境界"——天地境界。从这个人生—审美境界的整体性原则出发,王阳明美学的基本精神是反对"审美区别"的。"审美区别"是伽达默尔(H. Gadamer)提出的概念。他用这个概念来说明由康德引导的美学观念。"审美区别"概念说明康德式美学观念的实质是:通过审美意识的抽象,把审美经验和艺术品从它所从中产生的现实整体的连续性中抽象出来,作为纯粹独立的审美体验的对

---

① 见冯友兰《中国哲学史新编》第五册,第 112 页,北京:人民出版社,1988 年。
② 徐复观曾指出,老庄哲学所展现的人生境界,本无心于艺术,却不期然而然地会归于今日之所谓艺术精神之上;在概念上只可以他们之所谓道来范围艺术精神,不可以艺术精神去范围他们之所谓道。"所以老、庄的道,只是他们现实的、完整的人生,并不一定要落实而成为艺术品的创造。但此最高的艺术精神[即道的精神——引者],实是艺术得以成立的最后根据。"(《中国艺术精神》,第 44 页,沈阳:春风文艺出版社,1987 年)

象，"审美存在"。① 王阳明美学精神所指，恰恰是要恢复人生整体的世界连续性（"天地万物一体之仁"），并且把这种连续性扩充为天地整体境界的无限创化。②

如果说"参与自然"是中国传统艺术的主导性艺术观念，从而建立了"审美无区别"的"人生—审美境界"的美学精神；那么西方传统艺术的主导观念则是在模仿论的原则下理想化地再创自然，从而建立了"审美区别"的美学精神。在西方艺术史中，"审美无区别"的美学精神要在海德格尔的"艺术即世界"的美学思想体系中才得以确立。海德格尔认为，艺术品的本原是"真理的自我发生"③。艺术作为真理的展现（发生），在根本上，不是对现实对象的再现，而是存在真理的诗意的历史性的投射。④根据海德格尔，真理的本质是存在的自我遮蔽和自我显现冲突着的原始统一。这个统一，历史性地展开为世界与大地之间的持续不断的冲突。世界建立并且展开着真理，大地隐藏并且保护着真理。艺术品的真实内容，就是作品的存在构成了世界和大地的永恒冲突。正是在这个意义上，艺术是真理的发生。在真理的发生中，艺术开放了一个领域，一个本真的世界；艺术品作为作品，存在而且只能存在于它所开放的这个世界中。⑤

相对于"审美区别"的美学观念，王阳明的美学观念是"审美无区别"。"审美区别"着眼于审美对象的"有"，即通过审美意识抽象而获得的对象的审美特性；"审美无区别"则是指向审美对象（观照对象）的"无"，即同化和超越对象的生命本体——天地境界的创化。"与物无对"

---

① H.-G. Gadamer, *Truth and Method*, tr. G. Barden & J. Cumming (The Crosssroad Publishing Company 1975), p. 76.

② 参见肖鹰《中西艺术导论》，第146—147页，北京大学出版社，2005年。

③ Martin Heidegger, *Poetry, Language, Thought*, trans. Albert Hofstadter, Harper & Row, Publishers, New York 1975, p39.

④ Martin Heidegger, *Poetry, Language, Thought*, p76.

⑤ 根据海德格尔，艺术品打开了一个世界，在其中，有限的器物具有了世界意义，我们的存在也被真实地（历史性地）展开。（M. Heidegger, *Poetry, Language, Thought*, p33 - 34.）

就是对这个"无"的观照和体认。也就是说,在以创化为本体的境界中,乐的真义就是人我内外、天地万物一气流通,"出入无时,莫知其乡",无限生意中的"与物无对"。王阳明美学的深刻意义在这里展现出来,即在先秦道家、魏晋玄学之后,中国美学第三次深刻追问和体认存在之"无"的本体意义。这次追问和体认的特殊意义在于它是在传统中国文化的近世化转型中进行的。在这个时期,精神性和世俗性,普遍原则和个性原则之间的冲突,变得尖锐和明朗。

王阳明在这个冲突中,被置于天人之际的哲学追问中。他无疑是要振奋精神,呼唤一个新时代的到来,但他同时又看到或预感到新时代的可能的危机。具体讲,他深刻认识到僵化为教条的理对现实人生的束缚,因此推崇思想和情感的共同解放,鼓吹反礼教的"狂者胸次";然而他又认识到"欲"的放纵,必然会带来另一种束缚,即功名利益和肉体欲望对精神和人格的沦陷,因此他主张复明良知本心,回归淳庞朴素的太古时气象。所以,在这个新旧转换的时代,王阳明呼唤着从"理"到"欲"和从"欲"到"理"的双重解放。正是这种双重解放的要求,使王阳明和他的哲学对于这个时代具有双重意义,即反叛和保守的意义。

对于王阳明美学的内含,我们也必须在这个双重意义上来把握。"与物无对"的天地境界,则是这种双重意义的表现和完成。"与物无对",作为自我生命本真状态的展现,就是对"理"和"欲"的双重超越和解放。在这个超越和解放中,王阳明是以生命的本真展现为目标的;而生命的本真意义,又根源于而且必须展现于宇宙、人生和历史三统一的整体运动中。因为只有这个整体运动本身,才成为生命根本意义和全部可能的达成。无疑,王阳明不否定,相反肯定个体存在在这个整体运动中的意义。但是,他又认识到,这个意义不是一个功利的意义,而是一个自我体认的境界。因此,他批评朱熹以"效验"解读"一日克己复礼,天下归仁"(《论语·颜渊》),认为"圣贤只是为己之学,重功夫不重效验"(《王阳明全集》,第110页)。对于王阳明,个体存在的最高意义在于,自我生命的真正实现直接展开为宇宙无限意义的创化。因此,体认,亦即审美观照具有实践（功夫）的基本意义。

在《易传》"立象尽意"说之后，魏晋提出"神与物游"说（刘勰），唐代又提出"思与境偕"说（司空图）。叶朗指出，从"神与物游"，到"思与境偕"，表明中国古代美学的审美意识发生了重大变化——审美对象由"象"转为"境"，艺术家的想象活动也出现了相应的新特点。[①] 在这一变化之后，更重大的变化是以现实情怀和个体意识为主题的明末清初美学、艺术思潮的兴起。这是中国古代美学的本质性变化。王阳明是在这次变化之前，提出"与物无对"的审美观。这一审美观所包含的天地意识和审美无区别原则，使它在复归与前瞻的双重意义上，具有重要的转化作用。也就是说，王阳明审美精神是中国古代美学由古典到现代转换的一个重要环节。具体探讨王阳明美学是怎样起到这一环节作用的，比如，"与物无对"的审美观与明清小说创作和小说美学的关系，则是王阳明美学研究进一步展开所必须做的课题。

第四节　在历史中阐释王阳明美学

一、意：在情志之间

王阳明处于传统中国社会向近世化转换的时期。这个历史时期使他的哲学思考面对维护传统和解放思想的矛盾。这一矛盾在儒学内部集中表现为以普遍的道德原则（天理）和个体的情感欲望（人欲）的冲突。王阳明心学的目标是通过良知本心的复明（重建），以达到人与天地一体的存在境界，从而实现群体与个体、普遍与特殊的统一。根据王阳明心学，实现这个统一目标的基本要求，是个体自我一以贯之的坚持以"诚意"为修养进学的核心。"《大学》之要，诚意而已矣。"（《王阳明全集》，第242页）无疑，对"意"的强调，是贯穿王阳明哲学始终的。这构成了王阳明哲学的一个基本特征，同时也构成了王阳明美学的一个基本特征。

---

① 叶朗：《中国美学史大纲》，第272页。

"意"在王阳明哲学中,具有多重含义:第一,统指意识活动;第二,特指反应外物刺激的感觉意念;第三,指意志或意向。① 但是,"意"在王阳明哲学中之所以具有重要地位,主要是因为王阳明在两个特殊意义上使用它:第一,"意"对其他一切心理活动具有统一和包含作用,它是心的现实活动的总称(已发之心)。王阳明说:

> 身之主宰便是心,心之所发便是意,意之本体便是知,意之所在便是物。(《王阳明全集》,第 6 页)

这四句话就明确指出,"意"既是本体之心的经验表现,又是与外界相联系的意识活动的整体。陈来概括说,"所以,凡心有所发,即一切意识活动,都是意"②。这是符合王阳明的主要意思的。第二,本心无善无不善,无是非;意是心应物起念,有善恶是非。所以,心无不正,所谓"正心",就是"诚意"。王阳明说:

> 如今要正心,本体上如何用得功? 必就心之发动处方可着力也,心之发动不能无不善,故须就此着力,便是在诚意。(《全集·传习录》)

王阳明对意的这两个特殊意义的使用,既在本体与现象同一的意义上,又在诸心理因素统一的意义上,坚持了心学关于心(意识活动)的整体性原则,即"心统性情"的原则。在这个整体性原则下,王阳明把普遍与特殊,感性与理性统一起来,以调和天理与人欲的冲突。

但是,王阳明强调意,有更深一层的意义。这个意义是:实现理和欲的统一,就意味着从理和欲两种有限性的束缚中解放出来。"诚意"的境界,是这种双重解放的超越的境界。因此,"意"在王阳明哲学中,又不只是一个泛指意识活动或意向活动的概念,而是包含了王阳明基本哲学精神理想的特殊概念。但是,对于这个概念的特殊含义,王阳明始终没有,

---

① 参见陈来《有无之境》,第 48—9 页。
② 陈来:《有无之境》,第 49 页。

而且拒绝表述。相反,他一再指出它的不可表达性,即所谓"有无之间,见与不见之妙,是不可以言语求知的"。正是由于这种不可表达性,王阳明哲学内在地生长出对美学的要求,即要求美学地(审美地)表达这不可表达者——"意"则成为王阳明美学的一个核心概念。

那么,王阳明对"意"的强调,在中国美学史的发展中处于什么地位,又具有什么意义呢?这就需要作一个历史考察。

在儒家美学传统中,普遍性(天理)和个性(人欲)的冲突,表现为志(言志)和情(缘情)的冲突。在辞源学意义上,"志"和"情"两者的含义,本来是相通的,都表示感物而动的哀乐情感,即如唐代孔颖达注"诗言志"所指出的,"在己为情,情动为志,情、志一也"(《春秋左传正义》卷五十一)。但是,在社会发展中,"志"逐渐被赋予政治伦理的普遍意义,而"情"就相对地被赋予个体情感的特殊意义,这两个概念就被对立起来。因此,在儒家美学中,"志"就不是一般的"哀乐之情感,歌咏之声发"(《汉书·艺文志》),而是以儒家政治和教化精神为内含的思想、志向和抱负。①"志""情"概念的对立,表明了普遍原则和个体意识的对立,儒家美学倡导艺术教育("乐教"),其目的就是要通过艺术的感化力量,使个体意识自觉自愿地归入普遍原则,即所谓"致乐以治心","反其情以和其志"(《乐记》)。而"诗言志"(《尚书》)被确立为儒家美学的基本主张,则表现了作为普遍原则的"志"对个体情感意识的"情"的主导地位或制约作用。

进入汉代以后,发生了两个变化:第一,汉代学者把"志"释为"意",并常"志""意"联用。如《史记·五帝本纪》将《尧典》"诗言志"写作"诗言意"。第二,在"诗言志"之外,又提出"吟咏情性"的说法(《毛诗序》)。②这两个现象,表现了"志"的普遍意义和主导意义的削弱,"情"的个体内容和经验内容的加强和突出。《汉书·艺文志》关于"诗衰赋兴"的记载

---

① 叶朗:"因此,在先秦,所谓'诗言志',主要就是指用诗歌表现作诗者或赋诗者的思想、志向、抱负。这种思想、志向、抱负,是和政治、教化密切联系着的。"(《中国美学史大纲》,第256页)

② 参见叶朗《中国美学史大纲》,第256页。

揭示了这一变化：

> 《传》曰："不歌而诵谓之赋，登高能赋可以为大夫。"言感物、造瑞材、知深美，可与图事，故可以列为大夫也。古者诸侯、卿大夫交接邻国，以微言相感。当揖让之时，必称诗以论其志。盖，以别贤、不肖，而观盛衰焉。故孔子曰："不学诗，无以言也。"春秋之后，周道浸坏，聘问歌咏不行于列国，学诗之士逸在布衣，而贤人失志之赋作矣。

所谓"失志之赋"，《艺文志》认为"皆感于哀乐，缘事而发"。《毛诗序》提出诗"吟咏情性"的说法，正可以作为对这个变化的理论概括。再进一步，魏晋以来，随着社会生活中个体因素的加强，艺术创作对个体性情的关注也相应加强，反映在理论中，则是在《毛诗序》"吟咏情性"之后，又有陆机"诗缘情而绮靡"（《文赋》）和钟嵘"摇荡性情，形诸舞咏"（《诗品》）的说法。这就意味着，在理论和现实两方面都要求突破以"诗言志"为核心的艺术原则。[①] 在这个意义上，又应当从另一个角度来理解孔颖达在解释"诗言志"中所提出的"情志一也"的观点。他所谓"在己为情，情动为志"，可说是以情释志，以情代志，也就是说，这一解释把具有政治教化意义的"志"情感化、个体化了。这层意义，孔颖达在另一个地方表现得更明确：

> 诗者，人志之所之适也。虽有所适，犹未发口，蕴藏在心，谓之为志，发见于言，乃名为诗。言作者所以舒心志愤懑而卒成于歌咏。（《毛诗正义》卷一）

就此而言，孔颖达对"诗言志"的解释，具有双重意义，即一方面揭示了先秦汉以"志"统"情"的美学原则，另一方面又预示或开启了美学原则从"志"（经过"意"）向"情"的重心转移。

---

① 叶朗："这说明，由于'缘情'的五言诗的发达，先秦和汉代那个局限于政治、教化意义上的'志'已经不够用了。时代要求对'诗言志'的命题重新解释。"（《中国美学史大纲》，第257页）

　　但是,这次美学重心转移经历了一个自魏晋至唐宋的漫长的蕴蓄过程。这正如叶朗所指出:"实际上,中晚唐前后的美学依然是魏晋南北朝美学的继续和发展。"①本质性的变化产生于明后期。此时,社会经济领域出现了资本主义萌芽,而在思想领域出现了以李贽哲学为标志的思想解放的潮流。"这种思想解放潮流(包括在这一潮流中涌现出来的美学理论和美学范畴),有力地冲击着教条主义美学和复古主义美学,拓展了人们的理论视野。再加上明末农民大起义、明朝灭亡、清朝入关等一系列社会变动,造成了一种'天崩地坼'的时代气氛,极大地刺激了思想界,促使理论思维重新活跃起来。"②美学的本质性变化,即由"意"向"情"的重心转移,正是作为这个思想解放潮流的一个基本组成部分而展开的。李贽的"童心说"、汤显祖的"唯情说"和公安派的"性灵说",都围绕着一个"情"字展开。过去,"情"要在"志"在"理"的名义下才能得到承认;现在,"情"却是站在"志"或"理"的对立面,以其作为个体自我的真实存在和表现而被肯定和张扬。李贽说:"盖声色之来,发乎情性,由乎自然,是可以牵合矫强而致乎? 故自然发乎情性,则自然止乎礼义,非情性之外复有礼义可止也。"(《焚书·读律肤说》)

　　"童心说"的实质就是摆脱世俗传统的束缚,以真心实感为人生为文章。"夫童心者,真心也。"(《焚书·童心说》)这种标举真心,推崇实感,主张自由抒发性情的美学观念,所激发的是一股现实情怀和个体意识的思潮。张扬现实情怀和个体意识,正是这次思想解放潮流的实质所在。这必然冲击和突破孔子以来的"文质彬彬"、"温柔敦厚"的美学原则。正因为如此,这次思想解放产生了美学的本质变化。变化的重要结果,则是以写真人真情为宗旨的小说和小说美学的兴起。鲁迅论及《红楼梦》的价值时指出:

　　　　其要点在敢于如实描写,并无讳饰,和从前的小说叙述好人完全是好,坏人完全是坏的,大不相同,所以其中所叙的人物,都是真的人

---

①② 叶朗:《中国美学史大纲》,第 9 页。

物。总之自有《红楼梦》之后,传统的思想和写法都打破了。——它那文章的旖旎和缠绵,倒是还在其次的事。①

这可视作对明清美学变革的基本意义的揭示。

王阳明处于这次美学变革的前夜。因为在这个特殊的历史位置上,情和志的矛盾自然非常集中地反映在他的美学思想中。情和志的矛盾,在王阳明美学中的具体表现是,一方面,王阳明同时肯定志和情,既认为歌诗都以立志为本,又认为七情是人心合有的;另一方面,王阳明又反对在情、志上的"执着",认为"心体上着不得一念留滞",不仅私念着不得,好念也着不得。(《全集·传习录》)正是这个矛盾立场,决定了"意"成为王阳明美学的中心。在王阳明美学中,"意"不排斥"情"和"志","意"的中心作用是保持"情"和"志"的生机和张力,防止其"有所执着"或"偏依"。准确讲,在王阳明美学中,"意"就是"无所住而生其心"。概括地讲,王阳明在情志意三者之间,坚持了两个原则:第一,相对传统精神和新兴精神在各自立场上所坚持的"情—志"对立,王阳明坚持情志一体,即所谓"心统性情";第二,相对于传统精神以"志"为中心,新兴精神以"情"为中心,王阳明以"意"为中心。王阳明主张"心统性情",实际上,是把性、情统一于"意"或"诚意"。因此,可以说,王阳明美学张扬的是溶化志(性理)和情(欲念)为汇同天地一体的意。

对意的强调,使王阳明美学突破传统儒家美学的阈限,而与道家美学汇通。在道家美学中,"意"这一观念的内含的形成和地位的突出,来自于魏晋玄学的兴起。玄学兴起于"言意之辩"。王弼以《庄子》"言者所以在意,得意而忘言"释《易传·系辞上》"言不尽意","圣人立象以尽意",主张"意以象尽,象以言着。故言者所以明象,得象而忘言;象者所以存意,得意而忘象","得意在忘象,得象在忘言。故立象以尽意,而象可忘也;重画以尽情,而画可忘也"(《周易略例·明象》),此即"言意之辩",因此大畅玄风。以"言意之辩"为主导,玄学不仅会通儒道,重新规定了

---

① 《鲁迅全集》卷九,第 338 页,北京:人民出版社,1991 年。

"意"、"象"、"言"三者之间的关系，发现并强调了三者之间的根本的非对称（吻合）性，提出了解释经典要"忘言得意"、"以意会之"，从而修正了汉代经学拘于文字的解经方法；而且，玄学发现并突出了"意"的超越性，也就是说，玄学会通儒道，在人生论与本体论相统一的意义上，重新规定了"意"。因此，"意"既突破了以政治、教化为内含的"志"，也突破了感于哀乐的"情"，而成为既超越二者，又统一二者的本原性的内容——道，或道的体认。相对于"志"联系于政治伦理，"情"联系于个人性情，"意"则联系于天地万物，在根本上即是"自然"或"自然之意"。玄学倡导忘言忘象，其宗旨就在于会得此"意"。这个"自然之意"，相对于"志"与"情"的"有"，则是"无"。就此而言，得意就是体无。所以玄学有"圣人体无"之说。汤用彤说：

> 忘象忘言不但为解释经籍之要法，亦且深契合于玄学之宗旨。玄贵虚无，虚者无象，无者无名。超言绝象，道之体也。因此本体论所谓体用之辩亦即方法上所称言意之别。二义在言谈运用虽有殊，但其所据原则实为同贯。①

体无，得意，所以实现的是一个"重神理，遗形骸"的超脱境界，亦即"无"的境界。冯友兰指出，玄学家所谓"体无"并不是指对本体的把握，而是指一种精神境界，也就是"以无为心"的境界；他特别指出，郭象的意义就在于破除了本体的"无"，但肯定了境界的"无"。② 冯先生此论是对玄学精义的揭示。这一境界的创化，不仅直接启发了"意象"和"意境"诸美学观念的形成，而且对魏晋和后世的艺术创作产生了深远的影响。孙过庭所谓"岂知情动形言，取会风骚之意；阳舒阴惨，本乎天地之心"（《书谱》），这不仅是此间书法的理想，亦是当时中国艺术的普遍理想。所以，诚如汤先生所指出的，玄学在学理上和人生艺术上，都为中国文化提供

---

① 汤用彤：《魏晋玄学论稿》，第31页。
② 冯友兰：《中国哲学史新编》第4册，第162页，北京：人民出版社，1986年。

了一个"新的眼光"。[①]

就"志""意""情"三者的关系而言,玄学的意义在于:以"意"消解了"志",又以"意"充扩了"情"。所谓以"意"消解"志",即以"与自然为一"的无限精神消解被汉儒经学化的有限的政治教化理想;所谓以"意"充扩"情",即把个体的哀乐性情,融汇入对自然无限生机的体认之中。玄学的"圣人有情/无情"之辩,即是解决"意"对"情"的充扩问题。何晏主张"圣人无情",认为圣人与天地合德,与治道同体,则纯理任性而无情。王弼反对圣人无情的观点,主张"圣人有情"。他认为:

> 圣人茂于人者神明也,同于人者五情也。神明茂,故能体冲和以通无;五情同,故不能无哀乐以应物。然则圣人之情,应物而无累于物者也。(《三国志·魏书》二十八钟会传注)

不是圣人无情,而是情的有限性被神明(理)的无限性超越了,所以,有情而不为情所累。汤先生认为这是"以理化情"。[②] 就我们现在的论题而言,"以理化情",就是"化情为意"——把有限个体的情感化为无限的自然意识。宗白华指出,"晋人向外发现了自然,向内发现了自己的深情。山水虚灵化了,也情致化了"[③],可从这里得到解释。"意"统一了"志"和"情"。陆机所谓"伫中区以玄览,颐情志于典坟"(《文赋》),刘勰所谓"人禀七情,应物斯感;感物吟志,莫非自然"(《文心雕龙·明诗篇》),就是在"意"对"志"和"情"的统一含义中,把"志"和"情"等同并用。

王阳明美学对意的强调,无疑是对玄学思想的再次发挥。这次发挥,正如我们在前面的讨论所指出,是对中国美学关于"无"的思想的再

---

① 汤用彤说:"夫玄学者,谓玄远之学。学贵玄远,则略于具体事物而究心抽象。论天道则不拘于构成质料(Cosmology),而进探本体存在(Ontology)。论人事则轻忽有形之粗迹,而专期神理之妙用。夫具体之迹象,可道者也,有言有名者也。抽象之本体,无名绝言而以意会者也。迹象本体之分,由于言意之辩,依言意之辩,普遍推之,而使之为一切论理之准量,则实为玄学家所发现之新眼光。"(《魏晋玄学论稿》,第26—27页)
② 汤用彤:《魏晋玄学论稿》,第79页。
③《宗白华全集》卷二,第274页,合肥:安徽教育出版社,1995年。

次肯定和发挥。但是,王阳明并不是沿着道家美学的自然主义路线发展的。王阳明在情和志的现实冲突中,从道家的"意"的思想中寻求到在向自然超越的路线上超越两者对立的可能,同时,他的现实关怀,治世精神(不仅是入世),使他必然要反拨道家的自然主义路线。在王阳明美学中,"意"的超然绝尘的情调溶入了痛切追深的现实关怀。结果,王阳明在"意"的思想中向道家美学的汇通,成为把人间性的良知观念注入道家化的"意"(天地意识)中。正是在这个意义上,王阳明美学才成为中国美学史上的一个重要环节:它在传统美学精神的系统中,成为对具有根本变革意义的明末美学精神的先导。在王阳明美学中,意是超越和调和情、志的。但在传统美学思想与明清美学思想之间,王阳明关于"意"的思想,起了由志到情的转化作用。一方面,它直接冲击了代表僵化的传统精神的理学美学;另一方面,它先期肯定并提供形而上学根据给具有个体意识和现实情怀的"情"的观念。

王阳明对明清美学变革的先导作用,最集中地表现在这次变革的思想领袖李贽的美学思想中。李贽美学的核心观念,即"童心"观念,无疑是受王阳明"良知"观念启发而来的。王阳明认为"良知只是一个,随他发现流行处当下具足,更无去求,不须假借"(《王阳明全集》,第 85 页),李贽也认为"夫童心者,绝假纯真,最初一念之本心也"(《焚书·童心说》)。进一步讲,作为良知说的核心内容的"知行合一"和"体认本心"(明白自家心体)观念,无疑启发和支持了以真实(真人、真心)为理想的新美学精神。但是,"童心说"所开拓的美学思想是以个体自我的情(真感情,真性情)为中心的,它突破了王阳明美学以意为中心的体系。就此而言,以"意"为中心的王阳明美学的地位是处于以志为中心的传统美学和以情为中心的明清新兴美学之间的——是两者之间的一个重要的过渡。但是,在中国美学史分为传统美学与明清新兴美学两个具有本质差异的大阶段的意义上[①],就其哲学基础和思想宗旨而言,王阳明美学仍然是属于前一阶段的。王阳明

---

① 参见叶朗《中国美学史大纲》,第 8—9 页。

的承先启后作用具有双重意义:反对理学所代表的"文以载道"的传统美学精神以开启"独抒性灵"的新兴美学精神;同时,反对新兴美学精神对情感欲念的偏执而努力复兴情志(理)统一的传统美学精神。

二、乐:存在与境界的统一

在归根结底的意义上,王阳明美学的理想是传统儒家乐教精神的发扬。王阳明强调"意",在"情""志"对立之间以"意"为中心,而这个"意"是指向"乐"的存在境界的生成的。这是王阳明美学的第二个基本特点。这个特点的展开,就是"意"现实化为"意境"。王阳明美学汇通儒道为一体,是在这个层次实现的。

王阳明反对理学,即反对理学把儒家仁义教化精神僵化为超验的教条和概念体系。他强调意,主张以诚意为本,就是要在自我生命的本真存在中体认儒家"天地万物一体之仁"精神的生活性(现实性)。在美学中,理学把生活性与精神性,即感性与理性统一的"乐",纯精神化,甚至观念化。与此相对,王阳明在"生""气""性"三者同一的意义上,重新阐发"乐"的生活性和精神性,感性与理性的双重属性。因此,对于王阳明,乐,即不是纯精神的,也不是纯感性的,而是在两者统一基础上的,存在与境界的统一——生命本真状态的展现。

在对理学把儒家精神概念化的批判中,王阳明始终坚持"道"(理)的境界性存在。根据王阳明,正是这种境界性存在,使"道"不可以言求,不可以把捉(穷尽)。他说:

> 道无方体,不可执着。却拘滞于文义上求道,远矣。如今人只说天,其实何曾见天?谓日月风雷即天,不可;谓人物草木不是天,亦不可。道即是天,若识得时,何莫而非道。(《全集·传习录》)

那么,怎样才能识道呢? 王阳明认为,识道的根本就是不以道为一外物,而是在自我生命的内在存在的本真状态中体认道。他说:

> 人但各以其一隅之见,认定,以为道只如此,所以不同。若解向

里寻求，见得自己心体，即无时无处不是此道。亘古亘今，更有甚同
异？心即道，道即天。知心则知道，知道则知天。（同上）

在天、道、人（心）三者的统一中体认道，其暗含的前提是以道为天人合一
的本体境界。在这里，王阳明与道家美学汇通了。汇通的结果是，王阳
明美学不仅在一般的意义上发扬了中国美学"重视内心感发"的审美特
点，而且在意境与人生统一的层次上深化了这一特点。

关于中国古代艺术的审美特点，亦即中国古典美学的特点，叶朗曾
概括为"重视内心感发"。叶朗指出：

> "赋"、"比"、"兴"这组范畴，表现了中国古代艺术的审美特点。
> 这种审美特点，并不像有的著作所说的，是在于情感性重于形象性。
> 因为"赋"、"比"、"兴"无一例外都重视形象，无一例外都不能脱离形
> 象。这种审美特点，在于重视内心的感发。叶嘉莹对此也有很好的
> 分析。[①] 诗歌的这种感发作用与诗歌的情感性是两个不同的
> 概念。[②]

"重视内心感发"在什么意义上是中国美学（艺术）的特点？在上段
引文中，叶朗指出，"诗歌的这种感发作用与诗歌的情感性是两个不同的
概念"。这句话非常值得注意，因为它指出了在对中国古典美学的把握
中一个较为普遍的错误：把诗歌的感发作用与诗歌的情感性混淆。这种
混淆是得出"中国诗歌重表现（情感）"结论的根源所在。诗歌的感发作
用，是诗歌表现的一种美学特征（审美方式）；诗歌的情感性，是诗歌表现
的具体内容。这两者的区别是一个基本的美学原理。对这个原理，王夫
之早有精到的阐述：

---

① 参见叶嘉莹《中国古典诗歌中形象与情意之关系例说》，载《古代文学理论研究》丛刊第六辑，
　上海：上海古籍出版社，1981年。
② 叶朗：《中国美学史大纲》，第90页。按：这是一个很有启发的观点。它的意义有两点：第一，
　它可以帮助人们在总体上把握中国艺术、美学的特点，澄清一些错误意识（比如曾经一度流
　行学术界的"中国重表现、西方重再现"说）；第二，以之为启示，可以进一步探索中国艺术、美
　学历史内在的运动规律。

"诗言志,歌永言。"非志即为诗,言即为歌也。或可以兴,或不
可以兴,其枢机在此。(《唐诗评选》卷一)

王夫之认为"志"(意)不等于诗,诗的标准在于"能兴"。"兴",即感兴,亦
即感发。这就是从美学的意义来判断诗歌。要把"重视内心感发"作为
一个审美特点来阐释,我们就必须明确这种"意"的表现为什么必然是,
又怎样构成为一种以"内心感发"为主体的审美方式。这样,我们就要从
对"意"的把握进入到对"意境"的把握。"意境"是对以中国独特的天地
意识为核心的生命意识的审美表现。这种审美表现,正是中国美学(艺
术)所追求的内心感发的最高境界——本体。

正如叶朗指出的,中国艺术意境的生成,主要来自于先秦道家的启
发。① 简而言之,道家哲学对作为宇宙本体生命的"道"有两个本质规定:
第一,道即是气(元气);第二,道是有形和无形的统一。这两个本质规
定,就决定了对道,也就是对中国审美精神内含的"意"的观照形式和表
现形式的两个相应的特征,这就是叶朗指出的:

一方面超越有限的"象"("取之象外"、"象外之象"),另一方面
"意"也就从对于某个具体事物、场景的感受上升为对于整个人生的
感受。②

因此,从这种独特的生命意识出发,中国美学和艺术都把着眼点放在整
个宇宙、历史、人生,着眼于整个造化自然;不是以具体有限的物象为观
照和表现的对象,而是突破和超越有限的物象,去体认和把握人生—宇
宙整体生命和本体。这就是审美感兴的美学本质,也就是中国美学的
"重视内心感发"的审美特点的真正含义。对这个含义的把握,就构成了
中国美学的意境论思想。关于"意境"的规定,长期以来莫衷一是,我认
为叶朗最近所作的概括确切、完备:

从审美活动(审美感兴)的角度看,所谓"意境",就是超越具体

---

① ② 叶朗:《说意境》,《文艺研究》,1998 年第 1 期。

的有限的物象、事件、场景,进入无限的时间和空间,即所谓"胸罗宇宙,思接千古",从而对整个人生、历史、宇宙获得一种哲理性的感受和领悟。①

正是在这个意义上,即由对"意"的观照(体认)而创化出"意境"的意义上,"重视内心感发"真正成为中国美学(艺术)的审美特点。正如叶朗一再指出的,意境可以用刘禹锡的话作简明的规定:"境生于象外。"(《董氏武陵集记》)这象外之境是虚实一体的"全幅的天地",充塞这个天地的生命(道,元气)化合了宇宙感、人生感、历史感为形而上的生命意蕴。这种生命意蕴,是个体生命与天地万物的生命相互感发,而打成一片,交响合流,相互激荡。因此,不仅个体自我的生命意识被激发起来,而且天地古今也因之而灿烂生动并且情趣漫溢。

由意境的感兴而远离人生,同时又由心胸的拓展而深入人生,这是感兴(感发)的真谛,也就是中国艺术的至深意义——神韵。叶朗说:"'韵'是远离人生和深入人生的矛盾统一。"②中国艺术之所以以内心感发为审美特点,就在于它以深入人生为鹄的。不是在天地之外另造一个天地的幻境,而是自我生命与天地合一,与天地共化灵境;不是艺术自成一人生的镜象,在艺术中玩味人生,而是艺术根本就在人生中间,是人生深一层的创造和展开。王国维论诗词,曾有"隔与不隔"之辩,并说"妙处唯在不隔"③。在这里,对所谓"隔"与不"隔",可作这样的理解:所谓"隔",就是诗与人生相离;所谓"不隔",就是诗为人生之开拓与展现。因此,中国诗歌直接与中国哲学相通,成为人生境界的深化、提炼、开拓,在天地境界中,成为"诗者天地之心"。

王阳明美学继承了这种以象外之象为艺术意境的观念,主张在艺术与人生道通为一的境界中展开对生命本真状态的体认。但是,王阳明把

---

① 叶朗:《说意境》,《文艺研究》,1998 年第 1 期。
② 叶朗:《中国美学史大纲》,第 313 页。
③ 《王国维学术经典集》(上),第 337 页,南昌:江西人民出版社,1997 年。

艺术与人生的统一性更推进了一步,这就是,他不仅主张人生与艺术在意境创化的意义上是统一的,而且主张两者在存在的本真展现的意义上是无区别,亦即同一的。这就是他说所的,"道即是天,若识得时,何莫而非道"。他讲心外无物、心物同体和与物无对,都是讲包括人生、艺术在内的天地万物本真的同一性。因此,他既反对审美价值的确定性,又反对艺术意义的客观化——美和艺术都不能被视作"心外一物",否则,美和艺术对于人生的意义就只能是消极的。

王阳明的审美无区别的美学精神,对传统儒家文质彬彬的美学原则和道家思自然超越的美学理想都是一个突破。这个突破,旨在于消除艺术的历史发展必然建立起来的艺术与人生之间的距离和隔阂。王阳明美学的最高理想是生命的本真展现:乐,即存在与境界的统一。这个最高理想构成了王阳明美学的核心思想:真正的审美境界不只是由审美直观和想象构成的幻象,而是个体生命与宇宙本体统一的现实的生成("成己""成物"的"仁"的实现)。在这个意义上,王阳明坚持并极大限度地发展了儒家的非乐传统的精神内含。王阳明美学思想最积极的意义,也在这里表现出来:美,只是存在本身的光辉。这个审美真理的揭示,同时否定了关于美的本质主义和自然主义立场。20世纪的海德格尔重新阐释了这一思想。[①] 而王阳明则以这一思想启发了明清美学的变革。

三、天地意识的再发现

在王阳明美学中,贯穿着传统中国哲学所表现的基本宇宙生命观念,即"天地意识"。这就构成了王阳明美学的第三个基本特点:乐作为理想的存在境,是以天地精神为核心的生命意识的呈现,它的对象是大象无形的天地境界。

在中西对比中,冯友兰认为,中国哲学的天地意识是"非图画式的思

---

① Martin Heidegger, *Poetry, language, thought*, p. 92.

想",而西方的宇宙观念是"图画式的思想"。① 所谓"图画式的思想",简而言之,即是把宇宙理想化为一个完美稳定的构成,并从这个理想化的构成推想出人格神("上帝")的存在。因此,这种宇宙观念是通向宗教的。中国的天地意识却与这种"图画式的思想"相反。它所形成的是人与天地一体的生成的宇宙模式。在这个模式中,人孕育于天地之间,却又与天地共生长。这个人与天地一体,与万物并生的宇宙模式,成形于老庄和《周易》哲学中。《易传》所谓"兼三材而两之"、"生生之谓易"、"唯变所适",乃是对这一生成宇宙模式特征的精要揭示。

我们甚至可以在远古神话中,看到中国独特的天地意识的萌芽。在这些神话中,盘古神话展示的宇宙观念,特别可以与天地意识相互印证。在这里,我们把盘古神话解读为中国诗歌的原诗,即作为中国诗歌原型的诗。盘古神话如是说:

> 天地混沌如鸡子,盘古生其中,一万八千岁。天地开辟,阳清为天,阴浊为地,盘古在其中,一日九变,神于天,圣于地。天日高一丈,地日厚一丈,盘古日长一丈,如此万八千岁,天数极高,地数极深,盘古极长。后乃有三皇。②

作为中国诗歌的原诗,盘古却是一个反神话的神话。它没有如《旧约全书·创世纪》一样,塑造一个在天地之外创造天地的神,而是描绘了一个人类自我在天地之间与天地共生长的意象——"人者天地之心"(《礼记·礼运》)。这个意象是素朴直观的,所呈现的是人与自然的原始统一感。这种绝对的统一感被节奏坚实的音乐推进所强化。"天日高一丈,地日厚一丈,盘古日长一丈……"但是,在音乐推进的顶端,即"天数极高,地数极厚,盘古极长"的高峰,却是盘古的死亡和葬礼——一个留待后世(三皇五帝)充实的无限的空白。这空白是"天不生仲尼,万古长如夜"的虚寂。诗是应这虚寂的呼求而生产的,因为虚寂的含义就是等待着

---

① 冯友兰:《贞元六书》(下),第 629 页,上海:华东师范大学出版社,1996 年。
②《艺文类集》引徐整《三五历记》。

展现的充实——"说"。诗是由展现而充实这片虚寂的原始的说。"言之文也,天地之心哉!"(《文心雕龙·原道》)天地无心,待以诗为心。

最早的诗歌无疑是对盘古原诗的素朴的"模仿",即三皇五帝的传说,接着有了"风""雅""颂"。无疑,《诗经》是古代先民的素朴之作。这些明朗单纯的节奏、声意朴茂的言词,完全是自然天成的气象,只有在远古神意初泯,民心未染的天地间才有生产的可能。读《诗经》,无论是以民风为主的《风》,以正声为主的《雅》,还是以颂祭为主的《颂》,都将被带进一片神意静息的清晨所有的澄明天地。这就无怪后世,即如孔子大圣,要以为绝唱,引为言教。但是,盘古原诗留下的却又是一个神意退隐之后的巨大虚寂。它的人与天地一体的"生成"意象给后世的诗心留下了生生不息的动机,却又使后世的诗心在天地变化之间,深感大象无形的悲忧。正因为在文化初萌时期(商周之交),就放弃了天神观念,[①]中国文化就一致承担着没有原象(终极形象)的压力,使"说"的需要特别突出,成为原始的悲忧。"作《易》者,其有忧患乎?"(《易传·系辞下》)这是中国语言文化极度发展,而视觉文化相对不发展的根源所在。在这种"说"的原始性忧患中,诗被绝对突出了。在中国文化中,诗的突出是超越了艺术范围的。正是在语言问题与存在问题最根本关联的意义上,海德格尔认为艺术的原始本性是"诗"。[②] 这在孔子的诗教思想中表现得很明显。

在语言的本体之忧的另一面,就是没有"不朽"意义的生命之忧。更直接地说,对语言的"无可言说"的忧患,本身就是对生命意义的忧患。"子在川上,曰:逝者如斯夫,不舍昼夜。"(《论语·子罕》)。庄子说:"人生天地之间,若白驹之过隙,忽然而已。"(《知北游》)屈原有"惟草木之零落兮,恐美人之迟暮。"(《离骚》)这是天地无限,人生有限的感怀。面对天地间那片巨大的虚寂,《诗经》中人与天地直切相依,与花草木石朗然

---

① 据郭沫若考证,"天"在周代以前,即为"帝"(上帝),是人格化的神,经过周代,至春秋则获得自然的规定性("天"成为与地相对并置的天),见《郭沫若全集·历史编》第一卷,北京:人民出版社,1982年,"青铜时代:先秦天道观之进展"。

② Mart Heidegger, *Poetry, Language, Thought*, p. 75.

相照的景象被登高望远，极目伤怀的悲忧所替代。"曰：遂古之初，谁传道之？上下未形，何由考之？"（屈原《天问》）人与天地的联系，即人生的意义，被这不可叩问究竟的虚寂隔断了。这可以理解在汨罗江畔的屈原何以缠绵绯恻，痛彻悲深。他终于自决沉江，除了政治的绝望，应当有人生形上意义缺失的至深的痛楚。"惟天地之无穷兮，哀民生之长勤。"（《远游》）重返天地自然的欲望是那么深切地纠缠着屈原；"超无为以至清兮，与泰初为邻"（《远游》），"欲远集而无所止兮，聊浮游以逍遥"（《离骚》）。也许，最后他在死亡中感受到了某种解脱吧。

魏晋时代是对生命忧患的再度体认和思索——哲学的自觉。先秦时代理性觉醒之际的人生忧患还与个体自我的人生际遇直接关联，还不是普遍社会的人生感受，因此，无论在形式还是意义，都脱不了个体的印痕，所以屈原才"举世沉浊，惟我独清"的孤忿。这就使得对生命的形上感悟，不能在人生总体的层次上展开。汉魏之际更年持久的社会动荡和普遍的人生苦疾，使对人生的形上忧患，真正成为普遍的人生觉识。"人生天地间，忽如远行客"；"人生寄一世，奄忽若飙尘"；"思君令人老，岁月忽已晚"；"生年不满百，常怀千岁忧"。（《古诗十九首》）在这些诗篇中，诗人对人生天地间的形而上悲忧，亲切沉痛，旷达厚朴，仿佛是全社会共集在一个诗心之中，一夜之间吟尽了生命疾痛。汉魏之际的人生忧患，因为是非个人的，所以是最旷达的；因为是普遍的，所以是最根本的。

但是，这种天地意识，对于中国文化精神，还有另一方面的意义。这另一方面的意义，集中展现在由老庄所开导的道家哲学中。道家哲学以"道"为天地万物的本体，认为天地万物的生命根源于"道"，并且不脱离于"道"。这个"道"，有两个基本规定：其一，"道"是有和无，虚和实，也就是有形（象）和无形（象）的统一。老子说："道之为物，惟恍惟惚。恍兮惚兮，其中有象。"（《老子·二十一章》）其二，在管子"精气说"提出之后，庄子明确把"道"等同于"有情无形的"的"气"（元气）。（《庄子·齐物论》）人与天地万物一体，就统一于这个"气"。这就是庄子所谓"通天下一气耳"（《庄子·知北游》）。根据道家哲学，人的生命意义和其最高的可能，都在于对道,也就是对宇宙元气的体认。因为正是通过这种体认,个体才得以摆脱现实有形的羁绊,把自我生命复归于天地万物的整体生化之中。这种复归,是"旁礴万物以为一"(《庄子·逍遥游》),也就是自我存在从有形到无形、有限到无限的大解放。

天地意识以它对于中国精神的双重意义构成了中国美学"重视内心感发"的深层基础和内在动机。天地意识所创构的人与天地万物一体"生成"的宇宙模式,一方面是"芴漠无形,变化无常"所产生的本体性忧患,这种忧患在根本上否定了对有限(确定)形象的认同;另一方面是"出入无时,莫知其乡"的形而上的自由感,这种自由感超越了有形现实的界限,而汇通入宇宙生命的无限运动之中。这种容纳本体性忧患和形而上慰藉于一体的生命意识(人生感),正是中国美学所重视的内心感发的深层内含。这个内含,就历史流变而言,在魏晋以前,还没有充分地展开,它仍然包藏在具体的政治教化理想的体制中,因此,"志"成为美学中心;自晚明开始,它又被具体化,即被限定为对个体现实生存和情感的肯定和关注,因此,"情"成为美学中心。只是在魏晋至唐宋这段历史时期,以"意"的突出和深化、扩充为线索,中国美学所重视的内心感发的内含,才得到全面充分的展开。这一展开的重要成果,就是中国艺术意境的创造和中国美学意境论的形成。①

王阳明美学继承了中国传统美学的天地意识,并把它作为基本内含。王阳明主张审美相对论,强调良知本体的"无"(太虚无形)的意义,都是以天地意识为前提的。在这个前提下,一切具体的个体审美对象的价值都是不确定的,只有同化于宇宙生命的整体运动("在太虚无形中发用流行"),才有本真的意义和价值。王阳明美学强调天地意识,并以之为审美观照的核心,实质是重新启发并强调个体自我与世界为一体的整体生命意识。王阳明在他身心所处的社会现实中,深切极致地感受了这种整体生命意识的破裂和丧失。对此,他有父子兄弟坠溺入深渊的切体疾痛,狂奔尽气,匍匐而拯之。"夫人者,天地之心。天地万物,本吾一体

---

① 参见叶朗《中国美学史大纲》,第 202 页。

者也。生民之困苦荼毒，孰非疾痛之切于吾身者乎？不知吾身之疾痛，无是非之心者也。"(《王阳明全集·传心录》)正是这种切体疾痛和强烈的使命感构成了王阳明重申和强调天地意识的现实(或生活)基础和动力。

社会理性化发展的必要性和这种发展导致整体生命意识解体的必然性，是王阳明面临的最现实，也是最根本的矛盾。他与理学的冲突，是这一最根本矛盾的表现。在最根本的意义上，他反对理学，就是反对理学不自觉地携带来的新的力量——理性化的力量。就此而言，可以说，王阳明所坚持的精神是一种比理学更为保守的精神，一种回归远古的精神。在《传习录》中，屡屡可见王阳明对太古时代"未与事接，此心清明"气象的眷恋，返朴还淳之心溢于言表。这种乡愁是理学所没有的，相对而言，理学是"闲来无事不从容"。但是，理学只是在旧的框架的合理化中传达了理性化的力量，它的"从容"是完全依附于这个旧的体制的。王阳明切身感受到了这种新兴的理性化的力量，并且在他的感受中包含着极其强烈的对理性化社会的未来危机的预感。因此，他对太古时代的怀乡情绪又具有超前性的意识内含。王阳明思想的超前性表现在这里：针对理性化鼓舞向外求索，王阳明重申向本心求索；针对理性化以有限物理现象为目标，王阳明倡导以无限天地为归宿。换之言，在理性化强调存在的"有"的对立面，王阳明强调存在的"无"。

王阳明并不主张退回到太古时代，他认为这是不可能的。相反，他承认发展的必然性。他的问题不是要不要发展，而是在发展中个体生命的意义是怎样可能的？王阳明哲学是对这个现实问题的切身追问和回答。王阳明否定了以普遍原则代替个体意义的理学答案，也否定了以实际成效为标准的功利原则。王阳明的回答是，个体生命的意义是自我与天地万物一体的存在与境界的统一——只有这个统一，才是生命最本真的展现。因此，王阳明对天地意识的重申，是对这个传统意识的创造性的再发现。这个再发现的内含，是由他的美学整体来展现的，概括地讲，可用我们在前面分析王阳明对易象观念的阐发时所作的三点总结来表述：

其一，王阳明强调了自我本心（良知）与世界本体（道）的存在的统一性，并且认为这个统一是超概念（语言）的存在境界的统一；

其二，基于这种统一性，王阳明认为个体存在的根本意义（本真状态）在于自我超越，即从有限到无限，有形到无形；

其三，王阳明特别强调了对良知（道）体认（观照）的存在意义，即生活意义。对于王阳明，生命的本真境界只能在真实的生活之流中实现和呈现。

以这三点为基本内含，王阳明美学把个体自我的生命展现为个体与世界、感性与理性、本体与现象的统一的存在境界：自我与天地一体的生命本真之乐。

王阳明美学，作为对天地意识的创造性的再发现，在超前预感的意义上，具有与现代性的崇高感接近的意蕴。正是因为具有这个意蕴，王阳明美学与现代西方美学具有可比性。简单讲，现代性的崇高是在人与自然统一的原始整体性破裂之后，自我对自然的再次回望。这种回望突破了审美区别建立起来的艺术自律的界限。① 在康德美学内部，这种突破则由审美分析从"美"向"崇高"的转换作了预示。② 但是，在西方美学发展中，只是通过尼采，在海德格尔的审美哲学中，这个预示才成为现实。这个现实使我们可以把20世纪的海德格尔看作王阳明的一个遥远回应。

---

① 阿多诺曾指出"在康德之后，崇高变成了艺术的一个历史性的成分"（Adorno，*Aesthetic Theory*，Routledge & Kegan Paul，1984，p. 281）。J. M. 伯恩斯坦则认为，艺术从传统的自律形式到现代主义，是艺术的一个从美和趣味到崇高的历时性运动。（Bernstein，*The Fat of Art*，Polity Press，1993，p. 235）当然，康德的"崇高"观念在20世纪西方美学中已经历了多次重大修正。但是，这些修正的方向几乎都是突破审美区别而指"审美无区别"的。就我们的论题而言，在"崇高"概念的现代历史演变中，看到西方现代美学精神与传统中国美学精神的接近。这是一个有必要进一步探讨的课题。

② 根据康德，美的对象是"形式的合目的性"，而崇高的对象是"无形式的""反目的的"；而且美感是纯粹的直观反映，"无所关心"，崇高感则是以道德为基础的，包含着自我超感性的使命的意识。（*Kant's Critique of Jukgemant*，tran. by J. H. Bernard，Macmillan and Co.，Limited，1914，§22/39）由此可见，康德关于崇高的分析超越了它在纯粹美的分析中所确立的审美区别原则。

作为对西方传统形而上学,即以存在的"有"为目标的形而上学的反动,海德格尔的哲学思考正是从对存在之"无"的追问开始的。"没有无所启示的原始境界,就没有自我存在,就没有自由。"①他认为,"无"把人作为此在带到存在物面前,并且使存在物作为存在物启示着人的力量。自我因此在"无"的境界中超越了存在物的整体而展开为一个超越的境界。对"无"的超越意义的追问,使海德格尔发现了语言问题和存在问题"在最中心处相互交织在一起"②。语言和存在原始联系的实质是,存在是在语言中展开的——语言是存在之屋。③ 本原性地作为存在之屋,语言不只是人的特殊技能,相反,它本质上是属于构成世界的天、地、神、人四方面对面交会的运动的。准确讲,语言就是世界四方世界性活动的"说",并通过这个"说"显示世界性的存在。所以,语言原始地就是诗。④"人,诗意地栖居。"海德格尔认为,诗的本质就是存在世界的建筑,并且把人带入这个建筑中。⑤ 认同"无"的本体意义,并在诗、语言和存在的原始性统一中把世界的本质体认为天、地、神、人四方交会的运动,海德格尔的诗意栖居的"世界"无疑是对王阳明"天地境界"的回应。

海德格尔是站在西方现代文化的背景上回应王阳明的,在这个背景上,王阳明所面对的近世化任务(世俗化、合理化、平民化)已经变成基本的社会存在现实,而且,科学技术已经彻底控制和重新组织了这个现实。在这个现实中,诗人何为? 因此,海德格尔的回应无疑包含着现代西方文化对于中国古代文化的时间和空间差别,但其深刻意义正在于这双重差别之中。所以,在现代文化的背景上,对王阳明美学和康德美学、海德格尔美学作深入的比较研究,是一个重要的美学课题。

---

① [德]海德格尔:《形而上学是什么?》,中译本,载洪谦主编:《西方现代资产阶级哲学论著选辑》,北京:商务印书馆,1964 年。

② [德]海德格尔:《形而上学导论》,熊伟、王庆节译,第 51 页,北京:商务印书馆,1996 年。

③ Martin Heidegger, *Basic Writings*, Routledge, 1977, p. 217.

④ Martin Heidegger, *On the Way to Language*, Harper & Row, Publishers, 1971, p. 107.

⑤ Martin Heidegger, *Poetry, language, thought*, p. 215.

第四章　徐渭的美学思想

第一节　旷世奇人徐渭

在中国文化史上，徐渭(1521—1593)是一集诗文书画并戏剧创作为一身的全才人物。他自言"吾书第一、诗二、文三、画四"①。

明代学者梅国桢(1542—1605)致书袁宏道，称徐渭"病奇于人，人奇于诗，诗奇于字，字奇于文，文奇于画"，而袁氏则说："予谓文长无之而不奇者也，无之而不奇，斯无之而不奇也哉，悲夫!"②"无之而不奇"，指徐渭其人，是一个反常绝俗的存在;"斯无之而不奇"，指徐渭以"奇"见于世，世以"奇"视徐渭。

徐渭身后，世人对他的评说，的确总离不开一个"奇"字。然而，徐渭的人生与品格，原本是运行在传统中国文人的既定轨道的，只是由于特别的变故，造就了"旷世奇人徐渭"。1566 年，徐渭 45 岁。这一年他暴发了病狂症。1566 年就是落第才子徐渭与旷世奇人徐渭的分水岭。

---

① ［明］陶望龄：《陶文简公集》卷七，第 200 页，明天启七年陶履中刻本。
② 《徐渭集》，第 1344 页。

一、八试落第的才子

1540年,20岁的徐渭第二次考秀才不中,写长信给主考官乞请恩准复试,终于考取秀才。在这封长达约三千言的《上提学副使张公书》中,徐渭纵横古今,广比深叙,一则诉说自己时运不济、命途多悲,一则力举自己的才学志气。他痛陈自己不能考中秀才的苦境说:"学无效验,遂不信于父兄,而况骨肉煎逼,箕豆相燃,日夜旋顾,惟身与影。"①他从而恳求说:"伏冀明公悯其始终历涉之艰难,谅其进退患难之危迫,怜其疏鄙之才,援其今日无资之困。"②徐渭该信的结尾是:

> 渭颇读诗书,亦知大义,岂同负贩,有异鱼虫,使一辱英盼,九死甘心,第恐天地无穷,徒怀衷恫耳! 渭又闻河海纳流,百川归潦,一人悯士,四方翘首,谅明公观于超旷之道,必不以疏远见拒。故敢述其始末,托书自陈,万一因其昏愚加以摈斥,则有负石投渊、入坑自焚耳,乌能俛首匍匐,偷活苟生,为学士之废弃,儒行之瑕摘乎! 惟明公其生死之,渭恐惧顿首。③

徐渭为求得复试秀才的机会,正说反说,情理交加,最后将是否获准复试上升至关系其生死命运的决定。通过了秀才考试的徐渭,在其后20余年间,即从自20岁到41岁间,八次投考举人,但八次不中;他43岁时,因与李尚书交恶,放弃了准备中的第九次投考。在这里我们看到"旷世逸人"徐渭对功名汲汲以求的一面。"生无以建立奇绝,死当含无穷之恨耳。"(《上提学副使张公书》)这是徐渭少年的抱负。

从20岁到40岁,徐渭八次应试举人落第。他第七次落第之后,浙江总督胡宗宪激赏其才,将他招为幕僚。徐渭在胡府供职,做秘书兼参谋(掌书记)。胡宗宪不仅是一个战功卓越的抗倭名将,而且是一个极携

----

① 《徐渭集》,第1107页。
② 同上书,第1109页。
③ 同上书,第1109—1110页。

宣传之功的官僚。"又嘉靖间倭事旁午,而主上酷喜祥瑞,胡默林总制南方,每报捷献瑞,辄为四六表,以博天颜一启。上又留心文字,凡俪语奇丽处,皆以御笔点出,别令小内臣录为一册,以故东南才士缙绅则由汝成、茅坤辈,诸生则徐渭等咸集幕下。"①徐渭就职不久为胡宗宪代写《初进白牝鹿表》和《再进白鹿表》,大获嘉靖欣赏。"渭作表进,上大嘉悦,其文旬日间遍诵人口,公以是始重渭,宠礼独甚。"②徐渭不仅文采斐然,而且善以奇谋助胡宗宪平倭荡寇,因此深得胡氏器重,被优待为国士。本来治属下极严的胡氏,对不据礼仪、逾越规矩的徐渭却是"常优容之",培养了他身为幕僚却"矫节自好,无所顾请"的做派。

徐渭1557年入幕胡府,是在他的至交、精神楷模沈炼被权臣严嵩构陷杀害不久。沈炼九月被冤斩于宣府市,徐渭十一月入胡府代笔撰写奏章。沈炼曾与徐渭等九位越中文人结社,称"越中十子"。沈曾赞誉徐渭说:"自某某以后若干年矣,不见有此人。关起城门,只有这一个。"③对于沈炼被害之事,徐渭当年及其后数年,无诗文表示,六年后(1564年),他写了给沈炼四子沈裒的《短褐篇送沈子叔成出塞》一诗,表示了对沈炼的悼念和对严嵩奸党的憎恨,但此时离严嵩削职及其党羽遭剪除已过三年。徐渭公开追祭沈氏,已逾沈炼被害十年,即在1567年正月朝廷为沈炼平反之后,著名的《会祭沈锦衣文》和《与诸士友祭沈君文》均出于该年。④ 在1567年沈炼平反后,徐渭在《赠光禄少卿沈公传》附言说:"宋玉为屈原弟子,原死,玉作些招原魂。余于君非弟子,然晚交耳。君徙居塞垣时,余直寄所怆诗一篇,愧宋玉矣。"⑤这是徐渭明确表示对沈炼遇害长

---

① ［明］沈德符:《万历野获编》卷十,清道光七年姚氏刻同治八年补修本。

② ［明］陶望龄:《陶文简公集》卷七,明天启七年陶履中刻本。

③ 《徐渭集》,第1334页。

④ 在自撰年谱《畸谱》中,徐渭对沈炼遇害事件,只字未提,对1557年事迹仅此一述:"三七岁。季冬,赴胡幕作四六启京贵人,作罢便辞归。"(《徐渭集》,第1328页)

⑤ 《徐渭集》,第625页。按:徐渭寄沈炼诗为《保安州(寄青霞沈君)》,写于1551年,此年沈炼因上书忤严嵩被削职贬逐保安州。《保安州》诗云:"终军愤懑几时平,远放穷荒尚有生。两疏伏阶真痛哭,万人开幕愿横行。朝辞邸第风尘暗,夜度居庸塞火明。纵使如斯犹是幸,汉廷师傅许谁评。"(《徐渭集》,第216页)

期沉默的悔愧。

胡宗宪虽然不是严嵩密党,但慑于其专权之势,对其攀附有加。徐渭在胡府做幕僚的五年中,多次代胡上书严嵩陈述敬畏感戴之情;1559年,严嵩八十寿辰,徐渭代胡撰《代贺严公生日启》,文称"伏念某官,河岳储精,凤麟协瑞,生缘吉梦,盛传孔释之征,出遇明时,绰有皋夔之望。历几迁而入相,同一敬以格天,四海具瞻,万邦为宪"①。徐渭在晚年对于自己在胡府的幕僚生涯有检讨。他声明说自己之所以入幕代笔,是因为自己尴尬的人生境遇所致。他说:"古人为文章,鲜有代人者,盖能文者非显则隐,显者贵,求之不得,况令其代;隐者高,得之无由,亦安能使之代。渭于文不幸若马耕耳,而处于不显不隐之间,故人得而代之。在渭亦不能避其代。"②而对于自己所撰代文,他说:"予从胡公典文章,凡五载,记文可百篇,今存者半耳。其他非病于大诳,则必大不工也。噫,存者亦诳且不工矣。"③然而,虽然承认自己入幕代笔之文"诳且不工",他又以"山鸡自爱其羽"、"孔雀亦自爱其尾"作比拟,四处搜求自己代笔文章,汇集刻印。④

1562年胡宗宪因与严嵩结党被逮、罢官,1563年冬徐渭应召入尚书李春芳幕,次年春即不惜承受李春芳的恐怖压力坚决辞归。对于徐渭此番经历,张汝霖称:"时上方崇祷事,急青词,权政者来聘,而文长知少保与李有隙,不应。"⑤张说与史实不合,因为徐渭对李春芳,先是接受了李氏60两银子定金应召,再在李府入幕数月之后请辞。如若因为李春芳与胡宗宪"有隙"而拒入幕之聘,徐渭当是一开始就拒绝,而不是在接受定金、入幕数月之后再行辞绝。徐渭入幕不久,适逢李春芳生辰,作《尚书李公生日赋呈(时方雪)》。在该诗中,徐渭将李春芳府比喻为轩辕皇帝问道的崆峒山和明代名将申甫得道的嵩山("崆峒道与轩皇访,崧岳神将申甫生");对于自己得以亲临这非常尊荣的寿诞,他表达

---

① 《徐渭集》,第444页。
②③④ 同上书,第536页。
⑤ 同上书,第1348页。

的是庆幸和荣耀("自喜远人能献颂,偶因食客得通名"),甚至于感到如置身梦中仙境的神奇("正值瑞花飘数点,分明身世在瑶京")。① 徐渭既然能写出这样的贺寿诗奉献李春芳,又怎么会以"知与少保有隙"而拒绝李春芳招募呢?

徐渭有《奉尚书李公书》,陈述五则辞却李幕的缘故,其中第一则涉及"纳粟入监"事②,其余四则都可归为他已不能适应幕僚之职,文章结尾他表白说:"夫闻命而即受,随所欲而不敢辞者,贱之所以事贵,卑之所以承尊也。因其人而广其资之所近,谅其短而不苦其性之所难者,知之所以容愚,贤之所以成不肖也。畜于志,必宣于言,虑于终,必白于始者,上下之所以共成夫信义也。某既不敢不以贱之事贵,卑之承尊者自勉,而亦不能不以智之容愚,贤之成不肖者仰望于明公。故敢并以其畜于志,虑于终者,而宜于言,白于其始焉。惟明公其宥而裁之。"③实际上,是在于李春芳相处一段时间之后,有胡宗宪案的前车之鉴,应当是"畜于志,虑于终"的焦虑,使徐渭不顾李春芳的威逼利诱,而决意辞归。

如果以"知与少保有隙,不应"来解释徐渭拒绝李春芳的原因成立,那么,就难解释他在宣化入总督吴兑幕、在马水口入参将李如松幕和在京入翰林编修张元忭幕均是不过一年时期而辞退。张元忭是徐渭得以从死囚犯减刑并在七年监禁之后即获释放的重要救助人物。张氏招幕徐渭,本是爱惜其才,有意助之;而徐渭之入幕张府,是为感戴张氏救助之恩。但徐渭在张幕,仍以在胡宗宪幕下的"性纵诞"而为,张氏待徐渭,却非如胡氏"常优容之",而是"颇引礼法"以教正之。主客相逆,最终徐渭这样说:"吾杀人当死,颈一茹刃耳,今乃碎磔吾肉!"因而狂病复发,弃

---

① 《徐渭集》,第 227 页。
② "纳粟入监",意指交纳金钱,获得进入北京国子监参加乡试。徐渭《奉尚书李公书》文称自己曾用"入粟"支吾李春芳的使者催促其进京入幕("用此言以缓其期"),但并不"入粟"实举。徐朔方称"据长文此书,李徐因纳粟入监事失和"(徐朔方:《晚明曲家年谱》,第二卷·浙江卷,第 119 页,杭州:浙江古籍出版社,1993 年)
③ 《徐渭集》,第 1021—1022 页。

张府返乡。① 应当说,徐渭之辞拒李春芳,与其辞拒张元忭根本原因是相同的,就是他"苦不耐礼法"。他在吴兑幕、李如松幕均不能久处,根本原因也当如是解。

作为一介书生,徐渭不仅曾在胡宗宪幕下度过他人生最辉煌的时期,而且其后成为多位权势人物苦心招募的"奇才",足见他是擅于"经世文章"的。而且,虽然他一生绝大多数时期是在穷苦困厄而至于极其不堪中度过的,但是他往来唱和的,却均是非显即贵之辈。陶望龄和袁宏道均在各自的《徐文长传》中称徐渭晚年家居,深恶显贵,他们上门拜访,亦拒不与见。然而,事实上"文长家居时与守令时有往来,二文形容失实"②。徐渭 57 岁时,山阴县令刘尚志带仆从隆重造访,被拒。徐渭致诗刘氏说:"传呼拥道使君来,寂寂柴门久不开。不是疏狂甘慢客,恐因车马乱苍苔。"刘氏"观诗悦甚,即便服途步往"。③ 徐渭八次投考举人、数度受聘高官幕僚,代写文章深得君臣嘉许,自然不是"贱而懒且直"(徐渭自道)所可概括的。

徐渭在《自为墓志铭》中自称"渭为人度于义无所关时,辄疏纵不为儒缚,一涉义所否,干耻诟,介秽廉,虽断头不可夺"④。徐渭在知己义友沈炼遇害之际,接受主使陷害沈炼的严嵩一系胡宗宪招纳入幕,不仅无为沈炼申冤之举,反而代胡氏书写谄媚严嵩的文书;而当胡宗宪因严嵩案牵连而遭被逮削籍之后,徐渭又接受主审胡案的李春芳的聘金进入李幕。如此随机应变,自然不能说是"为人度于义无所关时",而更不能说是"干耻诟,介秽廉,虽断头不可夺"。这就是 45 岁以前的徐渭,一个既有过人才气,因而恃才以傲,又时运不济,因而审时度势的徐渭。当然,这也是真实而极具代表性的落第文人的人生写照。

① [明]陶望龄:《陶文简公集》卷七,明天启七年陶履中刻本。
② 徐朔方:《晚明曲家年谱》,第二卷·浙江卷,第 166 页。
③《徐渭集》,第 873 页。
④ 同上书,第 639 页。

二、病狂——徐渭的精神炼狱

1565 年,嘉靖四十四年,徐渭 45 岁。这一年是他人生的聚变点。这一年是他辞拒尚书李春芳幕的第二年,李氏为留控他而虚声恫吓他"与胡宗宪案有牵连"的声音犹萦系在耳,却又传来了消息:胡宗宪再次被逮,罪名竟然是杀不可赦的"妄撰圣旨",而且很快自杀于京城狱中。得罪李春芳,徐渭招致的直接后果是不仅放弃了第九次应试举人的打算,而且使其科举之路从此终身废弃①,而胡宗宪再次被逮,则导致徐渭的精神崩溃。陶望龄《徐文长传》叙述说:"及宗宪被逮,渭虑祸及,遂发狂,引巨锥剚耳,刺深数寸,流血几殆,又以椎击肾囊碎之,不死。渭为人猜而妒,妻死后有所娶,辄以嫌弃,至是又击杀其后妇,遂坐法系狱中,愤懑欲自决,为文自铭其墓。"②

关于徐渭发病的原因和时间,张元忭之子张汝霖说得更清楚。他说:"时上方崇祷事,急青词,权政者来聘,而文长知少保与李有隙,不应。其后少保以缇骑收,文长恐连,遂佯狂。寻乃即真。"③张汝霖指出了徐渭发病是在他辞拒李春芳幕之后,胡宗宪(少保)再次被逮,因恐怕被牵连而佯狂成真。张说"文长恐连,遂佯狂"与陶说"渭虑祸及,遂发狂",是一致的。清代学者钱谦益说:"少保下请室,文长惧及,发狂引巨锥剚耳,刺深数寸,流血狼籍,又以锥击肾囊碎之,皆不死。妻死,辄以嫌弃妇,又击杀其后娶者,论死系狱,愤懑欲自杀。"④钱说也指出胡宗宪第二次被逮是徐渭病狂的诱因。

---

① 徐渭记述辞拒李春芳幕事件说:"四十四岁。仲春,辞李氏归。秋,李声怖我复入。尽归其聘,不以内苦之。盖聘之银为两,满六十,出李之门人杭查氏。予始闻怖,持以内查,查不内,帮持以此归我,李得不内,故曰苦之。是岁甲子,当科,而以是故夺。后竟废考,上文曰长别者是也。"(《徐渭集》,第 1329 页)
② [明]陶望龄:《陶文简公集》卷七,明天启七年陶履中刻本。
③《徐渭集》,第 1348 页。
④ [清]钱谦益:《列朝诗集》,丁集卷一二,清顺治九年毛氏汲古阁刻本。

徐朔方认为徐渭自撰《墓志铭》和惧祸自杀均在胡宗宪案再度爆发前。① 这个看法的基本依据是 1565 年春徐渭写有《乙丑看迎春(时病初起)》一诗,诗中说道:"微疴岂只都除被,兼得阳和满袖携。"②徐朔方显然将该诗题后注释"时病初起"确认为指徐渭病狂初发,他没有注意到,徐渭在诗中称此次染病为"微疴",而且说此病除祛换来的是春气祥和。他在该年正月间写了多首与友人会饮唱和的诗,情绪表现呈现出病愈心泰的气象。比如他写于当年正月二十四日的七言绝句诗云:"春来携酒醉春萝,乞得春花一两棵。不若取将松竹去,成阴留待主人过";而且以序代题名叙述此诗缘起说:"乙丑春正月廿有四日,与某等携觞俎,探禹穴,就十峰山人马丈饮于小园。林卉云繁,索得海棠秧二本,穿篱过别畦,又掘竹母数根而去,时薄霭溕生,山翠欲滴,众客怖雨,辄尔拂衣。"③这些春意盎然的诗作表明,此时的徐渭,病愈逢春,身安心恣,处于"春来携酒醉春萝"、"兼得阳和满袖携"的景气中。

据徐渭这个时期诸诗立意,是不能将这次生病与他日后的病狂混同的。他在《感九诗》中回忆病狂病情说:"负疴知几时,朔雪接炎伏,亲交悲诀词,匠氏已斤木(时已成棺)。九死辄九生,丝断复丝续。"④"朔雪接炎伏",时间上指的显然 1565 年冬至 1566 年夏期间。⑤ 徐渭在《读余生子传》中自述:"前年逆有阴变起而九自裁,死与葛子同也,幸而九不死,生与葛子同也。"⑥"逆有阴变起",即预感事件恶化,就是指"少保下请室,文长惧及"——否则只能理解为徐渭臆想祸起,这不仅与陶望龄的说法相悖,而且也与徐渭本人 1565 年早期诗作的立意相忤。因此,"前年逆

---

① 徐朔方:《晚明曲家年谱》,第二卷·浙江卷,第 123 页。

②《徐渭集》,第 819 页。

③ 同上书,第 352 页。

④ 同上书,第 74 页。

⑤ 徐渭《喜马君世培至》:"仲夏天气热,戒装远行游……时我病始作,狂走无时休。"若据此诗字面意,徐渭犯病在仲夏,但是与《感九诗》之说矛盾,"病始作"当理解为又一次发作的初始状态,依此,该诗后面言"却云始作病,未可药饵投"才好理解。徐诗见《徐渭集》,第 73 页。

⑥《徐渭集》,第 576 页。

有阴变起而九自裁"明确指出了徐渭犯病与胡宗宪再度案发的因果联系和时间连续。

确定胡宗宪案以"妄撰圣旨"再度暴发是徐渭精神崩溃（病狂）的诱因，对于理解徐渭的人格心理转化很重要。1562 年，胡宗宪受严嵩案牵连，被逮削籍，只是一时失落赋闲，嘉靖皇帝有再度起用之意；1565 年，胡宗宪被以"妄撰圣旨"逮捕入狱，按律是不赦死罪，他入狱不久即自杀。作为胡宗宪的心腹幕僚，徐渭惧胡案祸及自身是很自然的——何况还有李春芳对他的恐吓在前。更重要的是，胡宗宪是八试科举落第的徐渭施展人生抱负的伯乐恩主，徐渭不久前与李春芳的失和分裂，也势必强化胡氏对于他的不二知音的感知。因此，胡宗宪所面临的死路，对于徐渭也就是人生绝境。这绝境的恐怖和人生绝望，使他精神崩溃而且由佯狂而致真狂。[1]

徐渭对自己的狂症，在《海上生华氏序》一文中记述说："予有激于时事，病瘈甚，若有鬼神凭之者，走拔壁柱钉可三寸许，贯左耳窍中，颠于地，撞钉没耳窍，而不知痛，逾数旬，疮血进射，日数合，无三日不至者，越再月以斗计，人作蚘虬形，气断不属，遍国中医不效。"[2]从这段记述可见，徐渭狂症发作，兼有臆幻（"若有鬼神凭之"）、癫痫和自戕（"颠于地，撞钉没耳窍，而不知痛"）的症状。徐渭九度自杀，应当均是狂症暴发中的行为——否则很难解释，为何"九死辄九生"。

狂症的臆幻作用，使徐渭的精神分裂为两个极端对立的异化状态：自我人格的神化提升和对现实处境的恶意猜疑。自我神化，在《自为墓志铭》结尾部分表现出来："杅（当作"杵"，公孙杵）全（程）婴，（辛弃）疾完（陈）亮，可以无死，死伤谅。（种）兢系（班）固，（王）允收（蔡）邕，可以无生，生何凭。畏溺而投早嗤渭，既髡而刺迟怜（马）融，孔微服，箕佯狂，三

---

[1] "徐渭惧祸发狂"是一个普遍信史之论。《明史·徐渭传》采信陶望龄说："及宗宪下狱，渭惧祸，遂发狂引巨锥剚耳，深数寸，又以椎碎肾囊，皆不死已，又击杀继妻。"（[清]张廷玉：《明史》卷二八八列传第一七六，清乾隆武英殿刻本）

[2] 《徐渭集》，第 555 页。

复蒸民,愧彼既明。"①据此可见,徐渭因狂症而将自己视同为诸多历史偶像,而"自死"正是他与这些偶像生命同化的途径。恶意猜疑,则极端表现为他1566年因疑心妻子张氏不贞而将其椎杀。陶望龄称徐渭"为人猜而妒",在张氏之前,徐渭曾以"劣"或"劣甚"废退一妾一妻,但他对早亡的发妻潘氏始终情深意切,直至晚年仍时有诗作悼念。对于妒杀张氏,徐渭在狱中写的《上郁心斋》中否定是出于自己疑心失狂,而坚称张氏确有越轨私情("抑不知《河间》奇节,卒成掩鼻之羞,贾宅重严,乃有窃香之狡")②,尽管并无凭据,他是偏执地坚信自己的猜疑的。直到晚年撰写《畸谱》时,他才承认自己是因狂症杀妻("四十六岁。易复,杀张下狱"③)。

徐渭从1566年到1573年,度过了七年牢狱生活。他在《畸谱》对这七年的记载,除1566年记"易复,杀张下狱",1569年记"生母卒,出襄事",每年都只用一个"狱"字。④这一方面反映了他牢狱生涯的拘束、单一,另一方面却将他1565年以前和以后的人生的断裂、改变反映出来。对此,朱良志说:

> 1565年(这一年他45岁)是他人生关键的一年,徐渭生平可以此年分为前后两个时期。此年被拘的胡宗宪在狱中自杀,深为胡氏引许的文胆徐渭决定以死全其节操,并自为墓志铭,虽然最终活了下来,但近十次的自杀以及长时间的精神疯狂状态,对他的身心造成极大的伤害。稍后,他47岁时(当为46岁——引者注)又因为误杀妻而入狱,从此生活状况和人生观完全改变,那个满心向上、孜孜进取,十应科举,以一篇代作《献白鹿表》而得皇上欢心的徐渭不见了,他成了一个"未死人"(这一点与陈洪绶在明亡后的处境颇相似),一片在茫茫天际中飘忽的断线风筝。他就是在这样的思想背

---

① 《徐渭集》,第640页。案:引文中括号注字,引用自徐朔方:《晚明曲家年谱》,第二卷·浙江卷,第121—122页。
② 《徐渭集》,第886页。案:《河间》即柳宗元所著《河间传》,讲述少妇河间由贞洁变淫荡的故事;"贾宅窃香"则是指西晋权臣贾充之女贾午与才俊少年韩寿私通的故事。
③④ 《徐渭集》,第1329页。

景下进入绘画领域的,他借墨戏之作,表现心灵深处的痛苦和战栗,用他的话说,就是"小抒胸中忧生、失路之感",既有身世"失路"之叹,又有"忧生"——关于人生价值的思考。①

的确,在 1565 年之后,一个根本性的变化是"那个满心向上、孜孜进取……的徐渭"不见了。在狱中的徐渭,早期不免笼罩在生死未卜的忧惧中,他著诗说:"羁绁不可脱,荏苒年岁侵,但使时节至,一鼓《广陵》琴。"②——他自比弹奏《广陵散》琴曲赴死的嵇康。然而,牢狱生活在给予他忧惧困苦的同时,也培养了他对自身命运的新认识,他的心境和精神,也随之改换。在做胡宗宪幕僚时的徐渭,对于义友沈炼保持了长达数年的缄默,然而,身陷囹圄的徐渭,却对作为钦犯自杀狱中的胡宗宪,不仅屡屡以诗文悼念,而且时以愤激之词为胡鸣不平。其中,《祭少保公文》,全文如下:

> 於乎痛哉! 公之律己也则当思己之过,而人之免乱也则当思公之功,今而两不思也遂以罹于凶。于乎痛哉! 公之生也,渭既不敢以律己者而奉公于始,今其殁也,渭又安敢以思功者而望人于终? 盖其微且贱之若此,是以两抱志而无从。惟感恩于一盼,潜掩涕于蒿蓬。③

这篇仅一百零四字的祭文,哀思沉痛而议理谨严,意丰言约,向我们展示的是一个理性真挚而且坦荡无阿的徐渭。这个徐渭彻底认识了他"其微且贱之若此,是以两抱志而无从"的命运。这是与 1565 年那位虽然八试落第,却抱鸿鹄之志的文胆幕僚不同。因为杀妻下狱,徐渭被革去生员学籍(即取消秀才资格),因此科举求仕的前途被永远中止了。然而,被断绝了仕途的徐渭,却在囹圄之中筹备了他晚年人生新天地的拓展。

---

① 朱良志:《徐渭"墨戏"试解》,《美苑》,2010 年第 1 期,第 65 页。
②《徐渭集》,第 76 页。
③ 同上书,第 658 页。

三、颓放天然的画中徐渭

徐渭晚年曾自叙说:"而予顾逡巡庠序中,庶几一飞而屡坠,既乃触网罟,谢去其巾衫,益一意于颓放。"①这位被后世誉为"有明一人"的越中才子,在经历了少年抱负、青年落第、中年死狱之后,在晚年的贫病潦倒中,终于觉悟了自我有才无用的人生宿命。他著名的《题墨葡萄》诗说:"半生落魄已成翁,独立书斋啸晚风。笔底明珠无处卖,闲抛闲掷野藤中。"②这首诗正如画中那棵仿佛从天而垂的葡萄野藤一样,它把风雨历练的宁折不屈的苍劲演绎成环宇一笑的舒放。"闲抛闲掷",是明珠无售的失落,然而,这又不正是本性自然的回归? 如果说这首诗的"落魄"二字易成为令人压抑的"诗眼",使熟悉徐渭人生的读者难以摆脱沮丧之感,但画中那棵通天接地的墨葡萄却向观者发射出不可抵御的生命激情。

在狱中的徐渭,度过早期的悲愤孤惧之后,过着时有宾朋往来、诗酒酬答,宛若散仙的日子。他出狱后,常对张汝霖说:"吾圈中(狱中)大好,今出而散宕之,乃公误我。"③这可见囚禁对于徐渭,并不只是行动自由的限制,还有心性束缚的解放。虽然是戴枷囚禁,他却在服刑两年后(1568年)于 48 岁时完成了道教著作《(周易)参同契》的注释;服刑第三年(1569 年)被许解枷之后,他开始学习绘画。《参同契》是一部用《周易》、黄老与"炉火"三家之说参合的道教修仙炼丹之作,为东汉道教学者魏伯阳所著。徐渭在狱中研注此书,当不是纯学术的兴趣,而是寻求养心炼气的修身之途。但更值得注意的是他在解枷服刑后开始学画。

徐渭有纪年的作品始于 1570 年,在中国绘画传统中,他引狂草书法入绘画,其作品墨迹淋漓、恣意放纵,为既往笔法所没有。在对徐渭绘画

---

① 《徐渭集》,第 568 页。
② 同上书,第 401 页。
③ 同上书,第 1349 页。

的评论中,自明代以来,论者多以其渲发狂疾、愤懑为论。张汝霖称:"(徐渭)居常痛少保功而谗死,冤愤不已,而力不能报,往往形之诗篇。狂中画雪压梅竹,而题云:'云间老桧与天齐,腾六寒威一手提。折竹折梅因底事?不留一叶与山溪!'"①"其感慨激烈之意,悲于击筑,痛于吞炭,而人徒云虑祸故狂,知之政未尽也。"②徐渭绘画,确实不少"感慨激烈"之作,如张氏所引此诗题写的这幅《雪压梅竹图》,是将主办胡宗宪案的首辅徐阶比作诬害岳飞的秦桧以泄愤。但是,徐渭的绘画,花鸟、人物、山水,题材丰富,而其表现主题和情绪也是多样化的。比如同是画竹,徐渭的心境也是多样的。《雪竹(竹枝词其二)》诗说:"画成雪竹太萧骚,掩节埋清折好梢。独有一般差似我,积高千丈恨难消。"③《雨竹(竹枝词其二)》诗说:"枝枝叶叶自成排,嫩嫩枯枯向上栽。信手扫来非着意,是晴是雨凭人猜。"④这两首题画诗,一首定位在"积高千丈恨难消"的愤懑,一首却抒发出"是晴是雨凭人猜"的淡然。

高居翰认为徐渭画风可能是中国绘画大胆放逸风格的极致表现,它可以上溯至唐代逸品画家的泼墨画,而往下不断启发着以大胆挥霍风格为主的画家,甚至可视为现代抽象表现主义的先驱。但是,他对于用"病态表现"的现代观念来解析徐渭画风提出了相反的看法。他说:

> 因此,我们可以很自然甚至不可避免地将徐渭的画风,看成是画家错乱心灵的流露。南京博物院手卷(《杂花图卷》)上的葡萄藤段落里,徐渭以笔在纸上所作的愤怒戳刺,以及那些近乎自动性技法的无拘无束的笔法律动,似乎显露了画家几近亢奋的心灵状态。然若以 20 世纪表现主义的眼光来看徐渭作品的话,我们必须先作个很重要的限定:在表现的意图或效果上,徐渭的画毫无欧洲表现主义画家为了表达内在苦恼,而给出的不和谐色彩、极度的扭曲或

①《徐渭集》,第 856 页。
②④《徐渭集》,第 846 页。
③ 同上书,第 844 页。

者梦魇似的意象。徐渭苦闷的一生虽然经常见诸其文字,但却从未把这份自怨自艾表现在画面上。这点有一部分是因媒材的不同,或是因为媒材所发展的表现潜力不同的缘故;徐渭的作品虽有极度浓烈的情感,激猛得有时甚至到了暴力的程度,但对于不知道画家生平的人来说,不一定会由画中猜测到徐氏的悲剧性格。而事实上,如果选择以西方心理学的角度来分析,还可能轻易地从画作来判断出画家是个才气洋溢,极为善感,但基本上很正常的人。徐渭作品表达的是心理上的抒发而非压抑,这极可能是作画效果的关键:画家把创作当做是排除心中苦恼的渠道,因此绘画对他而言,乃是治疗而非病兆的象征。观者凝神重览画中所记录的律动,心中所得到的反应,应是解放而非不快之感。①

高居翰此处对徐渭的解释,指出绘画对于徐渭是"抒发而非压抑"、"治疗而非病兆",而徐渭绘画给予观者的"应是解放而非不快之感",超越了既往仅从绘画母题和表现内容来评价徐渭作品,是从绘画对于画家生命价值层面解读其意义——绘画形而上的意义。徐渭的绘画,并非没有愤懑、苦痛、孤寂的表达——它们始终伴随着作为一个整体的"徐渭绘画";但是,我们需要理解的是,这些表现内容本身并不是徐渭绘画的独特价值所在,相反,徐渭绘画的价值在于超越具体表现内容而创造了具有抒发和解放意义的艺术表现方式。② 徐渭绘画,总是积聚着一种熟悉的震惊,在司空见惯的中国画母题(尤其是花卉)的自由呈现中唤发出观者至深的生命惊异和感动,苦痛的母题在徐渭笔触张力的表现中释放的是坚韧豪放的个性生命气韵。

当然,就徐渭以题画诗表达高居翰所指出的"激情抒发"和"解放之

---

① [美]高居翰:《山外山:晚明绘画》,第173—174页,北京:生活·读书·新知三联书店,2009年。

② 高居翰指出徐渭绘画"在主题或构图上,均非特别创新;其狂放不羁的特殊之处,乃在于画家作画时所表现的方式",即"自由地泼洒水墨,并任意地运笔,以即兴的方式约略仿佛标准的物象,以震惊观众。"(高居翰:《山外山:晚明绘画》,第165页)

感"而言,应当是他的《题四时花卉图》所说:"老夫游戏墨淋漓,花草都将杂四时。莫怪图画差两笔,近来天道教差池。"①天道不平,画笔不全,似乎两相较劲。然而,一语"莫怪",就又将画家那等闲蹉跎,任性自然的人格脱落出来。在《四时花卉图》中,翠竹、芭蕉、梅花、牡丹、兰花、秋葵、水仙,打破时令,簇簇相拥。老夫戏墨、花草混季,这便是晚年徐渭"益一意于颓放"的精神写照,它所展示的是在表现手法上不拘格套、在物我关系中摒弃樊篱的放逸精神。在中国画传统中,唐代诗人王维以"雪中芭蕉"开创了违逆时令的先河。然而,王维的"雪中芭蕉"所要营建的是一个禅悟的空静境界,他是把禅师所追求的一尘不染的静默,体会为人生的至境。徐渭的《四时花卉图》却是在超时令的杂烩中,把自我不息的生机热烈渲染出来了。他的另一首题画诗《芭蕉鸡冠》说:"芭蕉叶下鸡冠花,一朵红鲜不可遮。老夫烂醉抹此幅,雨后西天忽晚霞。"②这是达到天纵自然的境界,老年颓败,如鸡冠花不胜风雨,然而那雨迹淋漓的残红,却如破云而出的晚霞,投射给天地间的是无边的沉醉。

第二节 老年徐渭的少年情怀

一、《狂鼓史》是徐渭狱后之作

徐渭晚年的创作,绘画之外,其戏剧作品《四声猿》最为奇绝惊人。③袁宏道称"《四声猿》意气豪迈,与近时书生所演传奇绝异,题为天池生,

---

① [明]徐渭:《徐渭画集》,第5页,杭州:浙江人民美术出版社,1991年。
② 《徐渭集》,第406页。
③ 现归入徐渭名下的剧作《四声猿》外,还有《歌代啸》,但此剧是否为徐渭所作,在其刊刻时,就不能确定。作者署名"脱士"的《歌代啸序》称:"《歌代啸》不知谁作……说者谓出自文长(徐渭)。昔梅禹金谱《昆仑奴》,称典丽矣,徐犹议其白未窥元人藩篱,谓其用南曲《绽纱》体也。据此说亦近似,而按以《四声猿》,尚觉彼如王丞相谈玄,无名作时吴语,此岂身富者后出愈奇,抑讽讪时者这偶有所托耶? 石篑(陶望龄)云:'故另刻单行之,无深求。'"(《徐渭集》,第1360页)

疑为元人作"①,汤显祖则称"《四声猿》乃词场飞将,辄为之唱演数通,安得生致文长,自拔其舌。"②《四声猿》不仅是使生前"名不出于乡党"的徐渭在死后蔚然成名于晚明文坛,而且以其不拘格调的"调谑亵慢之词"舒放"不可遏灭之气",而成明代传奇革故鼎新之作。

《四声猿》包括《狂鼓史渔阳三弄》(后称《狂鼓史》)、《玉禅师翠乡梦》(后称《翠乡梦》)、《雌木兰替父从军》(后称《雌木兰》)和《女状元辞凰得凤》(后称《女状元》)四剧。现传世最早的《四声猿》刻本,于 1588 年刊出,是由徐渭本人整理编订的。徐渭本人传世的诗文中,没有留下撰写《四声猿》的时间信息。后世推断《四声猿》写作时间,首要依据是徐渭弟子王骥德如下记述:

> 徐天池先生《四声猿》故是天地间一种奇绝文字,《木兰》之北与《黄崇嘏》之南尤奇中之奇。先生居与余仅隔一垣。作时,每了一剧辄呼过斋头,朗歌一过,津津意得。余拈所警绝以复,则举大白以醻,赏为知音。中《月明度柳翠》一剧系先生早年之笔,《木兰》、《祢衡》得之新创,而《女状元》则命余更觅一事,以足四声之数。余举杨用修所称《黄崇嘏春桃记》为对,先生遂以春桃名嘏。③

今人据王氏此说,推断《四声猿》写作时间殊异,较有代表的是徐朔方与骆玉明各持之说。

徐朔方与骆玉明均认同王氏所记确实,他们共同认为,《四声猿》中,《翠乡梦》为徐渭早年之作,而其他三出写作时间相近,并且是徐渭与王骥德毗邻而居的时候。但是,两人却以不同的佐证材料,作出了不同的时间推断。徐朔方经考辨认为,徐渭与王骥德比邻而居的时间只能在 1551 年至 1558 年间,而且徐渭《倪君某以小象托赋而先以诗次韵四首》(后称《小象托赋》)、《倪某别有三绝见遗》(后称《别有三绝》)诸诗中所述

---

① 《徐渭集》,第 1342 页。
② [明]贺复征:《文章辨体汇选》卷三二八,清文渊阁《四库全书》补配,清文津阁《四库全书》本。
③ [明]王骥德:《曲律》卷四,明天启五年毛以遂刻本。

"以渭《渔阳三弄》杂剧内有黄祖,乃讽我即是黄祖,特无权耳"等内容,推断《四声猿》在嘉靖三十七年(1558)正式进入胡宗宪幕府之前已经完成,这时他只有 38 岁。"①骆玉明却依据自己的考辨认为,王骥德至少比徐渭小 30 岁,以徐渭的曲折经历,王可能与徐毗邻而居且被"赏为知音"的时间,只能是在徐渭出狱之后的最初十年,此时,徐渭租居在被他名为"梅花馆"的屋宅中,其中一室被名为"柿叶堂",徐渭有诗《乙亥元日雪酌》序称"梅花馆,有扁二,曰柿叶堂,曰葡萄深处",而王骥德在《徐渭与唐伯虎题崔氏真按语》一文中述记"一日,过先生柿叶堂,先生朗颂和篇,因命余并次",因此,骆玉明推断说,"徐渭作《四声猿》后三剧是他万历元年(1573)出狱以后的事情",在 1573—1580 年之间。②

徐朔方的推断有一个显然易见的缺漏,就是没有考虑到王骥德与徐渭的年龄悬殊。王骥德出生年代无考,卒于 1623 年——离徐渭 1593 年去世,已过 30 年。据骆玉明考证,毛允遂在《曲律跋》等文献中称对王骥德自称"友弟",《哭王伯良先生诗(十三首)》亦有"忘年小友君曾许"句,依中国传统称谓,王骥德年长毛允遂当不超过 20 岁,而王去世时毛 50 岁左右,以此推论,王骥德死时不超过 70 岁,他比寿命 73 岁的徐渭晚死 30 年,故应当小徐渭 30 岁以上。王骥德在 1550 年后出生,1558 年,他尚是一个少不更事的孩童,是不可能被徐渭"赏为知音"的,他作为知音见证《四声猿》写作历程,并且为徐渭提供《女状元》素材的事情就绝不可能发生在徐渭入胡宗宪幕府之前。

至于徐渭《小象托赋》、《别有三绝》两组诗叙说的内容,徐朔方的解读失于臆断。徐渭这些诗是对"倪某"赠诗的回答。"倪某"是谁,无考,因徐诗中有"敢于玄白嘲杨子,尚恨丹青败乃公",他很可能是倪瓒的后人。读徐诗序文可见,倪某诗中对徐渭多有挪揄,"一以渭《渔阳三弄》杂剧内有黄祖,乃讽我即是黄祖,特无权耳"、"一因四剧名《四声猿》,谓为

---

① 徐朔方:《晚明曲家年谱》第二卷·浙江卷,第 48 页。
② 骆玉明:《四声猿写作年代考》,中国古典文学丛考(第二辑),第 253—263 页,上海:复旦大学出版社,1987 年。

妄喧"。① 徐朔方认为,倪某讽徐渭"无权"、"妄喧",可断《四声猿》在徐氏正式入胡宗宪幕府之前,理由有二:其一,因为入幕后,徐渭被敬重为国士,不可谓为"无权";其二,如果徐渭经历胡宗宪死案后的自杀杀妻等大故,亦不可谓为"妄喧"。但是,徐朔方没有注意到,徐渭诗序明确说了"(倪某)以幕客讽我",这就证明《四声猿》必然是在徐渭入幕之后。

倪诗讽喻的中心内容是,徐渭扮演的角色是曹操借刀杀祢衡的黄祖——只是没有黄祖杀人的权力,故讽徐名剧作《四声猿》系"妄喧"。倪某以"幕客"讽徐渭、讥他为"无权黄祖",当是针对沈炼被严嵩一党陷害,而徐渭入严党胡宗宪幕事。徐渭在沈炼被害后做胡幕客,为胡邀宠皇帝、谄媚严嵩,就此而言,视之为严党捉刀的"黄祖"未尝不可。倪某不仅以黄祖讽徐,而且"倪多文亦稍傲睨"。但是,徐渭回应倪某的态度,是很平和的。在徐渭看来,"倪有孝友名我",不过是"倪诗以略误推我",因此并未生怨,反而在诗中将倪某称为东汉时著名的孝子文士黄香——"天下无双,江夏黄童"②。

徐渭最难以质辩的是,他在沈炼遇害之后保持了近十年的沉默,其悼记沈炼、为之鸣不平的诗文几乎都作于沈被平反之后。③ 从徐渭对倪某的回应看,他们两人这番诗中交锋,绝不会在沈炼遇害不久,而是时过境迁之后的事情,"世事茫茫射覆然",不仅包含了沈炼遇害,也包含了胡宗宪冤死和徐渭病狂杀妻之后的死狱灾变等,所以他才会回应倪某说出"傍人不信无边被,不在吾家被里眠"的无奈。倪某是旁观者的臆断误推,"都从黑地料青天";徐渭自己却是遭遇者的痛定思痛,"要知猿叫肠堪断,除是侬身自做猿"。徐渭无意为自己解脱申辩,所以是"桃李成蹊不待言",但他深感了不为人解的"鸟言人昧枉啾喧"的无奈。所以,《小

---

① 徐渭《小象托赋》和《别有三绝》分别见:《徐渭集》,第 799—800 页,第 854 页。

② [南北朝]范晔:《黄香传》,《后汉书》卷八〇上文苑列传第七〇上,百衲本景宋绍熙刻本。

③ 徐渭悼念沈炼诸诗,《短褐篇送沈子叔成出塞》稍早,系年 1566,《哀四子·沈将军诗》、《会祭沈锦衣文》、《与诸士友祭沈君文》系年为 1562 年前后(参见骆玉明、贺圣遂《徐文长评传》,第245—246 页,杭州:浙江古籍出版社,1987 年)。

象托赋》、《别有三绝》两组诗不可能写在徐渭杀妻入狱之前,更不可能写他正式入胡宗宪幕前。否则,不仅倪某对徐渭的讽喻无从说起,而且徐渭的回应态度也难以理解。①

二、徐渭对祢衡的人生认同

从既有史料来看,骆玉明推断的"《四声猿》作于万历元年到七年间"是可信的。关于《四声猿》写作时间的争议焦点是推断《狂鼓史》的系年,更进一步是要推定,徐渭作《狂鼓史》的动机。在《四声猿》中,《狂鼓史》的重要性是由两个相关因素标志出来的:其一,徐渭汇编四剧时,并没有按照王骥德所述的写作年代先后排序,而是把《狂鼓史》排到了最前面,显见徐渭对该剧的特别看重;其二,徐渭诗文中约十次提及祢衡骂曹故事,其中四次明确以祢衡比喻沈炼,四次自比,这是其他三剧人物没有的情况。② 徐渭以《四声猿》冠名他的四部杂剧,是借用了郦道元所记渔人歌"巴东三峡巫峡长,猿鸣三声泪沾裳"的典故③,喻其四剧"猿叫肠堪断"的悲剧主旨。然而,在《四声猿》中,只有《狂鼓史》才是真正的悲剧,也只有其主人公祢衡才是徐渭"四声猿"悲剧主题的正面象征人物。因此,"祢衡"这个角色,包含着徐渭深刻的精神认同和心理投射,透析这个人物,不仅可以把握《狂鼓史》的创作动机,而且也可以把握以《四声猿》为代表的徐渭晚年的精神主脉。

徐朔方认为徐渭作《狂鼓史》的动机之一是追念沈炼,他的主要依据是徐渭在《短褐篇送沈子叔成出塞》、《锦衣篇答赠钱君德夫》、《沈参军青

---

① 另外,徐朔方也未注意,倪徐诗歌唱和的前提"倪某以小象托赋"。倪求徐为其小像作赋,徐诗对倪画相予以行家品评,这与他未习画时所表现的"刘典宝一日持己所谱梅花凡二十有二,以过余请评,予不能画,而画之意则稍解"的态度是不一样的(《书刘子梅谱》诗序,《徐渭集》,第302—303页)。徐渭学画在其服刑后期,略于1570年前后。以故,徐渭答倪诗可为徐渭作《四声猿》不早于1573年的旁证。
② 徐朔方统计除《狂鼓史》外,《徐渭集》中七度涉及祢衡骂曹故事(《晚明曲家年谱》第二卷·浙江卷,第97—98页)。徐渭《小象托赋》、《别有三绝》两组诗及《少年(二首)中叙及此事,未在徐朔方统计中。
③ [南北朝]郦道元:《水经注笺》卷三四,明万历四十三年李长庚刻本。

霞》和《与诸士友祭沈君文》四诗文中以祢衡击鼓骂曹操、曹操借黄祖杀祢衡的故事比喻沈炼忤逆严嵩,被严嵩冤害。① 徐渭在这四个诗文中借祢衡遭遇比喻沈炼冤案并追念沈炼是无疑的。其中,《沈参军青霞》一诗讲得最明白完整,该诗全文是:"参军青云士,直节凌邃古,伏阙两上书,裸裳三弄鼓。万乘急宵衣,当廷策强虏,借剑师傅惊,骂座丞相怒。遗帼辱帅臣,筹边着词赋,截身东市头,名成死谁顾。"② 但是,徐说面临两个困诘。其一,这四个诗文均作于沈炼遇害近十年之后,而非作于紧接沈炼遇害的时间,而徐朔方正是以所谓悼沈四诗与沈遇害时间的衔接来证明《狂鼓史》为悼沈遇害而作。其二,在悼沈四诗文中,徐渭笔下的祢衡骂曹操与沈炼忤严嵩,均如史实,系其生前行为,但在《狂鼓史》中,徐渭将祢衡生前骂曹搬到两人死后所在的阎罗殿来表演。徐渭为什么要改换这个故事,将实有其事的历史变形为莫须有的"鬼话"? 如果《狂鼓史》为悼念沈炼而作,徐渭为什么不直写一出《沈将军》,还要将他附魂在另一个亡灵祢衡身上呢? 实际上,沈炼的遭遇更比祢衡曲折惨烈,而徐渭写作《狂鼓史》时,不仅沈炼已经被平反、追封"光禄少卿"了,而且严嵩也早已在1567年戴罪病殁,无须曲笔影射了。③

祢衡是汉末隐士人物,"少有才辩而尚气刚傲,好矫时慢物",孔融称其"淑质贞亮,英才卓砾,初涉艺文升堂睹奥,目所一见辄诵于口,耳所瞥闻不忘于心,性与道合,思若有神,《淮南子》曰'所谓真人者性合于道也'","忠果正直,志怀霜雪,见善若惊,疾恶若仇"。孔融将祢衡推荐给曹操,曹召见祢衡,"祢素相轻疾自称狂病不肯往",曹操为了羞辱祢衡,因祢衡善于击鼓,命他做低贱的鼓史。鼓史在宴宾演出时,需更换上鼓史的专门服装。祢衡在应召演出时,着常服演奏《渔阳三弄》,曹操命其更换鼓史服装,祢衡则裸身向曹,以示对曹的羞辱。事后,孔融向曹操解释,祢衡因犯狂疾如此,希望前来谢罪,然而,祢衡又在曹操大营前"以杖

---

① 徐朔方:《晚明曲家年谱》,第97—98页。
②《徐渭集》,第67页。
③ 参见骆玉明、贺圣遂《徐文长评传》,第150页。

捶地大骂"。曹操遂起杀意,为惜名声,将祢衡送于刘表,借黄祖之手杀了祢衡。①

沈炼与祢衡有两点相似。其一,从性格来看,均是疏狂自傲、刚直激烈之士。② 祢衡对贵为丞相的曹操当众裸衣斥骂,沈炼两度上书弹劾权臣严嵩,都从他们的气节本性中来;其二,从命运来看,两人都为奸臣借刀杀人,死于非命,遭遇的是自古忠臣志士的悲剧。但是,沈炼与祢衡,又有两点不同。其一,两人虽然都有文章才气,但祢衡以文名传世,沈炼却以忠义行武立身;其二,祢衡是一位恃才傲物的隐士,死于黄祖刀下时,只是布衣幕客,他的工作如徐渭一样也是代笔("掌书记"),而沈炼却是少年进士、三任县令,以锦衣卫被贬害,死后追封光禄少卿、追谥忠湣。在《狂鼓史》中,徐渭明确写出了祢衡不同于沈炼的这两点:

> [判官宾白]当日祢正平(祢衡)先生与曹操老瞒对讦那一宗案卷,是咱家所掌。俺殿主向来以祢先生气概超群,才华出众,凡一应文字,皆属他起草,待以上宾。昨日晚衙,殿主对咱家说,上帝旧用一伙修文郎,并皆迁次别用。今拟召劫满应补之人,祢生亦在数中。

> [祢衡唱词]哎,我的根芽也没大兜搭,都则为文字儿奇拔,气概儿豪达,拜帖儿长拿,没处儿投纳,绣斧金榾,东阁西华,世不曾挂齿沾牙。唉!那孔北海没来由也说有些缘法,送在他家。井底虾蟆也一言不洽,怒气相加。早难道投机少话,因此上暗藏刀把我送与黄江夏。又逢着鹦鹉撩咱,彩毫端满高声价,竟躬身持觞劝酒,俺掷笔还未了杯茶。③

上面判官宾白和祢衡唱词,虽然前者讲死后的祢衡,后者自述生前遭遇,都共同说明祢衡文才卓绝、布衣幕客的生性。这两段内容大意是

---

① [南北朝]范晔:《后汉书》卷八○下文苑列传第七○下,百衲本景宋绍熙刻本。
② "为人刚直,嫉恶如仇,然颇疏狂。每饮酒,辄箕踞笑傲,旁若无人。([清]张廷玉:《明史》卷二○九列传第九七,清乾隆武英殿刻本)
③《徐渭集》,第 1177、1182 页。

重复的,徐渭在这出短剧中不惜笔墨重复申明祢衡的幕客身份,甚至称其不仅生前做幕客,死后在阴间为阎王做幕客,而且被上帝召上天宫也是做幕客。这显然是徐渭蓄意将祢衡与他本人的生涯认同。"文字儿奇拔,气概儿豪达,拜帖儿长拿,没处儿投纳",这是徐渭对幕客生涯的概括写照,投射了他在入幕胡宗宪之前的心境。

"又逢着鹦鹉撩咱,彩毫端满高声价,竟躬身持觞劝酒,俺掷笔还未了杯茶",这是述祢衡生前做黄祖幕客时,在宴会上被人要求以鹦鹉为题作赋,他"笔不停缀,文不加点"作长赋《鹦鹉赋》事。徐渭早年也曾有被人要求当场以一小物作赋,他也是"援笔立成,竟竟其纸,气韵遒逸,物无遁情"①。祢衡《鹦鹉赋》中说道:"顺笼槛以俯仰,窥户牖以踟蹰。想昆山之高岳,思邓林之扶疏。顾六翮之残毁,虽奋迅其焉如?心怀归而弗果,徒怨毒于一隅。"②徐渭追祭胡宗宪的《十白赋·鹦鹉》说道:"黄冠白章,其鸣嘈嘈,殊彼凡羽,绿襟朱喙。奈此条笼,将飞复坠。我则祢衡同,赋罢陨涕。"③很明显,徐渭作《鹦鹉赋》,不仅以祢衡事为典,而且是深与祢衡认同。鹦鹉与幕客、祢衡与自我,在徐渭内心是深刻同一、可以互代的。他另一首北上应召入幕诗说得更明白:"送子返吴城,怜予亦远行,锦囊俱佩笔,青嶂独题名。被檄来何莫,治装去不停,翻嫌养鹦鹉,持赋似祢衡。"④

在《狂鼓史》中,判官紧接祢衡述作《鹦鹉赋》后提醒祢衡说:"这祸从这上头起,咳仔细《鹦鹉赋》害事。"这当不是闲笔,是暗指自己作《十白赋》祭胡宗宪事。1572 年,明穆宗为胡初步平反;1589 年,明神宗赐胡御葬荣誉,追谥襄懋。在《十白赋·鹿二只》中,有"桓桓抚臣,敢告世宗",若嘉靖在世,诗中不会出现"世宗"二字,故徐渭作《十白赋》在 1567 年

①《徐渭集》,第 1343 页。
②［南北朝］萧统《文选》卷一三,胡刻本。
③《徐渭集》,第 48 页。
④《徐渭集》,第 176—177 页。

（隆庆元年）后。① 写剧本是为了公演，表面是"暗指"，实则是有意"挑明"自己在《十白赋》中有《鹦鹉赋》。"仔细《鹦鹉赋》害事"，显然在一个时过境迁不再害事的时候写下的，是一"戏笔"。因此，可推断徐渭作《狂鼓史》不仅晚于《十白赋》，而且必然是在胡宗宪平反之后，即必然晚于1572年。

三、祢衡——老年徐渭的少年情怀

1573年初，53岁的徐渭在服刑七年后被保释出狱。出狱后的徐渭，一身贫病，赁屋而居。他既已与功名仕途无缘，就完全释放出一派放达自任的"处士之姿"。他在租居的梅花馆中吟诗作画，与友人门生煮酒论学。两年后，1575年，在丁忧在家的翰林编修张元忭的帮助下，徐渭杀妻案被审结，他正式获释。徐渭在《畸谱》记载称："五十五岁。得兆信云，准释。秋，往游天目，寓杭，为何老作《春祠碑》，遂走南京，纵观诸名胜。"②从这则记述可见，正式获释对于55岁的徐渭，是一个兆示着新生的开始，他心中的解脱和欣然，可以想见。他选择了这年中秋出游，出行前夕，他去张元忭家辞行，酒后作《十四日饮张子盖太史宅留别（久系初出明日游天目诸山）》：

> 斗酒那能话不延，此行无事不堪怜。弓藏夜夜思弯日，剑出时时忆掘年。老泪高梧双欲堕，孤心缺月两难圆。明朝总使清光满，其奈扁舟隔海天。③

这首诗写出了一个劫后余生的老者的满腹悲凄，"久系初出"，既是解脱，也是空茫。"明朝总使清光满，其奈扁舟隔海天。"过去不仅不可重复，而且也不可能与未来相连贯，扁舟海天，怎料到未来的岁月将是如何的漂泊无着。

---

① 参见徐朔方《晚明曲家年谱》第二卷·浙江卷，第124页。
②《徐渭集》，第1330页。
③ 同上书，第805页。

这次"久系初出"的出游,实际上从 1575 秋延续到 1577 年春,在此期间,徐渭不仅泛游江浙山水,而且北上塞北。山水陶冶,醇酒沉醉,徐渭的诗风文心一洗 1545 年以前的典丽铅华,展现出天然素朴、率性随意的本色。他游天目山前,经富阳(富春),遇到一位在此教私塾糊口的穷老书生"郑老"。徐渭请他喝酒畅叙。"郑老"打得一手好鼓,醉中击鼓,激发了"久系初出"的徐渭坎坷大半生的人生感慨。徐渭作《少年》诗道:

> 少年定是风流辈,龙泉山下韝鹰睡。今来老矣恋胡狲,五金一岁无人理。无人理,向予道,今夜逢君好欢笑。为君一鼓姚江调,鼓声忽作霹雳叫。掷槌不肯让渔阳,猛气犹能骂曹操。①

这首诗是写"郑老",又何尝不是写徐渭本人呢? 少年风流,老来潦倒,却又猛气在胸,这是徐渭自我人生的写照。"郑老"这个形象,不仅让徐渭看到了自我身世的坎坷失落,而且激发了他生命深处岁月不可遏灭的"少年风流"的豪迈气概。"为君一鼓姚江调,鼓声忽作霹雳叫。掷槌不肯让渔阳,猛气犹能骂曹操。"这四句诗不仅由郑老的激昂鼓声引出了祢衡骂曹的旧典,而且是在祢衡与郑老两个形象的叠合中,将"祢衡"提升为一个死而复生的"少年"精灵。

在这次近两年的南北出游中,年过半百、"久系初出"的徐渭心中对于那个旧日的"风流少年",似乎有着特别的觉醒,"少年"成为他自审的一个中心参照。1576 年赴塞北宣府途中,他写道:

> 少年曾负请缨雄,转眼青袍万事空,今日独余霜鬓在,一肩舆坐度居庸。(《上谷歌·其一》)②

56 岁的徐渭出塞外,不断追忆"少年"的心灵,实在是放不下这个"少年"。这个"少年"经历了"万事成空"的岁月蹉跎,"独余霜鬓在",分明是无可期待,无可为用了。然而,无用无待的往日少年,却有一腔不老的豪气,

---

① 《徐渭集》,第 138—139 页。
② 同上书,第 359 页。

一份出世的慷慨,"一肩舆坐度居庸"。一方面是半生坎坷,一方面是豪气不已;一方面是奇才无处施,一方面是啸歌自等闲,阅尽世态炎凉,却更重心底本色。

1563年,徐渭应李春芳招募北上时,也写过一首追忆少年时光的诗。"少年同学共青毡,一剑孤飞何处天? 别后相思应与共,向来心事尚难传。树连古道冬催雪,水泛寒灯夜泊船。自是阳关歌不得,只凭尊酒醉君前。"(《北上别丁肖甫于虎丘》)①写这首诗时,徐渭只有43岁,他还没有经历病狂、杀妻和长达数年的死狱。然而,这首诗尽是惆怅仓皇的暮气。《上谷歌·其一》却表现出一种生命的狂执,它是任岁月摧打而不可遏制的,是老而弥坚、损而益锐的精魂。这个"少年",寄孕于徐渭生命中数十年,它终于在55岁的徐渭与郑老相遇之际脱胎而生。《狂鼓史》中的祢衡就是这个"少年"的舞台演绎。

徐渭写《狂鼓史》,当在塞北归来后的1577至1578年之间。这个时期不仅符合骆玉明所考证的徐渭与王骥德毗邻而居的末期,而且徐渭的精神处于一个自我更新的高峰期。在《四声猿》四剧中,据王骥德记述,《狂鼓史》当不是最后写的,早于《女状元》,但必定晚于《翠乡梦》和《花木兰》。写出了《狂鼓史》,徐渭就完成了自我形象的再创,而在这个形象中,他的精神意气真正地实现了"一扫近代芜秽之习"的艺术表达。袁宏道评徐渭说:

> 文长既已不得志于有司,遂乃放浪曲蘖,恣情山水。走齐鲁燕赵之地,穷览朔漠,见山奔海立,沙起云行,风鸣树偃,幽谷大都,人物鱼鸟,一切可惊可愕之状,皆达之于诗。其胸中又有一段不可磨灭之气,英雄失路托足无门之悲,故其为诗,如嗔如笑,如水鸣峡,如种出地,如寡妇之夜哭,羁人之寒起,当其放意,平畴千里,偶尔幽峭,鬼语秋坟。②

① 《徐渭集》,第818页。
② 同上书,第1343页。

《狂鼓史》中的祢衡无疑就是这个徐渭的典型象征。

《狂鼓史》全剧仅一出，在剧首由阎王殿判官引入剧情——让祢衡与曹操在阴间翻演"击鼓骂曹"，祢衡一骂一通鼓，十通鼓罢，祢衡休骂，剧情即转为结束。明人钟人杰评《四声猿》说："文长终老缝掖，蹈死狱，负奇穷，不可遏灭之气，得此四剧而少舒。所谓峡猿啼夜，声寒神泣。嬉笑怒骂也，歌舞战斗也。"①钟氏此言，用以品评《狂鼓史》最肯切——这出在中国戏剧史上绝无仅有的"一骂到底"的戏剧，衷心之旨就是一舒徐渭身为"牢骚肮脏士"一生的"不可遏灭之气"。听祢衡击鼓骂曹，剧中判官直呼"痛快！痛快！大杯来一杯！先生尽着说！"祢衡歇骂，唱道："咳俺且饶你罢，争奈我渔阳三弄的鼓槌儿乏。"这是徐渭直接以剧中人的口表达"舒气"的痛快畅意。剧末时，祢衡对判官说："大包容饶了曹瞒（曹操）罢。"判官说："这个可凭下官不得。"祢衡说："我想眼前业景，尽雨后春花。"②以常情很难想象，徐渭竟然写出祢衡主动请求判官"大包容曹操"的结局。这就无怪判官不敢应下。然而，写《狂鼓史》的徐渭，确是脱巾啸傲，意绝鸿濛，舒气展怀，"尽雨后春花"，区区一曹阿瞒，有何不可赦？

第三节　个体自性的美学思想

一、想由习生，景与想成

徐渭思想，源自王阳明亲传的王畿和季本（1485—1563）。徐渭自叙早年曾研习道学、禅学和易学，青年时代所著《论中（七篇）》，本是论儒家"允执厥中"的中庸思想的，却掺杂了大量道、禅、易三学的观念，实际上是以后三者释"中庸"。然而，徐渭又并非道、禅、易的信徒，他的目的所在，只是要阐明人的情感的"自然合法性"。试引两则：

似易也，何者，之中也者，人之情也，故曰易也。……何者，不为

---

① 《徐渭集》，第 1356 页。
② 本节所引《狂鼓史》文字，出自《徐渭集》，第 1177—1185 页。后不一一注释。

中、不之中者,非人之情也。①

> 故曰中也,是中也,难言也,言半则几于堕而执矣。故曰中也者,贵时之也,难言也。……因其人而人之也,不可以天之也,然而莫非天也,亦因其不可纯以一而一之也,然而莫非以一也。②

这样的情感主义主张,不仅不合于儒家,与道、禅、易也有分殊。但是,学问之道,并不是徐渭的旨归所在,他只不过是借既有的"学问"传达自己的心意。

王门弟子都以儒学传人自许,然而在旁人看来,他们都是菲薄孔孟圣教的异端。但是在王门之中,却又左右之分。季本(1485—1563)就是在王门中比较行右的一位,他撰《龙惕书》极力维护孔子"居敬行简"的原则。他说:"敬则惕然有警,乾道也;简则自然无为,坤道也。苟任自然而不以敬为主,则志不帅气而随气自动,虽无所为,不亦太简乎? 至孟子又分别甚明,彼长而我长之,非有长于我也,犹彼白而我白之,从其白于外也,此即言镜之义也。行吾敬故谓之内也,此即言龙之义也。告子仁内义外之正由不知此耳,复何疑乎?"③

徐渭写了一封长信《读龙惕书》致季本,以"自然"为旗帜对老师的观念作质疑。该信中说:

> 甚矣道之难言也,昧其本体,而后忧道者指其为自然。其后自然者之不能无弊也,而先生复救之以龙之惕。夫先生谓龙之惕也,即乾之健也,天之命也,人心之惕然而觉,油然而生,而不能自已者也。非有思虑以启之,非有作为以助之,则亦莫非自然也,而又何以惕为言哉? 今夫目之能视,自然也,视而至于察秋毫之末,亦自然也;耳之能听,自然也,听而至于闻焦螟之响,亦自然也;手之持而足之行,自然也,其持其行而至于攀援趋走之极,亦自然也;心之善应,自然也,

---

① 《徐渭集》,第 488 页。
② 《徐渭集》,第 489 页。
③ [明]季本:《说理会编》卷二,明刻本,第 17 页。

应而至于毫厘纤悉之不逾矩,造次颠沛之必于是,亦自然也。①

季本主张不能放任思想自然漫流,要有戒慎警惕,而徐渭认为人心之觉,是自然而然的,不需要在觉悟之时,再加上警戒的念头。他认为人心之正常运动,就是耳聪目明、自然感应,造次颠沛,都在自然之中,而自然就是人心之善。

1552 年,32 岁的徐渭第四度乡试失败,归家作《涉江赋》。这篇以《庄子·秋水》的主题立论,却并没有把作者自我化没入天地造化的无限之中,反而在叙述了一番庄子的大小相对论之后,确立了无限世界中的作者"真我":

> 爰有一物,无罣无碍,在小匪细,在大匪泥,来不知始,往不知驰,得之者成,失之者败,得亦无携,失亦不脱,在方寸间,周天地所。勿谓觉灵,是为真我,觉有变迁,其体安处? 体无不含,觉亦从出,觉固不离,觉亦不即。立万物基,收古今域,失亦易失,得亦易得。控则马止,纵则马逸,控纵二义,助忘之对。外寇易防,窃发莫支,外寇形呈,窃发暗来,积土渐高,为九仞台。九仞一亏,终为阜丘。予斯之忧,他奚恑怀?②

以自然而归结为自我,同时也主张自我即天性自在的自然,是徐渭青年思想的核心。这个思想核心,也形成了徐渭面对自然景物时坚持主体能动性的"大丈夫立场"。他说:"一咏一觞,以语以默,一杖一履,以山以泽,与造物而同春,会千古于今夕。若乃因景抽志,触物增悲,怀月夕以永念,对花辰而致思,假辞为乐,强寻以疲,抚清光而俯仰,盼飞英以踯躅。奉杯三五之夜,走马红紫之堤,斯乃儿女子之婴情,岂大丈夫之所期?"③"与造物而同春"来自庄子"使日夜无隙,而与物为春,是接而生时

---

① 《徐渭集》,第 677 页。
② 《徐渭集》,第 36 页。
③ 同上书,第 877 页。

于心者也"。(《庄子·德充符》)①庄子之意是应以自我生命顺应自然而行,以自然的时令为自我生命的时令。但是,徐渭并没有完全顺应庄子之意。他反对"因景抽志,触物增悲",即反对自我情感为自然景物的生灭、荣衰所影响,而主张在自然面前保持一种超然运物的大丈夫态度("惟达士之廖廓,与造化而沉浮,寓何入而不得?景何逢而不投?"②)。

对于物的观赏,徐渭追随庄子,主张一种"忘情"的态度。他在《借竹楼记》中借"龙山子"和"方蝉子"两个人物的对话,说明万物无分远近都是属于天地所有,亦都为人人所共享。龙山子因东邻有竹,在自宅东侧续建一楼,借景于东邻之竹,名为"借竹楼"。方蝉子批评说,这种"借"是拘泥于方寸之见,因为要论"借",整个天地万物都非我们所有,我们何不言"借"?龙山子检讨说:"吾能忘情于远,而不能忘情于近,非真忘情也,物远近也。凡逐逐然于其可致,而飘飘然于其不可致,以自谓能忘者,举天下之物皆若是矣。"所谓"忘情"即是要超物我、超主客地看待物象。方蝉子说:"乃所谓借者,固亦有之也。其心虚以直,其行清以逸,其文章铿然而有节,则子之所借于竹也,而子固不知也。其本错以固,其势昂以耸,其流风潇然而不冗,则竹之所借与子也,而竹固不知也。而何不可之有?"③从方蝉子的话可见,"忘情"是一种超越的物我观,它不是把物我置于相对淡漠的境地,而是我之情性与物之情性的交流呈现,这也是"借",但是超然自在的"忘情之借"。

徐渭在《牡丹赋》中,将他的自我主体性原则发挥得更彻底。他说:

> 夫人之心,想由习生,景与想成。一牡丹耳,世人多谓花如美妇,则前所援引诸姬群小之所象是也。使玄释之子观之,远嫌避讥,则后所援引大众群仙之所象是也。今此花长于学士之庭,在仲敬之宅,仲敬将谓此花申申夭夭,行行闿闿,佩玉琼琚,鼓瑟鸣琴,其仲尼

---

① 本书引用[清]郭庆藩(辑):《庄子集释》,北京:中华书局,1961 年。
② 《徐渭集》,第 876 页。
③ 同上书,第 995 页。

与七十子诸人乎？纵谓其妇人也，称烦则太姒始至，宫人欣欣，琴瑟钟鼓，乐而不淫乎？称简则二女湘君，寻帝舜于苍梧之野，宓妃盘姗，解佩环于洛水之滨乎？此皆不以物而以已，吐其丑而茹其美，畔援歆羡，与世人之想成者等耳。若渭则想亦不加，赏亦不鄙，我之视花，如花视我，知曰牡丹而已。忽移瞩于他园，都不记其婀娜，藉纷纷以纭纭，其何施而不可。[①]

同一牡丹，却在不同性别性情的人心是映现出纷纭差异的意象，人心是"想由习生，景与想成"，人心对牡丹是"藉纷纷以纭纭，其何施而不可"。因此，在徐渭的主体性原则下，作为审美对象的牡丹，是没有自性的，或者说其自性是没有价值的。在 32 岁写《牡丹赋》时的徐渭还没有获得晚年的狂逸，但这个"想由习生，景与想成"的审美观念，却是其狂逸精神的始因。"偶然墨扫牡丹枝，谁怪浓妆倚市窥。春色元非老人事，郭华尽尔买胭脂。"[②]这首作于晚年的题画诗，沿袭了《牡丹赋》的精神，但是，增添了狂逸自如。

二、不求形似求生韵

徐渭的形象观念，受庄子的影响非常大。[③] 庄子对老子的"大象无形"命题，作了深刻的阐发，使之成为庄子哲学的基本成分之一。庄子的形式观念概括讲，是两大要义：其一，大道无形（"夫道，有情有信，无为无形"）；其二，物化——有生于无，复归于无。徐渭对庄子这两点，是完全接受的。他在评画时就有"至相无相"、"至道难形"的说法，同时，他明确表示赞成庄子的物化说。庄子说："久竹生青宁，青宁生程，程生马，马生人。人又反入于机。万物皆出于机，皆入于机。"（《庄子·至乐》）庄子物

①《徐渭集》，第 38 页。
② 同上书，第 848 页。
③ 徐渭最爱用的别号"天池"取自《庄子·逍遥游》所言"南冥者，天池也"。徐渭《天池号篇为赵君赋》说："予耽庄叟言真诞，子爱江郎石更奇。讵意取为双别号，遂令人号两天池。"（《徐渭集》，第 299 页）

化思想的核心也有两点：其一，重视物象的发展变化，物象从无至有，从有归无；其二，因此，要超越物象的有限性，去体会、把握无限无形的真机、神气。徐渭曾在《治气治心论》一文中引用这句话作为立论依据，而且他的画论实际上处处表现出这句话的精神影响。

徐渭在未习画之前，曾评一名"刘典宝"的画者的梅花画谱说："自古咏梅诗以千百计，大率刻深而求似多不足，而约略而不求似者多有余。然则画梅者得无亦似之乎？典宝君之谱梅，其画家之法必不可少者，予不能道之，至若其不求似而有余，则予之所深取也。"[1]这是徐渭早年的形象观的表达。在他看来，无论作诗与作画，刻意求深、求似，结果多为不足，而"不求似者多有余"。"有余"，是有相外之致、画外之意；"不足"，是拘泥于义理艰涩和形象模拟，失于情味拘束、寡淡。徐渭此说，并非自家创见，而是延续传统的重神意、轻形似的美学观念。但是，它作为徐渭早期的美学观念，对于其后来的主张是具有"种子"意义的。

对于"形"的有限性和变异性，徐渭在习画以后的艺术实践中，始终保持了深刻的警觉。他在《自画小像二首》中说自己幼时体胖、成年时消瘦、壮年时又体胖，同一个"徐渭"形体竟然如此变异，如果以形取人，"又安得执斯图以刻舟而守株？"自然，少胖长瘦，都是"徐渭"，形体的变化，并不影响"真我"的存在。"今肥昔癯，人谓癯胜，冶氏增铜，器敢不听。"[2]"冶氏"当指"自然（造化）"，本于庄子"以天地为大炉，以造化为大冶"之说。"冶氏增铜"即指自然对物象的改变；"器敢不听"即指物象是不能逃避自然的改造力的。因为形象总是处于自然变化中，所以同一个"徐渭"，就会在不同画家笔下出现殊异的图画，看者又有不同的评议。因此，徐渭并不认为存在一个绝对准确的"自我"肖像。他的《纯阳子图赞》说："昔图若彼，今图若此，昔耶今耶，一纯阳子。凡涉有形，如露泡电，以颜色求，终不可见。知彼亦凡，即知我仙，勿谓学人，此语堕禅。"[3]"纯阳

---

[1]《书刘子梅谱》诗序，《徐渭集》，第 302—303 页
[2]《徐渭集》，第 585 页。
[3] 同上书，第 582 页。

子"，即传说中神仙吕洞宾的别号。图殊意同，因此不能拘泥形象，"以颜色求，终不可见"。

徐渭还关注到一种悖谬的现象。他说："仙人以道胜，女妇以貌胜。有人观神仙于画中，则冀一遇之，及果遇之，道未尝不道也，而人曰此非道也，如昌黎之于其从子，虽至亲而犹不得相信。观女妇于画中，则冀一遇之，及果遇之，貌未尝貌也，而人曰此貌也，如登徒之于其妻，虽至陋而犹不以为媸。是于道也抑何苛，而于貌也抑恕耶？"①以常理论，仙人重在精神气象（"以道胜"），女子重在外观形象（"以貌胜"），那么，观者对仙人的形象要求应当低于女子。何以观者更易于将画中的女子与其现实中的原型相认同，反而对真实的仙人（得道之人）难以认同呢？徐渭认为，产生这种悖谬现象，根源在于人们观画评人不能超越形貌而达于精神层面的"自得"。

徐渭的形象观决定了他主张超形似求神气的艺术造型观念（包括绘画和书法）。他说："非特字也，世间诸有为事，凡临摹直寄兴耳，铢而较，寸而合，岂真我面目哉？临摹《兰亭》本者多矣，然时时露己笔意者，始称高手。予阅兹本，虽不能必知其为何人，然窥其露己笔意，必高手也。优孟之似孙叔敖，岂并其须眉躯干而似之耶？亦取诸其意气而已矣。"②他主张书法临摹本旨不是模仿前人笔法、临仿其笔画，而是要"时时露己笔意"，要显示"真我面目"。优孟扮演已故楚相孙叔敖，得到楚庄王认同，并非优孙两人长相相同，而是优孟再现了孙氏的精神气象（意气）。"取其意气"，是徐渭艺术造型观的要旨。

着眼于"取其意气"，徐渭论书画艺术，有两个要点。其一，是强调运笔，而不是拟形。他说：

①《徐渭集》，第 571 页。
②《徐渭集》，第 577 页。案：楚相孙叔敖生前为楚庄王器重，死后家贫无助，其子依父遗嘱请乐人优孟相助，优孟在楚庄王寿宴上扮孙叔敖，令庄王惊以为孙叔敖，并欲招优为楚相，优以惧怕重陷孙叔敖死后"其子无立锥之地，贫困负薪以自饮"的境地为由拒绝，庄王醒悟，即招孙氏之子"封之寝丘"（事见〔汉〕司马迁《史记》卷一二六，乾隆武英殿刻本）。

自执笔至书功,手也,自书致至书丹法,心也,书原目也,书评口也,心为上,手次之,目口末矣。余玩古人书旨,云有自蛇斗、若舞剑器、若担夫争道而得者,初不甚解,及观雷大简云,听江声而笔法进,然后知向所云蛇斗等,非点画字形,乃是运笔,知此则孤蓬自振,惊沙坐飞,飞鸟出林,惊蛇入草,可一以贯之而无疑矣。惟壁拆路,屋漏痕,折钗股,印印泥,锥画沙,乃是点画形象,然非妙于手运,亦无从臻此。以此知书心手尽之矣。①

徐渭把书法活动中的心、手、目、口的关系梳理出主、次、末,这在书法理论中是很独特的说法,意图不仅在于突出心的主导作用,而且在于申明手当直接听命于心,书法是心手一体的活动——"以此知书心手尽之矣",因此,书法的关键不在于点画字形,而在于运笔。指出书法要旨不在于点画,而在于运笔,更概括地讲,就是书法要旨在于谋篇取势,也就是创造气韵。

其二,由形入神,工而入逸。他说:"奇峰绝壁,大水悬流,怪石苍松,幽人羽客,大抵以墨汁淋漓,烟岚满纸,旷如无天,密如无地为上。百丛媚萼,一干枯枝,墨则雨润,彩则露鲜,飞鸣栖息,动静如生,悦性弄情,工而入逸,斯为妙品。"②这是一封徐渭致"两画史"的骈体短信,应当是讲泼墨山水和工笔花鸟两种绘画的特征。对于泼墨山水,他主张"墨汁淋漓,烟岚满纸",是大写意的;对于工笔花鸟,他主张"悦性弄情,工而入逸"。在徐渭看来,"悦性弄情",工笔花鸟的要旨,是"工"的目的所在,因此,"工"要超越技法和形式,传达画家悠然自在的性情——这就是"入逸"。在徐渭的画论中,"工而入逸"当然不限于工笔画花鸟,而是一个更普遍的命题。他在评沈周绘画时,就明确将"写意而草草者倍佳"与"细描秀润,绝类赵文敏"、"精致入丝毫"联系起来,认为写意与精工是互为基础和相互补充的。③

---

① 《徐渭集》,第535页。
② 同上书,第487页。
③ 同上书,第574页。

在主张书画以"运笔"和"入逸"为要的前提时,徐渭反对谨守"一定之规"的创作态度。他说:"吴中画多惜墨,谢老(谢时臣)用墨颇侈,其乡讶之,观场而矮者相附和,十几八九,不知画病不病,不在墨重与轻,在生动与不生动耳。飞燕玉环纤秾悬绝,使两主易地,绝不相入,令妙于鉴者从旁睨之,皆不妨于倾国。古人论书已如此矣,矧画乎?"①以生动与否作为判断绘画"病与不病"的标准,就必然放弃"一定之规"的警戒约束,取而代之是画家得心应手的创作自由。徐渭认为,西汉的赵飞燕和唐代的杨玉环,一代表瘦俏之美,一代表丰腴之美,虽然两人形体特征差异很大,但在任何地方,都会被有鉴赏力的人赞赏为至美。所以,同为美,可以有不同的形体;同为生动,可以有不同的技法表现。

徐渭的形象观,落实为艺术造型,最终归结为任性纵情于翰墨天地。他题记自己的绘画,常出"醉"字,称"大醉作"、"醉中狂扫"、"醉里偶成"、"醉来将墨"、"烂醉抹此幅"、"一涂一抹醉中嬉"、"醉抹醒涂总是春"等等。沉迷于酒,的确是徐渭晚年常态,他最后十年甚至不食谷物,代之以酒菜。然而,他的醉中作画,犹如唐代草书大家张旭醉中书法,是借了醉酒的放达而获取超常的创作力解放。"醉来好蘸张颠发,老去羞笺郑民虫";"醒吟醉草不曾闲,人人唤我作张颠。"②徐渭确是认同张旭的。他引草书入画,醉抹狂图,自然是得张旭笔法。但是,因为画家与书家不同在于画家要面对物象实体,徐渭的自由就不仅是抒发胸中狂气,而且以其狂气与物象戏谑。"窃攘匪污,谐射相角,无所不可,道在戏谑。"③"窃攘匪污",是指对物象的随意剪裁涂染;"谐射相角",是指布局安排中的谐调与冲突。"无所不可,道在戏谑","戏谑"就是自由任性的描绘与抒发。

在《画百花卷与史甥(题曰漱老谑墨)》一诗中,徐渭集中表达了他的绘画观念。该诗说:"世间无事无三昧,老来戏谑涂花卉,藤长刺阔臂几枯,三合茅柴不成醉。葫芦依样不胜揩,能如造化绝安排。不求形似求

①《徐渭集》,第 574 页。
② 同上书,第 277、866 页。
③ 同上书,第 582 页。

生韵,根拨皆吾五指栽。胡为乎,区区枝剪而叶栽,君莫猜,墨色淋漓雨拨开。"①在徐渭的眼中,万事万物都有神机妙意,但他不是以清醒机械的理性去依样描绘眼中景物,而是在沉醉之中以笔墨与景物戏谑,从而创造出"造化绝安排"的生动意象。"不求形似求生韵",突破形象的有限性和固定性,在自我生命的狂逸表达中再创出万物的生气意象,"根拨皆吾五指栽"。徐渭的绘画,除了极少作品的局部(如《杂花图卷》结尾画面,已难分清是葡萄还是紫藤),绝不是失于抽象变乱的,然而他出人意想的笔法和布局,却是创造出了天机触发、绝迹安排的画面,在其中,传达出的是狂逸的醉感和戏谑的生韵。

徐渭画论和绘画都在指向突破物象和技法而取得自由解放——这甚至可以说是他的绘画的真正目的所在。他说:

> 夫不学而天成者尚矣,其次则始于学,终于天成,天成者非成于天也,出乎己而不由于人也。敝莫敝于不出乎己而由乎人,尤莫敝于因乎人而诡乎己之所出,凡事莫不尔,而奚独于书乎哉?近世书者阏绝笔性,诡其道以为独出乎己,用盗世名,其于点画漫不省为何物,求其仿迹古先以几所谓由乎人者已绝不得,况望其天成者哉!②

将"天成"解释成"出乎己而不由于人",与徐渭一再标举的"自得"是一致的。这种"天成观"明确将个性和自我表现视作艺术创作的最高才能,并以之为艺术的要旨,具有现代天才观的意义。在这个意义上,高居翰指出徐渭绘画可被视为现代抽象表现主义的先驱③,是有道理的。

三、写情诗贵切致

徐渭的文论,是针对后七子而言。后七子亦如前七子,主导的是明代文坛追求格调典丽的复古文风。徐渭主张追求真切自然、自得适意的

---

① 《徐渭集》,第 154 页。
② 同上书,第 1091 页。
③ [美]高居翰:《山外山:晚明绘画》,第 179 页。

文风。他论读书,主张"以知凡书之所载,有不可尽知者,不必正为之解,其要在于取吾心之所通,以求适于用而已"①;他论写作,主张"写情诗贵切致,难于不头巾"②。对于诗文评估,他采取的是感觉主义的原则。他说:

> 试取所选者读之,果能如冷水浇背,陡然一惊,便是兴观群怨之品,如其不然,便不是矣。然有一种直展横铺,粗而似豪,质而似雅,可动俗眼,如顽块大商,入嘉筵则斥,在屠手则取者,不可不慎之也。③

"如冷水浇背,陡然一惊",指的就是诗文的感性激发力量,将之作为评判的标准——达到这样的效果,就入于孔子所谓"兴观群怨之品",显然既颠覆了儒家教化理论,又突破了复古主义的格调主张。要达到这种直观感发的效果,必须出于真切自然——不能矫情伪言。但是,似"豪"而"粗"、似"雅"而"质"的作品,是为刺激而刺激之作("在屠手则取者"),则应当排除,因为这种"直展横铺",是为取悦感官而作,似直而伪,无真情可言。

徐渭的诗文思想,受唐宋派旗手之一唐顺之的影响很深。④ 唐氏文论的主体思想,认为诗文当为情而发、直抒胸臆,反对拘泥格法、因袭模拟,主张天机自然、信手写出,都在徐渭的文论中得到了传承。徐渭主张诗文佳作的效果当是"如冷水浇背,陡然一惊",是与唐顺之的"直写胸臆"论一脉相承的。

唐氏与徐氏,都主张诗文表现的直切真实,推崇具有直观强烈的情

---

① 《徐渭集》,第 521 页。
② 同上书,第 1299 页。
③ 同上书,第 482 页。
④ 1552 年秋试,徐渭初试得第一,得廪生,但复试仍然未中举;其后,唐顺之过绍兴,因在初试考官薛应旗处读到徐渭试卷,激赏其文,特别告知季本、王畿召见徐渭,徐渭引唐氏为知音,作诗称:"柯亭锁烟雾,异响杳不流,独有赏音士,芳声垂千秋。"自此,徐渭奉唐氏为师,在其《畸谱》中,将唐顺之列为五位宗师之一。(《徐渭集》,第 1333、66 页)

感影响力的诗文。两人的文学思想归结起来,就是唐顺之所力主的"本色论",所谓"本色",就是作诗撰文的主旨是无真切无伪的展现自我的"真面目"。①

但是,唐徐两人是有重要区别的。唐顺之主张"直写胸臆"、"真见其面目"的"本色论",却并无意突破儒家"文以载道"的传统,他与唐宋派同仁以唐宋诗文为宗,推翻前后七子"文必秦汉"的主张,目的在于纠正复古主义的因袭模拟、恢复传道诗学的精神生机。郭绍虞说:"由秦、汉文之气象以学秦、汉派的口号,仅成貌似;由唐、宋文之门径以学秦、汉文,转可得其神解。"②所以,唐顺之所反对前后七子,反对的并不是他们的"道统"原则,而是他们对法的外在化和模式化。唐顺之并不反对"法",而是要求对"法"要有深及精神层面的理解,并将之化为自我内在的性情意气——这就是郭氏所谓"神解"。因此,唐顺之的"本色说"前提是,认定"本色"是有高低尊卑的,他所推崇的"本色"必须出自于"心地超然,所谓具千古只眼人",相反,"本色卑,文不能工也"。③

徐渭的诗文观,没有唐顺之这样的"道统"防线,当然也没有"本色"尊卑之分。他所要求的本色就是"出于己之所自得,而不窃于人之所尝言"。他说:

> 人有学为鸟言者,其音则鸟也,而性则人也。鸟有学为人言者,其音则人也,而性则鸟也。此可以定人与鸟之衡哉? 今之为诗者,何以异于是。不出于己之所自得,而徒窃于人之所尝言,曰某篇是某体,某篇则否,某句似某人,某句则否,此虽极工逼肖,而己不免于鸟之为人言矣。④

人可学鸟语,鸟可仿人言,但是人与鸟各有其性,这是两者不能互相模仿

---

① [明]唐顺之:《与洪方洲书》,载蔡景康(编选):《明代文论选》,第168页。
② 郭绍虞:《中国文学批评史》下卷,第209页。
③ [明]唐顺之:《答茅鹿门知县二》,载蔡景康(编选):《明代文论选》,第162页。
④ 《徐渭集》,第519页。

代替的。因此,因袭模拟,无论多么精工,根本上是丧失自性的,丧失自性,也就无真性情可言,当然失去本色。本色的对敌就是伪饰,伪饰犹如女子做新媳妇,极尽装扮、谨守规矩,"不如是,则以为非女子之态也",究其根本,是缺少自信和独立,使本性压抑扭曲。要求本色,就必须打破这小媳妇式的"妆缀取怜,矫真饰伪",放任自我。"渭之学为诗也,矜于昔而颓且放于今也,颇有类于是。"①"矜"就是"矫真饰伪";"颓且放"就是自由放任、不拘楷则,展真性、显本色。

关于诗歌的创作本质,徐渭有一段话说得非常透彻。他说:

> 古人之诗本乎情,非设以为之者也,是以有诗而无诗人。迨于后世,则有诗人矣,乞诗之目多至不可胜应,而诗之格亦多至不可胜品,然其于诗,类皆本无是情,而设情以为之。夫设情以为之者,其趋在于干诗之名,干诗之名,其势必至于袭诗之格而剿其华词,审如是,则诗之实亡矣,是之谓有诗人而无诗。②

这是非常典型的主情论诗歌观,在其中,唐宋派的影子是很明晰的。但是,徐渭把情感看得至为高尚,甚至认为诗歌的本质应当是为情作诗,而不是为人作诗。在这里,"情"是活生生的个人情感,它是与任何矫饰牵强相反对的;而"人"则是功名化、类型化和"矫真饰伪"的存在。诗应当来源于情感的自然流露——"本乎情",而不是虚拟情感、无病呻吟——"设以为之"。"干诗之名",就是为成诗人之名而作诗,它不仅必须"设情以为之",而且必然模仿盗袭,诗因无情而亡。因此,他推崇古人"有诗而无诗人"的风气而反对当时"有诗人而无诗"的风气。

徐渭早年的诗歌,追求复古之风的"典丽",是不凡设情为诗的;但在经历了45岁前后的诸多人生灾变后,他的诗作真是做到了"本乎情"的直率抒发——他所谓"不头巾"。他的《廿八日雪(时棉被被盗)》,写于1576年春,正式解除杀妻刑案的第二年。这首长篇古诗说道:"生平见雪

---

① 本段引文均见《徐渭集》,第579页。
②《徐渭集》,第534页。

颠不歇,今来见雪愁欲绝,昨朝被失一池棉,连夜足拳三尺铁。杨柳未叶花已飞,造化弄水成冰丝,此物何人不快意,其奈无貂作客儿……谢榛既与为友朋,何事诗中显相骂?乃知朱毂华裾子,鱼肉布衣无顾忌,即令此辈忤谢榛,谢榛敢骂此辈未?回思世事发指冠,令我不酒亦不寒,须臾念歇无些事,日出冰消雪亦残。"[1]诗的开篇是一位历尽坎坷的老人在嘤嘤絮叨他冬夜遭受棉被失盗的困厄悲凉,这些诗句让读者仿佛见到了56岁的徐渭不耐冰寒的瑟瑟发抖。然而,诗的下半部,徐渭却笔锋一转,慷慨针砭权势人物李攀龙和王世贞欺凌布衣文人谢榛事。徐渭作此诗时,当事人李攀龙和谢榛已经作古,王世贞也已老迈。这两件完全不相干的事件,被不加调谐地置放在一首诗中,其轩轾就如雪中芭蕉一样。但是,我们可以想象的是,正是难度冬夜无奈的苦楚,使已过坎坷半生而且终归潦倒的落魄文人徐渭,对谢榛既往遭受的寒门屈辱,有了刻骨铭心的认同。这两事被徐渭放在一起,是情感所使然——是天机触发,而非设以为之,它们相关联的逻辑,是情感的逻辑,而非因果逻辑。

四、求本来真面目

徐渭对于文学理论的贡献,主要不在于诗文论,而在于戏剧创作论。他的戏剧论,是以其诗文主情论的贯彻为轴心的。他说:"人生堕地,便为情使。聚沙作戏,拈叶止啼,情昉此已。迨终身涉境触事,夷拂悲愉,发为诗文骚赋,璀璨伟丽,令人读之喜而颐解,愤而眦裂,哀而鼻酸,恍若与其人即席挥麈,嬉笑悼唁于数千百载之上者,无他,摹情弥真则动人弥易,传世亦弥远,而南北剧为甚。"[2]这段话可作为他的戏剧论的总纲,在其中,无疑"情"是戏剧之为戏剧的根本,戏剧的千般技艺,源于情,亦归于情——"摹情真则动人弥易,传世亦弥远"。"情"对于戏剧的根本性,当然来源于它对人的根本性——"人生堕地,便为情使"。

---

[1]《徐渭集》,第143—144页。
[2]《徐渭集》,第1296页。

在"情本体"的基础上,徐渭的戏剧观展开为本色创作论。徐渭并不是戏曲本色说的开山祖,在他之前已经有何良俊等人倡导戏曲须以直切、本色为要旨。何良俊在"主情论"的基础上主张本色论。他认为写情的词曲易工、易感人动听,称赞王实甫"真辞家之雄",其《西厢记》"始终不出一'情'字,亦何怪其意之重复、语之芜类耶";又推崇王实甫《丝竹芙蓉亭》杂剧仙吕一套"通篇皆本色语,殊简淡可喜。……夫语关闺阁已是秾艳,须得以冷言剩句出之,杂以讪笑,方才有趣。若既着相,辞复浓艳,则岂画家所谓浓盐赤酱者乎？画家以重设色为浓盐赤酱,若女子施朱傅粉,刻画太过,岂如靓妆素服天然妙丽者之为胜耶？"①何氏将本色的要旨,讲得很清楚:其一,"本色"着眼于情,是情词;其二,"本色"是不作粉饰的家常俚俗文字。

徐渭论本色,主张戏剧语言要"家常自然","从人心流出"。他特别着眼于发挥俚俗语言的表现力和感染力,"越俗越雅,越淡薄越滋味,越不扭捏动人越自动人"。他还提了一个很重要的概念"语入要紧处",认为在情节关键的地方,必须家常自然的俚俗语言才能生产本色感人的效果;相反,只要追求文采粉饰,就会减弱感染力。他说:

> 语入要紧处,不可着一毫脂粉,越俗越家常,越警醒,此才是好水碓,不杂一毫糠衣,真本色。若于此一恧缩打扮,便涉分该婆婆,犹作新妇少年哄趋,所在正不入老眼也。至散白与整白不同,尤宜俗宜真,不可着一文字,与扭捏一典故事,及截多补少,促作整句。锦糊灯笼,玉镶刀口,非不好看,讨一毫明快,不知落在何处矣！此皆本色不足,仗此小做作以媚人,而不知误人野狐,作妖冶也。②

推崇本色,张扬俚俗语言,不仅是一种戏剧风格的主张,而且是要确立戏曲作为通俗艺术的独立价值——相对于传统诗文追求典丽,戏剧的旨趣在于俚俗;诗文的精神是载道,戏剧则以悦情弄性为要旨。徐渭著

---

① ［明］何良俊:《四友斋丛说》卷三七,明万历七年张仲颐刻本。
②《徐渭集》,第 1093 页。

《南词叙录》,其重要的学术价值就在于以"本色"为要旨,确立戏曲(南曲)的来源是民间的"村坊小曲",他反对用乐府宫调规范南曲,否定当时所谓"南词九宫调说",指出:"本无宫调,亦罕节奏,徒取其畸农市女顺口可歌而已。谚所谓随心令者,即其技欤?"①因为戏曲的民间性,曲词就应与诗词相区别,它不沿袭诗词追求高雅含蓄,而是要浅显直白。徐渭说:"夫曲本取于感发人心,歌之使奴童妇女皆喻,乃为得体。经子之谈以之为诗且不可,况此等耶? 直以才情欠少,未免辏补成篇。吾意与其文而晦,曷若俗而鄙之易晓也。"②要旨在于人人都能明白——"易晓",因此,弃"文而晦",而存"俗而鄙"。

戏曲求本色,宗旨在于表现自我的真性情。在《女状元》一剧中,徐渭借考官批阅试卷,以调侃的口吻说:"这胡颜(剧中女人公)词气便也放达,可也试出入。可取处只是不遮掩着他的真性情,比那等心儿里骄吝么,却口儿里宽大的不同。他还陶融得,也取了罢。"③徐渭是反对戏剧作家心口相违的。他的《四声猿》,正是他的性情本色的表现。在《西厢序》中,徐渭提出了"贱相色,贵本色"的观念。他说:

> 世事莫不有本色,有相色。本色犹俗言正身也,相色,替身也。替身者,即书评中婢作夫人终觉羞涩之谓也。婢作夫人者,欲涂抹成主母而多插带,反掩其素之谓也。故余于此本中贱相色,贵本色,众人啧啧者我呴呴也,岂惟剧者,凡作者莫不如此。嗟哉,吾谁与语! 众人所忽,余独详,众所旨,余独唾。嗟哉,吾谁与语。④

"相色"是代人演戏,即所谓"婢作夫人";"本色"是表现自我,即所谓"正身"。所以,徐渭主张戏剧本色论,从剧词层面讲,是主张浅显俚俗;从内容层面讲,是主张表现自我——这两者是互为表里的。

在《四声猿》中,徐渭所写人物故事,戏谑奇诡,不仅非世间所有,也

---

①② [明]徐渭:《南词叙录》,民国六年董氏刻读曲丛刊本。
③《徐渭集》,第1211页。
④ 同上书,第1089页。

与既有戏剧绝异。他的想象夸张,是超越了直观真实的束缚,而展现为纵情恣性的创写。比如,《翠乡梦》写临安府尹柳宣教设计破了玉通和尚的色戒,玉通死后转世投胎做柳女儿,堕落为妓女败坏柳氏门风。在这种荒诞离奇的轮回报应的剧情中,徐渭不仅颠覆了戏剧伦常逻辑和载道功能,似也与其本色论主张相悖。但是,对"本色"不可作"表面"理解。徐渭题戏台说:"随缘设法,自有大地众生。作戏逢场,原属人生本色。又:假笑啼中真面目,新歌舞里旧衣冠。"①徐渭不仅把戏台视作一个可以自由展演人生百戏的场地,进而还认为逢场作戏本身就是人生本色之一。他作剧的夸张戏谑,本来就是要揭破人生这个虚假的层面。"(丑)韵有什么正经,诗韵就是命运一般。"②经历了太多人生悲惨离奇的徐渭,是视"命运无常"为"人生之常"的。

但是,徐渭并不认同和屈服于人生的虚假无常,他的戏剧宗旨是要展现"假笑啼中真面目"。因此,《四声猿》所给予观众的,并不止于怪诞离奇,而是从怪诞离奇中表现出徐渭沉痛执着于人生自然真性的本色。他的《子母祠》说:"世上假形骸,恁人捏塑。本来真面目,由我主张。"③这是"本来真面目,由我主张"的立场,既是徐渭的人生观的要义,也是他的戏剧观要义。我们将徐渭美学定义为"个体自性的美学",也落实于此。

---

① 《徐渭集》,第 1160 页。
② 同上书,第 1211 页。
③ 同上书,第 1161 页。

第五章　李贽的美学思想

第一节　独行悲剧的狂人李贽

在中国文化史上,李贽是一个少有的充满矛盾性的学者。他一方面主张极端的个人情感主义,唯情至上,唯我至上;另一方面又坚持"千言万语,只是一语;千辩万辩,不出一辩",儒家的"仁"、佛家的"空"和道家的"无"皆归于人生道德,万善须从中出。他一方面主张"童心说",认为未被闻见知识污染的赤子之心才是"真人真心",另一方面又终身以读书著书为生,认为离亲绝友而得"一意读书"是自己天生之幸。他生性乖张,呵佛骂祖,不近人情之至,但又悲情宛转,伤世悯人,一腔救人救世之情。他本是反传统伦理的,但他又自以为是最道德的。他以自我当下的感受情意为真、为善,但又终生自感孤苦罪孽,而所信奉的"自得其乐"最终又是绝望悲观的"无所可求"。

李贽在 50 岁以前,践行的是中国传统读书做官的仕人之路。因为家道中落,他在 1552 年 25 岁时中举人之后,未再求进士及第,因此仕途有限,在京城内外浮沉 25 年,最后于 1577 年获得云南姚安知府官位,此时李贽年已 50。1580 年,姚安知府任满后,53 岁的李贽不再寻求连任或晋升，"决定退休"。这本是李贽官运亨通、宏图待展的年岁。然而，正是退休后的李贽，在其后直到生命告终时的 22 年时期，真正实现了他的孤行特立的狂者人生。

退休后的李贽，先同妻子搬到湖北黄安，客居官绅耿定向、耿定理兄弟家中，过着受耿氏兄弟供给的"居停"生活。1584 年耿定理病故，耿定向因为思想冲突与李贽反目，并指责后者迷误耿氏子弟，李贽被迫离开黄安，只身迁居附近的麻城，让妻女回故乡泉州。在麻城，李贽度过了 15 个春秋，是他晚年的长久客居地。在这个既远离京城官宦，又分离家乡亲旧的南方小城，李贽靠友辈和追随者的资助建立了位处城郊龙潭湖上的芝佛院。芝佛院作为李贽自建的私人佛堂，既供佛祖，又供孔圣，实际上是他作为退隐的官僚学者的休养治学、聚友谈玄之所。1588 年，即妻子在故乡病故的第二年，李贽为了彻底割断与故里宗亲的关连，削发出家。然而，虽然身入空门，他并未受戒，也不做僧众必修的诵经功课。他除了言语无忌，狂言妄语不断外，还好与贵妇名媛往来密谈。麻城数一数二的大户梅家，本是李贽重要的经济支持者，而该家族的代表人物梅国桢的孀居的女儿梅澹然和她的妯娌们，与李贽称师作友，诗书往来，其亲密过从，令人侧目。年深日久，李贽在麻城内外就成为众人欲驱之而后快的"恶魔"。1601 年初春，芝佛院终于在一场人为的火灾之中被烧得"四大皆空"。被烧了栖身之地的李贽，由好友马经纶接到北京通州客居。

李贽曾在给梅澹然的信中说麻城是他的葬身之地，然而，他未曾想到的是，万历皇帝的大牢才是他命归黄泉之处。1602 年，礼科给事中张问达奏疏万历皇帝，参劾李贽邪说惑众、罪大恶极。其中说道："尤可恨者，寄居麻城，肆行不简，与无良辈游庵院，挟妓女，白昼同浴，勾引士子妻女入庵讲法，至有携衾枕而宿者，一境如狂。又作《观音问》一书，所谓观音者，皆士人妻女也。"张问达的奏疏真假参半，虚实并用，不仅极言李贽本人德行恶败，而且强调其言行已经引发了伤风败俗和以佛灭儒的严重社会后果，还指出李贽"移至通州。通州距都下仅 40 里，倘一入都门，招致蛊惑,又为麻城续"的危险。万历皇帝下令锦衣卫捉拿李贽治罪,销毁他的一切著作。被捕入狱的李贽,在被审讯后,未待皇帝批复镇抚司建议"押解回籍"(即"假释")的处治奏折,就借故用剃刀自刎。侍者见到自刎的李贽,已经不能说话,侍者问:"和尚何自割?"李贽在其手心写字答:"七十老翁何所求!"据袁中道记载,在自刎后捱过了两天,李贽才因气绝而亡。①

从世俗功利的眼光来看,李贽无疑是一个悲剧人物。历史学家黄仁宇将他总结为一个"自相冲突的哲学家",不仅指他试图汇合儒、道、佛三家为一体的哲学思想矛盾错杂,而且也指他的人生理念与生活实践相互冲突。在黄仁宇看来,追求个性和行动自由的李贽,虽然表现了过人的勇气,但没有表现出为自己的信念付出牺牲的激情("没能燃犀烛照的锐利眼光看透社会的痼弊,立下'与汝偕亡'的决心"),相反,他的生命中携带着深沉的绝望和悲观,这因为他既不甘于做一个既有体制的奴役,又无意志做一个真正的叛离者。因为没有真正找到求解放的出路,李贽的人生必然终结于其个性和自由理想的无谓挣扎。黄仁宇说:

> 从个人的角度来讲,李贽的不幸,在于他活的时间太长。如果他在1587年即万历十五年,也就是他剃度为僧的前一年离开人世,四百年以后,很少再会有人知道还有一个姚安知府名叫李贽,一名李载贽,字宏父,号卓吾,别号百泉居士,又被人尊称为李温陵者其事其人。在历史上默默无闻,在自身则可以省却了多少苦恼。李贽生命中的最后两天,是在和创伤血污的挣扎中度过的。这也许可以看成是他十五年余生的一个缩影。他挣扎,奋斗,却并没有得到实际的成果。虽然他的《焚书》和《藏书》一印再印,然而作者意在把这些书作为经筵的讲章、取士的标准,则无疑是一个永远的幻梦。②

---

① 本节关于李贽史料,来自黄仁宇《万历十五年(增订本)》,第七章"李贽——自相冲突的哲学家"。
② [美]黄仁宇:《万历十五年(增订本)》,第219页。

　　然而,李贽作为一个现实中的失败官僚学者,却以其失败的惨痛悲剧树立了一个新的文化形象,开创了一个新的文化时代。袁中道评价李贽说:"若夫骨坚金石,气薄云天,言有触而必吐,意无往而不伸。排揠胜己,跌宕王公。孔文举调魏武若稚子,嵇叔夜视钟会如奴隶。鸟巢可覆,不改其风味;鸾翮可铩,不驯其龙性。斯所由焚芝锄蕙,衔刀若卢者也。嗟呼! 才太高,气太豪,不能埋照溷俗,卒就囹圄,惭柳下而愧孙登,可惜也夫! 可戒也夫!"①作为公安三袁之一,袁中道本也是高峻奇放之士。但他视李贽精神气节之高,不仅将之相比于浩然慷慨、义存千古的孔融、嵇康之辈,而且认为"其人不能学者有五,不愿学者有三",是"虽好之,不学之"的极高的人生理想楷模。与黄仁宇着眼于现实成败不同,袁中道所看重的是李贽的自我张扬和任情适性的人生气节。而这人生气节,是李贽所不见容于当时社会之处,也正是他对明末文化精神,特别是艺术思想的独特感召所在。李贽的人生风范,对明代后期的独特影响,是直接体现在焦竑、屠隆、汤显祖和公安三袁诸人身上的。而他们,尤其是汤显祖和公安三袁是后期明代艺术思潮的中坚力量和代表性人物。

　　相比于嵇康、孔融等传统的志士仁人,李贽的独特并不在于"直气劲节,不为人屈",甚至也不在于"细行不修,任情适口"(袁中道语),而在于他前所未有的自我剖析和坦白精神。他直言自己晚年剃发出家,并非为了精神追求——不是真心皈依佛祖,而是为了逃避世俗关系的纠缠。他说:"其所以落发者,则因家中闲杂人等时时望我归去,又时时不远千里来迫我,以俗事强我,故我剃发以示不归,俗事亦决然不肯与理也。又此间无见识人多以异端目我,故我遂为异端,以成彼竖子之名。兼此数者,陡然去发,非其心也。"②他坦白地声称,自己的治学和为人是出于自私自利的人生态度。他说:"所以然者,我以自私自利之心,为自私自利之学,直取自己快当,不顾他人非刺。故虽屡承诸公之爱,诲谕之勤,而卒不能

---

① [明]袁中道:《珂雪斋集》,钱伯诚点校,第 724 页,上海:上海古籍出版社,1989 年。
② [明]李贽:《李贽文集》,第一卷,《续焚书》,第 48 页。

改者,惧其有碍于晚年快乐故也。自私自利,则与一体万物者别矣;纵狂自恣,则与谨言慎行者殊矣。万千丑态,其原皆从此出。彼之责我是也。"①作为一个衷心不愿违背儒家宗旨的官僚学者,能够如此直白地以"自私自利"和"贪图快乐"自论,在李贽之前是没有的。这种杨朱式的"拔一毛利天下而不为"的人生观,对于李贽并没有意志要叛离的儒家道统,无疑是一个颠覆性的观念。严重的问题是,无论从什么样的文化理念出发,李贽的"自私自利之心"的宣称,都表达了与社会割裂、对峙的观念。一个真正自私自利的人,必然是只愿向社会索取而不愿做社会贡献的人。

李贽的自我剖析的透彻、严格,集中表现在他的《自赞》文中。他说:

> 其性褊急,其色矜高,其词鄙俗,其心狂痴,其行率易,其交寡而面见亲热。其与人也,好求其过,而不悦其所长;其恶人也,既绝其人,又终身欲害其人。志在温饱,而自谓伯夷、叔齐;质本齐人,而自谓饱道饫德。分明一介不与,而以有莘借口;分明毫毛不拔,而谓杨朱贼仁。动与物迕,口与心违。其人如此,乡人皆恶之矣。昔子贡问夫子曰:"乡人皆恶之何如?"子曰:"未可也。"若居士,其可乎哉!②

李贽在这篇不过百十字的短文,名为自赞,实为毫不留情的自贬,因为他不仅坦白自己的私心欲望的品质,而且直言剖白暴露自己的虚伪阴暗。李贽对于当时官绅仕人"阳为道学,阴为富贵"的虚伪看得非常透彻,直指"无才无学"之辈"必讲道学以为取富贵之资"。他说:"由此观之,今之所谓圣人者,其与今之所谓山人者一也,特有幸不幸之异耳。幸而能诗,则自称山人;不幸而不能诗,则辞却山人而以圣人名。幸而能讲良知,则自称曰圣人;不幸而不能讲良知,则谢却圣人而以山人称。展转反复,以

---

① [明]李贽:《李贽文集》,第一卷,《续焚书》,第256—257页。
② [明]李贽:《李贽文集》,第一卷,《焚书》,第121页。

欺世获利,名为山人而心同商贾,口谈道德而志在穿窬。"①

但是,与这些虚伪的官绅同侪相比,李贽并不只是要通过严格无情的自我剖析来表现自我的真实和磊落,而是直视自我的"自私自利"的本性而肯定这种本性存在的合理性。准确讲,李贽所欲主张的是基于个人自我满足和福乐的"真道学"。"假道学"的错误不在于追求福贵,而在于所追求的"福贵"必然是以接受社会压制为代价的,即必然承受"富贵之苦"。"真道学"的宗旨不是受制和屈服于社会体系和宗亲关系压制,而是用诸如剃头做和尚的"出世"手段摆脱社会束缚。他认为,儒、道、释虽然存在差异,但"三教归儒",宗旨都是"出世以免富贵之苦"。正是这样个人主义的解读"圣学",李贽不仅为他的"自私自利"找到了精神前提,而且认为自己的自私自利的行为不仅无损于"圣学",反而是"圣学"的发扬光大。

李贽的言行,是以他时常标榜的"豪杰异人"、"大才狂汉"为理念的。这样的言行,是难为世俗所理解认同的,因此就有旷世无双的孤独。李贽弃官出家,出入于朋友中,却又始终孑然独行,这就是由他本质性孤独铸造的命运。"弟今又居武昌矣。江汉之上,独自遨游,道之难行,已可知也;'归欤'之叹,岂得已耶!然老人无归,以朋友为归,不知今者当归何所欤!汉阳城中尚有论说至此者,若武昌则往来绝迹,而况谭学!写至此,一字一泪,不知当向何人道,当与何人读,想当照旧薙发归山去矣!"②这"老人无归,以朋友为归,不知今者当归何所"之叹,是李贽孤悲一生的切身之感。

但是,李贽对于自己所遭受的孤寂隔绝,又有一种出于理想人格的自觉认同。他说:"世上人总无甚差别,唯学出世法,非出格丈夫不能。今我等既为出格丈夫之事,而欲世人知我信我,不亦惑乎?既不知我,不信我,又与之辩,其为惑益甚。……释迦佛出家时,净饭王是其亲爷,亦

---

① [明]李贽:《李贽文集》,第一卷,《焚书》,第45页。
② 同上书,第52页。

自不理，况他人哉！成佛是何事，作佛是何等人，而可以世间情量为之？"①既自认为是"出格丈夫"，"学出世法"，自然要遭受世人的不理解与攻讦；反之，恰恰因为与世人格格不入、被视为异己加以排斥，正证明了自己的"超人大德"。

在中国文化史上，是找不到与李贽相匹配的人物的。如果将李贽相比于儒家的志士仁人，他更多一份出世的慷慨，而缺少在世的忠孝慈爱；然而，虽然在生活中奉行利己主义的人生态度，但李贽又绝不是杨朱式的"拔一毛利天下而不为"的自私自利之徒，他的一生成败实际上都源自他试图以自己的原则和方式"扶世立教"。李贽的个性意识，敏感而尖锐，极端于世界，大概只有欧洲浪漫主义的精神鼻祖卢梭可比较。卢梭在利己和济世的矛盾冲突中，以极端情感主义的态度践行自由主义的理想。对于他，个性即"与众不同"，是自然赋予人的天然权利和价值。作为一个"与众不同"的创造物，卢梭天性中的敏感使他对世界抱有一种与生俱来的同情心，同时，他又是一个与世不和的被放逐者。这样的品格，使卢梭成为现代文化启蒙时代的一个自我忏悔者和一个自我辩护者。他的自我矛盾和悲剧性的人生实践，是与李贽非常相似的。所不同的是，卢梭期望一种能够实现他的精神需要的理想的社会体制的建设；而李贽只是在既有的体制下寻求个人自由的"出世法"。就两人自身内部的矛盾性品格来看，李贽与卢梭多少都是一个"现实的喜剧人物"；但就他们人生的失败而言——李贽终于身陷牢狱而绝望自尽，卢梭则在晚年的被迫害狂折磨中病死，的确又都是一个"理想的悲剧人物"。②

---

① ［明］李贽：《李贽文集》，第一卷，《焚书》，第 57 页。
② 关于李贽思想、人生的矛盾性和悲剧，参看［美］黄仁宇《万历十五年（增订本）》，189—225 页；关于卢梭思想、人生的矛盾性和悲剧，参看［英］罗素《西方哲学史》下卷，马元德译，第 225—242 页，北京：商务印书馆，1982 年。

第二节　童心说与自然感发

一、童心即真心

王阳明的心学经王学后人的弘扬,成为晚明艺术思潮的主要哲学思想来源。在王阳明心学由哲学理念向艺术思想的转换中,李贽(1527—1602)起了重要的作用。

在王学后人中,对李贽产生重要影响的是王畿(1498—1583)和王艮(1483—1541)。王阳明心学,宗旨在于体认"无善无恶心之体"。但因为人的才性有高中低之分,才分高的人"从无处立基","直悟本体",即"顿悟";才分不高的人"在有处立基","从有归无",即"渐悟"。王畿着重发扬王阳明顿悟之学,提出"四无说"。王畿说:

> 体用显微只是一机,心意知物只是一事,若悟得心是无善无恶之心,意即是无善无恶之意,知即是无善无恶之知,物即是无善无恶之物。盖无心之心则藏密,无意之意则应圆,无知之知则体寂,无物之物则用神。[1]

"四无说"确实"从无处立基",以心体本无("无善无恶心之体")为根基,指出"意"、"知"、"物"作为"心体"的显—用,也"无善无恶"。"意"、"知"、"物",是因为它们本于良知直觉,是"无将迎、无住着,天机常活"的"一念之微",换言之,是在纯粹直觉的状态下的"意"、"知"、"物"活动,因此是对心体的"无善无恶"的直接体现。王畿说:"当下本体,如空中鸟迹,水中月影,若有若无,若沉若浮,拟议即乖,趋向转背,神机妙应,当体本空,从何处识他? 于此得个悟入,方是无形象中真面目,不着纤毫力中大着力处也。"[2]

---

[1] [明]周汝登(辑):《天泉证道记》,《王门宗旨》卷一一,明万历刻本。
[2] [清]黄宗羲:《浙中相传学案二·郎中王龙溪先生畿》,《明儒学案》卷一二,清文渊阁《四库全书》本。

王艮是王学后人泰州学派的创始人,他比王畿年长,但比后者从王阳明问学晚。王艮之子王襞总结其父从学王阳明的精神意旨时说:

> 愚窃以先生之学,有三变焉。其如也,不由师承天挺独;复会有悟处,直以圣人自任,律身极峻,其中也;见王阳明翁而学犹纯粹,觉往持循之过力也,契良知之传,工夫易简,不犯作手,而乐夫天然率性之妙,当处受用。①

王艮从王阳明问学,得到的是从"圣人自任、律身极峻"的状态解放出来,还原"天然率性,当处受用"的自然状态。这种自然状态,是"现现成成,自自在在"的,就是普通寻常的"不须防检"的生活状态。"先生(王艮)言百姓日用即是道,初闻多不信。先生指僮仆往来、视听、持行、泛应作处,不假安排,俱是顺帝之则,至无而有,至近而神。"②

王畿认为"当体本空,从何处识他",因此,要消除对心体(良知)的"有"的拟议趋向,在"无形象"、"不着力"的直觉中顿悟心体的"真面目"、"大着力处"。王艮主张体认本体(良知)不能"着意","百姓日用即是道",悟道就是在现成自在的日常生活常态中,"乐天然率性之妙,当处受用"。他们对于王阳明心学的发展,是将之转向了彻底的个人直觉主义。如果说王阳明的"四句教"所张扬的是超自我善恶观的良知本体主义,它强调良知对于个体的自觉性、绝对内在性;那么,王畿则以其"四无说"将这种良知本体主义非道德化了,它肯定的是自我心理感知自然——真面目;王艮则更直接肯定了个体生活的现成自在的"当处受用"就是良知本体,实际上是将非道德的个体经验设定为价值中心。

从王阳明心学到泰州学派,关键性的转变是从"天下万物一体之仁"的道德理想主义转向了"百姓日用即是道"的个人经验主义。王艮显然比王畿走得更远——他将"孔颜之乐"的道德内涵完全剥离,取而代之以"现成自在"的个人逸乐和安身,主张"乐是乐此学,学是学此乐","安身

---

① [明]王襞:《新镌王东崖先生遗集》卷上,明万历刻明崇祯至清嘉庆间递修本。
② [明]周汝登(辑):《王心斋先生语抄》,《王门宗旨》卷八。

者,立天下之大本也",并且将正统儒家一直反对的"明哲保身"世俗原则正名化。王艮说:"明哲保身者,良知良能也。知保身者则必爱身,能爱身者则不敢不爱人,能爱人则人必爱我,人爱我则吾身保矣。能爱人则不敢恶人,不恶人则人不恶我,人不恶我则吾身保矣。"①显然,从王阳明心学的"心体本无"(无善无恶)理念立基,至王艮泰山学派的"明哲保身论",王学后人为晚明艺术思想确立了以个体自我感性生命为本位的哲学理念。② 李贽的生命哲学和艺术思想正是从这个"学乐"、"爱我"的自我感性生命本位出发的,这就是他的"童心说"的精神内核。

在先秦典籍中,"童心"的基本含义,本来意味着幼稚不成熟的心智状态,如《左传》载:"昭公十九年矣,犹有童心,君子是以知其不能终也。"③但老子的说法不同。"常德不离,复归于婴儿。"(《老子·第十章)"含德之厚,比于赤子。"(《老子·第五十五章》)老子不是从心智上看待儿童(赤子),而是从精神品质上看待他们,认为他们纯朴自然的心态更符合万物之本"道"的规定。儒家宗师孟子说:"大人者,不失其赤子之心者也。"(《孟子·离娄章句下》)孟子主张"人性本善",人天生即具有良知本性,即所谓"人性四端"("恻隐"、"羞恶"、"辞让"和"是非");"不失其赤子之心",是指圣德之人没有丧失他们本来具有的良知本性。孟子的"赤子"观念显然是受了老子的影响,但是,孟子从"性善论"出发,又与老子以纯朴自然为童心本性不同。

李贽提出童心说,首先要否定的就是以"幼稚不成熟"看待"童心"的心智立场。焦竑(龙洞山农)为《西厢》作叙,结尾说:"知者勿谓我尚有童心可也。"焦氏的说法,显然是以"童心"为幼稚的心智状态。李贽批评他说:"夫童心者,真心也。若以童心为不可,是以真心为不可也。夫童心

---

① [明]周汝登(辑):《明哲保身论》,《王门宗旨》卷八。
② 陈来说:"王艮这种以感性生命为本位的思想,在价值观上有什么意义呢? 在王艮的这个思想中,保身是良知的基本意义,这样一来,良知就与人的生命冲动没有本质区别了。"(陈来:《宋明理学》,第 377 页,沈阳:辽宁教育出版社,1991 年。)
③ [周]左秋明:《春秋左传正义》,卷第四〇,清阮刻十三经注疏本。

者,绝假纯真,最初一念之本心也。若失却童心,便失却真心;失却真心,便失却真人。人而非真,全不复有初矣。"①李贽认为,"童心"的本质有二:第一是"真","绝假纯真";第二,是人心最本原初始的状态——"初","最初一念之本心"。他把"童心"和"真心"等同——"童心即真心",进而认为失去童心,就失去了"真人"——就是丧失了人之为人的本性。这就是说,在李贽的思想中,绝假纯真的"童心",就是人的本性所在。

在李贽之前,王畿已经提出:"赤子之心,纯一无伪,无智巧无技能,神气自足,智慧自生,才能自长,非有所加也。大人通达万变,惟不失此而已。"②李贽所谓"夫童心者,绝假纯真"与王畿所谓"赤子之心,纯一无伪"含义几乎一致,而且,前者师承后者,是不容置疑的。但是,李贽所谓"纯真"、"最初一念"与王畿所谓"无伪"、"非有所加也",显示出了各自对"童心"和"赤子之心"的不同着眼处。应当说,正如与孟子使用"赤子之心"相同,王畿所着眼的是孟子所主张的本性中的纯善,因此是"非有所加也"的;李贽用"童心",则着眼于其无思无虑的"最初一念",即人未受知识、规范束缚的纯然自我的感识。

孟子讲人性本善,其良知之心与生俱来。他认为,"良知"作为人的本心,是在后来的功利环境中被引诱而丧失了。孟子说:"仁,人心也;义,人路也。舍其路而弗由,放其心而不知求,哀哉!人有鸡犬放,则知求之;有放心,而不知求。学问之道无他,求其放心而已矣。"(《孟子·告子章句上》)要用学问之道收回人的"良知",即王阳明所谓的"发明本心",就是肯定了教化对于人性培养和完善的必要性。所谓"大人者,不失其赤子之心者也",实际上是指"大人"完成了"收放心"的自我教化历程。

然而,李贽却认为,童心的丧失,不仅源于人们日常的经验闻见的影响,而且来自于知识教化的蒙蔽和控制。他说:"盖方其始也,有闻见从

① [明]李贽:《李贽文集》第一卷,《焚书》,张建业(主编)、刘幼生(副主编),第91—92页,北京:中国社会科学文献出版社,2000年。
② 转引自陈来《宋明理学》,第92页。

耳目而入,而以为主于其内而童心失。其长也,有道理从闻见而入,而以为主于其内而童心失。其久也,道理闻见日以益多,则所知所觉日以益广,于是焉又知美名之可好也,而务欲以扬之而童心失;知不美之名之可丑也,而务欲以掩之而童心失。夫道理闻见,皆自多读书识义理而来也。"①将童心丧失(失去人的真心)归咎于知识教化,这不仅违背李贽并不愿公开背叛的"圣人之学",而且也有悖于他爱书读书著书的人生实践。他撰诗歌四言长篇《读书乐》,其引言称:"天幸生我性,平生不喜见俗人,故自壮至老,无有亲宾往来之扰,得以一意读书。天幸生我情,平生不爱近家人,故终老龙湖,幸免俯仰逼迫之苦,而又得以一意读书。"②既然天生性情是避世绝家、读书为乐,又何谈知识教化致使童心丧失呢?李贽说:

> 古之圣人,曷尝不读书哉!然纵不读书,童心固自在也,纵多读书,亦以护此童心而使勿失焉耳,非若学者反以多读书识义理而反障之也。夫学者既以多读书识义理障其童心矣,圣人又何用多著书立言以障学人为耶?童心既障,于是发而为言语,则言语不由衷;见而为政事,则政事无根底;著而为文辞,则文辞不能达。非内含于章美也,非笃实生辉光也,欲求一句有德之言,卒不可得。所以者何?以童心既障,而以从外入者闻见道理为之心也。③

李贽坚持"童心固自在",与读书不读书没有必然关系。读书的作用,只在于两点:或者如圣人所为"以护此童心而使勿失";或者如学者所为,"以多读书识义理障其童心"。李贽论"童心",着眼点不在于"圣人",而在于"学者",准确讲,在于揭示学者读书识理之害——书本知识遮蔽了真心,而丧失自我("以童心既障,而以从外入者闻见道理为之心也")。无自我,言不由衷,形成的就是一个"满场是假、以假渖真"的社会。李贽说:"夫既以闻见道理为心矣,则所言者皆闻见道理之言,非童心自出之

---

①③[明]李贽:《李贽文集》第一卷,《焚书》,第92页。
② 同上书,第213页。

言也。言虽工,于我何与?岂非以假人言假言,而事假事文假文乎?盖其人既假,则无所不假矣。由是而以假言与假人言,则假人喜;以假事与假人道,则假人喜;以假文与假人谈,则假人喜。无所不假,则无所不喜。满场是假,矮人何辩也?然则虽有天下之至文,其湮灭于假人而不尽见于后世者,又岂少哉!"①

李贽并不完全否定求学,但正如他认为圣人之学是"护此童心不失",求学的宗旨不是向外学习知识义理,而是走向相反的道路,从知识义理返回自我本心。他在与友人耿定向辩论中,明确提出了"不以孔子为学"的主张。他说:"夫天生一人,自有一人之用,不待取给予孔子而后足也。若必待取足于孔子,则千古以前无孔子,终不得为人乎?故为愿学孔子之说者,乃孟子之所以止于孟子,仆方痛憾其非夫,而公谓我愿之欤?"②李贽认为,在性情见识上,人心是各不相同的,应当承认其差异和不可统一的性质("人各有心,不能皆合"),为学的妙处,就是任其真心自性的发展。"愿作圣者师圣,愿为佛者宗佛。不问在家出家,人知与否,随其资性,一任进道,故得相与共为学耳。"③在这种"非圣任己"的原则下,李贽所推崇的"天下之至文",就非圣贤教化的"经",而是真心自发的"文"。李贽说:

> 天下之至文,未有不出于童心焉者也。苟童心常存,则道理不行,闻见不立,无时不文,无人不文,无一样创制体格文字而非文者。诗何必古选,文何必先秦。降而为六朝,变而为近体,又变而为传奇,变而为院本,为杂剧,为《西厢曲》,为《水浒传》,为今之举子业,皆古今之至文,不可得而时势先后论也。故吾因是而有感于童心者之自文也,更说甚么《六经》,更说甚么《语》、《孟》乎?④

---

① [明]李贽:《李贽文集》第一卷,《焚书》,第92页。
② 同上书,第15页。
③ 同上书,第10页。
④ 同上书,第92—93页。

"童心即真心"，"真心"是"最初一念之本心"。这就是说，出于真心（童心）之言，不是思索安排之言，而是自我心中直接本来的意念情绪。李贽这样定义"童心"，不仅瓦解了孟子以"性善论"为内涵的"赤子之心"——因为李贽的"童心"，要义不在于"善"，而在于"自我本真"；而且也挑战、甚至否定了圣学经典的"普遍真理"——圣学经典，既难符合"最初一念"，又不能普遍适用于"人各有心，不能皆合"的社会现实。

李贽说："纵出自圣人，要亦有为而发，不过因病发药，随时处方，以救此一等懵懂弟子，迂阔门徒云耳。药医假病，方难定执，是岂可遽以为万世之至论乎？然则《六经》、《语》、《孟》，乃道学之口实，假人之渊薮也，断断乎其不可以语于童心之言明矣。"①这则话作为《童心说》的结语，在推崇言情传奇的俗文学代表《西厢曲》、《水浒传》为"古今之至文"的背景下，直指《六经》、《语》、《孟》"乃道学之口实，假人之渊薮"，表明了李贽推崇唯心唯我的反教化美育立场。换言之，"童心说"作为一种美学主张，开辟的是晚明唯情论和自我表现的"革命性"变革。

二、神明即观照

李贽倡导"童心说"，是一种"立"的主张，作为对这个主张的思想支持，他援用并发挥了佛学的"空"的理论。在佛学经典中，李贽最为心爱言传的是《般若波罗蜜多心经》（简称《心经》），他对"空"的领会、阐释，也以之为根本依据。《心经》全文如下：

> 观自在菩萨，行深般若波罗蜜多时，照见五蕴皆空，度一切苦厄。舍利子，色不异空，空不异色，色即是空，空即是色，受想行识，亦复如是。舍利子，是诸法空相，不生不灭，不垢不净，不增不减。是故空中无色，无受想行识，无眼耳鼻舌身意，无色声香味触法，无眼界，乃至无意识界。无无明，亦无无明尽，乃至无老死，亦无老死

---

① ［明］李贽：《李贽文集》第一卷，《焚书》，第93页。

尽。无苦集灭道,无智亦无得。以无所得故,菩提萨埵,依般若波罗
蜜多故,心无挂碍。无挂碍故,无有恐怖,远离颠倒梦想,究竟涅槃。
三世诸佛,依般若波罗蜜多故,得阿耨多罗三藐三菩提。故知般若
波罗蜜多,是大神咒,是大明咒,是无上咒,是无等等咒,能除一切
苦,真实不虚。故说般若波罗蜜多咒,即说咒曰:揭谛揭谛,波罗揭
谛,波罗僧揭谛,菩提萨婆诃。①

《心经》的要义,是要破除人类对有—无、生—灭、人—我等相的区别
和执着,因为这些区别和执着是造成人生"不自在"(牵挂、恐怖、颠倒梦
想)的根源,使自我心灵达到"观自在"的境界而超越一切苦厄的牵挂和
束缚。② 佛教的宗旨是要人们确立"物无自性"(缘起性空)的观念,在认
识到"色即是空、空即是色"的"实相无相"本质的觉悟下,获得对现实的
超脱解放意识。《心经》这种觉悟称为"无上正等正觉"("阿耨多罗三藐
三菩提")的大智慧,是过去、现在、未来三世诸佛的智慧。

李贽解读《心经》,直接从"心"立意。他说:"《心经》者,佛说心之径
要也。心本无有,而世人妄以为有;亦无无,而学者执以为无。有无分而
能、所立,是自挂碍也,自恐怖也,自颠倒也,安得自在? 独不观于自在菩
萨乎? 彼其智慧行深,既到自在彼岸矣,斯时也,自然照见色、受、想、行、
识五蕴皆空,本无生死可得,故能出离生死苦海,而度脱一切苦厄焉。"③
李贽的说法,虽然也是阐发"色即是空,空即是色"的要义,但是与《心经》
着眼于"照见五蕴皆空"不同,他着眼于"心本无有",即破除"心"的迷执。
"心",无有,亦无无,这就将"心"体认为"真空";"真空的心",就无有无、
人己之分,就无牵挂,是"无所得"的"观自在"。

李贽将这种破除"心执"而得精神解脱的观念称为"真空妙智"。他

---

① 林世田、李德范(编):《佛教经典精华》上册,第 3 页,北京:宗教文化出版社,1999 年。
② 汤一介说:"《般若波罗蜜多心经》只有 260 字(或多一两个字),但包括佛教教义的各个方面,
涉及很多名相,它以观自在为修持的目标,以度一切苦厄为全经纲领。"(汤一介:《佛教与中
国文化》,第 265 页,北京:宗教文化出版社,1999 年)
③ [明]李贽:《李贽文集》第一卷,《焚书》,第 93 页。

认为能否达此智慧,就是人生觉悟与否,即菩萨与凡人的区别。他说:

> 然则空之难言也久矣。执色者泥色,说空者滞空,及至两无所依,则又一切拨无因果。不信经中分明赞叹空即是色,更有何空?色即是空,更有何色?无空无色,尚何有有有无,于我挂碍而不得自在耶?然则观者但以自家智慧时常观照,则彼岸当自得之矣。菩萨岂异人哉?但能一观照之焉耳。人人皆菩萨而不自见也,故言菩萨则人人一矣,无圣愚也。言三世诸佛则古今一矣,无先后也。奈之何可使由而不可使知者众也?可使知则为菩萨;不可使知则为凡民,为禽兽,为木石,卒归于泯泯尔矣!①

"菩萨岂异人哉?但能一观照之焉耳。"菩萨即觉悟人生真相者,所区别于凡人的,只在于"能一观照",即能"照见五蕴皆空"。凡人的"自家智慧"与菩萨的"真空妙智"的根本差异,就在于凡人不能觉悟到"色即是空"("五蕴皆空"),因此被困厄于"色相的此岸",而不能达到"真空的彼岸"。"空即是色",空不在色相之外,不离色相,它就是色相的本性。所以,"彼岸"就在"此岸",自在就在苦厄中,两者只是迷与觉的一念之差。差于这一念,"人人皆菩萨而不自见也"。

但是,李贽的"空观",并不是对佛家出世精神的推崇。佛家尚"空",主旨是要超越现实执着,达到"无挂碍"的虚寂境界;因此,尽管佛家以"色即是空,空即是色"为觉识的双翼,但侧重仍然在于"空"——色即是空。李贽虽然主张"色外无空,空外无色",即主张色空不离,但他所着重的却是"色"——空即是色。换言之,佛家讲空,目标在于从现实获得解脱;李贽讲空,意图在于为现实作解脱。李贽的"空"是"为现实的",因此,他对"空"作了三个特别认定。

其一,心不离相。"岂知吾之色身泊外而山河,遍而大地,并所见之太虚空等,皆是吾妙明真心中一点物相耳。是皆心相自然,谁能空之耶?

---

① [明]李贽:《李贽文集》第一卷,《焚书》,第94页。

心相既总是真心中所现物,真心岂果在色身之内耶?夫诸相总是吾真心中一点物,即浮沤总是大海中一点泡也。使大海可以空却一点泡,则真心亦可空却一点相矣,何自迷乎?"①李贽认为,人们日常感知意念的事物,只是"心相",而非"真心"。心相之于真心,犹如海水之于大海。心不离相,也正如大海不离海水。他这样看待心相关系,要证明的是"真心不可空却一点相",即要证明物相对于心的"实在"意义,因此他说:"我所说与佛不同:佛所说以证断灭空耳。"

其二,空不能空。"所谓'空不用空'者,谓是太虚空之性,本非人之所能空也。若人能空之,则不得谓之太虚空矣。有何奇妙,而欲学者专以见性为极则也耶?所谓'终不能空'者,谓若容得一毫人力,便是塞了一分真空;塞了一分真空,便是染了一点尘垢。此一点尘垢便是千劫系驴之橛,永不能出离矣,可不畏乎?"②李贽强调空是"太虚空之性",即是从另一说法指出"空"是"色"的本性——"空即是色"。因为"空即是色",所以不须清除色而在色之外去求空——太虚空之性,不是人为求得的。如果有意去求空,就是人为造空,对于"真空",反而是堵塞。"空不用空",即指空是人生觉悟的无挂碍、大自在境界;"终不能空",则强调这种自在境界是根本与人为对立的。李贽用"不用空"和"不能空"界定"空",实质是在"空"的名义下肯定以"真心"所照见的现实界的自在性和价值。

其三,本原清净。"若无山河大地,不成清净本原矣。故谓山河大地即清净本原,可也。若无山河大地,则清净本原为顽空无用之物,为断灭空不能生化之物,非万物之母矣,可值半文钱乎?然则无时无处不是山河大地之生者,岂可以山河大地为作障碍,而欲去之也?清净本原,即所谓本地风光也。"③在这段话中,李贽明确肯定了自然世界的本真意义和存在价值,他消除"清净本原"和"山河大地"之间的意义分隔和价值对峙,论证二者的直接同一性。认为"清净本原"即为"万物之母",就"非顽

---

① [明]李贽:《李贽文集》第一卷,《焚书》,第 127 页。
② 同上书,第 4 页。
③ 同上书,第 160—161 页。

空无用之物",而是以山河大地为存在之体的,这里显然阐发了庄子所谓"道无所不在"的道家本体哲学。佛理认为,山河大地诸相,来自于未觉的人心妄念,"无有妄想尘劳,永合清净本然,则不更生山河大地"①。李贽提出"清净本原,即本地风光",则是对佛教"断灭空"的否定。

三、真心与感动

李贽论空,主旨是为他的"童心说"作形而上论证,他对自然万物说"空不用空",对圣学教化则说"无人无己"。他说:"本来无我,故本来无圣,本来无圣,又安得见己之为圣人,而天下之人之非圣人耶? 本来无人,则本来无迹,本来无迹,又安见迹言之不可察,而更有圣人之言之可以察也耶? 故曰:'自耕稼陶渔,无非取诸人者。'居深山之中,木石居而鹿豕游,而所闻皆善言,所见皆善行也。此岂强为,法如是故。"②《金刚般若波罗蜜经》说:"凡所有相,皆是虚妄。若是诸相非相,即见如来。"③李贽所论,是借佛经"实相非相"的教义否定圣人圣学的超人价值,以"不着相"的名义将人我圣愚打成一片,并且回归到素朴亲切的自然生活世界,即所谓"居深山之中,木石居而鹿豕游"的境界。

在李贽所理想的"自然见善"的生活世界中,生活是不见有己、不见有人,亦无己可舍、无人可从的自在自得状态。他的旨归就在于因此而实现的"本心自得"。他说:"能好察则得本心,然非实得本心者决必不能好察。故愚每每大言曰:'如今海内无人。'正谓此也。所以无人者,以世之学者但知欲做无我无人工夫,而不知原来无我无人,自不容做也。若有做作,即有安排,便不能久,不免流入欺己欺人不能诚意之病。欲其自得,终日无矣。"④李贽讲"无人无我",与佛教寂灭人我相的意旨不同,其立意在于解除人我所承受的规范限制,从而使人我(准确讲是"自我")达

---

① ［五代］释延寿:《宗镜录》卷七七,大正新修大藏经。
② ［明］李贽:《李贽文集》第一卷,《焚书》,第 36 页。
③ 林世田、李德范编:《佛教经典精华》上册,第 8 页。
④ ［明］李贽:《李贽文集》第一卷,《焚书》,第 37 页。

到"本心自得"的自由境界。"原来无我无人,自不容做",对于李贽,"无我无人"是对圣人教化的屏蔽,是手段;"自不容做"是对自我自在价值的肯定,是目的。这是李贽借佛非儒、非儒证我的思想路线。"欲其自得",是李贽思想的衷心所在。

以"本心自得"为旨归,李贽的空观,就归于纯粹自然感觉的"第一念"。在一封书信中,李贽指出:"是乃真第一念也,是乃真无二念也;是乃真空也,是乃真纤念不起,方寸皆空之实境也。非谓必如何空之而后可至丹阳境界也。若要如何,便非实际,便不空也。"①在《童心说》中,李贽说"夫童心者,绝假纯真,最初一念之本心也。"由此可见,对于李贽,真空、真心和童心,是同一的,而且都归于非限制性的自然感觉的"第一念"。

由空而证成"自然感发",李贽就将以自我为核心的情感论确立为"问学之第一义",从而确立了晚明的情感主义(唯情论)美学思想。李贽说:

> 夫感应乃天下之常理……感而不应,非人情耳……呜呼!感为真理,何待于言;感为真心,安能不动!天地如此,万物如此。不然,天下之动,几乎息矣。……夫感而动,不动非也,无是理也。感而动,则其动也无思;随而动,则其动也仆妾之役耳。故曰所执下,言若下人之听使令而随动者,非丈夫之概也。呜呼!随而非感,则天下之感废也;动不由己,岂感动之正性!是以圣人贵感不贵随,以感从己出,而随由人兴。人己之辨,学者可不察乎!感而不应,则天下之感虚矣;神感神应,盖神速自然之至理。是以圣人言感不言应,以感于此,即应于彼,彼此一机,学者又可不察乎!夫感应一机,则随感随应,而何用憧憧尔思以欺人也!……又孰知万物之所以化生,天下之所以和平,皆此感应者为之乎!天地圣人且不能外,而人乃欲饰情以欺人,吾固深于《咸》有感也。吁!是问学之第一义也。②

---

① [明]李贽:《李贽文集》第一卷,《焚书》,第9页。
② [明]李贽:《李贽文集》第七卷,第170页。

　　李贽这段话,是对《周易》"咸"卦的解说。"咸"卦《彖》曰:"咸,感也。柔上而刚下,二气感应以相与,止而说,男下女。是以亨利贞,取女吉也。天地感而万物化生,圣人感人心而天下和平,观其所感,而天地万物之情可见矣。"①《周易》对"咸"卦的解释,借男女感应,而进入天地万物的感发作用,终于圣人对人心的体察和感召。"观其所感,而天地万物之情可见",在《周易》的解释中,关注的是社会—世界的整体认知,个人情感是没有位置的。李贽录陆伯载的解说"情者,天地万物之真机也,非感,其何以见之哉"②,其中所谓"情",只可作"内在真实"解,而非个人情感。

　　在李贽之前,王畿曾如此解释"咸"卦:"咸者,无心之感,所谓何思何虑。何思何虑,非无思无虑也,直心以动,出于自然,终日思虑,而未尝有所思虑。故曰:'天下同归而殊途,一致而百虑。'世之学者,执于途而不知其归,溺于虑而不知其致,则为憧憧之感,而非自然之道矣。"③王氏将"咸"定义为"无心之感",而"无心"的含义是"直心以动,出于自然",这个"无心之感"就很接近于李贽主张的"最初一念之本心"。但是,王氏之说,引而不发,李贽却将之铺展开来。

　　李贽对"咸"卦的解释,指出了"感"的如下规定性:第一,"感"是天下事物存在的本性,是真理;第二,"感"是心理活动的真实活动(真心),有感就必有应—动,即不可见的感必须表现为可见的动;第三,感动,是直接自主的活动,它发动于心之感,与"随而非感"的"随动"是不同的。第四,"感应一机",有感必有应,随感随应,既是天下常理,又是为人应有的诚意。这样规定"感",实质上是从形而上(宇宙论和生存论)层面肯定了个人情感的自主性及其合理性。其中,"圣人贵感不贵随,以感从己出,而随由人兴",是主张情感活动的主动性、自主性;"感应一机,则随感随应,而何用憧憧尔思以欺人",则主张感—应的统一,即主张感于内而应

---

① [三国]王弼(注):《周易注疏》,清阮刻十三经注疏本。
② 转引自[明]李贽:《李贽文集》第七卷,第171页。
③ 同上书,第171—172页。

于外——直率无伪的情感表现,而非"饰情以欺人"。由此,作为"问学第一义"的"感",就被李贽诠释为"本心自得"的情感解放的关键词。

第三节 化工与情感直白

一、自然为美

李贽的艺术创作论,是建立在以情感(情性)表现为核心的物我统一基础上的。他的《读史·琴赋》一文,集中表达了这一观念。他说:"《白虎通》曰:'琴者禁也。禁人邪恶,归于正道,故谓之琴。'余谓琴者心也,琴者吟也,所以吟其心也。人知口之吟,不知手之吟;知口之有声,而不知手亦有声也。如风撼树,但见树鸣,谓树不鸣不可也,谓树能鸣亦不可。此可以知手之有声矣。听者指谓琴声,是犹指树鸣也,不亦泥欤!"①

《读史·琴赋》一文,本是读嵇康《琴赋》的一篇短评。嵇康文章的主题,是从道家的旷逸精神出发,阐发琴乐与操演者及欣赏者的内心品格、情调之间的内在关联。他认为,琴乐的必要性,源自于操演者的内心情性得不到文字语言的自然抒发,即所谓"是故复之而不足,则吟咏以肆志;吟咏之不足,则寄言以广意","顾兹梧而兴虑,思假物以托心。乃斫孙枝,准量所任;至人摅思,制为雅琴。"②嵇康特别强调在琴乐欣赏中,欣赏者的情性与琴乐格调的匹配适应关系。他说:"然非夫旷远者,不能与之嬉游;非夫渊静者,不能与之闲止;非夫放达者,不能与之无隙;非夫至精者,不能与之析理也。"③

从其文章看,李贽是赞同嵇康持论的。但是,他以否定儒家权威典籍《白虎通》的"琴者禁人邪恶"之论开篇,反其道而用之,提出"琴者心也,所以吟其心也"的立论。可见,李贽此文的主旨并不在于评议嵇文的是非,而是要立论主张"琴—手—心"三者的同一性。"人知口之吟,不知

---

① [明]李贽:《李贽文集》第一卷,《焚书》,第191页。
②③ [三国]嵇康:《嵇中散集》卷一,《四部丛刊》景明嘉靖本。

手之吟。"在李贽看来,手与琴的关系,犹如风与树的关系——树声离不开风,琴声离不开手。李贽之论,令人回想苏东坡曾有"若言琴上有琴声,放在匣中何不鸣;若言声在指头上,何不于君指上听"一诗。苏李二人的共同点是都主张在琴声的存在中琴与手(指)的(互动的)不可分离性。但是,比苏氏更进一步,李贽主张:手是作为心的代言者作用于琴的,"琴所以吟其心",是因为"手吟其心"。

东晋名将桓温曾问少将孟嘉:"听伎,丝不如竹,竹不如肉,何也?"孟嘉回答:"渐近自然。"①这个"渐近自然"说是在弦乐("丝")、管乐("竹")和声乐("肉")之间作出了情感表现的真实程度的划分,主张声乐最接近情感真实。李贽不同意这样的划分,他的主张是"同一心也,同一吟也",即无论是以口吟唱,还是演奏乐器,都是心灵的表达。他不仅引用嵇康《琴赋》"寄言以广意"的言论作证,而且援引汉代傅仲武《舞赋》所言"歌以咏言,舞以尽意。论其诗不如听其声,听其声不如察其形"②,引申说无声舞姿比有声的言语更具有表现力——"唯不能吟,故善听者独得其心而知其深也,其为自然何可加者,而孰云其不如肉也耶?"③

李贽所论,并非要为琴乐争得优越地位,而是要提出"心—手—乐"同一的美学主张。他说:"吾又以是观之,同一琴也,以之弹于袁孝尼之前,声何夸也?以之弹于临绝之际,声何惨也?琴自一耳,心固殊也。心殊则手殊,手殊则声殊,何莫非自然者,而谓手不能二声可乎?而谓彼自然,此声不出自然可乎?故蔡邕闻弦而知杀心,钟子听弦而知流水,师旷听弦而识南风之不竞,盖自然之道,得手应心,其妙固若此也。"④李贽提出了两个艺术创作的规律:其一,音乐的差异性是由心决定的,并且由手来实现的,即所谓"心殊则手殊,手殊则声殊";其二,这种差异性是合于自然之道的,因为"自然之道"就是"得心应手"。

在"心—手—乐"同一的含义下倡导"自然之道",李贽对艺术的规范

---

① [南北朝]刘义庆(撰)、刘孝标(注):《世说新语》卷中之上,《四部丛刊》景明袁氏嘉庆堂本。
② [南北朝]萧统(编):《六臣注文选》卷第一七,《四部丛刊》景宋本。
③④ [明]李贽:《李贽文集》第一卷,《焚书》,第192页。

性提出了根本性质疑。李贽认为,一种中庸平和的艺术原则,是不可能达到理想境地的,依据于这些法则的艺术实践,总不免失于偏极。他说:"淡则无味,直则无情。宛转有态,则容冶而不雅;沉着可思,则神伤而易弱。欲浅不得,欲深不得。拘于律则为律所制,是诗奴也,其失也卑,而五音不克谐;不受律则不成律,是诗魔也,其失也亢,而五音相夺伦。不克谐则无色,相夺伦则无声。"①他认为,艺术创作,应是自我情性(性情)的自然表现,情性的个性和自由性,决定了不存在具有普遍规范性的规则和格律。他说:

> 盖声色之来,发于情性,由乎自然,是可以牵合矫强而致乎? 故自然发于情性,则自然止乎礼义,非情性之外复有礼义可止也。惟矫强乃失之,故以自然之为美耳,又非于情性之外复有所谓自然而然也。故性格清彻者音调自然宣畅,性格舒徐者音调自然疏缓,旷达者自然浩荡,雄迈者自然壮烈,沉郁者自然悲酸,古怪者自然奇绝。有是格,便有是调,皆情性自然之谓也。莫不有情,莫不有性,而可以一律求之哉? 然则所谓自然者,非有意为自然而遂以为自然也。若有意为自然,则与矫强何异? 故自然之道,未易言也。②

这段文章,可以视作李贽的自然表现主义的纲领。在约 230 字中,17 次使用"自然","自然"不仅用来指称性情的本质特征,而且用来规定艺术的创作过程,是"自然之道"统治了全文。李贽将"礼义"归入"情性",主张"自然发于情性,则自然止乎礼义",这显然是对儒家正统诗学纲领"发乎情,止乎礼义"的颠覆。情性的本质是自然,礼义就在情性的自然表现中。情性、自然和礼义,变成了三位一体的事物,然而,实质上是礼义被性情/自然消除——"有是格,便有是调,皆情性自然之谓也。"情性即自然,自然即个性和自由——"莫不有情,莫不有性,而可以一律求之哉?"自然的对立面是"矫强"——造作与牵强,自然就是任性恣情,

---

①② [明]李贽:《李贽文集》第一卷,《焚书》,第 123—124 页。

就是自然而然。

二、化工实无工

在自然表现主义的原则下，李贽提出了"造化无工"的"化工说"。他说："《拜月》、《西厢》，化工也；《琵琶》，画工也。夫所谓画工者，以其能夺天地之化工，而其孰知天地之无工乎？今夫天之所生，地之所长，百卉具在，人见而爱之矣。至觅其工，了不可得，岂其智固不能得之欤！要知造化无工，虽有神圣，亦不能识知化工之所在，而其谁能得之？由此观之，画工虽巧，已落二义矣。文章之事，寸心千古，可悲也夫！"[①]

在中国传统中，"化工"，即指自然。东汉贾谊《鹏鸟赋》有"天地为炉，造化为工"之说。[②] 但"化工"的用法，似在唐代始有，白居易《和大嘴鸟诗》说"谁能持此冤，一为问化工，胡然大嘴鸟，竟得天年终"；[③]元稹的诗歌《春蝉》说"作诗怜化工，不遣春蝉生"[④]。显然，元白二人诗中的"化工"均指"自然"。"画工"则指画家。司马迁在《史记》记载卫武帝命处死燕王旦的使者，"召画工图画"[⑤]。明确将自然（化工）的创造与画家的创作对立起来看，以前者为高，后者为低，大概以刘勰为开山。他说："傍及万品，动植皆文：龙凤以藻绘呈瑞，虎豹以炳蔚凝姿；云霞、雕色，有逾画工之妙；草木贲华，无待锦匠之奇。夫岂外饰，盖自然耳。"（《文心雕龙·原道》）

李贽之说，是接着刘勰往下讲。他认为，万物生长，自然而成，是"造化无工"，伟大的艺术作品，就是"化工之作"，也是自然而成的，它们的工艺技巧也如自然造化一样，不可认知。"化工"与"画工"之辨，是配合其自然表现主义的。正因为"化工"高于"画工"，无技巧、无意识的自然表

---

① ［明］李贽：《李贽文集》第一卷，《焚书》，第 90 页。
② ［汉］班固：《汉书》卷四八，乾隆武英殿刻本。
③ ［唐］白居易：《白氏长庆集》卷二，《四部丛刊》景日翻宋大字本。
④ ［唐］元稹：《元氏长庆集》卷一，《四部丛刊》景明嘉靖本。
⑤ ［汉］司马迁：《史记》卷四九，乾隆武英殿刻本。

现高于有技巧、有意识的追求,李贽进而提出反技巧、反形式和反格调的艺术主张。他认为艺术性的高低,不在于艺术形式是否完善精巧,精雕细琢反而是病。"追风逐电之足,决不在于牝牡骊黄之间;声应气求之夫,决不在于寻行数墨之士;风行水上之文,决不在于一字一句之奇。若夫结构之密,偶对之切;依于理道,合乎法度;首尾相应,虚实相生:种种禅病皆所以语文,而皆不可以语于天下之至文也。"①

李贽反技巧、反格调之说,很接近于唐代张彦远所主张的"自然为上品之上"的画论观。张氏说:"夫阴阳陶蒸,万象错布,玄化亡言,神工独运。草木敷荣,不待丹碌之采;云雪飘扬,不待铅粉而白。山不待空青而翠,凤不待五色而綷。是故运墨而五色具,谓之得意。意在五色,则物象乖矣。夫画物特忌形貌采章,历历具足,甚谨甚细,而外露巧密,所以不患不了,而患于了。既知其了,亦何必了,此非不了也。若不识其了,是真不了也。夫失于自然而后神,失于神而妙,失于妙而后精,精之为病也,而成谨细。自然者,为上品之上。"②

张彦远之说,对李贽产生重要影响是无疑的——这从两人的文字句式就可看出。但是,两人所谓"自然"的深刻差异是必须厘清的。张彦远的画论思想,禀承于南朝谢赫画论,两者共同的主旨是魏晋玄学"超言出象"的精神。谢赫阐发"绘画六法",主张在再现性的形式技巧("骨法用笔"、"应物象形"、"随类赋彩"、"经营位置"等)之上,作为绘画的统领作用的法则是超形式的法则"气韵生动";"气韵生动"作为绘画的精神统领,决定了绘画在处理"形—神"关系中的一个基本原则,用谢赫品画的话说是:"风范气候极妙参神,但取精灵遗其骨法。若拘于体物,则未见精粹;取之相象,方厌膏腴,可谓微妙。"③张彦远的"自然"画论,是对谢赫之说的阐发,传达的是"取之象外"、"极妙参神"的玄学精神。

李贽谈"自然",不是从玄学精神出发,不是要追求玄虚奥妙的精神

---

① [明]李贽:《李贽文集》第一卷,《焚书》,第90页。
② [唐]张彦远:《历代名画记》卷二,明津逮秘书本。
③ [南北朝]谢赫:《古画品录》,明津逮秘书本。

体悟。他的"自然"就是"性情自然",当然也就是"性情的自然表现"。所以,李贽虽然同张彦远一致反对工巧追求,以精细为病,却与张氏抱着完全不同的目的。张彦远反对绘画"历历具足",而主张以"不了为了",是要为"自然"的"微妙"留下空间。李贽反对艺术创作"依于理道,合乎法度",甚至于将张彦远们奉为圭臬的"虚实相生"归入"种种禅病",是要求艺术完全服从于情性、成为情性的自然表现。因此,如果说张彦远的"自然"归宿于超法度、超把握的"玄",那么李贽的"自然"就是破法度、反约束的"情"。正是在这个意义上,"情"的真伪深浅及其感染力的强弱,构成了李贽艺术评判的核心准则。他说:

> 杂剧院本,游戏之上乘也,《西厢》《拜月》,何工之有!盖工莫工于《琵琶》矣。彼高生者,固已弹其力所能工,而极吾才于既竭。惟作者穷巧极工,不遗余力,是故语尽而意亦尽,词竭而味索然亦随以竭。吾尝揽《琵琶》而弹之矣:一弹而叹,再弹而怨,三弹而向之怨叹无复存者。此其故何耶?岂其似真非真,所以入人之心者不深耶?盖虽工巧之极,其气力限量只可达于皮肤骨血之间,则其感人仅仅如是,何足怪哉!《西厢》《拜月》,乃不如是。意者宇宙之内,本自有如此可喜之人,如化工之于物,其工巧自不可思议尔。[1]

正是在此意义上,李贽对庄子"由技入道"的命题,也表示反对。他说:"镌石,技也,亦道也。文惠君曰:'嘻!技盖至此乎?'庖丁对曰:'臣之所好者道也,进乎技矣。'是以道与技为二,非也。造圣则圣,入神则神,技即道耳。技至于神圣所在之处,必有神物护持,而况有识之人欤?

---

[1] [明]李贽:《李贽文集》第一卷,《焚书》,第90—91页。案:"以情评文"实为李贽文评的惯例。在此附一例为参考:"'书胡笳十八拍后':此皆蔡伯喈之女所作也。流离鄙贱,朝汉暮羌,虽绝世才学,亦何足道!余故详录以示学者,见生世之苦如此,欲无入而不自得焉,虽圣人亦必不能云耳。读之令人悲叹哀伤,五内欲裂,况亲为之哉!际此时,唯有一死快当,然而曰'薄志节分念死难',则亦真情矣。故唯圣人乃能处死,不以必死劝人。我愿学者再三吟哦,则朝闻夕死,何谓其不可也乎哉?"(同前书,《续焚书》,第90页)

且千载而后,人犹爱惜,岂有身亲为之而不自爱惜者？石工书名,自爱惜也,不自知其为石工也。神圣在我,技不得轻矣。"①李贽此说,本是为镌刻碑文的石工在碑石背面署名而言,但他提出的思想,却是艺术创作的主体性原则,"入神即神,技即道尔"、"神圣在我,技不得轻矣",直接看是强调技巧的重要性,深究却是在"技"与"道"的同一性基础上主张"入神"和"在我"。

三、真能文者非有意为文

李贽扬《西厢》、《拜月》、抑《琵琶》,所持标准,有两个层面。一个层面,从创作来看,《琵琶》之"工",在于人为有形的层面,是可以认识和学习的,虽然"穷极工巧",但"语尽意尽",即所谓"画工";《西厢》、《拜月》之"工",超越人为有形的层面,如自然造化万物,是不可以认知和学习的,即所谓"化工"。另一个层面,从内容来看,《琵琶》所包含的情感"似真非真,所以入人之心者不深",而《西厢》、《拜月》的情感却是深入人心,感发至广——"意者宇宙之内,本自有如此可喜之人"。这两个层面,统一起来就是一个中心:真情性的自然表现。

在明代中期的美学发展中,经历了"由法而情"的美学转变。② 从李梦阳提出"真诗在民间"、"真者,音之发而情之原也,非雅俗之辩也"③到唐顺之提出"诗文一事,只是直写胸臆"④,中间半个多世纪的转化,不仅确立了"情性"(性情)的诗歌本体位置,而且确立了"自然"的诗学精神。但是,即使主张写本色、真面目("开口便见喉咙")的唐顺之,依然没有在唯情论的旗帜下倡导破法度、费格调。⑤ 李贽所推崇的"真性情的自然表

---

① [明]李贽:《李贽文集》第一卷,《焚书》,第203页。
② 参见本书第一章。
③ [明]李梦阳:《诗集自序》,叶朗总主编《历代美学文库》明代卷(上),第158页。
④ [明]唐顺之:《与洪方洲书》,蔡景康(编选):《明代文论选》,第168页。
⑤ 唐顺之:"中峰先生之文,未尝言秦与汉,而能尽其才之所近。其守绳墨,谨而不肆,时出新意于绳墨之余,盖其所自得而未尝离乎法。"(唐顺之:《董中峰侍郎文集序》,蔡景康(编选):《明代文论选》,第161页)"自得而未尝离乎法",当是唐顺之所推崇的文章品质。

现"，却是对法度、规则颠覆性的"不能自止"的激情宣泄。他说：

> 且夫世之真能文者，比其初皆非有意于为文也。其胸中有如许
> 无状可怪之事，其喉间有如许欲吐而不敢吐之物，其口头又时时有
> 许多欲语而莫可所以告语之处，蓄极积久，势不能遏。一旦见景生
> 情，触目兴叹；夺他人之酒杯，浇自己之垒块；诉心中之不平，感数奇
> 于千载。既已喷玉唾珠，昭回云汉，为章于天矣，遂亦自负，发狂大
> 叫，流涕恸哭，不能自止。宁使见者闻者切齿咬牙，欲杀欲割，而终
> 不忍藏于名山，投之水火。①

李贽以"发狂大叫，流涕恸哭"和"切齿咬牙，欲杀欲割"比喻文学表
现及其接受效果，逾越了屈原的"发愤抒情"、司马迁的"不平则鸣"和韩
愈的"穷愁之音"，是对孔子定下的"乐而不淫，哀而不伤"的儒家诗教原
则的根本颠覆。李贽所倡导的已不仅是"性情自然"的艺术表现，而是愤
懑激烈的无限制宣泄，尽管李贽本人的诗文创作并没有真正实践这样的
主张，但他的论说在晚明激发了以公安三袁为代表的极端的情感自然主
义文学运动。这场运动在追求无限制的自我表现的同时，如果不是不折
不扣地在文学创作中实践了对文学体制的颠覆，至少在文学思想层面推
行了反规范的极端自然主义文学主张。

李贽以"化工无工"立论，主张"性情自然"的表现主义。但是，他说：
"余览斯记，想见其为人，当其时必有大不得意于君臣朋友之间者，故借
夫妇离合因缘以发其端。于是焉喜佳人之难得，羡张生之奇遇，比云雨
之翻覆，叹今人之如土。"②此说与《毛诗序》称"《关雎》，后妃之德也"③是
一致的，都主张"寄托说"。但是，《毛诗序》"寄托说"运用比兴手法，借此
物说彼物，微言大义，与"发狂大叫，流涕恸哭"的情性直白是不同的。
"喜佳人之难得，羡张生之奇遇，比云雨之翻覆"，这是讲如何"借夫妇离
合因缘以发其端"，揭示并肯定《西厢记》作者所运用的"借"是文学虚构

①②　[明]李贽：《李贽文集》第一卷，《焚书》，第91页。
③　[汉]毛享：《毛诗》卷一，《四部丛刊》景宋本。

想象的手法（"喜"、"羡"和"比"均非直白叙述）。"借"只是手段，目的是"叹今人之如土"——仍然是作者自我情性的表现。《毛诗序》称《关雎》的主题是"风之始也，所以风天下而正夫妇也"，主张的是圣人教化诗学，李贽称《西厢记》的主题是"叹今人之如土"，主张的是非教化的自我表现，两者虽然都持"寄托说"，宗旨却是相反的。

四、风流为胜

在"寄托"与"直白"的矛盾之间，李贽并没有对其主张冲突的顾忌，他是认为在"情性自然"的前提下，二者本来就是统一的。这样的意识，是重抒情而轻叙事的中国文学传统的集体无意识。中国文学的抒情传统，不仅具有诗歌文字层面的音乐性所包含的抒情品格[1]，而且是"物我交融"的文化哲学观在文本建构中的体现。[2] 这种"物我交融"的文化精神决定了赋比兴相融相兼的诗学精神。在这个抒情传统中，李贽的前面，是王阳明所主张的"心外无物"的哲学理念；在其后面，是王夫之的"情景合一"的哲学理念，两者的共同点，仍然是儒家传统的主导精神"参天地之化育"（"成万物一体之仁"）。然而，居于二王之间的李贽显然背离了儒家文化精神旨归。他说：

> 其尤可笑者：小小风流一事耳，至比之张旭、张颠、羲之、献之而又过之。尧夫云："唐虞揖让三杯酒，汤武征诛一局棋。"夫征诛揖让何等也？而以一杯一局觑之，至眇小矣！呜呼！今古豪杰，大抵皆

---

[1] 陈世骧："中国文学的荣耀并不在史诗；它的荣耀在别处，在抒情的传统里。抒情传统始于《诗经》。《诗经》是一种唱文，《诗经》的要髓，整个说来便是音乐。因为它弥漫着个人弦音，含有人类日常的挂虑和切身的某种哀求，它和抒情诗的要义各方面都很吻合。"（［美］陈世骧：《陈世骧文存》，第2页，沈阳：辽宁教育出版社，1998年）

[2] 高友工："简单说，在中国文化的价值论中，外在的目的当然永远在和内在的经验争衡。至少在涉及艺术的领域时，外在的客观的目的往往臣服于内在的主观经验。也可以说'境界'似乎常君临'实存'。讲抒情传统也就是探索在中国文化（至少在艺术领域）中，一个内向的（introversive）的价值论及美典以绝对的优势压倒了外向的（extroversive）的美典，而渗透到社会的各个阶层。"（［美］高友工：《美典：中国文学研究论集》，第95页，北京：三联书店，2008年）

然。小中见大，大中见小，举一毛端建宝王刹，坐微尘里转大法轮。此自至理，非干戏论。倘尔不信，中庭月下，木落秋空，寂寞书斋，独自无赖，试取《琴心》一弹再鼓，其无尽藏不可思议，工巧固可思也。呜呼！若彼作者，吾安能见之欤！①

"唐虞揖让三杯酒，汤武征诛一局棋"为宋代哲学家邵雍（尧夫）所著诗句。他以"三杯酒"说远古尧帝（唐）将帝位禅让给舜帝（虞），以"一局棋"说商汤灭夏朝、周武王灭商朝，当是赞颂唐、虞、汤、武所具有的超世的慷慨豪迈的恢宏气象。邵雍"以小喻大"，所肯定的仍然是"大"，既非"大中见小"，亦非"小中见大"。李贽一方面认为《西厢记》所演张生和崔莺莺的"小小风流一事"胜过张旭和王羲之、王献之父子的书法艺术，另一方面又认为邵雍"以一杯一局"小觑"征诛揖让"，如此就证成"小中见大，大中见小"的法理。

显然，李贽在这里是混淆概念、故意曲说。他的目的，既不是要"小中见大"、也不是要"大中见小"——他并不是要在既有的价值体系中为《西厢记》的"小小风流一事"争一高低，他的真正目的是，取消大小尊卑的价值区别，在这种非价值的前提下，《西厢记》所演绎的"小小风流一事"，因其"情性自然"，就是"无尽藏不可思议"的天下至文。换言之，在唯情论的自然表现主义原则下，李贽不仅颠覆儒家"温柔敦厚"的美学原则，而且颠覆了儒家的教化主旨和相应的题材限制。

《西厢记》写穷书生张君瑞与富家小姐崔莺莺私订终身、偷情交欢的故事。崔小姐本已受父母之命与世家子弟郑恒订婚，张崔之恋是完全违背儒家礼法的。然而，该戏的结局却是为恋情抗争的崔小姐战胜了坚守礼法的崔母，让这对背礼违法的私情恋人成为"合法夫妻"——"则因月底联诗句，成就了怨女旷夫。显得有志的状元能，无情的郑恒苦"，实现了剧作家"愿普天下有情人都成了眷属"的意旨。②《拜月记》写书生蒋世

① ［明］李贽：《李贽文集》第一卷，《焚书》，第 91 页。
② ［元］王实甫：《西厢记》，张燕瑾校注，第 245 页，北京：人民文学出版社，1994 年。

隆与尚书王镇之女瑞兰在战乱迁徙中相遇相恋,嫌贫爱富的王镇强行拆散两人,戏剧的结尾也是让这对有情人"终成眷属"。《琵琶记》却与前述两戏不同,它让主人公蔡伯喈在其与发妻赵五娘、丞相之女牛小姐的情感婚姻纠葛中,完成了对于父权、君权的"三屈从"(违心赶考、被迫做官、违情再婚),"于是《琵琶记》就成为儿女之责的准则,成为一部法律文书"①。因此,李贽推崇《西厢》、《拜月》,贬抑《琵琶》,不仅在于它们在艺术品格上有"化工"与"画工"的区别,而且在于它们在情性与礼法的冲突中,究竟是遵从情性的价值还是维护礼法原则。

李贽评传奇《红拂》说:"此记关目好,曲好,白好,事好。乐昌破镜重合,红拂智眼无双,虬髯弃家入海,越公并遣双妓,皆可师可法,可敬可羡。孰谓传奇不可以兴,不可以观,不可以群,不可以怨乎?饮食宴乐之间,起义动慨多矣。今之乐犹古之乐,幸无差别视之其可!"②《红拂记》明代张凤翼所著传奇,剧情以唐人传奇小说《虬髯客传》为本,写隋朝司空杨素家妓红拂与后为唐开国名将的少年李靖一见倾心、自主逃离杨府、与李出奔的传奇故事。《红拂记》与《西厢记》一样,写的也是"小小风流一事",李贽称其"可兴观群怨",即认为它具有"风天下以正夫妇"的教化意义,李说的实质是取消儒家诗学教化的主旨内涵,将"兴观群怨"的诗教功能转化为非教化的"情性自然"的抒发和逸乐。因此,我们可以总结说,李贽的"化工说",归根到底是人的自然情感的解放和娱乐的艺术哲学——准确讲,"化工说"是为情艳文学辩护并开辟道路的美学主张。

---

① 《琵琶记》主人公"三屈从说",是德国学者文森兹·洪涛生提出的。他还评论该剧说:"(《琵琶记》)作者高明究竟属于哪个教派,这是毫无疑问的,他是孔子的信徒。只是,这个孔子的信徒在其理论和文章中着重考虑的,是确定子女对父母和先辈的责任。于是《琵琶记》就成为儿女之责的准则,成为一部法律文书。有关个人对家庭、宗族及国家元首的态度,它都进行训诫和调处,它培植并施教于传统观念。"(转引自[德]顾彬:《中国传统戏剧》,黄明嘉译,第 118 页,上海:华东师范大学出版社,2011 年)
② [明]李贽:《李贽文集》第一卷,《焚书》,第 182 页。

第四节 情感自然为核心的审美论

一、竹自爱王子

李贽论审美观照，以《方竹图卷文》最传其精神。他说：

> 昔之爱竹者，以爱故，称之曰"君"。非谓其有似于有斐之君子而君之也，直怫悁无与谁语，以为可以与我者唯竹耳，是故傥相约而谩相呼，不自知其至此也。或："王子以竹为此君，则竹必以王子为彼君矣。此君有方有圆，彼君亦有方有圆。圆者常有，而方者不常有。常不常异矣，而彼此君之，则其类同也，同则亲矣。"然则王子非爱竹也，竹自爱王子耳。夫以王子其人，山川土石，一经顾盼，咸自生色，况此君哉！①

在审美经验中，物与我的关系如何？庄子与惠施辩论"人可否知鱼乐"的典故提供了一个说法：惠施认为，人与鱼非同类，故不能认知鱼的情绪感受（"子非鱼，安知鱼之乐？"）；庄子却主张，人与鱼虽非同类，人却可以同情地直观（感知）鱼的情绪感受（"吾知之濠上也"）。东晋司马昱（简文帝）曾在与幕僚出游的时候说："会心处不必在远，翳然林水便自濠濮间想也，觉鸟兽禽鱼自来亲人。"②司马氏的说法，比庄子更一步，因为指出了审美对象与观照者之间的呼应关系。"鸟兽禽鱼自来亲人"，即指审美对象不是被动的观照对象，而是向观照者呈现了"自主的交流状态"。但是，这种"自主交流"并不是审美对象自身所具备的，所以是观照者的"觉"——感觉、体验，而不是其"见"——观察、认知。"觉"作为观照者的体验，是他在审美活动中与审美对象共同创造的，如果用德国学者里普斯的移情论来讲，"鸟兽禽鱼自来亲人"则是观照者的情感投射于对

---

① ［明］李贽：《李贽文集》第一卷，《焚书》，第 121—122 页。
② ［南北朝］刘义庆（撰）、刘孝标（注）：《世说新语》卷上之上，《四部丛刊》景明袁氏嘉庆堂本。

象而产生的移情效果。

因爱竹而呼之为"君",源自东晋名士王子猷。王氏以风流雅趣著称,其父王羲之和弟王子敬是书法史上的"二王"。《世说新语》载称:王子猷爱竹成命,即使暂时借住朋友家中,如果无竹,也要命仆人种上。他说:"何可一日无此君?"①李贽认为,王子猷爱竹,作为一种审美观照活动,根本的原因不在于竹子的形貌特征令人珍奇喜好("非谓其有似于有斐之君子"②),而是"爱竹者"与竹子相互引以为同类("王子以竹为此君,则竹必以王子为彼君")。他还认为,作为审美对象,竹子本身具有向观照者展示"爱"的主动性("王子非爱竹也,竹自爱王子")。他说:

> 且天地之间,凡物皆有神,况以此君虚中直上,而独不神乎!传曰:"士为知己用,女为悦己容。"此君亦然。彼其一遇王子,则疏节奇气,自尔神王,平生挺直凌霜之操,尽成箫韶鸾凤之音,而务欲以为悦己者之容矣。彼又安能孑然独立,穷年瑟瑟,长抱知己之恨乎?由此观之,鹤飞翩翩,以王子晋也。紫芝烨烨,为四皓饥也。宁独是,龙马负图,洛龟呈瑞,仪于舜,鸣于文,获于鲁叟,物之爱人,自古而然矣,而其谁能堪之?③

李贽以"万物皆有神"的观念诠释"竹自爱王子","有神"的竹子如同"为悦己者容"的女子一样,"彼其一遇王子,则疏节奇气,自尔神王"。王阳明曾说:"你未看此花时,此花与汝心同归于寂。你来看此花时,则此花颜色一时明白起来,便知此花不在你心外。"④王阳明之论,要旨在于心灵作为呈现者与呈现物的存在同性,即论证他的命题"心外无物"。李贽之说,包含着"心外无物"的义理,但不是照着王阳明之论讲,而是下了一个转语,即指出在审美观照中,审美对象与审美主体的统一性不仅表现

---

① [南北朝]刘义庆(撰)、刘孝标(注):《世说新语》卷下之上。
② "有斐君子",语出《诗经》,喻形貌华丽,"有文章貌"。"有文章,即有斐君子是也。"([汉]毛亨:《毛诗注疏》,清阮刻十三经注疏本)
③ [明]李贽:《李贽文集》第一卷,《焚书》,第122页。
④ 《王阳明全集》,第107—108页。

为后者对前者的创造性呈现，而且表现为前者向后者的主动展现。当然，主体呈现对象和对象向主体展现自我是同一过程。

"物之爱人，自古而然矣"，李贽是把"竹自爱王子"的命题普遍化为一个基本审美命题。然而，他特别强调要在物与人之间建成审美关系——"物之爱人"，必须的前提是人与物之间能够建立平等同类关系——"而彼此君之，则其类同也，同则亲矣"。他批评那些出于虚荣自负而以竹为自我比拟的"爱竹者"说："今之爱竹者，吾惑焉。彼其于王子，不类也，其视放傲不屑，至恶也，而唯爱其所爱之竹以似之。则虽爱竹，竹固不之爱矣。夫使若人而不为竹所爱也，又何以爱竹为也？以故余绝不爱夫若而人者之爱竹也。何也？以其似而不类也。"①以竹似我而爱竹，不是引竹为我同类爱竹，平等真挚地爱竹，而是单单以竹为我的比拟和表现，这看似"爱竹"，实为"放傲不屑"的态度，是得不到竹的"爱"的——竹的生动韵致就必不向我展示。以同类之心爱竹，竹才得与我相亲切。如此，眼前只是一竿枝叶扶疏的翠竹，我亦可感悟到拨动我人生琴弦的无尽神韵。

《诗经》有言"有物有则"，唐代孔颖达诠释说："有物有则，即是情性之事物者；身外之物，有象于己则者；己之所有法，象外物。"②（《毛诗注疏·诗谱序》）孔颖达的解释，简而言之，"有物有则"是指人的情感精神与自然事物如两面镜子一样互相映照比拟。这种物我交映的观念，对古代中国艺术创作和审美心理影响深远。李贽论"爱竹"的思想也可在这个传统中解释——他无疑是受其浸染的。但是，他主张在"爱竹"中做"类"和"似"两种态度的区分，认为"类"是平等认同的态度爱竹——"彼此为君子"，"似"是居高临下的看竹——"放傲不屑"。李贽所作的这个区分，实质上是提出了审美观照中关于物我平等和物的独立性主张。

作为现代美学的哲学奠定人，康德主张审美判断是一种不对审美对

---

① ［明］李贽：《李贽文集》第一卷，《焚书》，第122页。
② ［汉］毛享：《毛诗注疏》卷一八。

象产生欲求、而是单纯基于形式观照的愉悦。黑格尔肯定康德的思想说:"审美的判断允许现前外在事物自由独立存在,它是由对象本身就可以引起的快感出发的,这就是说,这快感允许对象本有目的。我们已经说过,这是一个重要的看法。"①与康德在 18 世纪末期提出审美自由思想相比较,李贽对审美对象与审美主体平等认同和客体的独立性的主张,在 16 世纪后期表现了一种美学的前瞻性。清代画家郑板桥说:"十笏茅斋,一方天井,修竹数竿,石笋数尺,其地无多,其费亦无多也。而风中雨中有声,日中月中有影,诗中酒中有情,闲中闷中有伴,非唯我爱竹石,即竹石亦爱我也。"②由郑氏所言,李贽对后世的影响可见一斑。

二、唯真识真

李贽所持审美标准,核心是"真",在他看来,"真"就是情性之自在本然,"真"才有神气、光彩。

据李贽记载,一次测试一块宝石是否为真,真则用之安装佛像的面顶肉髻,测试的办法是试该石是否吸新草,结果它不吸腐草,只吸新草。李贽评论说:"石果真矣! 此非我喜真也,佛是一团真者,故世有真人,然后知有真佛;有真佛,故自然受此真人也。唯真识真,唯真逼真,唯真念真,宜哉! 然而不但佛爱此真石,我亦爱此真石也。不但我爱此真石,即此一粒真石,亦惓惓欲人知其为真,而不欲人以腐草诬之以为不真也。使此真石遇腐人投腐草,不知其性,则此石虽真,毕竟死于腐人之手决矣。"③

"唯真识真",真实的感知只能在真实的主客体之间展开;"识",不只是一种外在观察,而是存在的真实交会、认同。"唯真逼真","真"的外观形象,来自于"真"的内在生命;"逼"不是外在模拟,而是真实生命由内及

---

① [德]黑格尔:《美学》第一卷,朱光潜译,载《朱光潜全集》第十三卷,第 69 页,合肥:安徽教育出版社,1990 年。
② [清]郑燮:《板桥集》,清清晖书屋刻本。案:郑氏思想,当受到李贽影响。
③ [明]李贽:《李贽文集》第一卷,《焚书》,第 137 页。

外的自然呈现。"唯真念真",对"真"的追求、祈盼,只能在两个真实的存在之中产生;"念",即渴求,是内在真实的需要。李贽将"真"的体认和展现阐述为主客互为的"存在之真"的呈现活动,"真"既是物我共同的品性,又是双方相互的吁求。在此意义上,"不但我爱此真石,即此一粒真石,亦惓惓欲人知其为真",此说就揭示了一个具有现象学意义的审美真理:自然不是作为静默无声的物质对象被观照和忽略,相反,审美观照建立于这样一个前提下,即自然作为一个对象,同时必须是一个召唤主体——它的真实存在向另一个真实存在召唤。

黑格尔说:"单纯的具体的感性事物,即单纯的外在自然,就没有这种目的作为它的唯一的所以产生的道理。鸟的五光十彩的羽毛无人看见也不是照耀着,它的歌声也在无人听见之中消逝了;昙花只在夜间一现而无欣赏,就在南方荒野的森林里萎谢了,而这森林本身充满着最美丽最茂盛的草木,和最丰富最芬芳的香气,也悄然枯谢而无人享受。艺术作品却不是这样独立自足地存在着,它在本质上是一个问题,一句向起反应的心弦所说的话,一种向情感和思想所发出的呼吁。"①黑格尔认为自然缺少精神(即引文中所谓"没有这种目的"),而不具备艺术的召唤力量。黑格尔出于人类中心主义否定了自然,16世纪的李贽却在审美自由主义的原则下将之归于自然了。海德格尔就说:"真的不是对每一个人皆然,而是只对强有力者才真。"②李贽之说与20世纪海德格尔的思想是暗合的。

在这种"真"的审美原则下,李贽主张超越外观美丑,去追求对象的神气、生动。李贽记载,曾有一菩萨像,面目不够平整,他本极赞赏其生动、神气,不料被人作了修整,令他遗憾。他说:"尔等怎解此个道理,尔试定睛一看:当时未改动时,何等神气,何等神采。但有神则自活动,便是善像佛菩萨者矣,何必添补令好看也?好看是形,世间庸俗人也。活

① 〔德〕黑格尔:《美学》第一卷,朱光潜译,载《朱光潜全集》第十三卷,第85页。
② 〔德〕海德格尔:《形而上学导论》,第134页。

动是神,出世间菩萨乘也。好看者,致饰于外,务以悦人,今之假名道学是也。活动者,真意实心,自能照物,非可以肉眼取也。"①

李贽所谓"但有神则自活动",是从庄子之说而出。《庄子·渔父》载,孔子曾向一客遇的渔父请教修身之道,渔父给予的教训是:"谨修而身,慎守其真。"孔子询问"何谓真",渔父回答说:"真者,精诚之至也。不精不诚,不能动人。故强哭者,虽悲不哀;强怒者,虽严不威;强亲者,虽笑不和。真悲无声而哀,真怒未发而威,真亲未笑而和。真在内者,神动于外,是所以贵真也。"

"好看是形","活动是神",在"好看"、"活动"之间作区分,取"神"而舍"形",认为前者意在取悦人而追求外在装饰,后者却是真心实意的神采呈现。这也充分表现出庄子的形神观念。庄子在讲述德性与形貌的关系时,曾用哀骀它、叔山无趾等畸残人物禀赋有超人的道德感召力,提出"德不形"的命题。(《庄子·德充符》)"德不形",意指德性与形貌之间没有一致性,"德"对于"形"具有内在性和超越性。"德有所长而形有所忘",庄子认为,哀骀它等人所遭受的形体畸残使他们忘形而使其德性自然完整地发挥出来。

李贽以庄子的形神观立论,破除了儒家美学的形神统一观。这个观念在孔子的言语体系下被典型地表述为:"质胜文则野,文胜质则史,文质彬彬,然后君子。"②既然"形"与"神"不存在统一性,"文质彬彬"(形神统一)就失去了基本前提。老子说:"天下皆谓我道大,似不肖。夫惟大,故似不肖;若肖,久矣其细也夫。"(《老子·六十七章》)老子所谓"道大不肖",是指"道"的无限性超越了一切规定性和确定性,一切限定、比附,都是对"道"的割裂肢解——"若肖,久矣其细也夫"。李贽引用老子此说,并且加以肯定评论说:"盖大之极则何所不有,其以为不肖也固宜。"③

---

① [明]李贽:《李贽文集》第一卷,《焚书》,第136页。
② [三国]何晏(集解):《论语》卷三,《四部丛刊》景日本正平本。
③ [明]李贽:《李贽文集》第一卷,《焚书》,第252页。

"道大不肖",转语为主张"当体本空"的王畿的话说,就是"无形象中真面目"。因此,不是文质彬彬,而是道大不肖——在形而上的意义上主张超规范、超限定的自我表现,这才是李贽的审美精神的核心原则所在。"唯真识真,唯真逼真,唯真念真",如果将之名为李贽的"十二字审美箴言",那么其中的六个"真"字,归根结底是个性自由的"我"的代名词。"我"或"情性自然"是自由审美观照中的"无形象中真面目"。

基于这个"我"的核心价值,在形象层面的美丑区别如果不是被完全取消,它们的价值则可能是相互颠倒的——"丑"代表着"真",而"美"代表着"伪"。在这里,李贽面临着否定审美对象作为显现的存在者所具有的"内在优越性"和"卓然自立"的危险。海德格尔说:"φύσις[自然——引者注]是指卓然自立这回事,是指停留在自身中展开自身这回事。在这样起的作用中,静与动就从原始的统一中又闭又开又隐又显了。这样起的作用就是在思中尚未被宰制而正在起主宰作用的在场。在此在场中在场者作为在者而起本质作用了。但这样起的作用是从有蔽境界中才破门而出的。这就是说,当这样起的作用把自身作为一个世界来争取时,希腊文的 λήθεια(无蔽境界,俗译为'真理')就出现了。通过世界,在者才起来。"①显然,在关于形神关系的思考中,李贽并没有意识到他的观念所面临的危机,因为他的注意力只集中于对儒家审美体制的突破,而没有考虑到在"我"的对面,自然("物")并非全然"无形象"的,否则"真面目"就无以呈现(λήθεια)。

三、但求自适

李贽说:"自然之性,乃是自然真道学也,岂讲道学者所能学乎?"②他主张"自然之性是自然真道学",相应地提出了一种生活美学主张:为己自适,不掩于行。

---

① [德]海德格尔:《形而上学导论》,第61页。
② [明]李贽:《李贽文集》第一卷,《续焚书》,第87页。

李贽主张"自然之性实为自然真道学",他的思想先驱是嵇康的"越名教而任自然"主张。嵇康在其著名的《释私论》中开宗明义道：

> 夫称君子者,心无措乎是非,而行不违乎道者也。何以言之?夫气静神虚者,心不存于矜尚;体亮心达者,情不系于所欲。矜尚不存乎心,故能越名教而任自然;情不系于所欲,故能审贵贱而通物情。物情顺通,故大道无违;越名任心,故是非无措也。是故言君子,则以无措为主,以通物为美。言小人,则以匿情为非,以违道为阙。何者,匿情矜吝,小人之至恶;虚心无措,君子之笃行也。是以大道言,及吾无身,吾又何患,无以生为贵者,是贤于贵生也。由斯而言:夫至人之用心,因不存有措矣。①

嵇康是魏晋之际自称"老子庄子吾之师"、"非汤武而薄周孔"的放达名士("竹林七贤"之首)。他以老庄的"虚静自然"精神反对孔孟的"礼法仁义",主张做超越礼法而自然任性的君子("越名任心"),反对做拘束于礼法、饰情伪性的小人("匿情矜吝")。嵇康认为,君子与小人之别,根本不在于"为公"或"有私",而在于"无措是非"和"匿情为非"。"无措是非",即不设置是非标准,不奉是非标准行事;"匿情为非",则是在预定的礼法是非标准下行事,以自然情性为非、隐匿自然情性。"不措",是自然虚心的状态,"物情顺通,故大道无违";"匿情"则因为虚伪矜吝,必然远离大义("违道为阙")。"越名教",就是"无措是非",任自然就是"物情顺通",所以嵇康说:"是故言君子,则以无措为主,以通物为美。"

李贽以"自然之性"为"真道学",主旨并不同于嵇康所谓"物情顺通,故大道无违"。他说:"士贵为己,务自适。如不自适而适人之适,虽伯夷、叔齐同为淫僻;不知为己,惟务为人,虽尧、舜同为尘垢秕糠。"②老子说:"挫其锐,解其纷,和其光,同其尘",王弼注释为"锐挫而无损,纷解而不劳,和光而不汙其体,同尘而不渝其真。"(《老子·四章》)老子和王弼

① [三国]嵇康:《嵇中散集》卷六,《四部丛刊》景明嘉靖本。
② [明]李贽:《李贽文集》第一卷,《焚书》,第251页。

的意思均指"道"深隐于万物,与万物一体运行。李贽却就自己的言行而论,"游戏三昧,出入于花街柳市之间"是"与众同尘",而"和光",则是要以"为己,务自适"为准则。

在"为己自适"的准则下,李贽就对世俗的美丑观进行了根本否定。他说:

> 夫所谓丑者,亦据世俗眼目言之耳。俗人以为丑,则人共丑之;俗人以为美,则人共美之。世俗非真能知丑美也,习见如是,习闻如是。闻见为主于内,而丑美遂定于外,坚于胶脂,密不可解,故虽有贤智者亦莫能出指非指,而况顽愚固执如不肖者哉!然世俗之人虽以是为定见,贤人君子虽以是为定论,而察其本心,有真不可欺者。既不可欺,故不能不发露于暗室屋漏之中;惟见以为丑,故不得不昭昭申明于大廷广众之下,亦其势然耳。夫子所谓独之不可不慎者,正此之谓也。故《大学》屡言慎独则毋自欺,毋自欺则能自慊,能自慊则能诚意,能诚意则出鬼门关矣。人鬼之分,实在于此,故我终不敢掩世俗之所谓丑者,而自沉于鬼窟之下也。①

"不敢掩世俗之所谓丑者",就是背弃礼教观念、突破礼法戒律,任性而为。"不掩丑",不仅因为"丑"是"为己自适"之"自然之性",而且因为"不掩"本身是反伪道学的"自然真道学"。他说:"盖唯世间一等狂汉,乃能不掩于行。不掩者,不遮掩以自盖也,非行不掩其言之谓也。"②如果说嵇康、李贽都针对儒家礼教(名教)提出了"自然之学",那么嵇康主张的关键在于对名教礼法的"不措",而李贽主张的关键是对自我自然之行的"不掩"。"不措",是摆脱束缚,而实现超越自在的精神自由;"不掩",是放纵行为,以自我欲望的满足和情感快适为目的。因此,两者同倡"自然",却表现出殊异的宗旨:嵇康追求的道家形而上的精神自由,李贽追求的是世俗化的情性自由原则。

---

① [明]李贽:《李贽文集》第一卷,《焚书》,第 253—254 页。
② 同上书,第 70 页。

耿定向曾在给朋友的书信中,列数李贽种种违礼逾法的行径:在庄严的聚会中,以优旦调弄,狎主辱客;不仅自己狎妓,还强令耿弟狎妓;率众僧入寡妇房中乞食。耿氏指出,李贽以其违礼行为做"参禅机锋",犹如颜山农(颜钧,1504—1596)在讲学时忽然就地打滚,要求听众"试看我良知"。他嘲弄李贽说:"第惜其发之无当,机锋不妙耳。"①

李贽并不否定耿定向对他的这些行为指责(仅指出"入寡妇房中乞食"的实情是该寡妇自来奉食),但回应耿定向说:自己平生吃亏正在"掩丑著好,掩不善以著善",后来因为受到朋友批评启发,有了觉悟,"渐渐发露本真,不敢以丑名介意",因此不再"诈善掩丑"。他明确否定自己的行为与"参禅机锋"有关联。他认为,"禅机"之说本来就是大谬不然的,"况我则皆真正行事,非禅也;自取快乐,非机也。我于丙戌之春,脾病载余,几成老废,百计调理,药转无效。及家属既归,独身在楚,时时出游,恣意所适。然后饱闷自消,不须山查导化之剂;郁火自降,不用参著扶元之药。未及半截,而故吾复矣。乃知真药非假金石,疾病多因牵强,则到处从众携手听歌,自是吾自取适,极乐真机,无一毫虚假掩覆之病,故假病自瘳耳。吾已吾病,何与禅机事乎?"②

对于耿氏嘲讽颜山农"打滚见良知",李贽则做了非常尖锐的批驳。他说"诌事权贵人以保一日之荣"和"为奴颜婢膝以幸一时之宠"而"打滚"的事随时随地都有发生。但是,他认为,"颜山农打滚"却与世人邀宠争荣的"打滚"完全不同:"所云山农打滚事,则浅学未曾闻之;若果有之,则山农自得良知真趣,自打而自滚之,何与诸人事,而又以为禅机也?"他借题发挥,进而言之说:

> 当滚时,内不见己,外不见人,无美于中,无丑于外,不背而身不获,行庭而人不见,内外两忘,身心如一,难矣,难矣。不知山农果有此乎?不知山农果能终身滚滚呼?吾恐亦未能到此耳。若果能到

---

① [明]李贽:《李贽文集》第一卷,《焚书》,253 页。
② 同上书,254 页。

此，便是吾师，吾岂敢以他人笑故，而遂疑此老耶！若不以自考，而以他人笑，惑矣！非自得之学，实求之志也。然此亦山农自得处耳，与禅机总不相干也。山农为己之极，故能如是，傥有一豪为人之心，便做不成矣。为己便是为人，自得便能得人，非为己之外别有为人之学也。①

同一"就地打滚"，李贽区分为"争荣邀宠"和"自得真趣"，讥贬前者而推崇后者。他认为打滚的至高境界是"内外两忘，身心如一"。"就地打滚"，本是做人的一件非常愚赖鄙劣之举，但是却因此可以成为"无美于中，无丑于外"的自得得人的盛举。"内不见己，外不见人"，本是一种庄子式的忘我忘物的"无分别"境界，然而将之落实于"就地打滚"的时候，它诠释的却是李贽所主张的"自然之性"之"为己自得"——"不掩于行"。

李贽的美学，是彻底归于日常生活的。他是王艮的"乐夫天然率性之妙，当处受用"的人生理想的落实者。他的论敌耿定向主张要"于穿衣吃饭处，且常明常觉焉，极深研几"以求"合内外、通物我、贯天人"的觉识。② 李贽坚持说："穿衣吃饭，既是人伦物理；除却穿衣吃饭，无伦物矣。世间种种皆衣与饭类耳。故举衣与饭而世间种种自然在其中，非衣饭之外更有所谓种种绝与百姓不相同者也。"③穿衣吃饭，是日常生活的基本内容，它们展现和满足的是人的自然之性。李贽坚持人生的真理性（人生价值）不离于此，尽在于此，主张"为己自得"，"不掩于行"，由此就开启了个性解放和情感自由的生活美学。

---

① ［明］李贽：《李贽文集》第一卷，《焚书》，第 255 页。
② ［明］耿定向：《耿天台先生文集》卷四，明万历二十六年刘元卿刻本。
③ ［明］李贽：《李贽文集》第一卷，《焚书》，第 4 页。

第六章　汤显祖的美学思想

第一节　为情使传的汤显祖

汤显祖(1550—1616)是明代戏剧创作和理论的旗帜性人物。出生于江西临川的汤显祖,走的是一条典型的明季文人士大夫的人生道路——少年俊杰成名、中年科举入仕、晚年辞官归隐。

他21岁考取举人,文名天下,首辅张居正派人延揽他,意欲借他的文名为自己的儿子殿试进士张目,他慨然谢绝,声称"吾不敢从处女子失身也",这使他34岁,即张居正去世的次年(1583年)才得以低名次考中进士。他中进士后,又不接受相继为首辅的张四维、申时行的笼络,清高自许,只能到南京太常寺当一名空闲无权的博士,主管祭祀和礼乐。

然而,他职闲心不闲,如一切以忠谏为己责的人臣一样,他于1591年上奏《论辅臣科臣疏》,严词弹劾首辅申时行和科臣杨文举、胡汝宁诸人窃盗权柄、贪赃枉法、刻掠饥民的罪行,疏文更对万历皇帝在位20年的庸政荒治作了批评,招致万历帝大怒,遂被放逐到雷州半岛的徐闻县为典史,一年后遇赦,内迁浙江遂昌知县。在遂昌县令任上,他兴教育、减科条,力行仁政,得民心却逆上意,1598年,他向吏部提出辞呈,不待批准就离职返乡,自动中止了仕途。他这种放任自处换来的是三年后吏部和都察院以"浮躁"为由正式给予他"罢职闲住"的处分,在他晚年的乡居生活中布上一层"朝廷逐臣"的阴影。

但是,无论从晚明文化活动,还是从中国文化的历史运动来看,汤显祖都不是一个文化反叛者。

与诸多传统文人一样,汤显祖自幼年而至壮年即约 40 岁以前的精力是支付在"学而优则士"的科举之途的,这样一个进修道路,实质上就是一个传统文人自外而内接受规训的道路,而"展转顿挫,气力已减"则是他们难以规避的体验。功名仕途之外,汤显祖所追求的是形而上的精神觉悟,即所谓"学道"。他先后从学于王阳明心学传人罗汝芳和达观禅师释真可,但均未与之契合。他在《答邹宾川》一信中说:"弟一生疏脱。然幼得于明德师,壮得于可上人,时一在念,未能守笃以环其中。来去几何,尚悠悠如是,时自悲怛。屡拜良规,媿勉无量。"①他所谓"时一在念,未能守笃以环其中",即指他不能忘情自我、从道而游,这就是所谓"学道不成"。他转而学文,以至于诗赋词曲,其性情钟于文(含诗赋词曲)非志于道,而文是本于情,乃非忘情之物。

1597 年前后,在汤显祖遂昌任职晚期,他明确意识到了与礼法世界的官场不可愈合的裂痕,他开始集中创作"临川四梦",张扬"因情入梦,因梦成戏"的超现实唯情主义,实际上是由不能忘情而唯情至上。1598年,49 岁的汤显祖挂印还乡,即于该年秋天刊出《牡丹亭还魂记》。这出作为汤氏代表作的情感戏剧,把男女爱情推崇为"生可与死,死可与生"的超现实的"至情"。它既表现了汤氏自动去官后的"闲处唯情"的心境,又表现了"学道无成,而学为文"的汤显祖的美学理念。对于此时节的汤显祖,与现实的不可苟合使他寄情于非现实、超现实的"至情"——理想而浪漫的自我情感追求。

汤显祖在此后十余年间,文章书信,广谈奇异梦幻之文,根本而言,

---

① [明]汤显祖:《汤显祖全集》,徐朔方笺校,第 1449 页,北京:北京古籍出版社,1999 年。

是以其"至情论"为主旨的。他将天下分为"有情之天下"和"有法之天下",尚情而抑法,是终不能忘情也。他在 65 岁时说:"岁之与我甲寅者再矣。吾犹在此为情作使,劬于伎剧。为情转易,信于痎疟。时自悲悯,而力不能去。"①"为情转易"、"力不能去",足见情感对于汤显祖所具有的本来固有的力量。近 50 岁以来至 65 岁,汤显祖是本于知天命的觉悟,而一任于心的。但是,60 岁以后的汤显祖,也逐渐再度"转而学道",以"天机"立论,主张以"道"、"法"、"学"、"理"培育、绳墨性情。在此期间,他本来难以契合的罗汝芳与释真可的"道"论却成为主体思想被广泛发挥。虽然此间他"犹未能忘情于所习也",但对"道"与"理"的倡导显然是对他此前的"至情"主张的一个背反。汤显祖为什么在学理上终归于"道",自知"学道不成"却又以道为宗,这也许表现了中国传统文化精神对他的心性的铭刻影响。然而,汤显祖之为汤显祖,并非道学而是反道学的情论成为他对中国艺术思想的革命性的推进之功。

第二节　唯情论的文学观

一、情法两重天

以"真人"自处,是汤显祖的人生理念。还在南京做官时,他自称"亦几乎真者",并以"遵时养晦,以存其真"为人生韬略。他在《答马心易》信中说:

> 门下殆真人耶。世之假人,常为真人苦。真人得意,假人影响而附之,以相得意。真人失意,假人影响而伺之,以自得意。边境有人,其名曰窃。人之所畏,吾得不畏哉! 仆不敢自谓圣地中人,亦几乎真者也。南都偶与一二君名人而假者,持平理而论天下大事。其二人裁伺得仆半语,便推衍传说,几为仆大戾。彼假人者,果足与言

①《汤显祖全集》,第 1221 页。

天下事软哉！然观今执政之去就，人亦未有以定真假何在也。大势真之得意处少，而假之得意时多。仆欲门下深言无由矣。门下且宜遵时养晦，以存其真。[①]

汤显祖的文论，发端于对以后七子为代表的晚明文坛仿袭靡弱之风的不满。他说："我朝文字，宋学士而止。方逊志已弱，李梦阳而下，至琅琊，气力强弱巨细不同，等赝文耳。弟何人能为其真？不真不足行。"[②]这则话，表达了汤显祖对晚明文坛的基本看法。

"不真不足行"，是汤显祖提出的文学可否传世的一个基本标准；"真"，则是他在进入五十人生之后确立的文学理念。这则话出自于他53岁时所撰《答张梦泽》一信中。在此信中，汤显祖不仅批评了晚明文坛，而且也对自己旧日的文作作了反省和自责。他在《答凌初成》信中自述说："智意短陋，加以举业之耗，道学之牵，不得一意横绝流畅于文赋律吕之事。"[③]汤显祖认为自己受束于举业、道学，也不免"规模步趋"，难以率性任真——"弟何人能为其真"，这是他对包括自己在内的女坛之假伪据于实情之言。

在晚明文学语境中，"真"是以"情"为核心的，"真"就是自我情感的直率表达和抒发，就是要以真情为文学的主宰——不仅文学表现的主题是真实情感，而且文学表现的方式必须是真实真诚的。在汤显祖之前，自李梦阳开始，唐顺中、焦竑、屠隆诸人都在倡导以直抒胸臆为内含的"真情文论"，而以王阳明心学为宗的徐渭、李贽更将自我情感的自由表达推崇到超越楷法、美丑的自然主义层次。可以说，汤显祖的文学思想正是在徐渭、李贽诸位先驱开拓的个性情感理论的路线上展开的。他自述说："如明德（罗汝芳）先生者，时在吾心眼中矣。见以可（紫柏）上人之雄，听以李百泉（贽）之杰，寻其吐属，如获美剑。方将藉彼永割攀缘，而

---

① 《汤显祖全集》，第 1305 页。
② 同上书，第 1451 页。
③ 同上书，第 1442 页。

竟以根随,生兹口业。不思谭局之易,而题鼎位之痴;不谅挥金之难,而怪琐郎之墨。"①由此说,足见李贽所代表的晚明情感主义艺术思潮对汤显祖的深刻影响。

然而,对于半生受"举业之耗,道学之牵"的汤显祖,"情"在文学创作中的主题化,就其内在心路历程而言,应当视作长久蕴积、抑制的自我情感释放所使然。五十以后的汤显祖是毫不掩饰自己的主情立场的。他创作张扬"为情而死,复因情而生"的爱情主题的《牡丹亭》后,相国张新建当面婉言劝他说:"以君之辨才握麈而登皋比,何渠出濂洛关闽下,而逗漏于碧箫红牙队间,将无为青青子衿所笑?"汤显祖的回答是:"显祖与吾师终日共讲学,而人不解也。师讲性,显祖讲情。"②张氏的话,是指出汤显祖本来具有宏道传学的大才——他若登台讲学("握麈而登皋比"),影响当不在宋代儒学大家周敦颐(濂)、二程(洛)、张载(关)和朱熹(闽)之下,但却浪费在无意义的戏剧中了("逗漏于碧箫红牙队间")。汤显祖的回答,明确表示自己与张氏的人生理念不同,"师讲性,显祖讲情"。值得注意的是,他不仅把儒学家所推崇的"性"与戏剧家表演的"情"对立起来,而且认为戏剧艺术与儒学宣教一样,都是"讲学"——这就是说,戏剧艺术是对人的情感教育。

但是,相对于明代文坛情感论前驱者李贽、徐渭诸人把自我情感中心化、主题化而言,汤显祖更注重于为情感在人生世界中确立一个不可取代的合法位置。在写于辞官后的《青莲阁记》一文中,汤显祖提出"有情之天下"与"有法之天下"之对立观。他说:

> 有是哉,古今人不相及,亦其时耳。世有有情之天下,有有法之天下。唐人受陈隋风流,君臣游幸,率以才情自胜,则可以共浴华清,从阶升,娱广寒。令白也生今之世,滔荡零落,尚不能得一中县而治。彼诚遇有情之天下也。今天下大致减才情而尊吏法,故季宣低眉而在

---

① 《汤显祖全集》,第 1295—1296 页。
② [清]梁维枢:《玉剑尊闻》卷七,清顺治刻本,第 82、84 页。

此。假生白时，其才气凌厉一世，倒骑驴，就巾拭面，岂足道哉。①

汤显祖此文，虽题为《青莲阁记》，主旨却不是写青莲阁，而是将明代风流文士李季宣与与唐代谪仙人李白(青莲)相比。在汤氏看来，李白是金粟如来后身，孤纵掩映，风流遂远，八百年后才有李季宣。二李均文才盖世、风流绝代，且两人均孤傲任性，不为俗屈，但李白为上至天子、下至凡夫所重，生前生后光照寰宇；李季宣却为蜚语所中，不为当世所容，不仅仕途不远，而且才困气抑，终归于落寞余生。汤显祖认为，二李命运差异，原因不在两人自身，而是时代差异所使然。唐代君臣，任性纵情("率以才情自胜")，创化的是一个人仙共游的世界("从阶升，娭广寒")，这是一个"有情之天下"。明代却与唐相反，治国宗旨是"减才情而尊吏法"，吏法重苛，钳情缚才，即以法灭情，这是一个"有法之天下"。生于有情之天下，李白得以放达而成人间仙人；生于有法之天下，李季宣风流而无奈才困情滞——"低眉而在此"。

以"法"和"情"二分天下，一则是明确了情与法在人生世界中两种对立的生活精神，一则是在情—法对峙中确立"情"的独立位置和价值。"法"，不止于"吏法"；"法"还包含和联系着礼、性、理——儒学主导的道学体系。自宋代以来，周敦颐、二程(程颢、程颐)、张载、朱熹诸大儒，将儒家礼法学说形而上体系化，形成了礼、法、情、性一统于"理"(天理)的道学体系。儒家道学的要旨，是以礼节情，以性统情，以理约情。要明"法"与"情"之别，就要明"情"与礼、性、理之别——归根到底，就是要明情与理的分别，即"情理之辨"。

汤显祖的情理之辨，集中表现在他与达观禅师释真可的书信致答的辩论中。汤氏入四十以后拜达观为师，达观劝化他的主旨是"去情返道"。在致汤氏信中，达观说：

> 真心本妙，情生即痴，痴则近死，近死而不觉，心几顽矣，况复昭

---

① 《汤显祖全集》，第 1174 页。

> 廓其痴驰而不返,则种种不妙不召而至焉?……故知能由境能,则能非我有;能非我有,岂境我得有哉?此理皎如日星,理明则情消,情消则性复,性复则奇男子能事毕矣,虽死何憾焉?仲尼曰:朝闻道夕死可矣。为是故也。如生死代谢寒暑迭迁,有物流动,人之常情。众人迷常而不知返道,终不闻矣。故曰反常合道。夫道乃圣人之常,情乃众人之常……近者性也,远者情也,昧性而恣情,谓之轻道。①

达观讲学,受宋儒道学影响,以"心统性情"(张载语)立义,即所谓:"夫理,性之通也;情,性之塞也。然理与情而属心统之,故曰心统性情。"②他认为,理与情,是心的两种活动状态:理是心的觉悟状态,而情是心的痴迷状态。"觉"则是"理","迷"则是"情"。因此,理与情又是互相转化的。"性"指本心,即心的本然状态。"理",是"觉",也就是"性之通";"情",是"迷",也就是"性之塞"。"真心本妙,情生即痴","理明则情消,情消则性复",这是明确了情理冲突、有此无彼的原则。达观承认迷于情感是"人之常情",所以"众人迷常"。但是他的立场不是站在常人一边,而是站在圣人一边——"夫道乃圣人之常,情乃众人之常",他劝导汤显祖出离迷情、复归明理("反常合道")。对于汤显祖的情感执着,他批评为"昧性而恣情"的"轻道"行为。

然而,汤显祖并没有接受达观师的劝导,正如他回答张新建的劝勉而称"师讲性,显祖讲情"一样,对于达观的教训,他也答以同样的拒绝。他说:

> 情有者理必无,理有者情必无。真是一刀两断语。使我奉教以来,神气顿王。谛视久之,并理亦无,世界身器,且奈之何。以达观而有痴人之疑,疟鬼之困,况在区区,大细都无别趣。时念达师不止,梦中一见师,突兀笠杖而来。忽忽某子至,知在云阳。东西南

---

① ② [明]释真可:《紫柏老人集》卷一,明天启七年释三炬刻本。

北,何必师在云阳也？迩来情事,达师应怜我。白太傅苏长公终是为情使耳。①

"情有者理必无,理有者情必无",这是汤显祖对达观千言长信《与汤义仍》的极简要的概括。汤氏称"真是一刀两断语",是因为他明白对于佛门中人达观师,情理不相容,非一刀两断不可。但是,这何尝又不是汤显祖本人对情理关系的看法呢？因为,正如"有法之天下"与"有情之天下"不相容共立,情与理也必是有一无二的。"迩来情事,达师应怜我。白太傅苏长公终是为情使耳。"这里所谓"情事"当指《牡丹亭》等"临川四梦"的创作。② 汤显祖引白居易(太傅)和苏东坡(长公)毕生钟情于文学创作而非以宏扬道学为己任("终是为情使耳")作辩,不仅是以古人为标榜,而且也是委婉呈其"讲情不讲性"之志趣。为戏剧即不为道学,这当是汤显祖的文学思想要义。

二、生气出于奇士

汤显祖论文主"情",同时也主"奇"——"情"与"奇",在汤氏的文论中常是一体两面。清人姚康说:"悲夫,死于哭者,死于情也。古忠臣孝子不过钟情之至。故凡异,皆生于情。"③"凡异,皆生于情",这是从"异"的方面来说,从"情"的方面来说,则是"凡情,皆见于异"。

在《合奇序》一文中,汤显祖集中表达了他的"文奇观"。他说:

> 世间惟拘儒老生不可与言文。耳多未闻,目多未见。而出其鄙委牵拘之识,相天下文章。宁复有文章乎。予谓文章之妙,不在步趋形似之间。自然灵气,恍惚而来,不思而至。怪怪奇奇,莫可名状。非物寻常得以合之。苏子瞻画枯株竹石,绝异古今画格,乃愈

---

① 《汤显祖全集》,第1351页。
② 汤显祖与达观此轮通信,当是在《牡丹亭》问世不久,即1598—1602年间,因为达观1603在北京被诬"妖书惑众"而遇害。
③ [明]姚康:《太白剑》卷下,清光绪刻本,第67页。

奇妙。若以画格程之,几不入格。米家山水人物,不多用意,略施数笔,正使有意为之,亦复不佳。故夫笔墨小技,可以入神而证圣。自非通人,谁与解此。吾乡丘毛伯选海内合奇文止百余篇。奇无所不合。或片纸短幅,寸人豆马;或长河巨浪,汹汹崩屋;或流水孤村,寒鸦古木;或岚烟草树,苍狗白衣;或彝鼎商周,《丘索》《坟典》。凡天地间奇伟灵异高朗古宕之气,犹及见于斯编。神矣化矣。夫使笔墨不灵,圣贤减色,皆浮沉习气为之魔。士有志于千秋,宁为狂狷,毋为乡愿。试取毛伯是编读之。①

汤显祖在《合奇序》中,提出了关于"文奇"的几个要点:其一,文章之妙,是打破规范体例的("怪怪奇奇,莫可名状"),不能用常规的标准来识别("鄙委牵拘之识","宁复有文章乎");其二,文章之妙,不能靠模仿学习得到("不在步趋形似之间"),而是作者可遇不可求的灵感的产物("自然灵气恍惚而来,不思而至");其三,不仅文章之妙,而且凡一切艺术之妙,皆以出格为要件,都是无意为之的佳作,有意为之则不为佳;其四,"奇"是打破常规习气的自由超越的创作境界,它达到自我与创作对象(乃至于世界)高度的沟通、融合——"奇无所不合"。所以,"奇"是自我内在的心意和世界更深刻的真实的化合,但前者更为根本,所以"奇"就是"宁为狂狷,毋为乡愿"人格的艺术体现。

在更晚期的《艳异编序》中,汤显祖从宇宙的广大丰富证明"奇"的合理性——"奇"就是超越迂腐习气之见的天地万物的丰富性。他说:"尝闻宇宙之大,何所不有?宣尼不语怪,非无怪之可语也。乃龌龊老儒辄云,目不睹非圣之书。抑何坐井观天耶?泥丸封口当在斯辈。而独不观乎天之岁月,地之花鸟,人之歌舞,非此不成其乎三材?"在此前提下,他将一切被讲经论道的"正统"排斥的"奇异"艺术都纳入到宇宙生气活跃、灵机创化的大景象中。他说:

①《汤显祖全集》,第1138页。

　　　吾尝浮沉八股道中,无一生趣。月之夕,花之晨,嘟脑赋诗之
余,登山临水之际,稗官野史,时一展玩,诸凡神仙妖怪,国士名姝,
风流得意,慷慨情深,语千转万变,靡不错陈于前,亦足以送居诸而
破岑寂……是集也,奇而法,正而葩,秋纤合度,修短中程,才情妙
敏,踪迹幽玄。其为物也多姿,其为态也屡迁,斯亦小言中之白眉
矣、昔人去,我能转《法华》,不为《法华》转。得其说而并得其所以
说,则乐而不淫,哀而不伤,纵横流漫而不纳于邪,诡谲浮夸而不离
于正。不然,始而惑,既而溺,终而荡。①

在这里,汤显祖明确将"八股道中"的文学与他所欣赏的一切"奇异"(另
类)的文学相对比,以前者的"无一生趣"反衬后者的"风流得意,慷慨情
深"。他赞赏奇文"奇而法,正而葩",而且套用了"乐而不淫,哀而不伤",
似乎有矫奇归正于儒家道统之意。但是,他的要旨是推崇"奇文"所呈现
的心灵自由和文学景致的丰富生动("其为物也多姿,其为态也屡迁"),
进而言之,他认为"奇"必须有深刻的精神内含,要体现作者对宇宙人生
的生动觉悟("得其说而并得其所以说"),否则,"奇"就会因为迷惑于表
象而沦陷于淫荡("始而惑,既而溺,终而荡")——这不是汤显祖所肯定
的"文奇"。

　　汤显祖认为,正如自然界的奇景异观无害于天地山川之美、奇花异
鸟无害于珍禽佳卉之丽,则稗官小说无害于经传子史、游戏墨花无害于
涵养性情。汉代名臣东方曼倩,以辞令机巧幽默著称,在朝廷上谏时也
杂以滑稽;汉末硕儒马季长(融)不拘儒节,前授生徒、后列女乐;宋代文
人石曼卿,以朝臣之身,野饮狂呼,成为巫医皂隶沿街戏仿的对象。南朝
颜之推对前两人均有批评之语:"东方曼倩滑稽不雅","马季长佞媚获

────────────

① 《汤显祖全集》,第 1503 页。案:此文中叙写作时间有"戊午"两字,"戊午"为万历四十六年
　(1618 年),汤显祖卒后第三年。徐朔方笺注说:"如非刊误,就当假托。"仅此一条,称"假托
　说"证据不足,因为若假托,为何不顾及汤氏卒年? 此文即令非汤氏所撰,也曲得汤氏文心,
　故采用之。

诮"。① 刘勰说:"昔楚庄齐威性好隐语,至东方曼倩尤巧辞述,但谬辞诋戏无益规补。"(《文心雕龙·谐隐》)刘说虽然承认东方氏对幽默艺术的贡献,但仍然将其归为"无益规补"的"谬辞诋戏"。然而,汤显祖却为三人正名,他说:"之三子,曷尝以调笑损气节,奢乐堕儒行,任诞妨贤达哉?"②

在汤显祖看来,奇文异书,不仅无害于经传子史,而且是调养性情,获得"真趣"的必要资源。李白有"不读非圣之书"之说,而李梦阳劝人"不读唐以后书"。汤显祖批评说道:"语非不高,然不足以绳旷览之士"。他说:

> 太白故颓然自放,有而不取,此天授,无假人力;若献吉(李梦阳)者,诚陋矣!《虞初》一书,罗唐人传记百十家,中略引梁沈约十数则,以奇僻荒诞,若灭若没,可喜可愕之事,读之使人心开神释,骨飞眉舞。虽雄高不如《史》、《汉》,简淡不如《世说》,而婉缛流丽,洵小说家之珍珠船也。其述飞倦盗贼,则曼倩之滑稽;志佳冶窈窕,则季长之下绛纱;一切花妖木魅,牛鬼蛇神,则曼卿之野饮。意有所荡激,语有所托归,律之风流之罪人,彼固歉然不辞矣。使咄咄读古,而不知此味,即日垂衣执笏,陈宝列俎,终是三馆画手,一堂木偶耳,何所讨真趣哉!③

"讨真趣"是汤显祖鄙弃八股习气之作、推崇奇文异书的要旨所在,而在"讨真趣"的背后,则是作真人,发真性情,这就是他所谓"奇士"。他说:

> 天下文章所以有生气者,全在奇士。士奇则心灵,心灵则能飞动,能飞动则下上天地,来去古今,可以屈伸长短生灭如意,如意则可以无所不如。彼言天地古今之义而不能皆如者,不能自如其意者

---

① [南北朝]颜之推:《颜氏家训》卷上,《四部丛刊》景明本。
②③《汤显祖全集》,第 1652 页。

也。不能如意者,意有所滞,常人也。蛾,伏也。伏而飞焉,可以无所不至。当其蠕蠕时,不知其能至此极也。是故善画者观猛士剑舞,善书者观担夫争道,善琴者听淋雨崩山。彼其意诚欲愤积决裂,挐戾关接,尽其意势之所必极,以开发于一时。耳目不可及而怪也。①

"士奇",指为人如曼倩、季长和曼卿,不拘俗套,有出格之行;"心灵",指精神自由,而且想象力无限生动活跃。汤显祖认为,只有自我行为的解放才能实现自我心灵的解放——"士奇则心灵",而自我心灵的解放,实现的是对天地古今之义无所不至的"自如其意"的感知和表现。奇士与常人之别,就在于奇士"无所不如其意",而常人却不能如意——"意有所滞"。值得注意的是,汤显祖并不认为"奇士"与"常人"之间的区别是与生俱来的,存在不可逾越的鸿沟。飞蛾在还只是蠕虫的时候,不仅不能飞,也不知其可能,但待成熟则任意飞翔("伏而飞焉,可以无所不至")。引申为说人,则人的心灵是具有自由超越的潜力的,只是常人伏于意滞,而奇士则"愤积决裂"、"尽其意势之所必极"。

汤显祖对奇文、奇士的推崇,是与王阳明重新开启的孔学"乡愿狂者之辨"所包含的精神意向一脉相承的。自王阳明始,而后徐渭、李贽等士人,均以"不为乡愿,而宁作狂者"的气节立世。不为俗屈,不守儒节,纵性恣情,任人非议而无悔,这便是明末士人之狂者风尚。汤显祖相比于李贽、徐渭,在行为上自然是检束有加,但是他与后两者在精神意气上是非常同调的。他的《答岳石帆》信说:"兄书,谓弟不知何以辄为世疑。正以疑处有佳。若都为人所了,趣义何云?似弟习气矫厉,蛩蛩者故当忘言,即世喜名好事之英,弟亦敬之未能深附也,往往得其疑。世疑何伤,当自有不疑于行者在。"②汤氏在此所谓"正以疑处有佳",与李贽所称"今

---

① 《汤显祖全集》,第 1140—1141 页。
② 《汤显祖全集》,第 1333 页。

我等既为出格丈夫之事,而欲世人知我信我,不亦惑乎"①,表达的是同样的自信自负气节。而在《艳异编序》中,汤氏则更以"余与世两不相可"自许。他说:"不佞懒如嵇(康),慢如(司马)长卿,迂如元稹,一世不可余,余亦不可一世。萧萧此君而外,更无知己。"②不相与可,即不相容,汤显祖的奇士精神正在独立不倚、傲世而行。这种狂者精神落实于他的文学观念,则是对"高广而明秀,疏夷而苍渊"的奇文的推崇。他说:

> 子言之,吾思中行而不可得,则必狂狷者矣。语之于文,狷者精约俨厉,好正务洁。持斥捉引,不失绳墨。士则雅焉。然予所喜,乃多进取者。其为文类高广而明秀,疏夷而苍渊。在圣门则曾点之空衰,子张之辉光。于天人之际,性命之微,莫不有所窥也。因以裁其狂斐之致,无诡于型,无羡于幅,羰羰然,沨沨然。证于方内,未知其何如。妄意才品所具若兹,于先正所为同而求独而致者,或不至远甚。各公卿郎吏贤豪好修之士,时而试天下第一者,将有在与。嘻,此诸君子所自为,岂世目所得定也。③

"世目",即常人的眼见,因为拘于俗套陈规,只可为鄙委牵拘之识,自然不能见识高明隽丽的"奇文"。为文必须奇士,识文亦须狂者。

三、世总为情

汤显祖论文,"奇异"之外,则讲"灵性"。奇士之文,是如意之作,亦必是灵性之作。他在《秀才说》中说:"秀才之才何以秀也。秀者灵之所为。故天生人至灵也。"④显然,他是将"灵性"作为人之为人的优异特性来看,而这就是他论文的前提。

在《张元长嘘云轩文字序》一文中,汤显祖论及作文中灵性与习气的

---

① [明]李贽:《李贽文集》第一卷,《焚书》,第 57 页。
②《汤显祖诗文集》,第 1503 页。
③ 同上书,第 1137 页。
④ 同上书,第 1228 页。

关系。他说：

> 天下大致，十人中三四有灵性。能为伎巧文章，竟百什人乃至千人无名能为者。则乃其性少灵者与？老师云，性近而习远。今之为士者，习为试墨之文，久之，无往而非墨也。犹为词臣者习为试程，久之无往而非程也。宁惟制举之文，令勉强为古文词诗歌，亦无往而非墨程也者。则岂习是者必无灵性与，何离其习而不能言也。夫不能其性而第言习，则必有所有余。余而不鲜，故不足陈也。犹将有所不足，所不足者又必不能取引而致也。盖十余年间，而天下始好为才士之文。然恒为世所疑异。曰，乌用是决裂为，文故有体。嗟，谁谓文无体耶。观物之动者，自龙至极微，莫不有体。文之大小类是。独有灵性者自为龙耳。①

汤显祖提出，为什么能文的人少于有灵性的人？他认为这个现象不是由个人禀赋差异（"性"）造成的，而是由机械模式化的训练活动造成的。"试墨"是科考文章，"试程"是官场行文。科举前习于试墨，中举后习于试程，就导致绝大多数人灵性丧失，规模步趋（"不能其性而第言习"），不能为灵性之文。汤显祖承认学习的必要，但是，他认为学习不能以放弃自我灵性为前提，不能受制于规范体例。万物皆有体，但龙之体却在自在超越——"独有灵性者自为龙耳"。在这篇文章中，他特别赞赏张元长，称其文章"离致独绝，咸以成乎自然"，究其原因，是因为张氏"以灵性习之者也。度其十余年中，习气殆尽"。以灵性习之，就能超越习气而返于灵性——"龙何习哉"②。

　　汤显祖认为文学创作的内在动机是自我情感高度积蓄状态下的意气渲发。他说：

> 万物当气厚材猛之时，奇迫怪窘，不获急与时会，则必溃而有所

①《汤显祖全集》，第1139页。
②同上书，第1139—1140页。

出,遁而有所之。常务以快其憎结。过当而后止,久而徐以平。其势然也。是故冲孔动楗而有厉风,破隘蹈决而有潼河。已而其音泠泠,其流纤纤。气往而旋,才距而安。亦人情之大致也。情致所极,可以事道,可以忘言。而终有所不可忘者,存乎诗歌序记词辩之间。因圣贤之所不能遗,而英雄之所不能晦也。①

"气往而旋",是指"气"只有在舒畅流动的条件下,才能达到和缓从容的状态;"才距而安",则指个人才能(如文才)具有自我展现的自然要求,只有在其充分展示中才能安定。文学创作的本质是情感达到极致状态的以"气"和"才"结合的方式产生的自我表达。"终有所不可忘者,存乎诗歌序记词辩之间",这就是说,文学表现,是因为情感具有非文学不能表现的情致。

但是,汤显祖并不将文学创作归结为情感渲泄的自然主义文论——在这点上,他与李贽、徐渭是不同的。他在讲"气往而旋,才距而安"的同时,还指出:"声音出乎虚,意象生于神,固有迫之而不能亲,远之而不能去者。"②"虚"否定了单纯的喧嚣,"神"否定了直白的表达。"虚"和"神"两概念实际上对"气"和"才"的展现提出了高度、超越的艺术要求——它们不能被认同为自然主义的渲泄。"迫而不亲"、"远而不去",就是指出自然表现主义的失误。

总结汤显祖的文论,我们可以说:如果说"情"是他的文学的出发点,而"才"、"气"是"情"的表现载体,那么,"神"则是他所追求的情感表现的理想境界。正是对"神"的强调,使汤显祖与李贽、徐渭诸人分别开来。我们比较一下汤、徐两则话:

> 汤显祖:世总为情,情生诗歌,而行于神。天下之声音笑貌大小生死,不出乎是。因以淡荡人意,欢乐舞蹈,悲壮哀感鬼神风雨鸟兽,摇动草木,洞裂金石。其诗之传者,神情合至,或一至焉;一无所

---

① 《汤显祖全集》,第1098—1099页。
② 同上书,第1099页。

至,而必曰传者,亦世所不许也。①

> 徐渭:人生堕地,便为情使。聚沙作戏,拈叶止啼,情防此也。迨终身涉境触事,夷拂悲愉,发为诗文骚赋,璀璨伟丽,令人读之喜而颐解,愤而眦裂,哀而鼻酸,恍若与其人即席挥麈,嬉笑掉言于数千载之上者,无他,摹情真则动人弥易,传世亦弥远,而南北剧为甚。"②

汤徐两人论诗,都以情为主,而且将情归本于人性——在此,当然两人着眼点略有差异,汤说"世总为情",是从人生总体讲;徐说"人生为情使",是从人生个体讲。汤显祖认为"情生诗歌,而行于神",即诗歌表现情感的要件是达到高度的艺术性——"神",而"神情合至",是诗歌表现情感的理想境界;徐渭讲诗歌传情感人,只说"摹情真则动人弥易,传世亦弥远","真"在徐渭是"不可着一毫脂粉,越俗越家常"的本色表现。同以情为出发点,徐渭归于"真",汤显祖归于"神",两者之间具有俗与雅的理念冲突——准确讲,是情感表现的自然化和艺术化的冲突。

进入暮年的汤显祖,发生了由情复道的思想转化。因此,他 60 岁后的文论逐渐开始强调理和学。在 62 岁时,汤显祖明确指出须"学"与"才"结合,才可使"情"得以广传久远。他说:"先王既往,而钟鼓笙磬之音未衰。自汉以来,至于胜国,冠带之士,闾巷之人,或鼓或罢,或笑或悲,长篇短章,铿铉寂寥,一触而不可禁御者,皆是物也。昔人常因其情之卓绝而为,此固足以传。通之以才而润之以学,则其传滋甚然。"③"通之以才而润之以学",这句话从普通学理来看似乎很周全,但在晚明倡导个人情感主义的自由表现的思想背景上来看,这确乎表现了汤显祖的思想逆复——这对于他个人和整个文坛都是如此,因为此说传达的是"学"的主导意义,而不是"情"的自主性。

---

① 《汤显祖全集》,第 1110—1111 页。
② 《徐渭集》,第 1296 页。
③ 《汤显祖全集》,第 1112 页。

第三节 以梦达情的戏剧论

一、世间只有情难诉

汤显祖的戏剧美学,是建立在他的"唯情论"("至情论")的诗学主张基础上的,毫无疑问,"尚情"和"传情",仍然是他的戏剧理论和创作的核心要旨。

1602 年,辞官归乡的第四年,53 岁的汤显祖撰写了《宜黄县戏神清源师庙记》一文,纪念已故戏剧活动家谭纶(1520—1577)。在该文中,汤显祖集中阐述了他的戏剧思想。他首先指出情感是人与生俱有的禀性,因为有情感,人就必然歌舞吟咏而生艺术。他说:

> 人生而有情。思欢怒愁,感于幽微,流于啸歌,形诸动摇。或一望而尽,或积日而不能自休。盖自凤凰鸟兽以至巴渝夷鬼,无不能舞能歌,以灵机自相转活,而况吾人。①

其次,汤显祖借赞美谭纶(清源师)的戏剧艺术指出戏剧具有对于天地古今、人生世界、现实与超现实的无限表现力。他说:

> 奇哉清源师,演古先神圣八能千唱之节,而为此道。初止嫛弄参鹘,后稍为末泥三姑旦等杂剧传奇。长者折至半百,短者折才四耳。生天生地生鬼生神,极人物之万途,攒古今之千变。一勾栏之上,几色目之中,无不纡徐焕眩,顿挫徘徊。恍然如见千秋之人,发梦中之事。②

再次,汤显祖指出戏剧对受众的影响,根本上是情感的激发和感动。他说:

> 使天下之人无故而喜,无故而悲。或语或嘿,或鼓或疲,或端冕

①②《汤显祖全集》,第 1188 页。

而听,或侧弁而哈,或窥观而笑,或市涌而排。乃至贵倨驰傲,贫啬争施。瞽者欲玩,聋者欲听,哑者欲叹,跛者欲起。无情者可使有情,无声者可使有声。寂可使喧,喧可使寂,饥可使饱,醉可使醒,行可以留,卧可以兴。鄙者欲艳,顽者欲灵。①

在揭示戏剧的前面三个特性的基础上,汤显祖指出戏剧具有广泛多面的社会教化功能。他说:

> 可以合君臣之节,可以浃父子之恩,可以增长幼之睦,可以动夫妇之欢,可以发宾友之仪,可以释怨毒之结,可以已愁愤之疾,可以浑庸鄙之好。然则斯道也,孝子以事其亲,敬长而娱死;仁人以此奉其尊,享帝而事鬼;老者以此终,少者以此长。外户可以不闭,嗜欲可以少营。人有此声,家有此道,疫疠不作,天下和平。岂非以人情之大窦,为名教之至乐也哉?②

汤显祖在戏剧的主题内容中主张情感作为戏剧的核心动机和主题内容("思欢怒愁","以灵机自相转活"),在戏剧表现力上主张超越物我虚实的自由想象和无限表现("生天生地生鬼生神,极人物之万途,攒古今之千变③"),在戏剧感染力上主张情感激发("无情者可使有情④"),从而成为受众生命的活跃扩展("寂可使喧,喧可使寂,饥可使饱,醉可使醒,行可以留,卧可以兴。鄙者欲艳,顽者欲灵"⑤)。以晚明李贽、徐渭诸人的唯情论戏剧观为背景,来看汤显祖这三点戏剧思想,我们可以看到,相对于前人单纯主张情感至上、唯情感表现论,汤显祖特别意识到情感所包含的丰富的人生和社会内含。换言之,李贽、徐渭诸人论"情感",其潜台词必然是将"情感"限定于自我个人的,徐渭所谓"本来真面目,由我主张"⑥,李贽所谓"自然发于情性"的"自然之道"⑦,底子里就是"自我";汤显祖主

---

① ② ③ ④ ⑤《汤显祖全集》,第 1188 页。
⑥《徐渭集》,第 1161 页。
⑦ [明]李贽:《李贽文集》第一卷,《焚书》,第 123—124 页。

张作文须以"自如其意"为前提，①也是将自我情感作为艺术表现的中心的，但是，他又认为，自我情感并不是艺术表现的全部，而要真切自如的表现外在世界。

尤其值得注意的是，汤显祖在主张自我情感表现的同时，比徐、李二人更注重情感表现对受众的效果。他认为通过戏剧，不仅可以激发人们的各种情感，使观者在现实与想象、历史与当下、自我与世界之间自由转换，感受到情感的丰富性，而且戏剧通过情感的感动，能够广泛地激发人们的生命状态，使之进入自由活跃、新鲜灵动的状态。汤显祖重视戏剧的情感影响力，要旨是重视戏剧的人文教化功能。他认为，正因为戏剧具有无限的情感表现力和情感影响力，所以它具有广泛的人文教化功能。他对戏剧教化的说法，"可以合君臣之节，可以浃父子之恩，可以增长幼之睦，可以动夫妇之欢"②等等，显然沿用了传统道学诗乐教育的说法，但是，他又指出戏剧"可以释怨毒之结，可以已愁愤之疾，可以浑庸鄙之好"③，这又超出了道学的教化说，肯定戏剧具有非道学教化的情感渲发、娱乐功能。

元代戏剧家高明在剧作《琵琶记》中借人物唱腔宣称戏剧主旨说：

> 今来古往，其间故事几多般。少甚佳人才子，也有神仙幽怪，琐碎不堪观。正是不关风化体，纵好也徒然。论传奇，乐人易，动人难。知音君子，这般另作眼儿看。休论插科打诨，也不寻宫数调，只看子孝共妻贤。④

高明表达的是一个典型的道学戏剧主旨。与之相比，我们就会明显看到，汤显祖虽然肯定可于戏剧诉求道学教化，但是他又指出了戏剧的情感内涵和人文教化功能是超道学的。"岂非以人情之大窦，为名教

---

① 《汤显祖全集》，第 1140—1141 页。
② 同上书，第 1140 页
③ 同上书，第 1141 页。
④ ［明］毛晋：《六十种曲》琵琶记上，明末毛氏汲古阁刻本。

之至乐也哉?"我们可以将汤氏这句话翻译过来说:戏剧可以引用为名教的最佳手段——"为名教之至乐",但是,戏剧更是一个可以广纳人生无限情感的世界——"人情之大窦"。就此而言,在看到汤显祖对道学教化理论的有限包容的同时,我们更应当意识到他对这种礼法教化原则的突破。

因为重视戏剧的社会感化意义,汤显祖对戏剧的超自我的表演艺术提出很高的要求。他认为,只有表演者经历高度符合戏剧表演艺术规律的身心修炼,"好乎技,进乎道"(庄子),他的表演才能出神入化,实现对受众心灵的深刻感化。这种感化,是由现实而进入虚拟,由虚拟而进入真理感悟的历程。他说:

> 汝知所以为清源祖师之道乎? 一汝神,端而虚。择良师妙侣,博解其词,而通领其意。动则观天地人鬼世器之变,静则思之。绝父母骨肉之累,忘寝与食。少者守精魂以修容,长者食恬淡以修声。为旦者常自作女想,为男者常欲如其人。其奏之也,抗之入青云,抑之如绝丝,圆好如珠环,不竭如清泉。微妙之极,乃至有闻而无声,目击而道存。使舞蹈者不知情之所自来,赏叹者不知神之所自止。若观幻人者之欲杀偃师而奏《咸池》者之无怠也。若然者乃可为清源祖师之弟子。进于道矣。①

汤显祖的戏剧理论的基础,可概括为"为情作戏"。但是,现实的情感如何才能转化为戏剧情感? 他又提出了"闲人至情"的说法。在 56 岁的时候,汤显祖撰写了《临川县古永安寺复寺田记》一文,他借题发挥,提出了"忙人忙地"和"闲人闲地"的说法:

> 天下有闲人则有闲地,有忙地则有忙人。缘境起情,因情作境。神圣以此在囿引化,不可得而遗也。何谓忙人? 争名者于朝,争利者于市,此皆天下之忙人也。即有忙地焉以苦之。何谓闲人? 知者

① 《汤显祖全集》,第 1189 页。

> 乐山,仁者乐水,此皆天下之闲人也,即有闲地焉而甘之。甘苦二者,诚不知于道何如,然而趣则远矣。①

争名夺利者为忙人,名利即为忙地;乐山乐水者为闲人,可乐之山水即为闲地。忙人以忙地为苦,闲人以闲地为甘,两种人的人生旨趣是截然相反的。汤显祖对"忙人忙地—闲人闲地"的二分法,是与他在《青莲阁记》中对人生世界的"有有情之天下,有有法之天下"二分法相通的。名利的背后是礼法,山水的背后是情感。但是,在"有情—有法"二分中,汤显祖立论的角度注重于社会现实属性对自我的制约——李白生活在"有情之天下"可以风流成仙,而若生活在"有法之天下"则只能"滔荡零落"。然而,在"忙人忙地—闲人闲地"的二分中,汤显祖则从自我的处世态度立论——"忙地"因为人争求名利的"忙心",而"闲地"因为人有寄情山水的"闲心"。"缘境起情,因情作境。"汤显祖援引了佛家"境由心生"的教义,但是,从整个论述来看,他显然侧重于"心"对于"境"的化生作用。

汤显祖论说"忙人忙地—闲人闲地"的时节,已经辞官赋闲乡居七年了——他正是一个"闲人"。他的"临川四梦",仅有改编于早年未完成剧作《紫箫记》的《紫钗记》,完成于在南京作官时——汤当时所任"太常寺博士"也是闲职,"南都多暇";其他三部《牡丹亭》、《南柯记》和《邯郸记》均作于他1598年辞官后的"闲人闲地"境遇中。《牡丹亭》开场词就是:

> 【蝶恋花】(末上)忙处抛人闲处住,百计思量,没个为欢处。白日消磨肠断句,世间只有情难诉。玉茗堂前朝复暮,红烛迎人,俊得江山助,但是相思莫相负,牡丹亭上三生路。②

"忙处抛人闲处住,百计思量,没个为欢处",这就是一个"闲人闲地"世界;"白日消磨肠断句,世间只有情难诉",恰是在这"没个为欢处"的"闲"中,情感的深刻常用浓重意味被培养彰显出来。汤显祖在1599—1601

---

① 《汤显祖全集》,第1185页。
② 同上书,第2067页。

年间,创作并完成了他毕生最伟大的作品。在其戏剧创作中,"闲"与"情"的互动互生关系,是非常突出的。他讲演员的培养进修,须是"动则观天地人鬼世器之变,静则思之。绝父母骨肉之累,忘寝与食"①。这实质上也是从"忙人忙地"抽身而入于"闲人闲地",即所谓"进乎道"。

作为一位伟大的戏剧家,汤显祖不仅主张以表现真性至情为戏剧主旨,而且他深知人生情感的丰富性和复杂性,他尤其认识到情感与礼法、功利的冲突。对于他,戏剧表现情感,不是意味着自然直率的自我表现,而是要在现实超越的层面上寻求自由与艺术的高度平衡。戏剧是闲人的动情的艺术,汤显祖是深知其中的矛盾性的,对于他戏剧不是"自然发乎情性",而是"白日消磨肠断句,世间只有情难诉"②。不理解"闲—情"的矛盾关联,只以"唯情"、"至情"论汤显祖,就不能把他的戏剧美学与李贽、徐渭们的戏剧思想区别开来。

二、情梦成戏

汤显祖的戏剧,总称为"临川四梦",按创作时间先后顺序,其中包括《紫钗记》、《牡丹亭》、《南柯记》和《邯郸记》。《紫钗记》写霍小玉与才子李益曲折的婚恋故事,他们的婚姻遭受到卢太尉的残酷破坏,终于在一个侠客黄衫客的帮助下两人破镜重圆。《牡丹亭》写小姐杜丽娘春梦公子柳梦梅,相思而亡,三年后柳梦梅在杜家花园拾得丽娘画像,见像恋人,感动了阎王,让丽娘还魂复生,柳杜终成眷属。《南柯记》写淳于棼酒醉古槐树旁,梦中做了蚂蚁所建的大槐安国的驸马、左丞相,又因战乱妻子公主身亡、朝中倾轧而最终被逐回人间,醒来却是一场梦,在剧中老僧的感召下归入佛门。《邯郸记》写神仙吕洞宾给落魄的卢生一玉枕,卢生则睡着玉枕做了一轮享尽人间权贵奢华的美梦,而梦醒过来,发现自己依然是潦倒寒士,而店小二在其梦前为他做的黄粱饭都还没有煮熟,卢

---

① 《汤显祖全集》,第 1189 页。
② 同上书,第 2067 页。

生遂从了吕洞宾成仙去。

明代学者王思任论"四梦"的主旨说:"《邯郸》,仙也;《南柯》,佛也;《紫钗》,侠也;《牡丹亭》,情也。"①这个说法对后世,直至当代都很有影响。②王氏对《邯郸》、《南柯》、《紫钗》的说法,似乎仅依据于三剧的结局,而没有关照到全剧意旨。否定王氏说法的最重要依据是汤显祖在《复甘义麓》信中的自述。该信全文如下:

> 弟之爱宜伶学"二梦",道学也。性无善无恶,情有之。因情成梦,因梦成戏。戏有极善极恶,总于伶无与。伶因钱学《梦》耳。弟以为似道。怜之以付仁兄慧心者。③

"二梦"指《邯郸》、《南柯》。"性无善无恶,情有之"、"戏有极善极恶",显然是针对"二梦"的"剧中情"而言的。汤显祖既然承认剧中情有善恶之别,就不可能以"仙"、"佛"为归宿,全面否定情感。在"二梦"中,两个主人公淳于棼和卢生确是于剧终时分别归佛成仙。但是,这两个人物在剧中都不是代表正面情感即"善",而是代表负面情感即"恶"。淳于棼与卢生均是现实功利竞争中的失势者,而且满怀追名逐利之欲。他们入梦而得富贵,其富贵皆非来自各自才气功业,而是来自于裙带攀附和财势交易,而其一据富贵即成骄奢淫逸之徒。汤显祖在《南柯梦记题词》中将人之贪名逐利视为蝼蚁之争,非常明确地指出了建立于名利基础上的欲望情感是根本虚幻无意义的。他说:

> 天下忽然而有唐,有淮南郡。槐之中忽然而有国,有南柯。此何异天下之中有魏,魏之中有王也。李肇赞云:"贵极禄位,权倾国都。达人视此,蚁聚何殊!"嗟夫,人之视蚁,细碎营营,去不知所为,

---

① [明]王思任:《谑庵文饭小品》卷五,清顺治刻本。
② 比如韦海英、张见称:"《紫钗记》和《牡丹亭》是对情的礼赞,为一组;《南柯记》和《邯郸记》是对情的否定与超越,为一组。"(《汤显祖的情哲学及其展开》,《戏曲艺术》,1991年第4期)此说显然受到王思任说的影响。
③ 《汤显祖全集》,第1464页。

行不知所往,意之皆为居食事耳。见其怒而酣斗,岂不映然而笑曰:"何为者耶?"天上有人焉,其视下而笑也,亦若是而已矣。白舍人之诗曰:"蚁王乞食为臣妾,螺母偷虫作子孙。彼此假名非本物,其间何怨复何恩。"世人妄以眷属富贵影像执为吾想,不知虚空中一大穴也。倏来而去有何家之可到哉。①

汤显祖写"二梦"正是要将人们从淳卢二人所代表的贪欲痴梦中唤醒。《南柯梦记题词》:"梦了为觉,情了为佛。境有广狭,力有强劣而已。"②《邯郸梦记题词》:"所知者,知梦游醒,必非枕孔中所能辩耳。"③两题词是借"佛"、"仙"之辞,示超欲戒贪之道。但是,汤显祖又认为,人情之梦,是不能破的,他明确否定了将"二梦"作为"破梦"之剧的说法。他说在《答孙俟居》信中说:"兄以'二梦'破梦,梦竟得破耶?儿女之梦难除,尼父所以拜嘉鱼,大人所以占维熊也。"④"梦不可破",实则即指人生而情,情不可灭。

其实,在"二梦"中,汤显祖对他所认同的"善"的情感——非功利的至爱真情——是推崇备至的。《邯郸记》虽然对卢生的贪妄淫逸极尽讽笞,但对卢生的"黄粱一梦"的虚幻结局是给予了深刻的人道同情——因为这个结局表现的正是汤显祖所揭示的"有法之天下"的无情现实。他的题词说:"独叹《枕中》生于世法影中,沈酣噂呓,以至于死,一哭而醒。梦死可醒,真死何及。"⑤写一个贪欲可笑的卢生,尤其是最后写他梦醒之后,"宠辱之数,得丧之理,生死之情"皆是"妄想游戏,参成世界",⑥是表达了自我面对现实时的深刻人生无奈。而在《南柯记》中,淳于棼被逐出大槐安国而梦醒后,虽知梦中亡妻公主不过是蚂蚁化身,但还是对她的亡魂紧追不舍,死活要与她一同升天。他唱道:

①《汤显祖全集》,第 1156 页。
②④ 同上书,第 1157 页。
③ 同上书,第 1155 页。
⑤ 同上书,第 1392 页。
⑥ 同上书,第 2558 页。

【南侥侥令】我入地里还寻觅,你升天肯放伊?我扯着你留仙裙带儿拖到里,少不得蚁上天时,我则央及蚁。(旦)你还上不的天也。我的夫呵。(生)我定要跟你上天。①

禅师挥剑劈开俩人——斩断情缘,亡妻升天而去,留在地上的淳于芬唱道:"【园林好】咱为人被虫蚁儿面欺,一点情千场影戏,做的来无明无记。都则是起处起,教何处立因依?"②这个结局,是在无依无靠、无根无据中,即在极端无奈中写出了至爱真情。③汤显祖写"二梦","情"不仅是仍然是叙事主线,而且是他肯定、守望的主题,但是,他从负面来写"情"——写"情"在功利之心中的恶变和在现实中的幻灭,从而呼唤人们心中的至爱真情。

汤显祖称"因情成梦,因梦成戏",明确指出了在戏剧创作中,"情"是本原,"梦"是衍生,而"戏"是产品。"临川四梦"就是"因情成梦,因梦成戏"的产物。《牡丹亭》、《南柯记》和《邯郸记》是直接写梦,《紫钗记》没有直接写梦,但是,在卢太尉的强霸逼嫁形势下,李益与霍小玉各自走投无路的时候,侠客黄衫客的出现,使形势陡转,两人消除卢太尉强加的误会,破镜重圆,这就是一个梦境化的现实结局——它借超越对立人物的第三者的力量去达成不能实现的现实期待。汤显祖《紫钗记题词》说:"霍小玉能作有情痴,黄衣客能作无名豪。"④正是因为有霍小玉作有情痴,黄衣客才可作无名豪。这就是"因情成梦,因梦成戏"。

在"四梦"中,最为杰出、最得"因情成梦,因梦成戏"之精髓的自然是《牡丹亭》。汤显祖在《牡丹亭记题词》中说:

> 天下女子有情宁有如丽娘者乎。梦其人即病,病即弥连,至手画形容传于世而后死。死三年矣,复能溟莫中求得其所梦者而生。

---

① 《汤显祖全集》,第 2434 页。
② 同上书,第 2435 页。
③ "《南柯记》和《邯郸记》是对情的否定与超越",显然是不合汤显祖本旨的。
④ 《汤显祖全集》,第 1157—1158 页。

如丽娘者,乃可谓之有情人耳。情不知所起。一往而深,生者可以死,死可以生。生而不可与死,死而不可复生者,皆非情之至也。梦中之情,何必非真。天下岂少梦中之人耶。必因荐枕而成亲,待挂冠而为密者,皆形骸之论也。传杜太守事者,仿佛晋武都守李仲文、广州守冯孝将儿女事。予稍为更而演之。至于杜守收考柳生,亦如汉睢阳王收考谈生也。嗟夫,人世之事,非人世所可尽。自非通人,恒以理相格耳。第云理之所必无,安知情之所必有邪?①

这段题词,不仅概括了《牡丹亭》的主旨,实际上也是对汤氏的"因情成梦,因梦成戏"戏剧学命题的精要阐述。

王思任《批点玉茗堂牡丹亭词序》说:"若士(汤显祖)自谓,一生'四梦',得意处惟在《牡丹》。情深一叙,读未三行,人已魂消肌栗,而安顿出字,亦自确妙不易。其款置数人,笑者真笑,笑即有声;啼者真啼,啼即有泪;叹者真叹,叹即有气。杜丽娘之妖也,柳梦梅之痴也,老夫人之软也,杜安抚之古执也,陈最良之雾也,春香之贼牢也,无不从筋节窍髓,以探其七情生动之微也。"②王氏的评点概括了《牡丹亭》"至情"、"尚情"的意旨,其对该剧情感表现的深刻性和感染力的描述非常精辟。但是,从王序全文(不只此处引用这一段)看,王氏评《牡丹亭》疏忽了一个与"情"相配对的关键词"梦"。"因情成梦,因梦成戏",对于汤显祖,"戏"的前提是"情","戏"必须有"情";但是,"情"本身并不是"戏","情"必须化成"梦",通过"梦"才能成为"戏"。《牡丹亭》写杜丽娘由梦恋柳梦梅开始,进而"生而可与死,死而可复生"的梦化戏剧,表现的是"至情",演绎的是"情梦"。

"梦中之情,何必非真。"在汤显祖看来,不但梦中之情可以是真的,而且杜丽娘式的"至情"是必须而且只能在梦的世界中展现。"人世之事,非人世所可尽",正如现实中的淳于棼和卢生们只能潦倒落魄,沦于

---

① 《汤显祖全集》,第1153页。
② [明]王思任:《谑庵文饭小品》卷五,清顺治刻本。

蝼蚁不如的困楚悲境，"人生而情"之"情"是不能在礼法功利的现实世界得到偿愿的。"第云理之所必无,安知情之所必有邪?"一个人据于道学之识("理")来否定情感("理之所必无"),是不可能懂得情感的内容和意义的("情之所必有")。换言之,戏剧家汤显祖之所谓"情",根本是处于"理"的对立面的,即它不仅不是可以在现实中偿愿的,而且也是不能用现实原则来理解和把握的。"情之至者",本身就是一个自由超越的想象境界。

在现实中,汤显祖对情与梦的关系,有着深刻的个人体验。这里录他两则文字:

> 《赴帅生梦作有序》:丁亥十二月,予以太常上计过家。先一日,帅惟审梦予来,相喜慰曰:"帅生微瘦乎?"则止。予以冠带就饮,帅生别取山巾着予,甚适予首。叹曰:"人言我两人同心,止各一头。然也。"嗟乎!梦生于情,情生于适。郡中人适予者,帅生无如矣。乃即留酌,果取巾相易,不差分寸。旁客骇叹。记之。①

> 《与丁长孺》:弟传奇多梦语,那堪与兄醒眼人着目。兄今知命,天下事知之而已,命之而已。弟今耳顺,天下事耳之而已,顺之而已。吾辈得白头为佳,无须过量。长兴(丁长孺)饶山水,盘阿窳言,绰有余思。视今闭门作阁部,不得去,不得死,何如也。②

《赴帅生梦作有序》写于 1587 年,汤显祖 38 岁时。"梦生于情,情生于适。"在 38 岁的时候,汤显祖就确立了"梦以情为源"的观念,而"情"则在来自于自我与所梦对象的心灵相印契合。这个观念,无疑贯彻到了他后来写《牡丹亭》时的"梦中之情,何必非真"思想中。这就是说,汤显祖"梦"的原动力是梦者深切真实的情感——而且是肯定性和欲求性的情感,即所谓"适"。《与丁长孺》写于 1609 年,汤显祖 60 岁之际。此时,他与丁长孺在官场都经历了屡遭贬罢,而且均受首辅王锡爵所困厄,信中

---

① 《汤显祖全集》,第 262—263 页。
② 同上书,第 1395 页。

所谓"闭门作阁部,不得去,不得死,何如也"即指王氏。"弟传奇多梦语,那堪与兄醒眼人着目",这句话指出了"传奇多梦语"源于所遭现实困厄及其不满,"梦语"实为浇愁泄愤之物。

汤显祖不仅"传奇多梦语",也不仅"曲中传道最多情",而且是"曲度尽传春梦景,不教人恨太惺惺"。① 总结汤显祖的论说,我们可以说,在戏剧创作的层面上,如果说"情"就是基于自我体认的人生世界的"真",那么,"梦"就是对这个"真"的理想化和艺术化,所谓"尽传春梦景",就是汤显祖所追求的"至情"——只有在戏剧世界才能达到的理想表现。"春梦景",就是人生情感自由的世界。对此,叶朗阐发说:

> 汤显祖追求"有情之人"(即"真人"),追求"有情之天下"(即"春天")。但是,现实世界并不是"有情之天下",而是"有法之天下"。现实生活中并没有春天。春天被"理"、"法"扼杀了。于是"因情成梦"。由"情"的概念引出"梦"的概念。在"梦"中,无情之人变为有情,从而成了"真人"。在"梦"中,有法之天下变为有情之天下,从而有了"春天"。所以,"梦"就是汤显祖的理想……再进一步,"因梦成戏"。"戏"就是写"梦"。"戏"之所以必要,就是为了寄托他的理想,把他的理想化为艺术形象。他的"临川四梦",特别是《牡丹亭》,就是他的强烈的理想主义的表现。②

叶朗此说,不仅阐释了"因情成梦,因梦成戏"命题的要义和逻辑,而且是对汤显祖的戏剧精神宗旨的精辟揭示。

汤显祖所创作的戏剧世界,是基于现实"无情"体验而创造的一个"有情"的理想世界,一个以真人至情为核心的梦的春天世界。他以《牡丹亭》为"四梦"中最得意之作,不仅因为这部戏剧最高程度地体现了"因情成梦,因梦成戏"的戏剧理念,而且因为它是一个完全以人生至情至爱充溢的春天——纯情的世界。请看《牡丹亭》中杜丽娘两则唱腔:

---

① 《汤显祖全集》,第 851、786 页。
② 叶朗:《中国美学史大纲》,第 341 页。

【皂罗袍】原来姹紫嫣红开遍,似这般都付与断井颓垣。良辰美景奈何天,赏心乐事谁家院。①

【隔尾】古之女子,因春感情,遇秋成恨,诚不谬矣。吾今年已二八,未逢折桂之夫;忽慕春情,怎得蟾宫之客?②

因春生情,因情伤春,一个现实天地,顿成广寒梦境,而在这个梦境中,情天恨海皆为一"爱"字生死。汤显祖以戏剧为"道学",而其"道"的要旨,就是理想至爱。汤显祖说"梦不可破",归根到底,就是这"理想至爱"的生命之情不可灭。

三、凡文以意趣神色为主

汤显祖晚年在《答吕姜山》信中说:"寄吴中曲论良是。'唱曲当知,作曲不尽当知也。'此语大可轩渠。凡文以意趣神色为主。四者到时,或有丽词俊音可用。尔时能一一顾九宫四声否?如必按字摸声,即有窒滞迸拽之苦,恐不能成句矣。"③以"意趣神色"规定戏曲文学(广义讲,文学)的审美要素,是汤显祖的创见,也是他晚年戏剧思想的要旨所在。

从戏剧创作来看,一般而言,"意"是剧作的"立意"、"主旨",通常所谓"思想内含";"趣",是作者熔铸在剧作中的人生情趣和艺术品位;"神",是戏文高度的艺术表现力和感染力;"色",是戏文的声腔韵调所构成的风格特色,即声色。在这四要素中,"意"、"趣"属于精神内含层面,而"神"、"色"属于表现形式层面。

在"意趣神色"四个概念的组合中,汤显祖本人没有阐述他所使用的这四个词的具体含义。但是,我们可以从下面四则话体会他的用意。

词以立意为宗。其所立者常,若非经生之常。意崿然而可喜,徐理之,固应如是也。迫促劫悟,案衍固获,咸其自取。力足以遂

---

① 《汤显祖全集》,第 2096 页。
② 同上书,第 2097 页。
③ 同上书,第 1302 页。

之,机足以转之。①

诗乎,机与禅言通,趣与游道合。禅在根尘之外,游在伶党之中。要皆以若有若无为美。通乎此者,风雅之事可得而言。②

世总为情,情生诗歌,而行于神。天下之声音笑貌大小生死,不出乎是。因以驰荡人意,欢乐舞蹈,悲壮哀感鬼神风雨鸟兽,摇动草木,洞裂金石。其诗之传者,神情合至,或一至焉;一无所至,而必曰传者,亦世所不许也。③

神矣化矣。夫使笔墨不灵,圣贤减色,皆浮沉习气为之魔。士有志于千秋,宁为狂狷,毋为乡愿。④

从这四则话看,汤显祖对"意""趣""神""色"的使用,大意上是与通常用法不悖的。但是,他显然还有自己独特的观念和用意。"意嶷然而可喜",他主张"意"须是清除经生迂腐之气,出于新奇而又合于情理。"趣与游道合",他主张"趣"应是超越具体声色而展现的自由空灵的品味和情趣("趣有殊绝世之声实者")。"驰荡人意",他主张"神"的力量是对"人意"(情)的自由奔放(驰荡)的抒发,及其形成的高度的感染力。"笔墨不灵,圣贤减色",他主张"色"是"意"和"趣"的"神化"的表现,"灵"就是"神","失神",就必"减色"。

汤显祖提出"文以意趣神色为主"的命题,其意义不仅在于他指出艺术的审美价值是四者共同构成的,而且在于他清楚地认识到四者之间的有机统一性。正如这四个要素中,意和趣为内含层面,神和色为表现层面,他的文学观是特别强调意和趣的根本作用、基础意义的。"词以立意为宗",无疑是主张"意"在四要素中的统领地位,他因此推崇"自如其意"、"尽其意势之所必极"的"奇文"⑤。同时,他将"趣"视为"是人性的自

———————————

① 《汤显祖全集》,第 1141 页。
② 同上书,第 1123 页。
③ 同上书,第 1110—1111 页。
④ 同上书,第 1138 页。
⑤ 同上书,第 1140—1141 页。

然的要求,是人的生命的表现"①,认为古人文章之佳处就在于文章的"神情声色"能够"各极其趣"②,因而主张作文的要旨就是"讨真趣"③。实际上,"意"和"趣"是难以明确划分的,汤显祖有将两者合称为"意趣"的用法,更多的时候,从文意来看,他所用的"意"是包含了"趣"的。

四、从意与依腔

在"文以意趣神色为主"命题的背景下,我们来解读晚明两大戏剧家汤显祖与沈璟之争。关于这场争论,明代曲论家吕天成有一个总结的论说:

> 此二公者,懒作一代之诗豪,竟成千秋之词匠。盖震泽所涵秀而彭蠡所毓精者也。吾友方诸生曰:"松陵具词法而让词致,临川妙词情而越词检。"善夫,可为定评矣! 乃光禄尝曰:"宁律协而词不工,读之不成句,而讴之始协叶,是为曲中之巧。"奉常闻而非之曰:"彼乌知曲意哉! 予意所至,不妨拗折天下人嗓子。"此可以睹两贤之志趣矣。予谓:"二公譬如狂、狷,天壤间应有此两项人物。不有光禄,词型弗新;不有奉常,词髓孰抉? 倘能守词隐先生之矩矱,而运以清远道人之才情,岂非合之双美者乎?"④

引文中"震泽"、"松陵"和"光禄"均指"沈璟";"彭蠡"、"临川"和"奉常"则指汤显祖。如吕氏所言,汤沈两人之争,焦点在曲词的创作中,是遵守曲调规则,为韵律牺牲词意("读之不成句,而讴之始协叶"),还是从意而为,不顾曲词是否符合曲调规则,甚至是否谐调("予意所至,不妨拗折天

---

① 《牡丹亭》中,汤显祖写塾师指责春香让小姐听户外卖花声,打扰了读书。春香从背后骂塾师道:"村老牛! 痴老狗! 一些趣也不知。"叶朗指出:"这个'趣',就是审美趣味。汤显祖认为,这是人性的自然的要求,是人的生命的表现。一个人失去'趣',也就等于没有生命了。"(叶朗:《中国美学史大纲》,第 342 页)
② 《汤显祖全集》,第 1303 页。
③ 同上书,第 1652 页。
④ [明]吕天成:《曲品》卷上,清乾隆五十六年杨志鸿钞本。

下人嗓子")。沈璟是主张严格遵守曲律的，"宁律协而词不工"，而汤氏则主张从意而为，"词以立意为主"。

沈璟论曲词，自称是"老笔俗肠，硁硁守律"[1]，他认为"名为乐府，须教合律依腔。宁使人不鉴赏，无使人挠喉捩嗓"；"纵使词出绣肠，歌称绕梁，倘不谐律侣也难褒奖"[2]。因为持这样的戏剧立场，他就容不得汤显祖不谐曲谱的任情如意之作，亲自动手，依据吴江派曲律将当时引起巨大轰动、"几令《西厢》减价"的汤作《牡丹亭》作改篡。沈璟的修改本《牡丹亭》，由吕天成之父吕玉绳不具名寄给汤显祖，引起汤氏的强烈反对，他多次致信相关人员表达自己的反对立场，并且阻止自己的剧团搬演沈本。在《与宜伶罗章二》的信中，他说：

> 《牡丹亭记》，要依我原本，其吕家改的，切不可从。虽是增减一二字以便俗唱，却与我原做的意趣大不同了。往人家搬演，俱宜守分，莫因人家爱我的戏，便过求他酒食钱物。如今世事总难认真，而况戏乎！若认真，并酒食钱物也不可久。我平生只为认真，所以做官做家，都不起耳。[3]

"增减一二字"，就会造成"与我原做的意趣大不同"的伤害，可见汤显祖是何等强调"意趣"作为戏剧要旨的意义，同时又表现了他对"意趣"与"神色"的有机统一的极度重视。但是，从现有文献看，汤氏似乎始终不知道吕玉绳寄给他的《牡丹亭》改本是沈璟所为，而非吕氏所为，所以他提及此事皆称"吕家改的"、"吕玉绳改窜"云云。

然而，汤氏尽管在《牡丹亭》改本一事上"误沈为吕"，却是很清楚沈璟所代表的戏曲格调派的主张。他认为，沈璟们之所以持"宁律协而词不工"的原则去规范、肢解他的剧作，根本原因是"不知曲意"。与这种以

---

① ［明］沈璟：《致郁兰先生》，叶朗（总主编）《中国历代美学文库》叶朗总主编《历代美学文库》明代卷（中），第83页，北京：高等教育出版社，2003年。

② ［明］沈璟：《词隐先生论曲》，叶朗（总主编）《中国历代美学文库》叶朗总主编《历代美学文库》明代卷（中），第80—81页。

③ 《汤显祖全集》，第1519页。

格律伤曲意的立场相反,汤显祖宣称:

> 弟在此自谓知曲意者,笔懒韵落,时时有之,正不妨拗折天下人
> 嗓子。兄达者,能信此乎。何时握兄手,听海潮音,如雷破山,眘然
> 而笑也。①

汤氏所谓"不妨拗折天下人嗓子"正是反对沈氏所谓"无使人挠喉捩嗓",前者是意趣所至,不惮违背曲律腔调,后者是为了"合律依腔",不惜牺牲意趣。

汤显祖反对"损意依腔",从理论上看,是对他"词以立意为主"的戏剧主张的卫护,但更深层次的意旨,仍然是本于他坚持戏剧的情本论思想。他在《董解元西厢题辞》中说:

> 余于声律之道,瞠乎未入其室也。《书》曰:"诗言志,歌永言,声
> 依永,律和声。"志也者,情也。先民所谓发乎情,止乎礼义者,是也。
> 嗟乎,万物之情各有其志。董以董之情而索崔、张之情于花月徘徊
> 之间,余亦以余之情而索董之情于笔墨烟波之际。董之发乎情也,
> 铿金戛石,可以如抗而如坠。余之发乎情也,宴酣啸傲,可以以翺而
> 以翔。然则余于定律和声处,虽于古人未之逮焉,而至如《书》之所
> 称为言为永者,殆庶几其近之矣。②

在这里,汤显祖不仅把情感作为诗歌(包含戏曲)的本原要素,而且指出剧中人物、剧作家和批评家("我")三者之间的情感既是相互激发的,但又是具有差异的。他声称自己不谐"定律和声处",但又表示自己理解"《书》之所称为言为永者"的意义。"歌永言,声依永",所讲的是深长的情感自然抒发为诗歌的悠扬声调。"定律和声"则是脱离了具体歌者而固定下来的普遍化的声律规则。汤氏所说表明,作为一个批评家,他对戏剧的解读和审视,不是从抽象固定的格律出发,而是从自我对戏剧的

---

① 《汤显祖全集》,第 1392 页。
② 《汤显祖诗文集》,第 1502—1503 页。

情感感触出发，所追求和肯定的仍然是"意之所至"——"余之发乎情也，宴酣啸傲，可以翱而以翔"。这与沈璟所主张的"论词亦岂容疏放"、推崇所谓"音律谨严，才情秀爽"，意旨是完全相反的。

关于曲词创作是"依腔守律"还是"立意为主"之争，汤显祖在 1608 年《答凌初成》一信中，作了系统的阐述。他说：

> 不佞生非吴越通，智意短陋，加以举业之耗，道学之牵，不得一意横绝流畅于文赋律吕之事。独以单慧涉猎，妄意诵记操作。层积有窥，如暗中索路，闯入堂序，忽然溜光得自转折，始知上自葛天，下至胡元，皆是歌曲。曲者，句字转声而已。葛天短而胡元长，时势使然。总之，偶方奇圆，节数随异。四六之言，二字而节，五言三，七言四，歌诗者自然而然。乃至唱曲，三言四言，一字一节，故为缓音，以舒上下长句，使然而自然也。独想休文声病浮切，发乎旷聪，伯琦四声无入，通乎朔响。安诗填词，率履无越。不佞少而习之，衰而未融。乃辱足下流赏，重以大制五种，缓隐浓淡，大合家门。至于才情，烂熳陆离，叹时道古，可笑可悲，定时名手。不佞《牡丹亭记》，大受吕玉绳改窜，云便吴歌。不佞哑然笑曰，昔有人嫌摩诘之冬景芭蕉，割蕉加梅，冬则冬矣，然非王摩诘冬景也。其中驰荡淫夷，转在笔墨之外耳。[①]

在这封信中，值得注意的是，汤显祖不是直接论述他的词曲观，而是首先反省了自己长期受制于科举、道学，"不得一意横绝流畅于文赋律吕之事"。这种自我检讨当然是真诚的，但是同时也是以自我的觉悟反衬格律派们的迂缚。"始知上自葛天，下至胡元，皆是歌曲"，这个说法当然是要打破格律派从"音律精严、硁硁守律"出发所进行的对歌曲的砍削绳墨。他认为葛天时代的歌曲节奏短促，胡人元人歌曲节奏悠扬，都是由于各自不同的时代环境造成的（"葛天短而胡元长，时势使然"）。从根本

---

① 《汤显祖全集》，第 1442 页。

上，不同的歌曲的节奏、韵律，是历史和环境作用下的自然产物（"偶方奇圆，节数随异"，"歌诗者自然而然"）。南朝沈约（"休文"）从古代师旷的乐理中获得声韵学的启示，元代周德清（汤文"伯琦"，是误指元人周伯琦）的声韵学接受了胡人的影响。汤氏认为，吕玉绳（误，实为沈璟）"改窜"《牡丹亭》，是以吴调绳削临川曲，犹如将王维（"摩诘"）的《冬景芭蕉》作"割蕉加梅"的窜改。在汤显祖看来，"依腔守律"的根本错误就是在于以声害意、以律伤趣；他坚持"词以立意为主"，宗旨是要卫护意趣的真实生动，以求"意趣神色"的完美结合，这是格律派的眼光所不能识见的——"其中骀荡淫夷，转在笔墨之外耳。"

但是，汤显祖并不忽视戏剧家对表现形式的用功追求，从他的剧评文章看，他实际上也是每每以戏剧形式着眼的，"神"与"色"在他的思想中也是具有重要分量的。《焚香记总评》：

> 所奇者，妓女有心；尤奇者，龟儿有眼；若谢妈妈者盖世皆是，何况老鸨！此虽极其描画，不足奇也。作者精神命脉，全在桂英冥诉几折，摹写得九死一生光景，宛转激烈。其填词皆尚真色，所以入人最深，遂令后世之听者泪，读者颦，无情者心动，有情者肠裂。何物情种，具此传神手！独金垒换书，及登程，及招婿，及传报王魁凶信，颇类常套，而星相占祷之事亦多。然此等波澜，又氍毹上不可少者。此独妙于串插结构，便不觉文法拖踏，真寻常院本中不可多得。①

在这个评论中，汤显祖着眼于"词以立意为主"，不仅极赏剧作者对剧中人物情感的深刻把握和表现，而且推崇其"填词皆尚真色，所以入人最深"的感染力（"无情者心动，有情者肠裂"）。但是，他也关注到剧作者写女主人公桂英不是平铺直叙，而是"摹写得九死一生光景，宛转激烈"；全剧"妙于串插结构，便不觉文法拖踏"。他在《红梅记总评》称赞该剧说："裴郎虽属多情，却有一种落魄不羁气象，即此可以想见作者胸襟矣。境

---

① 《汤显祖全集》，第 1656—1657 页。

界纤回宛转,绝处逢生,极尽剧场之变。大都曲中光景,依稀《西厢记》、《牡丹亭》之季孟间。"①

对于汤沈之争,晚明词曲家王冀德评论说:"临川之于吴江,故自冰炭。吴江守法,斤斤三尺不欲令一字乖律,而毫锋殊拙。临川尚趣,直是横行,组织之工几与天孙争巧,而屈曲聱牙多令歌者乍舌。"②王冀德搞中庸,称沈璟之作"吴江守法,毫锋殊拙",又称显祖之作"临川尚趣,屈曲聱牙",是各打五十板。汤沈两人的争论,扩大讲,是前后七子以来,后期明代文坛的"格律派"与"言情派"的争论在戏曲界的延伸。因为沈璟居于江苏吴江,是当地戏剧的代表人物,而汤氏居于江西临川,也是当地戏剧的代表人物,两人之争,又被称为"吴江派"与"临川派"之争。

汤显祖与沈璟之争,从戏剧观来看,也就是"当行与本色之争"。"当行"以戏剧的宫调格律为本,着眼于戏剧创作和表演的专业性和技术性;"本色"以戏剧表现情感为要旨,强调情感表现的直接性和质朴性,及其感染力。汤显祖的思想受徐渭、李贽的本色论主张影响很大,而沈璟则代表专业戏剧家的"当行论"主张。关于这两种戏剧观的分野,吕天成讲得很清楚。他说:

> 博观传奇,近时为盛。大江左右,骚雅沸腾,吴浙之间,风流掩映,第当行之手不多遇,本色之义未讲明。当行兼论作法,本色只指填词。当行不在组织饾饤学问,此中自有关节局段,一毫增损不得。若组织正以蠹当行。本色不在摹剿家常语言,此中别有机神情趣,一毫妆点不来;若摹剿,正以蚀本色。今人不能融会此旨,传奇之派遂判而为二。一则工藻绩少拟当行,一则袭朴淡以充本色。甲鄙乙为寡文,此嗤彼为丧质。殊不知果属当行,则句调必多本色矣;果具本色,则境态必是当行。今人窃其似而相敌也,而吾则两收之。③

①《汤显祖全集》,第 1656 页。
②[明]王骥德:《曲律》卷四,明天启五年毛以遂刻本。
③[明]吕天成:《曲品》卷上,清乾隆五十六年杨志鸿钞本。

吕氏认为"当行"不只是运用规矩格律组织情节,而且是一种难以言喻的建构能力("此中自有关节局段,一毫增损不得"),而"本色"也不只是直接模仿家常俚语,而是须经过精妙入神的提炼升华而形成戏剧表现("此中别有机神情趣,一毫妆点不来")。吕氏的主张是"当行"与"本色"是相互包含,内在统一的——"殊不知果属当行,则句调必多本色矣;果具本色,则境态必是当行。"

吕天成的主张,从理论上讲,当然不错。但是,在实践上,格调与情感、程式与意趣,自然是具有矛盾的,汤沈之争的难以调和,归根结底,也可以说因为这个矛盾是戏剧乃至一切艺术面临的基本矛盾。对这个矛盾的不同态度和不同解决方式,就构成了戏剧艺术的持续运动和发展。在晚明文化背景上,"本色当行之争"的深层意义是表现自我与屈从格套之争。徐渭从表演层面揭示矛盾时说:

> 世事莫不有本色,有相色。本色犹俗言正身也,相色,替身也。替身者即书评中婢作夫人终觉羞涩之谓也。婢作夫人者,欲涂抹成主母而多插带,反掩其素之谓也。故余于此本中贱相色,贵本色,众人喷喷者我哅哅也,岂惟剧者,凡作者莫不如此。嗟哉,吾谁与语!众人所忽,余独详,众所旨,余独唾。嗟哉,吾谁与语![①]

徐渭从自我表现的立场出发,反对"相色",即反对角色化的表演、做人替身;而主张"本色",即主张自我本色的表现,做自己的"正身"。

汤显祖提出"文以意趣神色为主"的命题,实质上是他面对这个矛盾而提出的一种理论主张——但是在这个命题内部,"意趣"与"神色"的矛盾仍然是充满张力的,它们就是"本色"与"当行"(即情感与形式)冲突的表现。如果我们超越戏剧艺术来看问题,"本色与当行之争"实质上是自庄子以来,中国艺术哲学的核心矛盾之一,"自然与技法之争"的延续表现。汤显祖尽管没有从艺术哲学层面来思考这个问题,但是他主张"意

---

① 《徐渭集》,第 1089 页。

趣神色"的结合和统一,是对这个艺术基本矛盾的积极逼近。

第四节　唯理论的回归

1608 年,59 岁的汤显祖与友人陆景业通信时,这样总结自己的学习历程:

> 仆少读西山《正宗》,因好为古文诗,未知其法。弱冠,始读《文
> 选》,辄以六朝情寄声色为好,亦无从受其法也。规模步趋,久而思
> 路若有通焉。年已三十四十矣。前以数不第,展转顿挫,气力已减,
> 乃求为南署郎,得稍读二氏之书,从方外游,因取六大家文更读之,
> 宋文则汉文也。气骨代降,而精气满劲。行其法而通其机,一也。
> 则益好而规模步趋之,思路益若有通焉。亦已五十矣。学道无成,
> 而学为文。学文无成,而学诗赋。学诗赋无成,而学小词。学小词
> 无成,且转而学道,犹未能忘情于所习也。①

汤显祖一生心性发展,大致可分为三个阶段。第一个阶段,是自他少年举业始,而终于 1598 年他在遂昌任上辞官印归乡。这期间逾 30 年,他"规模步趋,学文而思路若有通",实际上履行的是一个传统士夫的"学而仕"的道路。第二阶段,是他赋闲乡居之后,集中创作"临川四梦"中的《牡丹亭》、《南柯记》和《邯郸记》三剧,并全面展开戏剧活动的时期,大约在 1598 年至 1605 年期间。他"学道无成,而学为文。学文无成,而学诗赋。学诗赋无成,而学小词。"第三个阶段,是他人生最后十余年间(约 1606 年—1616 年),他试图在儒、道、易三学中寻找精神支持,他回到早年从罗汝芳、释真可等思想家所学德性之学,将情、才、文,纳入到性、德、理的体系中。这就是他所说的"学小词无成,且转而学道,犹未能忘

---

① 《汤显祖全集》,第 1436 页。

情于所习也。"①

晚年汤显祖,在其心性历程的第三阶段,与其第二期以"尚情"为要旨不同,转而专注于"尚学"。他的《南昌学田记》一文,对"尚学"主张作了明确的表达。他说:

> 予观诸士中,多从余也,恢奇秀好之资,比比而是。且日近官庑,而游师帅绅冕之间。此亦田之美而近者矣。然不以美学,不以学至于道,能无稗且废乎。如此田虽美,不知其美也。以美而学且于道,不日月比其成,多少浅深之数,亦莫能明也。比其成矣,而要之适于用。不为吾先师而用,犹不以田祀也。不为吾同道者而用,犹不以田课士急有行者也。若然者,无亦非吾养士意耶。是故圣王治天下之情以为田,礼为之耜,而义为之种。然非讲学,亦无以耨也。②

我们知道,汤显祖的《牡丹亭》问世而风行之后,相国张新建当面对汤"因戏误学"表示婉言,汤显祖的回答是:"显祖与吾师终日共讲学,而人不解也。师讲性,显祖讲情。"③但是,在《南昌学田记》中,汤显祖的"尚学"主张显然是回复到了张氏以孔孟性命之学为"正学"的立场上。良田美地,若缺少耕耘管理,仍然只能是稗草孳生之地。人生而有美才,也不过是一块需要耕耘的良田。"是故圣王治天下之情以为田,礼为之耜,而义为之种。然非讲学,亦无以耨也。"汤显祖在此伸张的是明确正统的道学教化思想,是以礼法教化心情。这对他此前所主张的"有法之天下—有情之天下"二分的思想,是一个明确的颠覆。

汤显祖晚年论学思想,围绕着一个核心概念"天机"。他《太平山房集选序》中说:"盖予童子时从明德夫子游,或穆然而咨嗟,或熏然而与

---

① 关于汤显祖的精神历程,可参见左东岭《阳明心学与汤显祖的言情说》,《文艺研究》,2000 年第 3 期。
② 《汤显祖全集》,第 1178 页。
③ [清]梁维枢:《玉剑尊闻》卷七,清顺治刻本。

言,或歌诗,或鼓琴。予天机泠如也。后乃畔去,为激发推荡歌舞诵数自娱。积数十年,中庸绝而天机死。"①

达观(释真可)使用"天机",是沿用佛学体系,将之理解为一种个人心性中的觉悟能力——慧根,而且将"天机"与"嗜欲"相对,认为两者对于自我佛性觉悟,所起作用是相反的。他说:"如嗜欲浅而天机深者,一闻而能思,思而能精,精而遗闻,闻遗所脱,所脱则能消所既荡,虽处于境缘顺逆之中,应而无累。"②

罗汝芳则从王阳明心学要义出发论天机。他说:"问:王阳明先生'莫谓天机非嗜欲,须知万物是吾身'其旨何如?罗子曰:万物皆是吾身,则嗜欲岂出天机外耶?曰:如此作解恐非所以立教。曰:形色天性孟子已先言之,今日学者直须源头清洁,若其初志气在心性上透彻安顿,则天机以发嗜欲,嗜欲莫非天机也;若志气少差,未免躯壳着脚,虽强从嗜欲以认天机,而天机莫非嗜欲矣。"③王阳明、罗汝芳所论"天机",即"良知",是自我天性本来具有的善德或仁人之心。天机即"性",嗜欲即"情",主张"性"与"情"对立,是传统儒学的观念;王学则主张性情一体,即"天机莫非嗜欲"。

汤显祖的天机观是受到罗汝芳与释真可的影响的。他称"予天机泠如",是从自我觉悟能力来讲"天机"的,说的是自己慧根不敏,没能觉悟罗氏的明道启蒙;他称"中庸绝而天机死",是从良知说来论天机,"中庸"被理解为良知的高度觉悟能力,"中庸"与"天机"是同一的。他说:"中庸者,天机也,仁也。去仁,则其智不清,智不清则天机不神。"他进而言之:

> 通人之言曰,善观人者,不观其人,而观其人之天;相千里马者,取其精,遗其粗。见其内,而忘其外,以此谓之天机。子言之矣,富贵贫贱不以其道得之,君子有所不去不处,以成名于其仁。盖造次

①《汤显祖全集》,第1098页。
② 释真可:《紫栢老人集》卷一。
③ [清]黄宗羲:《明儒学案》卷三四。

必于是,而颠沛必于是。是不有天机存焉者乎。不然而曰必于是,
是固有不可得而必者。何也? 其外而粗焉者耳。故曰言语者,仁之
文也,行事者仁之施也。行莫大乎节行,而言莫大乎文章。二者皆
所以显仁而藏其用,于世固非以成名也。而名不厌成。①

这里讲"见其内,而忘其外,以此谓之天机",是从本性上说良知,因为良
知不是一个外在化的具象的存在。汤显祖将言语界定为"仁之文",认为
文章是"所以显仁,而藏其用",是用《易传》之说论文。《易传·系辞上》
说:"一阴一阳之谓道,继之者善也,成之者性也,仁者见之谓之仁,知者
见之谓之知,百姓日用而不知。故君子之道鲜矣,显诸仁,藏诸用,鼓万
物而不与圣人同忧。盛德大业至矣哉。"

汤显祖的天机观,虽然以王阳明心学良知论为始基,但是还掺杂了
道家的阴阳五行思想。在《阴符经解》一文中,他说:"天道阴阳五行,施
行于天,有相变相胜之气,自然而相于生。生而相于杀。……天机者,天
性也。天性者,人心也。心为机本,机在于发。天机发在斗,斗者天之目
也。受天机,干天行,阴为机者死,阳为机者生。"②他还说:"列子庄生,最
喜天机。天机者,马之所以千里,而人之所以深深。机深则安,机浅则
危,性命之光,相为延息。"③

除"天机"概念外,汤显祖还使用"气机"论文。他在《朱懋忠制义叙》
一文中说:

通天地之化者在气机,夺天地之化者亦在气机。化之所至,气
必至焉。气之所至,机必至焉。孙策起少年,非有家门积聚之势,朝
廷节制之重。然以三千人涉江淮吴会,立有江东。袁曹眙愕而不敢
正视。然竟以蹶。此气胜而机不胜者也。诸葛武侯精其技,至于水
牛流马。然终不能出汉中夷陵一步,窥长安许洛者,此机胜而气不

①《汤显祖全集》,第 1097 页。
② 同上书,第 1271 页。
③ 同上书,第 1308 页。

胜也。天下文章有类乎是。莽莽者气乎,旋旋者机乎。庄生曰:"万物出乎机,入乎机。"天下有中气,有畸气。中主要而难见,畸挈激而易行。气与机相辅相轧以出。天下事举可得而议也。吾以为二者莫先乎养气。养气有二。子曰:"智者动,仁者静。仁者乐山,而智者乐水。"故有以静养气者,规规环室之中,回回寸管之内,如所云胎息踵息云者,此其人心深而思完,机寂而转,发为文章,如山岳之凝正,虽川流必溶湝也,故曰仁者之见;有以动养其气者,泠泠物化之间,矗矗事业之际,所谓鼓之舞之云者,此其人心炼而思精,机照而疾,发为文章,如水波之渊沛,虽山立必陂陁也,故曰智者之见。二者皆足以吐纳性情,通极天下之变。下此,百姓文章耳。盖日用饮食而未尝知为者也。[1]

就人而言,"气"包括个人所禀赋的创造力和胆略气魄;"机"是个人的智慧和谋略。汤显祖认为,做事做文,必须气与机俱齐。用庄子的气化论解读孔子的"仁者乐山,智者乐水",并由此分解出"以静养气"和"以动养气"所形成的不同风格的文章。"二者皆足以吐纳性情,通极天下之变。"汤显祖此说,是对文章风格的差异性的肯定和推崇。

对于晋代名士所阐发的道家"以玄对山水"[2]精神,晚年汤显祖深有所契。他在《睡庵文集序》一文中,大倡其道。他提出:"道心之人,必具智骨;具智骨者,必有深情。""道心",既得道之人,以道为心者。"智骨",本指先时占卜所用的龟骨,引申为得道者的睿智。值得注意的是,汤显祖在这里,不是从情出发,而是从"道"出发,以"道心"为根,"智骨"为用,"深情"是由道心而得"智骨"之花。"人胸怀喉吻中殊有巨物,岂区区待一黄阁(宰相)而后能与世吐咽者。"汤显祖从晋人所传的道心情怀中,吸取的是超然世外的风流自如的精神,此般精神唯有浩瀚山水可以寄托,

---

[1]《汤显祖全集》,第 1129—1130 页。
[2] [《世说新语》卷下之上,。刘孝注:"孙绰《庚庚亮碑文》曰:公雅好所讬,常在尘垢之外,虽柔心应世,蝼屈其迹,而方寸湛然,固以玄对山水。"

而非世俗功名所能畅怀。他借赞被劾罢国子监祭酒的汤宾尹（睡庵）说：

> 是睡庵可以恢然悠然，以山川为气质，以烟霞为想似，以玄释为饮食，以笑叹为事业，纵横俯仰，概不由人。道与文新，文随道真。情智所发，旁薄独绝，肆入微妙，有永废而常存者。①

1614 年，54 岁的汤显祖有弃戏归佛之意。他撰《续栖贤莲社求友文》一文说：

> 岁之与我甲寅者再矣。吾犹在此为情作使，劬于伎剧。为情转易，信于痎疟。时自悲悯，而力不能去。嗟夫，想明斯聪，情幽斯钝。情多想少，流入非类。吾行于世，其于情也不为不多矣，其于想也则不可谓少矣。随顺而入，将何及乎？应须绝想人间，澄情觉路，非西方莲社莫吾与归矣。②

他反思自己既往听任性情为文作戏，以想像虚妄为信念（"为情转易，信于痎疟"）。他认识到理智思考与情感体验之间所具有的"聪"与"钝"的差异，检讨自己因为溺情寡思而"流入非类"。"应须绝想人间，澄情觉路，非西方莲社莫吾与归矣。"西方莲社是以念佛为主旨的社团名，源自东晋慧远大师居庐山，与刘遗民等同修净土寺，结莲社（白莲社）奉佛。汤显祖称"非西方莲社莫吾与归矣"，这就是表示绝世向佛之意了。"费神明于匪用，委日用于无常，情有所必穷，想有所必至。苟怀千秋之寄者，皆将有感于斯言耳。"③此时的汤显祖，经历了由儒转道，由道入佛的精神转易。但是，这些转易又最后落脚到"怀千秋之寄"，显然汤氏又无意真正"绝想人间"，他的努力，是试图以更高的觉悟摆脱为情所困的苦恼（"澄情觉路"），而不是如佛徒般彻底斩绝情缘。

1615 年，汤显祖去世前一年，他提出"理"、"势"、"情"三者交互作用

---

① 《汤显祖全集》，第 1075 页。
② 同上书，第 1221 页。
③ 同上书，第 1222 页。

决定天下吉凶、事物成毁的观念。他说："今昔异时，行于其时者三：理尔，势尔，情尔。以此乘天下之吉凶，决万物之成毁。作者以效其为，而言者以立其辨，皆是物也。事固有理至而势违，势合而情反，情在而理亡，故虽自古名世建立，常有精微要眇不可告与人也者……是非者理也，重轻者势也，爱恶者情也。三者无穷，言亦无穷。"①汤氏此论，不仅指出天下事物是"理"、"势"、"情"三者交互作用的产物，而且揭示了三者的运行是交错矛盾的。

　　在 50 岁前后的"尚情"阶段，汤显祖主张"世总为情，情生诗歌"，倡导"情"的自律、超然；在 60 岁前后的"尚理"阶段，汤显祖"由情返理"，复归于以儒家的性命道德之学，由"天机"发端，主张良知决定的一元论。但是，汤氏又将"天机"从"良知"转为道家—易学的"阴阳五行"，继而又转向庄子"气机"之说。汤氏气机说，分"气"与"机"而论之，实为二元论。65 岁的汤显祖以"理"、"势"、"情"三者立论，实则主张了三元论。他这个发展，实则是动摇了"尚情"的"唯情论"，但是，又在人生世界的根本处保留了"情"的位置。这大概是汤显祖最后的自我调试，也是在现实与自我之间安置一个想象的平衡（或妥协）。

---

① 《汤显祖全集》，第 1646—1647 页。

第七章　董其昌的美学思想

第一节　集大成者董其昌

在明代学者中,董其昌是为数不多影响卓著而又年寿高迈,享天年而善终者。他生于 1555 年,卒于 1636,享年 82 岁。他出身于一个四代无官的家族,天资聪慧,儿少时"比夜父从枕上授经、悉能诵记"。但是,青年董其昌读书登第的意向,不胜其书画翰墨之志,因为过多时间沉湎于追摹前人书画,直至 34 岁(1589 年)才得中进士。举进士之后,虽然宦海浮沉,在授官与隐退之间数度徘徊,董其昌却从授翰林院编修起步,将官做到了南京礼部尚书,82 岁病卒后,谥封文敏。晚明时代,朝廷弱弊,数易帝位,恶宦专权,士夫生死无常,董其昌能得高寿善终,以庄子之言,实为"善养生者"。

清代学者姜绍书的《无声史诗》对董其昌有一个概要的介绍:

> 董其昌,字玄宰,号思白,华亭人。万历戊子、己丑,联掇经魁,遂读中秘书,日与陶周望望龄,袁伯修袁中道,游戏禅悦。视一切功名文字,黄鹄之笑壤虫而已。时贵侧目,出补外藩,视学楚中,旋反初服。高卧十八年,而名日益重……及魏阉盗权,士大夫踽踽救过

不暇,人皆叹公之先几远引焉。崇祯间晋礼部尚书。年近大耄,犹手不释卷。灯下读蝇头书,写蝇头字。盖化工在手,烟云供养,故神明不衰乃耳……画仿北苑、巨然、千里、松雪、大痴、山樵、云林。精研六法,结岳融川,笔与神合,气韵生动,得于自然。所谓"云峰石迹,迥出天机,笔意纵横,参乎造化"者也。①

如姜绍书所叙,董其昌科举入仕、功名显赫,但并不汲汲于权位,相反,他深知进退三昧。他为官一生,伴随着逐渐升迁的是他屡屡上疏请辞归隐。1593 年 38 岁时,他出任太子常洛讲师,后因为遭人嫉谗而被外放,他则以"移疾"干脆辞官还乡。1624 至 1627 年间,操纵朝中权柄的宦官魏忠贤,血洗持不同政见的东林党人,致朝野一片肃杀血腥。董其昌本与东林党有往来和同情,但他非"党人"。在魏忠贤全国捕杀东林党人最为激烈的时候,董其昌先是于 1625 年赴南京任礼部尚书,远离这场残暴清洗的核心京城;次年他在多次上疏告辞之后获准解官还乡,完全脱离宦界,隐息乡里。

姜绍书称"及魏阉盗权,士大夫踟蹰救过不暇,人皆叹公之先几远引焉"。董其昌以同情东林党人而在魏忠贤的血洗运动中得以保全身位,究竟是因为他遇此大劫而有"先几远引"之谋,还是因为他天性中的"名心薄而世味浅"的生活精神使他善终一生? 应当说,董其昌在为官与隐逸之间,进退守放有度,根本原因得益于他不以"贪多务得"为功、而以"平淡天真"为志的人生取向。② 他中进士授翰林编修未久,即遇翰林院学士田一儁去世,他主动告假,护柩南下数千里,奉送这位一生清廉、身后萧条的前辈同事的遗体返乡。入仕未久的董其昌此举,自然会被视作"礼敬前辈"并为自己未来晋升造势的表现,然而,他却在完成护柩之后,告假还乡,退隐数年。在他从政的 47 年间,归隐时间最长的一次是他约 50 岁时拒绝"河南参政"(从三品)的官职,在家乡"高卧十八年"(1604—

---

① [清]姜绍书:《无声诗史》卷四。
② [明]董其昌:《容台集》文集卷一。

1622)。董其昌的一生仕途,是在自我辞隐与应诏出仕的反复交替中展开的,似乎是辞隐为他开拓了晋升的机会,而出仕又酝酿着他下一次辞隐。1631年,他最后一次从归隐中应召入京,职掌詹事府事(负责辅导太子事务),次年即请辞归乡,1634年获准,两年后(1636年)病逝于故里。

董其昌不仅在仕宦生涯中进退相益,而且在为人治学上也以晚明士夫不多得的"平淡天真"为操行。他与李贽、公安三袁都有不浅的交往,特别是与袁氏三兄弟以"游戏禅悦"为同道,但是,他既未顺从他们的极端个人主义主张,又没有真正遁入禅家的清寂。他的一生,实在没有李贽、袁宏道们的激扬高蹈、狂恣破俗的举止可言。1616年,在归隐乡居中的董其昌遭遇了与李贽生前同样的遭遇:据民间传说,罢官在家的董其昌看中同乡一个佃户的女儿,他的儿子就带人闯入人家将这少女掳来给父亲做妾,因此引发了数以百计的乡民暴动,愤怒的乡民围攻董家大宅,抢掠财物,并纵火烧房子。

这场浩劫不仅使董家财物几乎被洗劫一空,而且还使董其昌大半生收藏书画大量流失,而幸免于难的董其昌不得不避祸他乡,数年间背负恶名,漂泊在江湖间,靠变卖剩余的家产和收藏的字画为生——他珍爱至极的黄公望《富春山居图》也在这个时期被迫出手。被传说确定为这个事件导火索的"董宦抢民女",是否确有其事,史无定论,但董家招怨惹祸而致此浩劫是确凿史实。[①] 值得注意的是,遭遇这次大难,并没有给董其昌的人生性情产生什么影响,明确可见的影响只是,作书画"不为名使"、"率尔酬应"的董其昌在这段危难时期为生计所迫,不得不大量作书画营生。

董其昌的才学和影响,清人万斯同撰《明史·文苑传》概括说:

> 其昌天才俊逸,少负重名,于书画亦并擅绝……始宗宋米芾,后遂综晋唐诸帖,而变化之。画亦集宋元诸家之长,行以己意,潇洒生

---

① "督湖广学政,不徇请嘱,为势家所怨,嗾生儒数百人,鼓噪毁其公署。"([清]张廷玉:《明史》卷二八八,列传第一七六)

动,非人力所及也。精于品题,四方造请无虚日。尺素短札流布,人间争购宝之,精于品题,收藏家得片纸只字以为重,性和易,通禅理,萧闲吐纳,终日无俗语,人儗之米芾赵孟頫。[1]

万斯同这段概括,是对董其昌的中肯之论。董其昌 17 岁参加松江府会考,按文采当列第一,却因书法不佳,屈居第二,"自是始发愤临池",由书法而及绘画,临仿、研讨历代书画大家之作,积数十年之功,真做到了集百家之长、变化而行自家之意的书画造诣。如果说年少的董其昌攻书画发端于"争第一"的成名志气,那么,进入人生成熟之后的董其昌用功于书画,却是"不为名使"的超然追求。他对书画有内外两面的意旨:就外而言,他的意图是从创作和理论两路着手,集中国画之大成,并且作南北分宗,力昌南宗"平淡天真"之趣;就内而言,就是以书画悦情养生,这就是他所说的"画中云烟供养"。他说:"黄大痴九十,而貌如童颜。米友仁八十余,神明不衰,无疾而逝。盖画中云烟供养也。"[2]他自己的人生也如此。

　　董其昌出入仕途,可理解为庄子所谓"不免于形"的作为,而他时时知退,在位高权重时请辞,则是庄子所谓"弃事忘生"的态度所使然。正是有这入世中的"弃事忘生",使他的人生显赫而依然"平淡天真","形全精复"。董其昌的人生如其书画理论,是深受庄子的人生精神浸润的。[3]姜绍书称董其昌"视一切功名文字,黄鹄之笑壤虫而已"。这句话如果不能作为他平生的完整写照,至少也是他一生进退成毁的感慨体悟。

第二节　山水画的隐逸精神

一、画分南北二宗

　　晚明绘画,呈现的是一个派别林立、争议纷起的景象。产生这样的

---

[1] ［清］万斯同:《明史》卷三八八《文苑传》,清钞本。
[2] ［明］董其昌:《容台集》别集卷四。
[3] 关于董其昌"貌禅实庄",参见徐复观《中国艺术精神》,第 253—255 页。

景象,一则是绘画的商业化运动的结果,因为商业竞争的意识不仅强化差异特色,也促成团体运动;一则是中国传统绘画的运动达到了这样的历史总结性阶段,传统的风格、技艺都如此成熟、丰富,再现自然本身不再是问题,成为问题的是既有的风格、技艺在再现自然的同时,在多大程度上能够成为自我心性表现的工具。

在各种纷争中,崇尚董源(? —约962年)画风的松江画派与崇尚赵孟頫(1254—1322)画风的苏州画派的争执最为响亮。董源的画"以墨染云气,有吐吞变灭之势",代表的是强调直觉和表现性情的文人画传统;赵孟頫的画则"精工之极,又有士气",代表的是院体画和职业画传统。①这两派的相争,是非对峙,并没有积极的结果。第三种声音是撇开传统,寻求"师心自创"的路线。苏州画家沈灏(1586—?)说:"董北苑之精神在云间(松江),赵承旨之风韵在金阊(苏州)。已而交相非,非非赵也,董也。非因袭之流弊,流弊既极,遂有矫枉。至习矫枉转为因袭,共成流弊。其中机棁循迁,去古逾远,自立逾羸。何不寻宗觅派,打成冷局? 非北苑,非承旨,非云间,非金阊,非因袭,非矫枉,孤踪独响,复然自得。"②

然而,这种"孤踪独响"的追求,在千余年的绘画精神传统背景下,并不能真正成为一个现实可行的绘画路线。高居翰说:"此一建议听来甚好,执行起来却不容易:晚明画坛的气氛极为凝重,想要在重重的影响及党派关系中自辟一路,以求'孤踪独响',这并非大多数画家的能力所能及,而且,作此尝试的画家到底还是寥寥无几。沈颢(灏)自己的作品大抵不过平淡无奇,而且,几乎完全拾人牙慧,简直看不出他曾经作此尝试。"③

相对于孤立于传统的"孤踪独响"的个人化观念,董其昌的画论代表着一种向绘画传统整体复归的思想。他说:"画平远师赵大年,重山叠嶂师江贯道。皴法用董源麻皮皴及潇湘图点子皴。树用北苑子昂二家法。

---

① [明]董其昌:《容台集》别集卷四。
② [明]沈灏:《画尘》,叶朗(总主编):《历代美学文库》明代卷(下),第306页。
③ [美]高居翰:《山外山:晚明绘画》,第19页。

石法用大李将军《秋江待渡图》及郭忠恕雪景。李成画法，有小幅水墨，及着色青绿，俱宜宗之。集其大成，自出机轴。再四五年，文沈二君不能独步吾吴矣。"①董其昌罗列了唐五代宋元的多位重要画家，主张以这些传统大师的技法为山水画基础，就可掌握山水绘画的诀窍，"集其大成，自出机轴"；此亦是成就大师之路，"再四五年，文沈二君不能独步吾吴矣"。

在"集大成"的思路上，董其昌提出了"画分南北二宗"的论说。他说：

> 禅家有南北二宗，唐时始分。画之南北二宗，亦唐时分也。但其人非南北耳。北宗则李思训父子着色山水。流传而为宋之赵干、赵伯驹、伯骕，以至马夏辈。南宗则王摩诘始用渲淡，一变钩斫之法。其传为张璪、荆、董、巨、郭忠恕、米家父子，以至元之四大家。亦如六祖之后，有马驹，云门，临济儿孙之盛，而北宗微矣。要之摩诘所谓云峰石迹，迥出天机，笔意纵横，参乎造化者。东坡赞吴道子王维画壁亦云：吾于维也无间然。知言哉。②

"画分南北"并非自董其昌始，相近类似的主张，早有他人述及。比如，长于董其昌的詹景凤（1528—1602）就在一文中述及：

> 山水有二派：一为逸家，一为作家，又为行家、隶家。逸家始自王维……其后荆浩、关仝、董源、巨然……米芾、米友仁为其嫡派。自此绝传者，几二百年，而后有元四大家黄公望、王蒙、倪瓒、吴镇，远接源流。至吾朝沈周、文徵明，画能宗之。
>
> 作家始自李思训、李昭道……李成、许道宁。其后赵伯驹、赵伯

---

① ［明］董其昌：《容台集》别集卷四。案：此段引文并下面关于"画分南北二宗"等引文，也出现在董其昌好友莫是龙（1530—1587）的署名文章《画说》中。《画说》（明宝颜堂秘籍本）共录语录 15 则，全部出现在董其昌的《容台集·画旨》和《画禅室随笔》。《画说》所辑语录，究竟系莫是龙还是董其昌所撰，当今学界有不同看法，本书采用董撰之说。

② ［明］董其昌：《容台集》别集卷四。

骦……皆为正传,至南宋则有马远、夏圭(即夏珪)、刘松年、李唐,亦其嫡派。至吾戴进、周臣,乃是其传。

至于兼逸与作之妙者,则范宽、郭熙、李公麟为之祖,其后王诜……赵干……与南宋马和之,皆其派也。①

所谓"作家(行家)"与"逸家(隶家)"之分,就是职业画苑画家与业余文人画家之分。詹景凤在文中表现了推崇文人画家而贬低画苑画家的观点。他说:"若文人学画,须以荆、关、董、巨为宗,如笔力不能到,即以元四家为宗,虽落第二义,不失为正派也。若南宋画院诸人及吾朝戴进辈,虽有生动,而气韵索然,非文人所当师也。"②在画分二宗中,詹景凤扬文人画家而抑画苑画家的观点,与董其昌如此一辙。董其昌说:

文人之画,自王右丞始。其后董源、巨然、李成、范宽为嫡子。李龙眠、王晋卿、米南宫及虎儿,皆从董巨得来。直至元四大家,黄子久、王叔明、倪元镇、吴仲圭,皆其正传。吾朝文沈,则又远接衣钵。若马夏及李唐、刘松年,又是大李将军之派,非吾曹当学也。③

李昭道一派,为赵伯驹、伯骦,精工之极,又有士气。后人仿之者,得其工,不能得其雅。若元之丁野夫、钱舜举是已。盖五百年而有仇实父,在昔文太史亟相推服。太史于此一家画,不能不逊仇氏。故非以赏誉增价也。实父作画时,耳不闻鼓吹阗骈之声,如隔壁钗钏戒。顾其术亦近苦矣。行年五十,方知此一派画,殊不可习。譬之禅定积劫,方成菩萨。非如董巨米三家可一超直入如来地也。④

詹景凤与董其昌同时在松江生活过,而且有共同的朋友王世贞和莫是龙等。他们可能会有相互影响、启发,因而无怪于两人之论相近似。

---

① [明]詹景凤:《饶自然"山水家法"跋》,转引自陈传席《中国山水画史》,第437页,天津人民美术出版社,2001年。
② [明]詹景凤:《饶自然"山水家法"跋》,转引自陈传席:《中国山水画史》,第437页。
③ [明]董其昌:《容台集》别集卷四。
④ [明]董其昌:《画禅室随笔》卷二。

董其昌以禅家论画,可以溯源到严羽以禅家论诗。严羽说:

> 禅家者流,乘有小大,宗有南北,道有邪正;学者须从最上乘,具
> 正法眼,悟第一义。若小乘禅,声闻辟支果,皆非正也。论诗如论
> 禅:汉魏晋与盛唐之诗,则第一义也。大历以还之诗,则小乘禅也,
> 已落第二义矣。晚唐之诗,则声闻辟支果也。学汉魏晋与盛唐诗
> 者,临济下也。学大历以还之诗者,曹洞下也。大抵禅道惟在妙悟,
> 诗道亦在妙悟。且孟襄阳学力下韩退之远甚,而其诗独在退之之上
> 者,一味妙悟而已。惟悟乃为当行,乃为本色。然悟有浅深,有分
> 限,有透彻之悟,有但得一知半解之悟。谢灵运至盛唐诸公,透彻之
> 悟也;他虽有悟者,皆非第一义也。①

董其昌沿严羽"以禅喻诗"将古今画派分别为"南北二宗",并非方便
之说,而是着眼于推行他与严羽共同的以"顿悟"为第一义、"渐悟"为第
二义的艺术主张。严羽说:"夫诗有别材,非关书也;诗有别趣,非关理
也。然非多读书,多穷理,则不能极其至。所谓不涉理路,不落言筌者,
上也。"②董其昌也持同样主张。他说:"昔人评大年画,谓得胸中万卷书
更奇。又大年以宋宗室,不得远游。每朝陵回,得写胸中丘壑。不行万
里路,不读万卷书,欲作画祖,其可得乎? 此在吾曹勉之,无望庸史矣。"③
但是,两人又主张求学要从正宗,才可得"第一义"。严羽认为,"盛唐诸
人惟在兴趣,羚羊挂角,无迹可求","推原汉魏以来,而截然谓当以盛唐
为法"④。董其昌认为,王维开辟的南宗画派的至高境界"云峰石迹,迥出
天机,笔意纵横,参乎造化"、"一超直入如来地",是应当继承的"衣钵";
李思训(李昭道)开辟的北宗画派"精工之极"、"其术亦近苦","譬之禅定
积劫,方成菩萨",是不应当师从的路数("非吾曹当学也")。换言之,如

---

① [宋]严羽:《沧浪诗话校释》,第11—12页。
② 同上书,第26页。
③ [明]董其昌:《画禅室随笔》卷二。
④ [宋]严羽:《沧浪诗话校释》,第26—27页。

以禅喻画,董其昌认为,南宗画派的功夫在于"顿悟",北宗画派的功夫在于"渐悟",即所谓"南北顿渐,遂分二宗"。清人方熏说:"画分南北两宗,变本禅宗南顿北渐之义。顿者根于性,渐者成于行也。"①在董其昌看来,求顿悟的南宗画派,是文人画的"正宗",追学南宗,则得文人画的"正传"。

二、高人隐于画史

董其昌在文章中常引用、评述苏东坡的诗画论说,而且多表示倾服、赞同。苏东坡诗说:"道子实雄放,浩如海波翻。当其下手风雨快,笔所未到气已吞。……吴生虽妙绝,犹以画工论。摩诘得之于象外,有如仙翮谢樊笼。吾观二子皆神骏,又于维也敛衽无间言。"②在吴道子和王维唐代大师之间,苏东坡虽然同样激赏二人为"神骏",但却只在精神上完全认同王维("于维也敛衽无间")。董其昌的"南北二宗论"尊王维为南宗之祖,并称赞苏的"于维也敛衽无间"为"知言哉"。

为什么董苏二人对王维有如此一致的认同呢?苏东坡《题王维画》一诗前半段说:

> 摩诘本词客,亦自名画师。平生出入辋川上,鸟飞鱼泳嫌人知。山光盎盎着眉睫,水声活活流肝脾。行吟坐咏皆自见,飘然不作世俗辞。高情不尽落缣素,连山绝涧开重帷。③

这首诗名为"题王维画",实则以诗为王维画像。在另一首诗中,东坡将王维与史上多位著名隐逸文人并题。该诗说:"乐天早退今安有,摩诘长闲古亦无。五亩自栽池上竹,十年空看辋川图。近闻陶令开三径,应许扬雄寄一区。晚岁与君同活计,如云鹅鸭散平湖。"④在东坡笔下,王维是

---

① [清]方熏:《山静居画论》卷上,清《知不足斋丛书》本。
② [宋]苏轼:《东坡诗集注》卷二,《四部丛刊》景宋本。
③ [宋]苏轼:《补注东坡编年诗》卷四七,清文渊阁《四库全书》本。
④ [宋]苏轼:《补注东坡编年诗》卷四四。

一位自适而适情于山水的"隐逸文人",用董其昌的话说,就是寄乐于山水诗画的高人韵士。在评说好友、收藏家项元汴(1525—1590)的孙子项圣谟(1597—1658)的诗画时,董其昌表述了他对王维的隐逸人生与其诗画品格关系的看法。该则短文全录如下:

> 王摩诘十九赋《桃源行》,潘安仁三十作《闲居赋》,孔彰(项圣谟)今年三十为《招隐诗》。志在林泉,声出金石。其诗则取材于《选》,程格于唐,奄有摩诘、安仁之长。而若置身于辋川庄,河阳别业以终老,无朝市慕者,虽年三十,而摩诘、安仁晚岁崎岖涉世,赋白首同所归,安得舍尘网之句,早分迷悟矣。惟是词之品虽悬,画师之习犹在。其山川长卷,不免乞灵于右丞。然又出入荆关,规模董巨。细密而不伤骨,奔放而不伤韵。似未以辋川为竟者。他时如韦苏州、李晞古之大年,诗画更当何若,以此少年之笔,为券可也。[①]

董其昌所认同于王维的,是其自我隐逸,淡然乐生于林泉的生命精神。在他看来,成就王维超人的诗才画艺的,就是在其"崎岖涉世"中而保持的适情山水的生命精神的伟大产物,即所谓"志在林泉,声出金石"。董其昌常说"气韵必在生知",从他对王维诸人的论述来看,所谓"生知",并非根源于"天赋",而当以钟情山水,自在专一的性情为要义。他说:

> 古人自不可尽其伎俩。元季高人,皆隐于画史。如黄公望莫知其所终,或以仙去。陶宗仪亦异人也。梅花道人吴仲圭自题其墓曰:"梅花和尚。"后值兵起,以和尚墓独全,樗里子之智与?国朝沈启南,文征仲,皆天下士。而使不善画,亦是人物铮铮者。此气韵不可学之说也。[②]

"不可尽古人伎俩"和"气韵不可学",即是指绘画艺术的最高层面,是画家人格品质和生命精神的表现,这是"无技之艺"。"元季高人,皆隐于画

[①][②] [明]董其昌:《容台集》别集卷四。

史","而使不善画,亦是人物铮铮者",这就指出,画家的精湛高超的艺术造诣,是与他的"隐"的生命精神互为表里的。"樗里子"是战国中期秦国宗室名将,名疾,秦惠文王异母弟;滑稽多智,为秦相时,人称之为"智囊"。① 元代画家吴镇(1280—1354)自题墓名"梅花和尚",做过和尚的朱元璋起兵伐元,洗劫吴越,吴镇墓得以保全,并非他有先见之明,而是"梅花和尚"的隐逸之志成全了他("樗里子之智与?")。"隐",是不为物役,不为世俗,无所拘束而又无不融洽的超越自由的生命存在。在董其昌看来,"隐"就是成就现实中的高人和艺术中的大师的生命精神和人生智慧。

关于人生与艺术才能的关系,欧阳修有"诗穷而后工"之说:

> 予闻世谓诗人少达而多穷,夫岂然哉? 盖世所传诗者,多出于古穷人之辞也。凡士之蕴其所有而不得施于世者,多喜自放于山巅水涯。外见虫鱼草木风云鸟兽之状类,往往探其奇怪。内有忧思感愤之郁积,其兴于怨刺,以道羁臣、寡妇之所叹,而写人情之难言,盖愈穷则愈工。然则非诗之能穷人,殆穷者而后工也。②

欧阳修此说,禀承了中国诗学史的一个传统主题,即刘勰所谓诗是"志思蓄愤"的抒发("吟咏性情")。从《毛诗序》的"伤人伦之废,哀刑政之苛,吟咏性情,以风其上",到韩愈的"欢愉之辞难工,而穷苦之言易好",这个传统主题一再被阐发、重申。在欧阳修之后,学者甚至将此主题确定为"诗必穷而后工",在诗人生活的穷困不幸和其诗作的优秀精美之间建立了"必要"联系。

董其昌对此主题,却作了另外阐述。一则,他之所谓"穷",要义并不在于困厄穷危,而是以"隐逸"为穷。他说:"宋迪侍郎,燕肃尚书,马和之米元晖,皆礼部侍郎。此宋时士大夫之能画者。元时惟赵文敏高彦敬,余皆隐于山林称逸士。今世所传戴沈文仇,颇近胜国,穷而后工,不独诗

---

① [汉]班固:《汉书》卷九九上,清乾隆武英殿刻本。
② [宋]欧阳修:《欧阳修全集》,第612页。

道矣。"①董其昌此处所举画家，多数难以"穷困"论，而"不仕于世"或"半官半隐"却是他们多数人的共性。二则，他并不认为"诗必穷而工"，而是认为"穷"和"贵"都可以"致工"。他说："唐以诗取士，而诗无当于名公卿。何则？凡诗之工必在专意一行，不他迁业，与之相终始，而后成一家故。穷而工则为孟浩然、杜甫，而不必以诗昌其身也；贵而工则为宋之问、王维，而不必以诗重其人也。"②

依董其昌之论，诗艺的高低，无关于人生的穷达，只与诗人对诗歌创作的态度是否专一诚挚有关。（"夫为名公卿则无所事诗，即为诗，而令穷工者能傲之，以不专于全才。"同上）这样的修正，并不是要取消生活与艺术的关联性，而是反对生活状况决定论，进而主张艺术态度在艺术家的艺术才能的培养、提升中的关键作用。因此，董其昌此说是与他所主张的"志在林泉，声出金石"一致的。

董其昌的"南北二宗论"，借禅喻画，主张在山水画体系中，绘画的历史运动是以"精工之极"的北派绘画和"寄乐于画"的南派绘画分流而行，并且推诗画兼长、传为水墨画开山者的王维为南宗之祖。苏东坡诗说王维"细毡净几读文史，落笔璀璨传新诗。青山长江岂君事，一挥水墨光淋漓"③。王维的形象，不仅是一个全才文人，而且是一个适情山水的隐逸文人。据史料载，王维绘画身后少有传世，董其昌本人所仅见的数图，也未必王氏真迹。④ 董其昌在"南北二宗论"中对王维的"定性评价"是"云峰石迹，迥出天机，笔意纵横，参乎造化"。《旧唐书·王维传》说："维尤长五言诗。书画特臻其妙，笔踪措思，参于造化，而创意经图，即有所缺；如山水平远，云峰石色，绝迹天机，非绘者之所及也。"⑤宋代书画家米芾（1051—1107）《画史》转引此话为"云峰石色，绝迹天机；笔思纵横，参于

① ［明］董其昌：《画禅室随笔》卷二。
② ［明］董其昌：《容台集》卷一
③ ［宋］苏轼：《补注东坡编年诗》卷四七。
④ 如被董其昌鉴定为王维真迹的《江山雪霁图》，后世学者就勘正为非王维手笔，仅为"传王维作"。
⑤ 《王维传》，《旧唐书》卷一九〇下列传，清乾隆武英殿刻本。

造化"①。董说显然是出自转引米芾之说。董其昌推崇王维为文人画（南宗画派）的开拓者,更大程度上是在绘画思想传统中对王维的精神的指认和推崇,而非画史的认定。② 对此,董自己有话说得明白。他说:"且右丞自云:'宿世谬词客,前身应画师。'余未尝得都睹其迹,但以想心取之,果得与真肖合。岂前身曾入右丞之室,而亲览其磅礴之致,故结习乃尔耶?"③"但以想心取之,果得与真肖合",这说明董其昌之识鉴、认同王维,的确在很大程度上是精神的取向。

关于山水画的精神源流,徐复观(1903—1982)有一段精彩的论述。他说:

> 山水的基本性格,是由庄学而来的隐士性格。晋戴逵及其子戴勃戴颙,孙畅以其"山水胜顾",正因其"一门隐遁,高风振于晋宋"。萧贲的山水,乃出自他的"学不为人,自娱而已"。从《宣和画谱》卷十的山水门看,李氏父子后,次卢鸿,乃嵩山隐士。次王维,杜甫称其"高人王右丞"。王洽、张询、毕宏,皆"不知何许人",则其皆为隐士可知。张璪"衣冠文行,为一时名流"。荆浩、关仝,皆五季隐士。性情不能超脱世俗,则山水的自然,不通入于胸次;所以山水与隐士的结合,乃自然而然的结合。④

如果说"集其大成"是董其昌试图超出明晚派系之争,而提出的一个整合的画史观,那么他在"南北二分"中指认文人画为正传,以王维为文人画祖,则是标举了一种理想的绘画精神传统。这个传统的要义,是超技艺而归于自然,寄乐书画而不以书画为功利之用。因此,董其昌以"南北二宗论"辨析这个绘画传统,确有"集大成"的总结意义。

---

① [宋]米芾:《画史》,明津逮秘书本。
② 参见徐复观《中国艺术精神》,第261页。
③ [明]董其昌:《容台集》别集卷四。
④ 徐复观:《中国艺术精神》,第153页。

三、以画为寄

值得注意的是,在董其昌"画分南北论"体系中,关于唐宋元画家的营垒划分,不仅存在众所周知的史实错误①,而且存在显然的犹疑模糊。赵孟頫本是董其昌特别推崇的元代画家之一,董一生习仿赵画。董其昌曾称赞赵孟頫画为"元人画冠冕",说:"吴兴此图,兼右丞、北苑二家法,有唐人之致,去其纤;有北宋之雄,去其犷。"②而且,董其昌在赵孟頫的绘画中找到了师承王维的精神认同。董其昌说:

> 唯京师扬高邮州将处有赵吴兴雪图小幅。颇用金粉,闲远清润,迥异常作。余一见定为学王维。或曰:何以知是学维? 余应曰:凡诸家皴法,自唐及宋,皆有门庭。如禅灯五家宗派,使人闻片语单词,可定为何派儿孙。今文敏此图,行笔非僧繇,非思训,非洪谷,非关仝,乃知董巨李范,皆所不摄,非学维而何? 今年秋闻王维有《江山霁雪》一卷,为冯宫庶所收。亟令友人走武林索观。宫庶珍之,自谓如头目脑髓。以余有右丞癖,勉应余请,清斋三日,展阅一过,宛然吴兴小幅笔意也,余用是自喜。③

但是,在南北划分中,董其昌的论说竟然略去了赵孟頫(字子昂,号松雪,谥文敏)。而且,在董其昌之前,明代学者屠隆和王世贞等人均以"赵孟頫、黄公望、吴镇、王蒙"为"元四大家";董其昌一改前人定论,称"元季四大家,以黄公望为冠。而王蒙、倪瓒、吴仲圭(吴镇),与之对垒",即以倪瓒替换了赵孟頫。④

董其昌为什么对赵孟頫有如此矛盾的态度呢? 徐复观说:"在董其昌《容台集》别集卷之三、卷之四,论书论画两卷中,不难随处可以发现赵

---

① 董其昌关于南北二宗画家的师承关系论说,多有错讹,如:赵干为五代时南唐画家,而非宋代人。董其昌称,"北宗则李思训父子着色山水。流传而为宋之赵干",显然错误。(参见徐复观《中国艺术精神》,第153页)

②③④ [明]董其昌:《鹊华秋色图跋》,[清]卞永誉:《式古堂书画录考》卷四六书一六。

松雪的书与画,在董其昌心目中的分量,是非常之重,而实又心有不甘的情形……然则他为什么把'元四大家'的阵容,重新排定,并将赵松雪排斥于他所标榜的南宗之外呢?从他'幽淡两言,则赵吴兴(松雪)犹逊迂翁(倪云林),其胸次自别也'的话来看,我想,主要的原因,是来自当时认为赵氏以王孙的资格而仕元,大节有亏的关系。"①徐复观此说用于明代其他学者贬抑赵孟𫖯是可以成立的。比如,李东阳就斥赵孟𫖯说:"赵子昂书画绝出,诗律亦清丽……夫以宗室之亲,辱于夷狄之变,揆之常典,固已不同。而其才艺之美,又足以为讥訾之地,才恶足恃哉。"②然而,以"大节有亏"解释董其昌排赵孟𫖯,理由并不充分。王维被董氏推崇为南宗(文人画)之开山祖,但在安禄山叛乱中,王维也以朝廷命官身份被俘,而且被迫做了叛军的伪官("迫以伪署"),平叛之后,虽因其弟舍官保救而免死,但遭受了降官三等的处治。③依徐复观之论,董其昌也应当排斥王维才是,尊王为文人画宗主,就更无可能了。

赵孟𫖯以"元人画冠冕"而遭董其昌排抑,根本原因当是出于董赵"画之道"的相左。这是因为,在董其昌的画史谱系中,出于皇室的赵孟𫖯在绘画风格上更近于他的宗亲赵伯驹、伯骕的"精工之极"和"其术亦近苦",即也是行"渐悟"之学。董其昌自己有一段话说得很明白:

> 画之道,所谓宇宙在乎手者。眼前无非生机,故其人往往多寿。至如刻画细谨,为造物役者,乃能损寿,盖无生机也。黄子久、沈石田、文征仲皆大耋,仇英知命,赵吴兴止六十余。仇与赵虽品格不同,皆习者之流。非以画为寄,以画为乐者也。寄乐于画,自黄公望始开此门庭耳。④

董其昌主张"寄乐于画",以绘画养生益寿之道,反对"习者之流"在

---

① 徐复观:《中国艺术精神》,第264页。
② [明]李东阳:《怀麓堂诗话》,叶朗总主编《历代美学文库》明代卷(上),第74页。
③《王维传》,《旧唐书》卷一九〇下列传。
④ [明]董其昌:《容台集》别集卷四。

求画艺精进中的"刻画细谨，为造物役者"的态度。董其昌的这个艺术立场，就远而言，可以追溯到庄子的人生艺术哲学。庄子哲学的核心，就是在最广泛的意义上反对"为物所役"。他说："与物相刃相靡，其行尽如驰，而莫之能止，不亦悲乎！终身役役而不见其成功，苶然疲役而不知其所归，可不哀邪！人谓之不死，奚益！"（《庄子·齐物论》）庄子主张要以超越自由的心灵，在素朴自然的状态中获得人生的解放和快乐，这就是庄子所谓"不以心捐道，不以人助天"，"自适其适者"的"真人"状态。"故乐通物，非圣人也。"（《庄子·大宗师》）在这样的状态中，是不授意于物，不唱而和，"与物有宜而莫知其极"的大乐状态。

对于庄子的反物役的人生观，苏东坡有一则富有代表性的阐发。他说：

> 君子可以寓意于物，而不可以留意于物。寓意于物，虽微物足以为乐，虽尤物不足以为病。留意于物，虽微物足以为病，虽尤物不足以为乐。老子曰："五色令人目盲，五音令人耳聋，五味令人口爽，驰骋田猎令人心发狂。"然圣人未尝废此四者，亦聊以寓意焉耳。刘备之雄才也，而好结髦。嵇康之达也，而好锻炼。阮孚之放也，而好蜡屐。此岂有声色臭味也哉，而乐之终身不厌。

> 凡物之可喜，足以悦人而不足以移人者，莫若书与画。然至其留意而不释，则其祸有不可胜言者。钟繇至以此呕血发冢，宋孝武、王僧虔至以此相忌，桓充之走舸，王涯之复壁，皆以儿戏害其国，凶其身。此留意之祸也。

> 始吾少时，尝好此二者，家之所有，惟恐其失之，人之所有，惟恐其不吾予也。既而自笑曰：吾薄富贵而厚于书，轻死生而重于画，岂不颠倒错缪失其本心也哉？自是不复好。见可喜者虽时复蓄之，然为人取去，亦不复惜也。譬之烟云之过眼，百鸟之感耳，岂不欣然接之，然去而不复念也。于是乎二物者常为吾乐而不能为吾病。[①]

①［宋］苏轼：《苏轼文集》，孔凡礼点校，第356页，北京：中华书局，1986年。

苏东坡以"寓意于物而不留意于物"的态度对待书画,是与董其昌"寄乐于画"的态度相同的。这也是他们共同推崇王维,以其绘画为至高境界的根本原因。

对于董其昌的"南北二宗论",自其问世以后,画家、学人多有在史实层面的批评,而徐复观的批评尤为严苛。徐复观说:"在这里我们应注意到董其昌的艺术境界,实以 50 岁为一转变关键。在 50 以前,他实从精工中用力。到 50 以后,始由精工归于技巧上的平淡。所以他有'行年五十,方知此一派(精工派)画,殊不可学'之语。……在他的《画旨》中,实将转变前后的语言文字,混编在一起;而'文人画派'之分,'南北宗'之论,只是他暮年不负责任的'漫兴'之谈。但因他的声名地位之高,遂使吠声逐影之徒,奉为金科玉律,不仅平地增加三百余年的纠葛,并发生了非常不良的影响。"[①]徐复观此说,似乎过于以现代学术史的观念看待古人直观、语录式的画论,若以"漫兴"而论,恐怕一部中国绘画批评史都可以归责于这个名目下。在批评"南北二宗论"的时候,我们不可忘记的是自庄子以来,关于技与道、形与意、情与理等范畴的矛盾关系的争议不仅绵延不绝,而且确以对这些矛盾双方不同的倾向构成了不同的画风、画派。更关键的是,徐复观在对董说作"总结"批评时,并没有周全地顾及到他关于山水画精神的主题论说"山水的基本性格,是由庄学而来的隐士性格"。"南北二宗论"恰是在这个主题上试图完成一个"集大成"的理论表述。

相比于华人学者对董其昌的"历史批评",美国学者高居翰的评论是较为公允而更有见地的。他说:

> 董其昌也大同小异地指出,将绘画分为南北两宗,乃是一种关系的类比,不过,他的用意更深一些:按照他的分法,当所谓北宗的画家以类似禅宗"渐悟"的方式,逐渐累积到成熟的技巧时,南宗画家则无须经历如此艰辛的学习过程;拜个人教养与美感所赐,他们

---

① 徐复观:《中国艺术精神》,第 282 页。

本身就具有一种直觉理解的能力,而相应体现在画作上的,则是种种非刻意经营、发乎自然的风格。由于这些特质与宋代以降画论对业余文人画家所称颂的特色大体相同,因此,任何读者在阅读董其昌的分类方式时,约莫不难看出,董其昌笔下的南宗即是暗示,且几乎等同于业余文人画运动。不过,董其昌利用禅宗作为类比,则规避了以业余与职业二分法为基础所会带来的一些困境。此时,业余、职业二家所形成的大脉系,早已建立,少有质辩的余地,同时,一些问题重重的细节,例如应当如何为荆浩、关仝正名,将其纳入业余画家之流等等,如今也都被提升到了一个较高的层次——在此,荆浩、关仝与"顿悟"一派绘画的从属关系,则已毋庸置疑。今日,南北宗理论时而为作家所鄙弃,因其不符历史的发展;实则,却也因为此一立论超越了纯粹历史的层面,反而正是其最大的成就。①

第三节　"平淡"与"墨戏"辩证

一、气韵必在生知

董其昌评画,大旨而言,是精工与超逸并举的。他说:"赵令穰,伯驹,承旨,三家合并,虽妍而不甜。董源、米芾、高克恭,三家合并,虽纵而有法。两家法门,如鸟双翼。吾将老焉。"②赵令穰(赵大年)们,走的是"精工之极"("妍")的画路,而董源们却以"平淡天真"("纵")为画旨。这两路画家本是董氏"南北二宗论"中的对峙者,但是,一者"妍而不甜",另一"纵而有法",则构成了绘画达成至高境界而不可或缺的"两家法门"。

然而,董其昌的偏好依然是明显的。在文人画(南宗画派)开山祖王维之下,他独尊董源。他认为宋元明文人画大家皆是董源的"正传"、"衣钵"。在宋代画家中,他以米芾、米友仁(1074—1153)父子为最高,认为

---

① [美]高居翰:《山外山:晚明绘画》,第14页。
② [明]董其昌:《容台集》别集卷四。

米氏父子深得董源之意,说"不师北苑,乌能梦见南宫(米芾)耶"?他认为"元季四大家,独倪云林品格尤超",称其"一变古法,以天真幽淡为宗",但说倪云林的根基在董源,"若不从北苑筑基,不容易到尔"①。米芾在《画史》中评价董源说:"董源平淡天真多,唐无此品,在毕宏上。近世神品格高,无与比也。峰峦出没,云雾显晦,不装巧趣,皆得天真。岚色郁苍,枝干劲挺,咸有生意。溪桥、渔浦、洲渚掩映,一片江南也。"②董其昌对董源的推崇,正以米芾所谓"董源平淡天真多"立意。

董其昌对董源、倪瓒们的推崇,有其现实的针对。在晚明画坛,以商养画,不仅匠气盛大,而且模仿之风泛滥,似无规范而又俗套流行。董其昌所要反对的,是拘于技艺的"画史习气"和以名家自恃的"纵横习气"。在他看来,这样的画风就是绘画品质由"古淡"而堕入"甜俗"的根源。他说:"绝去甜俗蹊径,乃为士气。不尔,纵俨然及格,已落画师魔界,不复可救药矣。"③"画史习气"源自北宗李思训父子以尖硬的线条勾勒、着色绘山水,追求的是"刻画之工"。南宗王维开始用破黑晕染(渲淡)的手法绘山水,"一变勾斫之法",而董源则师王维而出,"脱尽廉纤刻画之习","以墨染云气,有吐吞变灭之势"。④倪瓒在元代画家之中境界最高,就是因为没有画史习气,是董源之后"古淡天然"的第一人。

关于精工和平淡的关系,苏东坡曾有一段论述:"凡文字少小时,须令气象峥嵘,采色绚烂,渐老渐熟,乃造平淡。其实不是平淡,绚烂之极也。"⑤其后,朱熹(1130—1200)也说:"今人言道理,说要平易,不知到那平易处极难。被那旧习缠绕,如何便摆脱得去!譬如作文一般,那个新巧易作,要平淡便难。然须还他新巧,然后造于平淡。"⑥东坡和朱熹都以平淡为艺术的最高追求,终极境界;但是,他们又都认为平淡是建立于精

---

① [明]董其昌:《画禅室随笔》卷二。
② [宋]米芾:《画史》,明津逮秘书本。
③ [清]卞永誉:《式古堂书画录考》卷三一。
④ [明]董其昌:《容台集》别集卷四。
⑤ [宋]赵令畤:《侯鲭录》卷八,清《知不足斋丛书》本。
⑥ [宋]朱熹:《朱子语类》第一册,黎靖德编,第145页,北京:中华书局,1986年。

工之极（绚烂、新巧之极）的基础上的，是对后者的超越，即所谓"绚烂之极归于平淡"。对于东坡、朱熹之论，董其昌是赞同的。他说："诗文书画，少而工，老而淡，淡胜工。不工亦何能淡？"①而且，他对于自己过分强调平淡超逸而可能误导荒废技艺、以不"工"为"淡"的思想，有专门的警惕。他说：

> 画家以神品为宗极，又有以逸品加于神品之上者。曰：失于自然，而后神也。此诚笃论。恐护短者篡入其中。士大夫当穷工极研，师友造化，能为摩诘，而后为王洽之泼墨，能为营邱，而后为二米之云山。乃是关画师之口，而供赏音之耳目。②

董其昌认为，要达到倪瓒绘画的"逸品"境界，必须具备两个条件：穷工极研，即在技艺上达到"精工之极"的程度；师友造化，即在精神上要以自然为师，与自然同化。

但是，董其昌并不认为"穷工极研"（或"精工之极"）就能达到"淡"的超逸境界。他说：

> 作书与诗文，同一关捩。大抵传与不传，在淡与不淡耳。极有（才）人之致，可以无所不能，而淡之玄味，必由天骨，非钻仰之力，澄练之功，所可强入。③

> 潘子辈学余画，视余更工。然皴法三昧，不可与语也。画有六法，若其气韵，必在生知，转工转远。④

"淡之玄味，必由天骨"，"若其气韵，必在生知"，其意都是指平淡超逸的气韵，是从画家人格性情中来的，非但不是来自艰苦顽强的技能训练（"非钻仰之力，澄练之功"），反而会因为专务于技艺精进而远离（"转工转远"）。实际上，承认"淡而后工"的董其昌还是认为，技艺的不足并

---

① ② ［明］董其昌：《容台集》别集卷四。
③ ［明］董其昌：《容台集》别集卷一。
④ ［明］董其昌：《画禅室随笔》卷二。

不构成韵致的缺陷。他在将赵令穰（大年）与倪云林比较时就说，虽然倪"工致不敌"，但以"荒率苍古"胜。"荒率苍古"当然是淡的极高境界，归于"逸品"之韵，是单凭艺术功力所不能达到的。董其昌评沈周学倪瓒时说："盖迁翁（倪瓒）妙处，实不可学。启南（沈周）力胜于韵，故相去犹隔一尘也，逊之为迁翁萧疏简贵。"①

二、米家墨戏

董其昌对米氏父子的"墨戏"绘画，推崇有加。所谓"米家黑戏"，是指米氏父子独创的描绘山水的手法和风格。宋人有如下介绍：

> 米南宫多游江湖间。每卜居，必择山水明秀处。其初本不能作画，后以目所见，日渐模仿之，遂得天趣。其作墨戏，不专用笔，或以纸筋，或以蔗滓，或以莲房，皆可为画。②

> 米友仁，元章之子也。……天机超逸，不事绳墨，其所作山水，点滴烟云，草草而成，而不失天真，其风气肖乃翁也。每日（自）题其画曰："墨戏。"③

作为一种绘画手法和风格，"墨戏"有两个特点：其一，从绘画技法而言，重晕染而略刻划，用董其昌话说，是"有墨无笔"；其二，从创作状态而言，可谓是率性自然，不拘陈法。

董其昌认为，"有笔无墨"的特点是"见落笔蹊径而少自然"，"有墨无笔"的特点是"去斧凿而多变态"。"有笔无墨"是"明"的画风，而"有墨无笔"也就是"暗"的画风。"画欲暗不欲明。明者如舣棱钩角是也，暗者如云横雾塞是也。"④董其昌有"画家之妙，全在烟云变灭中"之说，看米友仁的代表作《云山墨戏图卷》（又名《潇湘白云图》）、《潇湘奇观图》（又名《海

---

① ［明］董其昌：《容台集》别集卷四。
② ［宋］赵希鹄：《洞天清录》，清《海山仙馆丛书》本。
③ ［宋］邓椿：《画继》卷三，明津逮秘书本。
④ ［明］董其昌：《容台集》别集卷四。

岳菴图卷》》等作品所展现的"云横雾塞"的"墨戏"确实非常吻合董氏的
山水画理念的。董其昌说：

> 米元晖作《潇湘白云图》，自题云：夜雨初霁，晓云欲出，其状若
> 此。此卷余从项晦伯购之，携以自随。至洞庭湖舟次，斜阳篷底，一
> 望空阔，长天云物，怪怪奇奇，一幅米家墨戏也。自此每将暮辄卷帘
> 看画卷，觉所将卷为剩物矣。①

"每将暮辄卷帘看画卷，觉所将卷为剩物"，是高度肯定了米友仁绘
画与自然山水的吻合和印证。所谓"觉所将卷为剩物"，并非否定米氏画
卷的价值，而是指出米画与山水可以互为替代。无疑，董氏此题着眼于
画境再现山水的真实性。但是，在董其昌的收藏中，还有他至为推崇的
董源的《潇湘图》，而此图所展现的潇湘景致，与米氏所绘，完全是另外的
景致。董其昌题此图说：

> 此卷余以丁酉六月得于长安。卷有文寿承题，董北苑字失其
> 半，不知何图也。既展之即定为《潇湘图》。盖宣和画谱所载而以选
> 诗为境。所谓"洞庭张乐地，潇湘帝子游"耳。忆余丙申，持节长沙，
> 行潇湘道中，兼葭渔网，汀洲丛木，茅庵樵径，晴峦远堤，一一如此
> 图。令人不动步而重作湘江之客。昔人乃有以画为假山水，而以山
> 水为真画者。何颠倒见也。②

正如董氏所言，董源笔下的潇湘景致，不仅山水树石历历在目，而且渔人
淑女宛然可悦，是一派"山川奇秀"之景；它与以"米家墨戏"手法呈现的
"长天云物，怪怪奇奇"的潇湘风貌是大不一样的。董源与米友仁二人的
区别，以景物观照和模写而言，前者着眼于稳定、具象的山水，后者着眼
于流动、变幻的云烟。

同一景致，董源为何以山水为重，而米友仁却属意流云呢？董其昌
对此问题有特别的思考。他题米友仁《海岳庵图卷》说：

①②［明］董其昌：《容台集》别集卷四。

> 元晖未尝以洞庭北固之江山为胜，而以其云物为盛。所谓天闲万马，皆吾师也。但不知云物何以独于两地可以入画。或以江上诸名山所凭空阔，四天无遮，得穷其朝朝暮暮之变态耳。此非静者，何繇深解。故论书者曰："一须人品高。"岂非品高则闲静，无他好萦故耶。①

米友仁的"墨戏"，不写山川奇秀，而写长空流云的变化，展现的是"天闲万马"式的悠然闲静。宋代姜夔论书法说："风神者，一须人品高，二须师法古……"②董其昌认为，米友仁作画，属意云烟，是出自其"品高则闲静，无他好萦故"。米友仁自题《海岳庵图卷》说：

> 先公居镇江四十年，作庵于城东高岗上，以海岳命名……卷乃庵上所见山，大抵山之奇观，变态万层，多在晨晴晦雨间，世人鲜复知此。余生平熟潇湘奇观，每于登临佳处，辄复写其真趣于卷，以悦吾目，并非他人使为之。此岂悦他人之物者乎？此纸渗墨，本不可运笔，仲谋勤请，不容辞，故为戏作。③

"写其真趣于卷，以悦吾目，并非他人使为之"，这就是"品高则闲静，无他好萦故"。这实则就是米氏父子以绘画作"墨戏"的精神所在。米芾自题《云山卷》说：

> 世人知余喜画，竞欲得之。鲜有晓余所以为画者，非具顶门上慧眼者，不足以视，不可以古今画家者流画求之。老境于世海中，一毛发事泊然无著染，每静室僧趺，忘怀万虑，与碧寥廓同其流荡。焚生事，折腰为米，大非得已。④

可见父子精神一致。

米芾称"余所以为画者，非具顶门上慧眼者，不足以视"，而米友仁亦

---

① ［明］董其昌：《容台集》别集卷四。
② ［宋］姜夔：《续书谱》，明百川学海刻本。
③④ ［明］汪砢玉：《珊瑚网》卷二八，清文渊阁《四库全书》本。

称"余墨戏气韵不凡,他日未易量也"①。依董其昌之说,米友仁有"王维画皆如刻画,不足学"之论。可见米氏高标自许。董其昌对米友仁也有所批评:"元晖睥睨千古,不让右丞,可容易凑泊,开后人护短径路耶。"②但是,对于米氏父子"惟以云山为墨戏"的绘画精神,董其昌仍然给予高度肯定。他说:

> 米元晖自谓墨戏,足正千古画史谬习。虽右丞亦在诋诃,致有巨眼。余以意为之,聊与高彦敬上下,非能尽米家父子之变也。③

高克恭(1248—1310),字彦敬,是与赵孟頫同时的元代重要画家。董其昌说:"诗至少陵,书至鲁公,画至二米,古今之变,天下之能事毕矣。独高彦敬兼有众长,出新意于法度之中,寄妙理于豪放之外。所谓游刃余地,运斤成风,古今一人而已。"④此话足见董其昌对高氏评价之高,但是,他又认为自己学二米,"以意为之",可以与高克恭一比高低,却不能"尽米家父子之变"。因此,董对米氏父子的推崇更高于高克恭。

董其昌极力推崇米氏父子,正如他在南北二宗论中尊王维为文人画之祖一样,根本着眼点不在于绘画,而在于绘画精神。"米元晖自谓墨戏,足正千古画史谬习。"这句话道出了他的用意所在。所谓"千古画史谬习",就是汲汲与功名、拘束于规范的画家习气。"墨戏"的本质是"得诸笔墨蹊径之外"。董其昌说:

> 翰墨之事,良工苦心未尝敢以耗气应也。尤精者,或以醉,或以梦,或以病,游戏神通,无所不可,何必神怡气王,造物乃完哉? 世传张旭,号草圣,饮酒数斗,以头濡墨,纵书壁上,凄见苦雨,观者叹愕;王子安为文,每磨墨数升,蒙被而卧,熟睡而起,词不加点,若有鬼

---

① [明]汪砢玉:《珊瑚网》卷二八。
② [明]董其昌:《画禅室随笔》卷二。
③④ [明]董其昌:《容台集》别集卷四。

神。此皆得诸笔墨蹊径之外者。①

董其昌明确将米芾评介为"在蹊径之外者"。他说:"宋人中米襄阳(米芾)在蹊径之外,余皆从陶铸而来。"②所谓"从陶铸而来",就是在规范模式的学习训练中得到画艺的培养,是"画史谬习"的根源所在。对"画史谬习"的批评,由庄子开始。庄子早在战国时代所批评的那些在宋元君面前"受揖而立,舐笔和墨"的画史就是"画史谬习"的代表者,而那个被他称赞为"真画者"、"解衣般礴裸"的画史,就是"墨戏"的开山祖宗了:

> 宋元君将画图,众史皆至,受揖而立;舐笔和墨,在外者半。有一史后至者,儃儃然不趋,受揖不立,因之舍。公使人视之,则解衣般礴裸。君曰:"可矣,是真画者也。"(《庄子·田子方》)

"在蹊径之外者",如米芾父子,是从创作手法和精神状态都达到了无拘无束、自然超逸的境界,这就是庄子所谓"解衣般礴裸"的"真画者"。

三、质任自然

董其昌认为,艺术能否成为传世之作,根本在于能否到达"淡"的境界("大抵传与不传,在淡与不淡耳")。关于什么是"淡",他有如下论述:

> 撰造之家,有潜行众妙之中,独立万物之表者,淡是也。世之作者,极其才情之变,可以无所不能。而《大雅》平淡,关乎神明。非名心薄而世味浅者,终莫能近焉,谈何容易?《出师二表》,表里《伊训》。《归去来辞》,羽翼《国风》。此皆无门无径。质任自然,是之谓淡。乃武候之明志,靖节之养真者何物?岂澄练之力乎?六代之衰,失其解矣。大都人巧虽饶,天真多覆。宫虽叶,累黍或乖。思

---

① [明]董其昌:《容台集》文集卷二。
② [明]董其昌:《容台集》别集卷四。

洞,故取续凫之长;肤清,故假靓妆之媚。或气尽语竭,如临大敌,而神不安。或贪多务得,如列市肆,而韵不远。①

从上段论述,可以概括出"淡"的三个要素:其一,"淡"是一种神妙而超越的境界,"潜行众妙之中,独立万物之表"。其二,"淡"须以淡泊名利、超越世俗之心才能体认,"非名心薄而世味浅者,终莫能近焉,谈何容易?"其三,"淡"的本质是自然而行,没有模范可依;虚假造作,贪多务得,均不能达到"淡"。"质任自然,是之谓淡。"不能达到"淡",则"神不安","韵不远"。

"淡"是自先秦以来,由道家哲学发端的一个哲学理念。老子说:"道之出口,淡乎其味,视之不足见,听之不足闻,用之不可既。"(《老子·三十五章》)他是将"淡"作为宇宙万物之根本"道"的一个根本特征。这个特征也决定了相应的人生观念:"为无为,事无事,味无味。""无味"就是"淡"。王弼注说:"以无为为居,以不言为教,以恬淡为味之极也。"(《老子·三十五章》)循老子的哲学,庄子说:"夫虚静恬淡寂漠无为者,万物之本也。"(《庄子·天道)这种"以淡为本"的宇宙观延伸为人生哲学,就形成一种隐逸于万物,而游心于无穷的人生情怀。庄子用一则寓言表达了这个观念:

> 天根游于殷阳,至蓼水之上,适遭无名人而问焉,曰:"请问为天下。"无名人曰:"去!汝鄙人也,何问之不豫也!予方将与造物者为人,厌,则又乘夫莽眇之鸟,以出六极之外,而游无何有之乡,以处圹埌之野。汝又何帛以治天下感予之心为?"又复问。无名人曰:"汝游心于淡,合气于漠,顺物自然而无容私焉,而天下治矣。"(《庄子·应帝王》)

"天根"询问如何治天下,而"无名以答",此则寓言的隐喻,就是"为无为,事无事,味无味",实质就是"质任自然"。但是,庄子还是给出了进一步

---

① [明]董其昌:《容台集》文集卷一。

的说明,这就是"治天下"的根本是将自我生命投放于大千世界,消除刑名篱樊,合于大道("与造物者为人"),以自然无为之心处事应物("游心于淡,合气于漠,顺物自然而无容私")。

"以淡为本"的宇宙观,同时也形成相应的生命观和养生观。庄子说:

> 达生之情者,不务生之所无以为;达命之情者,不务知之所无奈何。养形必先之以物,物有余而形不养者有之矣。有生必先无离形,形不离而生亡者有之矣。生之来不能却,其去不能止。悲夫!世之人以为养形足以存生;而养形果不足以存生,则世奚足为哉!虽不足为而不可不为者,其为不免矣。(《庄子·达生》)

庄子认为,养生保命的要义是在知行两方面都不做生命所不能做之事。要保养身体,必须用相应的物品,但是物品富裕,并不就能保全身体。生命的存在是以身体的存在为前提的,但是有身体,并不等于有生命。人对于自身的生命存亡,是没有最终决定权的,人所做的养生行为,是"不足为而不可不为者"。形(身体)不等于生(生命),但生不能免于形("其为不免矣"),而养形又并不足以保生。如此,人究竟应当处治为好?庄子说:

> 夫欲免为形者,莫如弃世。弃世则无累,无累则正平,正平则与彼更生,更生则几矣。事奚足弃而生奚足遗?弃事则形不劳,遗生则精不亏。夫形全精复,与天为一。天地者,万物之父母也。合则成体,散则成始。形精不亏,是谓能移。精而又精,反以相天。(《庄子·达生》)

弃世就是弃事,即不以世事劳累其身,"弃事则形不劳";遗生就是忘生,即不操心于生死存亡,"遗生则精不亏"。庄子认为,人生在世,就不免于有身体存在,而且以之为累;要求生命的保全和精神的自在,应当采取的途径,不是抛弃身体(这是不可能的),而是弃事忘生。如果我们能做到弃事忘生,就可以在身体和精神两方面都获得保全统一,并且实现与外在世界的融合("夫形全精复,与天为一")。弃事忘生,是将"淡"的人生哲学应用于自我身体的表现。"游心于淡,合气于漠",应用于外,就是"顺物自然而无容私";应用于内,就是弃事遗生,其本质是隐逸的生命精神。

在中国绘画史上,对"平淡天真"的画风的追求,是本于庄子所开辟的"隐逸"的生命精神的。就绘画而言,"隐逸"并非是形体隐于山林,而是生命"隐于画史"。米芾《画史》序言说:

> 杜甫诗谓薛少保:"惜哉功名迕,但见书画传。"甫老汲汲于功名,岂不知固有时命,殆是平生寂寥所慕。嗟乎!五王之功业,寻为女子笑,而少保之笔精墨妙,摹印亦广,石泐则重刻,绢破则重补,又假以行者,何可数也?然则才子鉴士,宝钿瑞锦,缫袭数十以为珍玩。回视五王之炜炜,皆糠粃埃坷,奚足道哉?虽孺子知其不逮少保……余平生嗜此,老矣,此外无足为者。尝作诗云:"棐几延毛子,明窗馆墨卿。功名皆一戏,未觉负平生。"①

米芾将王者之功与书画之事对比,认为王者之功虽然威赫一时,转眼却成妇孺眼中的笑柄,而书画却可持久传颂,为人争购、珍藏。在米芾看来,现实功名追逐,不过是一场游戏,只是其中人不知道辜负了人生,而书画之妙,才是人生寄乐处。"棐几延毛子,明窗馆墨卿",描绘的是在窗明几净的书斋中书画自娱的悠闲逍遥的状态,是米芾"平生所嗜,此外不足为"之事。

米芾重书画、轻功名之论,可与曹丕《典论·论文》之说相比较。曹丕说:

> 盖文章经国之大业,不朽之盛事。年寿有时而尽,荣乐止乎其身,二者必至之常期,未若文章之无穷。是以古之作者,寄身于翰墨,见意于篇籍,不假良史之辞,不托飞驰之势,而声名自传于后。

———————————————

① [宋]米芾:《画史》,明津逮秘书本,第1页。

> 故西伯幽而演《易》，周旦显而制《礼》，不以隐约而弗务，不以康乐
> 而加思。夫然，则古人贱尺璧而重寸阴，惧乎时之过已。而人多不
> 强力，贫贱则慑于饥寒，富贵则流于逸乐，遂营目前之务，而遗千载
> 之功。日月逝于上，体貌衰于下，忽然与万物迁化，斯志士之大
> 痛也。①

与米芾一样，曹丕也以功名为轻，文学为重。但是，曹丕认为"文章经国
之大业，不朽之盛事"，是与米芾不同的。米芾认为书画的影响力甚至可
以超越帝王功业，具有更广泛、持久的效用，但并不认为书画是"经国大
业，不朽盛事"。在曹丕看来，古哲先贤创文制经，是为抗御生命的流逝
而成就永垂不朽的大业、盛事；在米芾看来，书画不过是"平生所嗜，此外
不足为"的寄兴自娱之事。对于米芾，"忘怀万虑，与碧寥廓同其流荡"，
是书画的真趣所在。

庄子"以淡为本"的宇宙观和人生哲学，也提出了"不形之形"的形式
观。庄子认为，"物之造乎不形，而止乎无所化"，人的形体也是来自于无
形而复归于无形的。他说：

> 人生天地之间，若白驹之过郤，忽然而已。注然勃然，莫不出
> 焉；油然漻然，莫不入焉。已化而生，又化而死，生物哀之，人类悲
> 之。解其天弢，堕其天袠，纷乎宛乎，魂魄将往，乃身从之，乃大归
> 乎！不形之形，形之不形，是人之所同知也，非将至之所务也，此众
> 人之所同论也。彼至则不论，论则不至。明见无值，辩不若默；道不
> 可闻，闻不若塞。此之谓大得。（《庄子·知北游》）

老子有"大音希声，大象无形"之说（《老子·四十一章》）。依老子之言，
我们可以将庄子之言理解为："不形"是万物之本，即"道"；"形"是对道的
表现。"道"是无形的，但必然表现于"形"，是"不形之形"；"形"表现无形
的道，故是"形之不形"。"形"与"不形"，在两个意义上是不可分的：其

---

① ［南北朝］萧统（编）：《文选》卷五二，胡刻本，第 1155 页。

一,"形"的根本是"不形","不形"存在于"形"中;其二,"形"作为具体有限的存在,来自于"不形",又必归于"不形","形"与"不形"是相生相灭,相始相终的。因此,"不形之形"即"形之不形",本无分别,本无可言。庄子所提供的是"形"与"不形"相统一、相转化的观念,进而启示人们从与生俱来的"形名"约束中解脱出来("解其天弢,堕其天袠"),从而默然合于天地自然的生化运行。他说:"吾师乎! 吾师乎! 齑万物而不为义,泽及万世而不为仁,长于上古而不为老,覆载天地、刻雕众形而不为巧。此所游已。"(《庄子·大宗师》)

"刻雕众形而不为巧",这就是"淡"在形式上的体现。这种"淡",是源于对生命的形而上体验,并且化成了一种生命精神和人生性情。董其昌追随米氏父子,反对绘画的"刻画"之功,主张"画欲暗不欲明",是从庄子的哲学精神而出的。他说:"淡之玄味,必由天骨,非钻仰之力,澄练之功,所可强入。"[①]所谓"天骨",就是"以淡为本"的人生情怀。

第四节　仿与变:山水画的自然精神

一、变不离本源

董其昌认为,以古人为师,是学画首先必经之路。"不师北苑,乌能梦见南宫耶。"[②]他的"南北二宗论"讲得很清楚,绘画的历史发展,就是由古至今前后大家传授师承的历史。他认为,山水画法须有本源可宗,"岂有舍古法而独创者乎"? 他说:

> 画中山水,位置皴法,皆各有门庭,不可相通。惟树木则不然。虽李成、董源、范宽、郭熙、赵大年、赵千里、马、夏、李唐,上自荆、关,下逮黄子久、吴仲圭辈,皆可通用也。或曰:须自成一家,此殊不然。如柳则赵千里,松则马和之,枯树则李成,此千古不易。虽复变之,

① [明]董其昌:《容台集》别集卷一。
② [明]董其昌:《画禅室随笔》卷二。

不离本源。岂有舍古法而独创者乎？倪云林亦出自郭熙、李成，稍加柔隽耳。如赵文敏则极得此意。盖萃古人之美于树木，不在石上着力，而石自秀润矣。①

唐代诗人白居易（772—846）在《记画》中说："画无常工，以似为工；学无常师，以真为师……学在骨髓者，自心术得；工倕造化者，由天和来。"②白居易此说，代表了宋代以前主流画论，虽然历代画家均自有师承，但共同的绘画宗旨却是"以自然为师"。明确主张并且强调绘画须有宗法、师承，当是滥觞于宋代。这一方面因为宋人崇理尚法，另一方面因为绘画，尤其是山水画至宋代形成了系统的技法体系和相应的师承脉络。

宋代画家郭熙有"画山水有法，岂得草草"之言。他说：

> 人之学画，无异于书。今取钟、王、虞、柳，久必入其仿佛。至于大人通士，不局于一家，必兼收并览，广议博考，以使我自成一家，然后为得。今齐鲁之士惟摹营丘，关陕之士惟摹范宽。一己之学，犹为蹈袭，况齐鲁、关陕，幅员数千里，州州县县，人人作之哉。专门之学，自古为病，正谓出于一律。而不肯听者不可罪，不听之人，迫由陈迹。人之耳目，喜新厌旧，天下之同情也。故予以为大人达士，不局于一家者此也。③

郭熙认为，画山水之法，"必兼收并览，广议博考，以使我自成一家，然后为得"。他把学画与学书法视为同样途径，认为没有广泛学习、荟萃百家，就会犯一己之学出于一律的错误。郭熙主张博采百家，意旨在于纠正"局于一家"之病，以丰富的绘画语汇推陈出新。

董其昌主张学画者，对历史上大家之法，"俱宜宗之。集其大成，自

---

① ［明］董其昌：《画禅室随笔》卷二。
② ［唐］白居易：《白氏长庆集》白氏文集卷第二六。
③ ［明］唐顺之：《荆川稗编》卷八四画一，清文渊阁《四库全书》本。

出机轴。"①；这与郭熙的"兼收并览，广议博考，以使我自成一家，然后为得"是同样的说法。在郭熙和董其昌对师承意义的论述中，他们主张博采大家技法，其立意是将前人各家技法视作具有"法的普遍意义"的绘画语汇，综合有机地运用这些语汇，则是成为大家和创作伟大作品的必要条件。

方闻认为，中国画独一无二的特征就在于它与书写的密切联系，这个特征决定了中国画家不是如希腊人那样将模仿自然作为绘画的基本目的，而是试图通过造型手段来把握自然的原理，因此形成了世界绘画史中独特的"生机蓬勃的图绘性传统"。② "图绘性表现"（pictorial representation），是以抽象化和风格化的图像语言作为绘画的基本单元，进行景物描绘，这种描绘的基本目的，不是逼真地再现自然，而是借助于特殊的风格表现画家对绘画传统的继承和在此传统下对自然原理（神气）的体认。美国学者雷德侯（Lothar Ledderose）认为中国人视自然如同文化，都将标准化、模式化的小单元组织成为庞大的整体作为基本的构造原理。"复制是自然赖以创造有机体的方式。没有先例，就没有创造。每一个单元都被固定在原型和继承的无尽序列中。"中国画家学习前人的成功技法，就犹如书写者掌握既有的文字。因此，中国艺术家对待模仿和复制的看法，是完全不同于西方艺术家的。在西方艺术家看来，模仿和复制，就意味着独创性的丧失。"对于中国艺术家，再现并不是最重要的。（只有在对死者的描绘中，他们追求逼真性）他们追求符合于自然原理的创作，而不是制作像似自然物的影像。这些原理包括了万千生物的创造。多样、变异和改换无所不在，甚至于产生全新的模式。"③

方闻和雷德侯的论说，可以解释中国画师仿前人，旨在学习和综合

---

① ［明］董其昌：《容台集》别集卷四。

② ［美］方闻：《心印：中国书画风格与结构分析研究》，第 2、11 页。

③ Lothar Ledderose, *Ten Thousand Things：module and mass production in Chinese art*，New Jersey：Princeton University Press，1998，pp6 - 7.

绘画语汇。但是,这种单纯从技法意义上解释中国画的师承原则,是不够的。南宋画论家韩拙(活动于12世纪初)明确指出,师仿前人的必要性在于,通过学习一家之体法才能具有"格法",从而成就自己为一家的"格法"。他说:"且人之无学者,谓之无格,无格者谓之无前人之格法也。岂脱落格法而自为超越古今贤者欤? ……凡学者宜先找一家之体法,学之成就,方可变易为己格,则可矣。噫,源深者流长,表端者影正,则学造乎妙艺,尽乎精粹,盖有本者若是而已。"①更重要的是,韩拙指出,师从古画法,是去除华俗,追求本真,从而实现理趣和气韵表现的根本途径。他说:

> 实为本也,华为末也;自然体也,人事用也。岂可失其本而逐其末,忘其体而执其用?是犹画者惟务华媚而体法亏,惟务柔细而神气泯,真俗病耳,恶知其守实去华之理哉!若行笔或粗或细,或挥或匀,或重或轻者,不可一一分明以布远近,似气弱而无画也。其笔太粗,则寡其理趣;其笔太细,则绝乎气韵。一皴一点,一勾一斫,皆有意法存焉。若不从古画法,只写真山,不分远近浅深,乃图经也,焉得其格法气韵哉?②

"若不从古画法,只写真山,不分远近浅深,乃图经也,焉得其格法气韵哉?"韩拙这句话有两点要义值得重视:其一,山水画的宗旨不是"只写真山",因此形似或逼真并不是最重要的;其二,师从古画法,宗旨不在于获得营造逼真性的技能,而在于获得对超形似的格法和气韵的表现力。

自南朝谢赫(公元479—502年)倡导"绘画六法"并以"气韵生动"为"六法"之首来,"气韵"就是中国画评鉴的核心范畴。谢赫本人并没有解释何为"气韵生动",但据他在其《古画品录》对画家、作品的品评、鉴赏中可以概括出他之所谓"气韵生动"的要义何在。谢赫说:"张墨、荀勖:风范气候,极妙参神。但取精灵,遗其骨法。若拘以体物,则未见精粹;若

---

①② [宋]韩拙:《山水纯全集》,"论古今学者",清函海本。

取之象外，方厌膏腴，可谓微妙。"①叶朗认为谢赫提出"气韵生动"的命题，"包含了一种形而上的追求"。他说：

> 可见谢赫提出"气韵生动"的要求，也是为了追求"神"、"妙"的境界，就是要使画面形象通向那个作为宇宙的本体和生命的"道"。"气"（"精"）就是"道"。"气"（"道"）是无限和有限、虚和实的统一。如果"拘以体物"（局限于描绘一个孤立的对象），就不可能做到"气韵生动"，就不可能体现"道"。只有"取之象外"，突破有限的形象，才能做到"气韵生动"，才能体现"道"，从而达到"神"、"妙"的境界。②

叶朗认为，"气韵生动"直接包含了老子美学的影响，是老子"气"的哲学所引发的"元气论"在绘画理论中的产物。他指出，"气韵生动"的关键在于"气韵"，而"韵"又是由"气"决定的，"气"是"韵"的本体。"'气韵'的'气'，按照上面所说的元气论的美学，应该理解为画面的元气，是宇宙元气和艺术家本身的元气化合的产物。这种画面的元气是艺术的生命。"③

以"气韵"为绘画表现的主旨，就提出了绘画表现的直观形象与超直观的精神之间的矛盾问题，亦即形象与气韵在绘画呈现形式中的矛盾问题。张彦远在解释"气韵生动"时，正是以这对矛盾为着眼点的。他说：

> 古之画，或遗其形似而尚其骨气，以形似之外求其画，此难与俗人道也。今之画，纵得形似而气韵不生。以气韵求其画，则形似在其间矣。上古之画，迹简意淡而雅正，顾（恺之）陆（探微）之流是也；中古之画，细密精致而臻丽，展（子虔）郑（法士）之流是也；近代之画，焕烂而求备；今人之画，错乱而无旨，众工之迹是也。④
>
> 夫失于自然而后神，失于神而后妙，失于妙而后精，精之为病也，而成谨细。自然者为上品之上，神者为上品之中，妙者为下品之

---

① ［南北朝］谢赫：《古画品录》，［明］梅鼎祚（编）：《南齐文纪》卷七，清文渊阁《四库全书》本。
② 叶朗：《中国美学史大纲》，第 222—223 页。
③ 同上书，第 220 页。
④ ［唐］张彦远：《历代名画记》卷一。

下,精者为中品之上,谨而细者为中品之中。余今立此五等,以包六法,以贯众妙,其间诠量可有数百等,孰能周尽。非夫神迈、识高、情超、心慧者,岂可议乎知画。①

张彦远的论说,包含三层意义:第一,所谓"遗其形似而尚其骨气,以形似之外求其画",就是谢赫所说的"遗其骨法"、"取之相外",两者共同的目的就是要追求和展现"精粹"、"微妙"的"气韵"。"气韵"是超形象的存在,但又是形象的根本,是其生命所在,"以气韵求其画,则形似在其间矣"。第二,以"气韵"为绘画表现的本体,就相应地确立了超技巧的创作观。最高的创作境界是"自然",即超越了一切有限、有形的技巧、规则的自由创作,如自然造化一样无为而为,不知其然而然,所谓"夫阴阳陶蒸,万象错布,玄化亡言,神工独运"。单纯以技艺精巧求完美,不仅不能达到高境界,反而会因为追求周密精致而成病。第三,气韵是高度精神性的绘画表现,不能仅凭直观经验把握,而要依靠超越的精神和卓越的见识才能体会、把握,即所谓"非夫神迈、识高、情超、心慧者,岂可议乎知画"。

董其昌论师古人未尝不从技法着眼,但宗旨却是在气韵(意、神)的体认、承续。他说:"不师北苑,乌能梦见南宫","(倪瓒)一变古法,以天真幽淡为宗,要今所谓渐老渐熟者,若不从北苑筑基,不容易到耳"②。米芾(米南宫)、倪瓒是董其昌推崇极高的两位画家,而他们以之为宗师的董源(董北苑)的画品之高,正在于其"天真平淡"的气韵。董其昌在题写自己师仿古人时,常用"仿某人笔意"、"以意为之"、"追忆其笔意"诸说,可见他学古人宗旨在于体认和表现其气韵。因为学古人旨在于求气韵,而气韵是"在形似之外求其画",董其昌在主张以古人为法的同时,也主张学古人必须"变其法,不合而合"。他说:

尝谓右军父子之书,至齐梁而风流顿尽。自唐初虞褚辈,变其法,乃不合而合。右军父子,殆似复生。此言大可意会。盖临摹最

---

① [唐]张彦远:《历代名画记》卷二。
② [明]董其昌:《容台集》别集卷四。

易,神气难传故也。巨然学北苑,黄子久学北苑,倪迂学北苑。学一北苑耳,而各各不相似。使俗人为之,与临本同,若尔,何能传世也。①

"临摹最易,神气难传",学古人画,要得其意,传其神气。因为"意"(气韵、神气)是超形式的生气、精神,"天机迥出","平淡天真",就不能拘于形似,落入陈迹。沈周学倪瓒画,过求于形似,即失其气韵。"盖迂翁妙处实不可学。启南(沈周)力胜于韵,故相去犹隔一尘也,逊之为迂翁萧散简贵。"②董其昌认为,以"似"学古人,不仅不能接近古人真意,反而是背离古人的途径。他在一则题记中说:"此仿倪高士笔也。云林画法,大都树木似营丘寒林,山石宗关仝,皴似北苑,而各有变局。学古人不能变,便是篱堵间物。去之转远,乃由绝似耳。"③

对于仿古人而不能变的艺术追求,董其昌持一种极端否定的立场。袁宏道有如下一段记载:

> 往与伯修过董玄宰。伯修曰:"近代画苑诸名家,如文徵仲、唐伯虎、沈石田辈,颇有古人笔意不?"玄宰曰:"近代高手,无一笔不肖古人者。夫无不肖,即无肖也,谓之无画可也。"④

"无不肖,即无肖",换言之,"绝似"即"绝不似"。"绝似",就是仿真的临摹,虽然形貌逼真,但失去内在的生气和气韵。"绝似"是机械的精工模仿,作为绘画创作,完全违背了"形似之外求其画",即笔参造化的生动自然原则,"变"的必要性和根本意义在于以求气韵生动为核心的中国绘画精神。"学古人不能变,便是篱堵间物。"这"无不肖"的"绝似",当然可判定为"无画"——没有绘画的创造性。

高居翰在评论董其昌的绘画实践时,有这样一段论述:

---

① [明]董其昌:《画禅室随笔》卷二。
②③ [明]董其昌:《容台集》别集卷四。
④ [明]袁宏道:《袁宏道集笺校》,钱伯城笺校,第700页,上海古籍出版社,2008年。

　　董其昌的画作展现了许多紧张拉锯和暧昧的特质,而其中的一种拉锯关系,则是他一方面建立井然有序的结构,另一方面却将此结构解除。另一种拉锯关系,则是他一方面固守传统,一方面却又极端偏离传统。还有一种拉锯关系,则是他一方面在画作中呈现自然现象,一方面却又在此画作镀上另外一层不同的面貌,或者(按照我们的说法)可以说是另一种替代的风格秩序——而在此替代的风格秩序当中,画家所要追求的“正确”风格,大抵已经和自然真相的再现无关。再者,还有一种拉锯关系是:一方面,董其昌许多作品当中,透露出他对于各类形式及表现手法的熟稔,但另一方面,他却又在其他或同一批画作中,展现出一种既拙又“生”的特质。最后的一种拉锯关系,则是敏锐力和粗犷力两者的对立。①

　　高居翰在董其昌画作中所看到的这些“拉锯关系”,消极地看,是董其昌在秩序与反秩序、传统与反传统、再现自然与表现自我、形式与意义之间的矛盾表现;然而,积极地看,则是董其昌在“仿”的语境下求“变”的自觉追求。对于他来说,无论对于格法、典范和自然,“仿”只是一个必须的出发点,而气韵(“意”)才是归属所在,“变”则是由“仿”达“意”的必要途径。正如高居翰用“许多紧张拉锯和暧昧的特质”来表征董其昌的画作,可以说董其昌并没有在画作中达到这些矛盾关系的平衡,若以他所追求的“平淡天真”的气韵格调来衡量,他的画作“技”和“力”的痕迹均明显,可以说也是“力胜于韵”。但是,他“以变求韵”的精神是不容忽视的。②

---

① 〔美〕高居翰:《山外山:晚明绘画》,第 157 页。
② 高居翰引用赫伊津哈(Johan Huizinga)的游戏理论,以“为不完美的世界带来了一点短暂而有限的完美”解释董其昌的“仿古”实验,并称:“在董其昌的画作里,有一些拢攘不安且往往古怪的段落,正好呼应了晚明时代某些深沉的隐疾,而董其昌的做法就像我们前面已经提出的,他是利用造型来传达一种方向迷失以及世界已经歪斜崎岖的感受。”(〔美〕高居翰:《山外山:晚明绘画》,第 157 页。)高居翰之说,自然可作一个解释角度,但是,从中国绘画精神传统流变而言,离开“气韵”谈董其昌的“变”,无论对其画作,还是理论都有隔阂。

二、以造物为师

董其昌谈绘画之道,既主张"气韵不可学",又主张"气韵亦有学得处"。他说:

> 画家六法,一曰气韵生动。气韵不可学,此生而知之,自然天授,然亦有学得处。读万卷书,行万里路。胸中脱去尘浊,自然丘壑内营,成立郛郭,随手写出,皆为山水传神。①

"气韵不可学"的观念,在气韵说提出的时代就相应具有了。南朝文学家萧子显(487—537)论文时说:"文章者,盖性情之风标,神明之律吕也。蕴思含毫,游心内运,放言落纸,气韵天成,莫不禀以生灵,迁乎爱嗜,机见殊门,赏悟纷杂。"②萧子显大概是最早从艺术角度谈"气韵不可学"的古代学者。其后,宋代画论家郭若虚在《国画见闻志》中,专门撰有《论气韵非师》一章。他说:

> 六法精论,万古不移。而骨法用笔以下,五法皆可学,知其气韵必在生知,固不可以巧密得,复不可以岁月到默契神会,不知然而然也。尝试论之。窃观自古奇迹,多是轩冕才贤、岩穴之士依仁游艺,探赜钩深,高雅之情,一寄于画。人品既已高矣,气韵不得不高;气韵既已高矣,生动不得不至。所谓神之又神,而能精焉。凡画必周气韵,方号世珍。不尔,虽竭巧思,止同众工之事,虽曰画而非画。故杨氏不能授其师,轮扁不能传其子,系乎得天机,出于灵府也。且如世之相押字之术,谓之心印。本自心源想成,形迹与心合,是之谓印。爰及万法,缘虑施为,随心所合,皆得名印。矧乎书画,发之乎情思,契之于绡楮,则非印而何? 押字且存诸贵贱,书画岂逃乎气韵? 夫画犹书也,杨子曰:"言心声也,书心画也。声画形,君子小人

---

① [明]董其昌:《容台集》别集卷四。
② [南北朝]萧子显:《南齐书》卷五三,清乾隆武英殿刻本。

见矣。"①

萧子显讲"气韵天成,莫不禀以生灵",是从曹丕的"文以气为,气之清浊有体,不可力强而致"的观念来。② 郭若虚讲"气韵必在生知,固不可以巧密得,复不可以岁月到默契神会,不知然而然也",就强调"气韵"的"不可学"而言,是与萧子显一致的。但是,郭若虚的"气韵"显然不是曹丕所谓"清浊有体"的"气",即文学家、艺术家特殊禀赋的气质或性情,而是"轩冕才贤"、"岩穴之士"的"高雅之情"或"人品"。所以他说:"人品既已高矣,气韵不得不高"。郭若虚以人品论气韵,而不是以气质(血性)论气韵,是对"气韵"观念的一个重要转化,实际上是将魏晋以来以气韵本于"天赋才情"的观念,转化为有宋一代的以"精神品质"论气韵的观念。这个转化当然是与宋代理学对艺术思想的浸染改换相联系的。

郭若虚认为气韵的有无高低是决定绘画的艺术品质的根本所在,没有气韵,或气韵不高,无论技艺如何精巧,绘画作品也缺少艺术性("不尔,虽竭巧思,止同众工之事,虽曰画而非画")。他强调气韵来自画家的内心本性,所谓"系乎得天机,出于灵府",引用禅宗的"心印说"来说明绘画如书法,是画家的内心品性的印证,因而是父子师徒不能传授的。

禅宗的"心印"观念,典出世尊释迦牟尼和达摩传教,"不立文字,教外别传"。《佛祖通载》说:

> (世尊)又于灵山会上百万众前,拈起一枝花,普示大众,独有迦叶破颜微笑。世尊云:"吾有正法眼藏,涅槃妙心,分付摩诃大迦叶,谓之教外别传,传此心也,印此法也。"达摩西来,不立文字,直指人心,见性成佛,此心也印此法也。③

禅宗的"以心印法",本于佛教的"境由心生"观念。"境由心生",即认为外界情境,皆是人心的意念产生的幻境。"境"即"法",既由心生,故"此

---

① [宋]郭若虚:《图画见闻志》卷一,明津逮秘书本。
② [南北朝]萧统(编):《文选》卷五二,胡刻本。
③ [元]释念常:《佛祖通载》卷二二,大正新修大藏经本。

心"与"此法"就是相印证的：有此心，即有此法；有此法，亦即有此心。禅宗传教，主张"不立文字，直指人心"，宗旨是要消除文字在"心"与"法"之间设置的障碍和距离，要让"心"在对"法"的直觉中顿悟佛性。

禅宗的"心印"观念，确认了心灵与现实（心与境）的同一性。郭若虚引用"心印"解释"气韵在生知"，确认的是本原于心灵的"气韵"与绘画境界的统一，所谓"发之乎情思，契之于绡楮（绢纸），则非印而何"。方闻解释说："出色的笔墨，通过运动表达出美与愉悦，不仅仅包括着艺术家的手指、手腕以及手臂的肌肉行为动作，而且还包含着艺术家的精神、情感与身体状态。如同题词与亲笔签名一样，书法被看成是一个人内心深处的表白，因而中国人将书与画都称为艺术家的'心印'。作为心灵的印记或者形象，一件书法或者绘画作品反映出艺术家——这一个人，他的观念，他的思想及其自我修养。"①方闻的解释，明确了绘画作为艺术家"这一个人"的"心灵的印记"的观念。

用"心印"观念释证"心画统一"，是在单纯表现主义的立场上来解释"气韵"，即把书画视作单纯"一个人内心深处的表白"。这种解释，忽略了"气韵"包含的宇宙观意义。如叶朗所言，在中国画论中，气韵是表现于画面的"宇宙元气和艺术家本身的元气化合的产物"。"心印说"只承认"心"与"画"的统一，而抛弃了在心画之外的第三者——自然（"天"）。郭若虚主张这种心画论，自然是本于宋代儒家道学的"心性统一论"。但是，如果不否认"气韵"观念是本于老庄道家的"气化"观念，那么，自然（"天"）的因素就应与自我（"心"）与艺术（"画"）构成三位一体的结合。实际上，从中国山水画的精神传统而言，自然的意义是更重于自我的，这从"澄怀味象"（南朝宗炳）、"外师造化，中得心源"（唐张璪）、"度物象而取其真"（五代荆浩）和"身即山川而取之"（宋郭熙）等命题可看出。

在中国文化体系中，应当理解，"不可学"是从道家发端的一个宇宙论观念，即认为无限、无形、无为的"道"是不可以理性认知的。庄子说：

① ［美］方闻：《心印：中国书画风格与结构分析研究》，第 3 页。

> 世之所贵道者书也,书不过语,语有贵也。语之所贵者意也,意
> 有所随。意之所随者,不可以言传也,而世因贵言传书。世虽贵之,
> 我犹不足贵也,为其贵非其贵也。故视而可见者,形与色也;听而可
> 闻者,名与声也。悲夫,世人以形色名声为足以得彼之情。夫形色
> 名声果不足以得彼之情,则知者不言,言者不知,而世岂识之哉!
> (《庄子·天道》)

庄子认为,人们以书为贵,是因为书中的语言可以传达意义,有意义是书
的价值所在。但是,人们并不知道,在语言可以传达的意义背后,还有不
可传达的东西("意之所随者,不可以言传")。在庄子看来,可以视听的
形色名声,是不能成为"道"("意之所随者")的载体和真实表现的("不足
以得彼之情");人们拘泥于可视听之物求"道"("彼之情"),是对"道"真正
无知的表现。他坚持"言"与"知"的对立,主张"知者不言,言者不知",认
为记载圣贤文字的书籍,不可能传达他们的根本思想和精神,而只是留
下的文字糟粕。他用巧匠轮扁不能将自己的绝妙手艺传授给儿子的寓
言说明,思想的精微与技艺的巧妙,都是不可传授他人的。在庄子叙述
的故事中,轮扁告诉齐桓公说:

> 臣也以臣之事观之。斫轮,徐则甘而不固,疾则苦而不入。不
> 徐不疾,得之于手而应于心,口不能言,有数存焉于其间。臣不能以
> 喻臣之子,臣之子亦不能受之于臣,是以行年七十而老斫轮。古之
> 人与其不可传也死矣,然则君之所读者,古人之糟粕已夫!(《庄
> 子·天道》)

庄子讲古人的精神意气不可以文字传授后人,即不可学。这似乎是
堵死了精神进修之路,陷于纯粹不可知论。然而,庄子所主张的"不可
知",只是针对于理性、概念的层面,只是主张精妙之意(或技)"口不能
言",并非主张人对于自然("道")绝对无路径可以进入。"不徐不疾,得
之于手而应于心,口不能言,有数存焉于其间。"斫轮的巧妙处,虽然口不
能言,但"得之于手而应于心",就指明了轮扁获得这个技巧的途径是长

期修炼体会而至于"得手应心"。所以，庄子否定理性、概念的学习传授，但肯定感性、体验的领悟。

庄子的认知理念，在著名的"安知鱼之乐"的论辩中表达得很清楚。他以"鯈鱼出游从容"而判定"是鱼之乐也"，针对惠施"子非鱼安知鱼知乐"的诘难，断言"我知之濠上也"。(《庄子·秋水》)庄子以此寓言告诉我们：以形名区别的知性态度，我们是不可能认知自然的内在意义的；只有以感性同情的体验活动，我们才能感受到自然的真意。他的另一个寓言，讲得更为透彻。他说：

> 梓庆削木为鐻，鐻成，见者惊犹鬼神。鲁侯见而问焉，曰："子何术以为焉？"对曰："臣工人，何术之有！虽然，有一焉。臣将为鐻，未尝敢以耗气也，必齐以静心。齐三日，而不敢怀庆赏爵禄；齐五日，不敢怀非誉巧拙；齐七日，辄然忘吾有四枝形体也。当是时也，无公朝，其巧专而外骨消；然后入山林，观天性；形躯至矣，然后成见鐻，然后加手焉；不然则已。则以天合天，器之所以疑神者，其是与！"
> (《庄子·达生》)

"鐻"是古代悬挂钟磬等乐器的木架子，上面雕刻有动物图象作装饰。匠人梓庆在鐻上雕刻的鸟兽图形逼真传神之至，"见者惊犹鬼神"。梓庆为什么会拥有如此高的技艺呢？根源有三：其一，以心灵斋戒（"齐"通"斋"）的方式，实现自我心灵的高度净化，以至于物我两忘的虚灵状态；其二，带着空灵的心胸进入山林，观看、体察自然景物的本性，在自我身心与自然景物契合一体的状态中，"鐻"的形象就自然产生；其三，制作"鐻"的过程是自我与自然、手工与天工合为一体的过程，是自然假手于人、自然而然的过程。这三个根源，总结起来讲就是，要创造出高度自然而富有生气（"疑神者"）的作品，需要以空灵自由的身心投入自然，在自然感化之中，与自然相契合，自然而然地进行创作。所以，庄子虽然认同老子的"道不可学"（"道可道，非常道"）的思想，但并不相应地陷于不可知论，而是认为在解脱和超越名言知识的束缚之后，人可以复归于自然，体验和表现"道"的本真。"以自然为师",就是庄子为后世开拓的艺术道路。

董其昌承前人之说,亦主张气韵是自然天授、不可学,但又主张以"读万卷书,行万里路"来陶冶心胸、培养气韵,就与自曹丕直至郭若虚们的"文气"(气韵)观念不同,而是返回到庄子的"游心于物"的艺术创作观。董其昌说"脱去尘浊,自然丘壑内营,成立郛郭,随手写出,皆为山水传神",显然是承续了庄子所谓在物我两忘之后,"入山林,观天性;形躯至矣,然后成见镰,然后加手焉;不然则已。则以天合天,器之所以疑神者,其是与"的精神。

但是,我们不能忽略董其昌与庄子依然存在着差异。庄子主张,人只有通过"心斋"、"坐忘"的方式实现物我两忘的虚灵状态,才能完全投身于自然,并与自然浑然一体,从而感悟和表现"道"的本真意义。董其昌则认为"读万卷书,行万里路"是陶冶心胸、培养气韵的前提,他将阅读庄子视为"糟粕"的书籍,作为学习进修的必要前提了。不仅如此,庄子只讲以自然为师,董其昌主张先以古人为师,再以自然为师——实际上是将"以古人为师"作为"以自然为师"的前提。他说:

> 画家以古人为师,已自上乘。进此当以天地为师。每朝看云气变幻,绝近画中山。山行时见奇树,须四面取之。树有左看不入画,而右看入画者。前后亦尔。看得熟,自然传神。传神者必以形。形与心手相凑而相忘,神之所托也。树岂有不入画者?特画,收之生绢中。茂密而不繁,峭秀而不寒,即是一家眷属耳。①

董其昌认为,因为古人对自然之法,已有高度的领悟、契合,故以古人为师,就可以在相当程度上掌握自然之形,并以之传自然之神的工具。但是,正如他评王维画"云峰石迹,迥出天机;笔意纵横,参乎造化",这种绘画的最高境界是不可能从学习、模仿古人达到的。古人的技法只是入自

① [明]董其昌:《容台集》别集卷四。

然之门的一个阶梯,"进此当以天地为师",才可以真正获得"迥出天机,参乎造化"的气韵。

因为将"以自然为师"置于"以古人为师"之上,并且以前者为绘画的旨归,董其昌的气韵观就突破了以"心印"释气韵表现的观念。如果说,曹丕的"文气"说着眼于作家的血性气质所决定的个性(性情),郭若虚借禅宗的"心印"强调的是气韵属于本心的精神品格,那么,董其昌以"读万卷书,行万里路"("先以古人为师,进此当以古人为师")为"气韵可学得处",主张的是"气韵"须是经由自然陶冶、合于自然的文化精神结晶。在以自然为旨归上,董其昌是归皈于庄子的,但是,不同于庄子的是,他认为"自然"须有文化精神的内含(要有古人的血脉)。董其昌说:

> 画家初以古人为师,后以造物为师。吾见黄子久《天池图》,皆赝本。昨年游吴中山,策筇石壁下,快心洞目。狂叫曰:"黄石公!黄石公!"同游者不测。余曰:"今日遇吾师耳。"①

董其昌虽然在现实中并没有看到黄公望(黄子久)《天池图》原作,却在自然实景中"看到"这位精神宗师的"真本"。这一方面表明了董对黄的深刻的精神认同,另方面表明,在董其昌的意识中,黄公望绘画具有与自然景物根本统一性。这两者(绘画与自然)之间的统一性,对于董其昌,与其说在于形,不如说在于神,实质上就是绘画与山水的气韵的统一性。否则,我们就不能理解,只见其赝本的董其昌,何以如此在自然景物中"见出"此画的"真本",而且产生了强烈的"今日遇吾师"的认同感。

三、当境方知诗语妙

在董其昌的美学思想中,有一个很突出,却又没有得到重视和阐发的思想,即艺术意境与自然风景相印证的观念。他说:

> 古人诗语之妙,有不可与册子参者,惟当境方知之。长沙两岸

① [明]董其昌:《容台集》别集卷四。

皆山,余以牙樯游行其中。望之,地皆作金色,因忆水碧沙明之语。又自岳州顺流而下,绝无高山,至九江则匡庐突兀,出樯帆外。因忆孟襄阳所谓"挂席几千里,名山都未逢;泊舟浔阳郭,始见香炉峰。"真人语千载,不可复值也。①

董其昌认为,诗歌的美妙意味(意境),不能从书本文字来理解,而要从对诗歌描绘的景物做实地观察、体验中来把握。这个思想,似可以从"言不尽意"的传统诗学观来解释。但是,董其昌在这里关注的不是语义在文字中的可传达性(可否传达,或传达是否完整)问题,而是诗歌意境的构成方式问题。"当境方知之",揭示的是诗歌意境不是单纯由文字构成的一个封闭意象世界,而是通过语言将读者的想象引入到与现实感受中的一个动态过程。在这个过程中,诗语、自我和自然景观是互动关系。

艺术意境的构成,不是艺术媒介(文字、声响、色彩)自成体系的封闭空间,而是由媒介引向自然的现实景物,原因在于中国艺术的创作总是保持着与现实景物的感受关联。董其昌在谈自我的绘画创作时,屡屡说及居行中的自然景物对于创作的影响和意义,准确讲,他揭示的是"艺术家在自然中,自然在创作中"的"我与自然共同在场"的创作状态。比如他说:

> 简文云:"会心处不在远,翳然林水,便自有濠濮间想也。觉鸟兽禽鱼,自来亲人。"余过仲醇岁寒斋中,大不容斗,而花竹娟秀,鱼鸟近人。焚香啜茗,有象外之致。此非所为会心不在远者耶?喜而作此图。②

在"当境方知"的观念下,董其昌对艺术与自然的关系,又有如下三方面的认识。

其一:对前人绘画意境的体会、认知,须经所对描绘的自然实景的观

---

① [明]董其昌:《画禅室随笔》卷三。
② [明]董其昌:《容台集》别集卷四。

察、体验作验证和启示，才能得到完整感受。董其昌说："米南宫襄阳人，自言从潇湘得画境。已隐京口，南徐江上诸山，绝类三湘奇境。墨戏长卷，今在余家。余洞庭观秋湖暮云，良然，因大悟米家山法。"①他又说："昨岁在石湖写此图，今携至西湖展观，乃绝似雨峰六桥景界。惟是积雨连旬，烟霏不开，与李营丘画法无当，须米家父子可为传神也。"②这两则话，揭示的是画家的独特手法和气韵，与自然景致之间的对应和印证关系。

其二：就绘画对自然的展现可能性而言，存在着多样性。董其昌说："赵文敏（赵孟頫）、黄鹤山樵（王蒙），皆有青弁图。余游弁山，维舟其下。知二公之画，各能为此山传写神照。然山川灵气无尽，余于二公笔墨蹊径外，别构一境，未为蛇足也。"③"山川灵气无尽"，"各能为此山传写神照"，指出了自然景物意蕴的丰富性和对其描绘表现的多样性。

其三，绘画不是机械的模仿自然，或对自然景象作纯直观的再现。在从自然向绘画的转换中，注入了画家所承载的时代精神和艺术选择，因此，绘画在描绘自然中是一个创造性的选择和转换活动。董其昌说："以径（境）之奇怪论，则画不如山水。以笔墨之精妙论，则山水决不如画。东坡有诗云：论画以形似，见与儿童邻。作诗必此诗，定知非诗人。余曰：此元画也。晁以道诗云：画写物外形，要物形不改。诗传画外意，贵有画中态。余曰：此宋画也。"④既认识到自然景象本身具有绘画难以尽揽的丰富性（"以径（境）之奇怪论，则画不如山水"），又认识到绘画所传达的精神意蕴是高于自然的（"以笔墨之精妙论，则山水决不如画"），董其昌对自然与绘画的关系的认识是深刻而辩证的。奠定于这样的认识，董其昌在时代旨趣差异的坐标上解决了传统的"贵画外意"与"贵画中态"的论争。当然，将"贵画外意"指认为"元画"与"贵画中态"指认为"宋画"未必尽合画史，但的确在理论上提供了解决两者纷争的深刻思路。

---

① ［明］董其昌：《容台集》别集卷四，明崇祯三年董庭刻本。
②④ ［明］董其昌：《容台集》别集卷四。
③ ［明］董其昌：《容台集》别集卷四。案：引文中"传写神照"语出南北朝谢赫，原为"传神写照"。

"当境方知",是董其昌关于绘画创作和鉴赏的一个重要观念,这个观念联系着他的"气韵"("平淡")、"仿古"与"变法"诸观念,而且通向中国文化的自然传统。高居翰认为在仿古与变法、模仿自然与远离自然的矛盾中,董其昌运用的是心理解决的办法。"在他(董其昌)看来,自然和古人的传统只有在画家的心中,才能同时存在,且其二元对立的现象也才会消解。"[1]高氏此说,并不符合董其昌的艺术观——他没有意识到董其昌的"当境方知"观念,实际上就没有找到真正解决董其昌所试图解决的中国绘画(扩大讲是中国艺术)的基本矛盾的途径。

在南北朝时代,刘勰已有"通变"观念。他说:

> 夫设文之体有常,变文之数无方,何以明其然耶?凡诗赋书记,名理相因,此有常之体也;文辞气力,通变则久,此无方之数也。名理有常,体必资于故实;通变无方,数必酌于新声:故能骋无穷之路,饮不竭之源。(《文心雕龙·通变》)

这段话表明,刘勰论"变",是局限在文体和文章的"体用关系"上,他主张在"言辞气力"保持一种广泛吸取的状态,从而以丰富的文章创作状态保持文体存在的生命力。因此,刘勰的"通变"思想并不涉及艺术与自然的关系。董其昌的"变"不仅是技术手法的"变",而是通过"变",实现自我生命与自然的相互参与、交流,从而完成艺术意境的本体创构。这就是"当境方知"的深意所在。

这种"当境方知"而"参与自然"的意境构成观,对中国艺术意境构成的独特性是一种深刻揭示。在董其昌之前,王阳明已经通过"心外无物"和"与物无对"等观念,综合儒道两家的"参与自然"观念而成的人与自然统一、连续的"人生—审美境界"——天地境界。在王阳明之后,董其昌的"当境方知"命题做的工作是明确将"参与自然"的美学精神落实、阐发在艺术哲学(尤其是创作理论)中,使之得到了具体表达和深化。

---

① [美]高居翰:《山外山:晚明绘画》,第 144 页。

第八章　袁宏道的美学思想

第一节　袁宏道的闲适人生

一、"闲适人生"的精神溯源

晚明时期的袁宗道(1560—1600)、袁宏道(1568—1610)和袁中道(1570—1623)三兄弟,湖北公安县人,世称"公安三袁"。在袁家三兄弟中,袁宏道最具个性、最为超拔卓绝。

袁宏道的一生,仅有 43 载春秋。他少年聪慧,擅长诗文,24 岁(1592)中进士,27 岁(1595)谒选为吴县(今苏州)知县。他自 27 岁始,到他 43 岁病逝,三度出任朝廷命官,三度辞官,做官的累计年限不超过七年。他三度做官,都做得很好。袁宏道在吴县为官一年余,即令吴县大治,展示了难得的治理才能,时任首辅申时行称赞他说"200 年来无此令矣";他深得民心拥戴,辞官将离吴县时,吴县百姓闻知他因庶祖母詹姑病危辞官,"吴民闻其去,骇叫狂走,凡有神佛处皆悬幡点灯建醮,乞减吴民百万人之算,为詹姑延十年寿。以留仁明父母。其得人心如此"①。但

---

① [明]袁中道:《珂雪斋集》,钱伯诚点校,第 757 页,上海古籍出版社,1989 年。

他的人生志趣,实在不在于做官。他说:"世间第一等便宜事,真无过闲适者。白、苏言之,兄嗜之,弟行之,皆奇人也。"①这是他在《识伯修遗墨后》一文中所说的话,可视作是他倡导闲适人生的口号。1604 年撰此文时,袁宗道已去世四年,袁宏道在公安柳浪乡居亦四年。

"闲适"的精神宗师,当上推到庄子。庄子说:"今子有大树,患其无用,何不树之于无何有之乡,广莫之野,彷徨乎无为其侧,逍遥乎寝卧其下。不夭斤斧,物无害者,无所可用,安所困苦哉!"(《庄子·逍遥游》)"逍遥无为"、"无所可用",这就是闲适精神的要义。但庄子并没有用"闲适"一词,白居易大概是后世文人中首倡"闲适"者。他在《与元九书》中将自己的诗歌分为四类,"闲适诗"即其中一类。他说:

> 仆数月来检讨囊箧中,得新旧诗,各以类分,分为卷目。自拾遗来,凡所适所感,关于美刺兴比者;又自武德讫元和,因事立题,题为《新乐府》者,共一百五十首,谓之"讽谕诗";又或退公独处,或移病闲居,知足保和,吟玩情性者一百首,谓之"闲适诗";又有事物牵于外,情理动于内,随感遇而形于叹咏者一百首,谓之"感伤诗"。又有五言、七言、长句、绝句,自百韵至两韵者,四百余首,谓之"杂律诗"。②

白居易在这里对"闲适诗"的定义,实际上也是对"闲适"本身的定义。"退公独处","移病闲居",是就"闲适"的境况而言——"闲";"知足保和,吟玩情性",是指出了"闲适"的精神意态——"适"。若要达成"闲适",就境遇而言,须是"闲";就精神而言,须是"适"。白氏还指出了"闲适"的审美风格:"至于讽谕者,意激而言质;闲适者,思淡而词迂。以质合迂,宜人之不爱也。"(同上)"思淡而词迂",即指"闲适"是以吟赏玩味为主旨的,因此,用思轻淡,词调舒缓。

白居易主张闲适,自谓是以古人"穷则独善其身,达则兼济天下"的

①《袁宏道集笺校》,第 1111 页。
②[唐]白居易:《白氏长庆集》,白氏文集卷第二八。

精神为导向。他说："仆虽不肖，当师此语。大丈夫所守者道，所待者时。时之来也，为云龙，为凤鹏，勃然突然，陈力以出；时之不来也，为雾豹，为冥鸿，寂兮寥兮，奉身而退。进退出处，何往而不自得哉？故仆志在兼济，行在独善，奉而终始之则为道，言而发明之则为诗。谓之讽谕诗，兼济之志也；谓之闲适诗，独善之意也。"①白氏以美刺干政的"讽喻诗"为"兼济之志"，以吟玩情性的"闲适诗"为"独善之意"，他将"闲适"的"个人"取向揭示得非常清楚。他写《与元九书》正值被贬官江州（今九江），做闲官"司马"，实属"寂兮寥兮，奉身而退"的"穷时"。他以"知足保和，吟玩情性"为"适"，自然是"独善之意"。苏东坡引白居易为先朝同道，他为官一生，屡遭贬放，晚年被贬黄州，作诗推崇白居易说："微生偶脱风波地，晚岁犹存铁石心。定是香山老居士，世缘终浅道根深。"在诗末他还自述说："乐天自江州司马，除忠州刺史，旋以主客郎中知制诰，遂拜中书舍人。轼虽不敢自比，然谪居黄州，起知文登，召为仪曹，遂忝侍从，出处老少大略相似。庶几复享此翁晚节闲适之乐焉？"②

袁宏道倡导闲适人生，以白居易、苏东坡为宗师。袁宏道与白、苏略有差异的是，他不是在被贬处闲的境遇，即"穷"中，而是在初获授官的新官任上，即"达"时求闲适。袁宏道1595年，即中进士后四年，才得选授吴江（今苏州）县令一职。然而，正是这位勤政亲民的袁宏道县令，一方面励精图治，政绩斐然，把官做得上下都认可；另一方面却不断写辞职书，上任不到两年，连续上书七封请辞书，上峰无奈，只好准辞。他在任上，反复修书亲友，倾述为官的苦衷。在1595年的书信《龚惟长先生》中，袁宏道说：

　　"无官一身轻"，斯语诚然。甥自领吴令来，如披千重铁甲，不知县官之束缚人，何以如此。不离烦恼而证解脱，此乃古先生诳语。甥宦味真觉无十分之一，人生几日耳，而以没来由之苦，易吾

---

① ［唐］白居易：《白氏长庆集》卷第二八。
② ［宋］苏轼：《苏文忠公全集》东坡集卷一六，明成化本。

无穷之乐哉！计欲来岁乞休，割断藕丝，作世间大自在人，无论知县不作，即教官亦不愿作矣。实境实情，尊人前何敢以套语相诳。直是烦苦无聊，觉乌纱可厌恶之甚，不得不从此一途耳。不知尊何以救我？①

正是在这为官的"如披千重铁甲"的大束缚中，袁宏道生起追求闲适、做"大自在人"的志意。

在1595年致徐汉明的信中，袁宏道把"学道之人"分为四种（玩世者、出世者、谐世者、适世者），他最认同向往的是"适世者"。他说：

玩世者，子桑、伯子、原壤、庄周、列御寇、阮籍之徒是也。上下几千载，数人而已，已矣，不可复得矣。出世者，达磨、马祖、临济、德山之属皆是。其人一瞻一视，皆具锋刃，以狼毒之心，而行慈悲之事，行虽孤寂，志亦可取。谐世者，司寇以后一派措大，立定脚跟，讲道德仁义者是也。学问亦切近人情，但粘带处多，不能迥脱蹊径之外，所以用世有余，超乘不足。独有适世一种其人，其人甚奇，然亦甚可恨。以为禅也，戒行不足；以为儒，口不道尧、舜、周、孔之学，身不行羞恶辞让之事，于业不擅一能，于世不堪一务，最天下不紧要人。虽于世无所忤违，而贤人君子则斥之惟恐不远矣。弟最喜此一种人，以为自适之极，心窃慕之。除此之外，有种浮泛不切，依凭古人之式样，取润贤圣之余沫，妄自尊大，欺己欺人，弟以为此乃孔门之优孟，衣冠之盗贼，后世有述焉，吾弗为之矣。②

"玩世者"即庄子所代表的道家高人，袁宏道以为是现世不可再有的了；"出世者"即禅宗祖师达磨所代表的佛禅宗师，"以狼毒之心，而行慈悲之事"，是袁宏道难以认同的；"谐世者"即孔子（司寇）所代表的儒家，袁宏道认为"用世有余，超乘不足"。"适世者"，无德无能，无为无志，"甚奇，

①《袁宏道集笺校》，第222页。
②同上书，第217—218页。

然亦甚可恨"，"最天下不要紧人"，而袁宏道却最赞赏认同这种人，"以为自适之极，心窃慕之"。值得注意的是，虽然引白、苏为"闲适"的旗帜，袁宏道心目中的闲适人，却并非以"穷则独善其身，达则兼济天下"的白、苏之辈志士仁人为原型，而是"身不行羞恶辞让之事，于业不擅一能，于世不堪一务"的"最天下不紧要人"。"做不紧要人"是身为官情所缚的袁宏道意想中的"大自在人"——闲适者。

还是 1595 年，身为吴江县令的文人袁宏道，在致舅父龚惟长的另一封信中，提出了"人生五乐"。他说：

> 数年闲散甚，惹一场忙在后。如此人置如此地，作如此事，奈之何？嗟夫，电光泡影，后岁知几何时？而奔走尘土，无复生人半刻之乐，名虽作官，实当官耳。尊家道隆崇，百无一阙，岁月如花，乐何可言。然真乐有五，不可不知。目极世间之色，耳极世间之声，身极世间之鲜，口极世间之谭，一快活也。堂前列鼎，堂后度曲，宾客满席，男女交舄，烛气熏天，珠翠委地，金钱不足，继以田土，二快活也。箧中藏万卷书，书皆珍异。宅畔置一馆，馆中约真正同心友十余人，人中立一识见极高，如司马迁、罗贯中、关汉卿者为主，分曹部署，各成一书，远文唐、宋酸儒之陋，近完一代未竟之篇，三快活也。千金买一舟，舟中置鼓吹一部，妓妾数人，游闲数人，泛家浮宅，不知老之将至，四快活也。然人生受用至此，不及十年，家资田地荡尽矣。然后一身狼狈，朝不谋夕，托钵歌妓之院，分餐孤老之盘，往来乡亲，恬不知耻，五快活也。士有此一者，生可无愧，死可不朽矣。若只幽闲无事，挨排度日，此最世间不紧要人，不可为训。古来圣贤，公孙朝穆、谢安、孙场辈，皆信得此一着，此所以他一生受用。不然，与东邻某子甲蒿目而死者，何异哉？[①]

袁宏道所谓"人生真乐五种"，一为声色玩赏之乐，二为宾客欢宴之

---

① 《袁宏道集笺校》，第 205—206 页。

乐,三为高朋雅聚之乐,四为风流冶游之乐,五为乐极而穷之乐。这五种"真乐",前四种均是以富贵打底,穷侈极欲之乐,而其乐的终究便是"家资田地荡尽矣,然后一身狼狈"。袁宏道以这个"乐极而穷"为人生真乐五种之最,实有大寓意的。大概而言,其寓意有二:其一,富贵之乐,并非可靠之乐,依仗富贵而乐,总不免穷极而终;其二,人生真乐之至,恰是穷极之际,"恬不知耻","只幽闲无事,挨排度日",做"最世间不紧要人"。袁宏道论的"五乐论",是含有深刻反讽和自嘲意味的,不可作字面理解。1595 年的袁宏道,一方面是深感官场缚执而解脱不得,一方面又确有一腔新政利民的抱负欲展。他向亲友申明要做"最世间不紧要人",实在因为他正在做而且也愿意做"世间紧要人"。他的苦恼无奈是,"要紧人"做得不自在,而自在的"不要紧人"又做不了。在 1596 年的《李子髯》一信中,袁宏道提出"作诗"为"人生之寄"的观点。他说:

> 髯公近日作诗否?若不作诗,何以过活这寂寞日子也?人情必有所寄,然后能乐。故有以奕为寄,有以色为寄,有以技为寄,有以文为寄。古之达人,高人一层,只是他情有所寄,不肯浮泛虚度光景。每见无寄之人,终日忙忙,如有所失,无事而忧,对景不乐,即自家亦不知是何缘故,这便是一座活地狱,更说甚么铁床铜柱刀山剑树也。可怜,可怜!大抵世上无难为的事,只胡乱做将去,自有水到渠成日子。[①]

其实,袁宏道提出人生真乐五种之说,荒诞反讽之外,何尝又不是于现实缚执中对人生大解脱的"寄兴"呢?后世学者以此五说批评袁宏道贪图声色享乐,实在冤枉了袁宏道。

二、为官与归隐的两难

1597 年,袁宏道获解官之后,携友人往江浙一带游赏,"走吴、越,访

[①]《袁宏道集笺校》,第 241 页。

故人陶周望诸公,同览西湖、天目之胜,观五泄瀑布,登黄山、齐云,恋恋烟岚,如饥渴之于饮食。时心闲意逸,人境皆绝"①。这期间的袁宏道,的确度过了他一生中短暂(约一年)的"最不要紧人"的闲适生活。

袁宏道本是极敏感多情于色相之人。在解官前,以县令之身视察当地灾情时,他游览灵岩,写出的是这样令人欷歔的文字:

> 石上有西施履迹,余命小奚以袖拂之,奚皆徘徊色动。碧繐细钩,宛然石髲中,虽复铁石作肝,能不魂销心死? 色之于人甚矣哉! ……嗟乎,山河绵邈,粉黛若新。椒华沉彩,竟虚待月之簾;夸骨埋香,谁作双鸾之雾? 既已化为灰尘白杨青草矣。百世之后,幽人逸士犹伤心寂寞之香趺,断肠虚无之画屧,矧夫看花长洲之苑,拥翠白玉之床者,其情景当何如哉? 夫齐国有不嫁之姊妹,仲父云无害霸;蜀宫无倾国之美人,刘禅竟为俘虏。亡国之罪,岂独在色? 向使库有湛卢之藏,潮无鸱夷之恨,越虽进百西施何益哉?②

但是,在解官后的"心闲意逸"之际,袁宏道的游记所表现的确是"只幽闲无事,挨排度日"的意绪。举《雨后游六桥记》为例:

> 寒食雨后,予曰此雨为西湖洗红,当急与桃花作别,勿滞也。午霁,偕诸友至第三桥,落花积地寸余,游人少,翻以为快。忽骑者白纨而过,光晃衣,鲜丽倍常,诸友白其内者皆去表。少倦,卧地上饮,以面受花,多者浮,少者歌,以为乐。偶艇子出花间,呼之,乃寺僧载茶来者。各啜一杯,荡舟浩歌而返。③

这是很典型的被后世称为袁宏道"性灵小品"的文章。文字简略而又极为细致,写景状物、叙事抒情,真是"思淡词迁":感觉主导了思绪,声色落于文字,不是浓墨重彩的触目惊心,而是云淡风轻的生趣悦人。这篇短

---

① 《珂雪斋集》,第 758 页。
② 《袁宏道集笺校》,第 165 页。
③ 同上书,第 426 页。

小的游记比之于唐宋柳宗元、苏东坡诸大家的游记,你会感觉它只是一幅简笔小景,尺幅局促而无远景可观。但是,袁宏道笔下文字,却又是这样独特的"简笔":字字贴切,而又字字空灵,看似无心涂写的笔触,却又笔笔触景追心。袁中道称袁宏道此间文字"人境皆绝",所言极是。只是须要解说的是,这"人境皆绝",也就是人境合一、心物不二的生动气象。

然而,即使在这"心闲意逸"的"闲适人生"中,袁宏道的感触体悟也并非一味地驻留于花香月媚。他游会稽(今绍兴),写《兰亭记》,为王羲之《兰亭序》引发如此感慨:

> 古今文士爱念光景,未尝不感叹于死生之际。故或登高临水,悲陵古之不长;花晨月夕,嗟露电之易逝。虽当快心适志之时,常若有一段隐忧埋伏胸中,世间功名富贵举不足以消其牢骚不平之气。……羲之《兰亭记》,于死生之际,感叹尤深。晋人文字,如此者不可多得。昭明《文选》独遗此篇,而后世学语之流,遂致疑于"丝竹管弦""天朗气清"之语,此等俱无关文理,不知于文何病? 昭明,文人之腐者,观其以《闲情赋》为白璧微瑕,其陋可知。①

"虽当快心适志之时,常若有一段隐忧埋伏胸中,世间功名富贵举不足以消其牢骚不平之气。"这样的说法,写于袁宏道"快心适志"之时,自然不是泛泛而论,他埋伏在胸中的"隐忧"和难以消解的"牢骚不平之气",实际上总不免以他"闲适"的作派和诗文表现出来。

1598 年,解官一年多的袁宏道,在家兄袁宗道的劝导下,赴北京候补,授顺天府教授职,至 1600 年,官升至礼部仪制主事。然而,这时的袁宏道似乎更有闲情逸趣于花鸟虫鱼和种种天地色相。只不过,他的《瓶史引》道出了其胸中的"隐忧"和"牢骚不平之气"。该文说:

> 夫幽人韵士,屏绝声色,其嗜好不得不钟于山水花竹。夫山水花竹者,名之所不在,奔竞之所不至也。天下之人,栖止于嚣崖利

---

① 《袁宏道集笺校》,第 443—444 页。

薮，目眯尘沙，心疲计算，欲有之而有所不暇。故幽人韵士，得以乘间而踞为一日之有。夫幽人韵士者，处于不争之地，而以一切让天下之人者也。惟夫山水花竹，欲以让人，而人未必乐受，故居之也安，而踞之也无祸。嗟夫，此隐者之事，决烈丈夫之所为，余生平企羡而不可必得者也。幸而身居隐见之间，世间可趋可争者既不到，余遂欲敧笠高岩，濯缨流水，又为卑官所绊，仅有栽花蒔竹一事，可以自乐。而邸居湫隘，迁徙无常，不得已乃以胆瓶贮花，随时插换。京师人家所有名卉，一旦遂为余案头物，无扞剔浇顿之苦，而有味赏之乐，取者不贪，遇者不争，是可述也。噫，此暂时快心事也，无狃以为常，而忘山水之大乐，石公记之。[1]

这里值得注意的是，袁宏道指出幽人韵士屏绝声色，钟情山水花竹，实为"不得不"，其意图不过是为了"处于不争之地，而以一切让天下之人者也"。山水花竹非世人争逐乐受之物，占据它们无争夺之忧，不会惹祸。在《瓶史》中，他纤毫毕致地描绘瓶中养花插花的技巧、程序，体贴万分地描绘瓶花的姿容风韵，影映的是他如此独特的境遇："幸而身居隐见之间，世间可趋可争者既不到，余遂欲敧笠高岩，濯缨流水，又为卑官所绊，仅有栽花蒔竹一事，可以自乐。"这样的"闲适"，若以为"独善"，自然是有很深刻的"不得不"的委屈迁就的。[2]

袁宏道在诗文中倡导、讴歌闲适，要求大解脱、做最不要紧人。然而，真从官情世道中解脱出来，做了"闲适人"，时间久长了，他又不禁眷恋市井，怀念世众。他1601年初居柳浪不久，给友人陶周望的信称"山居颇自在"，"闲适之时，间亦唱和。柳浪湖上，水月被搜，无复遁处"，而

---

[1]《袁宏道集笺校》，第817—818页。

[2] 阿英说："《瓶花斋》一集，表现了中郎对时局最复杂的苦闷，也说明了他自己内心冲突最激烈的过程。此集作时，他正在京师，小人当道，正义难伸，倭议纷纷，时局严重……他目击种种失败，愤慨达于极点……他拼命地压抑自己愤怒的感情，想发展他的'嘿'之哲学，把自己对'时事'的注意力，牵扯到许多琐碎的事情上。"（阿英：《袁中郎全集序》，载《袁宏道集笺校》，第1763页）

且体会到过往"只以精猛为工课"之误,学道之要是以"冷淡人情"的"任运"为工课。① 然而,不过六年,1606年再致信陶周望却说:

> 山居久不见异人,思旧游如岁。青山白石,幽花美箭,能供人目,不能解人语;雪齿娟眉,能为人语,而不能解人意。盘桓未久,厌离已生。唯良友朋,愈久愈密。李龙湖以友为性命,真不虚也。②

与这封信相呼应的是他1604年的组诗《甲辰初度》之一:"闲花闲石伴疏慵,镜扫湖光屋几重。劝我为官知未稳,便令遗世亦难从。乐天可学无杨柳,元亮差同有菊松。一盏春芽融雪水,坐听游衲数青峰。"③袁宏道是二度称病辞官之后,在柳浪山居,但隐居久了,他体会到的是人情冷暖、市井繁寂,非可以山风水月、花木鸟鱼替代。对于他,入世为官不妥当,但遗世独立也难持久。正因为不能真正忘怀世故人情,山居的闲适就有"不得不"为之的自我放逐的无奈与苦涩。"一盏春芽融雪水,坐听游衲数青峰。"这看冰雪消融、春芽吐翠的闲适者,比之于那寂寞游走于青峰间的僧人,是加倍的寂寞和"不要紧"的。因为他并不真正安心于这寂寞和"不要紧"。

三、"闲适"的美学遗产

1606年,袁宏道结束柳浪山居,赴北京任吏部郎官。他这次做官约两年,同样勤勉为政,出使陕西主持乡试(典试秦中),也是革故鼎新。但终了,1608年他依然以病请辞。归乡游途中,他撰写《游苏门山百泉记》,说道:"举世皆以为无益,而吾惑之至,捐性命以殉,是之谓溺。"但是,他又说"溺"只是以"常情"论为"至怪",以"通人"看却是"人情"。关于自己,他说:

> 百泉盖水之尤物也。吾照其幽绿,目夺焉。日晃晃而烁也,雨

---

① 《袁宏道集笺校》,第1244页。
② 同上书,第1274页。
③ 同上书,第1052页。

霏霏而细也，草摇摇而碧也，吾神酣焉。吾于声色非能忘情者，当其与泉相值，吾嗜好忽尽，人间妖韶，不能易吾一盼也。嗜酒者不可与见桑落也，嗜色者不可与见嫱、施也，嗜山水者不可与见神区奥宅也。宋之康节，盖异世而同感者，虽风规稍异，其于弃人间事，以山水为殉，一也。或曰："投之水不怒，出而更笑，毋乃非情？"曰："有大溺者，必有大忍，今之溺富贵者，汩没尘沙，受人间摧折，有甚于水者也。抑之而更拜，唾之而更诶，其逆情反性，有甚于笑者也。故曰忍者所以全其溺也。"曰："子之于山水也，何以不溺？"曰："余所谓知之而不能嗜，嗜之而不能极者也，余庸人也。"①

这篇游记，写于 1609 年，是袁宏道以 43 岁辞世前的一年。他称自己对于山水闲逸之情"知之而不能嗜，嗜之而不能极"，即"有嗜而不溺"，承认自己实为"庸人"而非"通人"。这其实是他自己一生性情的自白。他的情性本是热爱自由、向往自然的，但是他又不能如李贽一般"捐性命以殉"，家国亲朋，都是他终其一生牵扯不舍的情节。"劝我为官知未稳，便令遗世亦难从"，这是袁宏道人生根本的性情纠结，他的矛盾在于此，他的深刻生趣也在于此。他三度入仕，三度致仕，无去无归，死而后已。1598 年以后的袁宏道，呕心沥血要寻求"安于常人"的"平易质实"，极而言之，要寻得庄子式的逍遥。"惟能安人虫之分，而不以一己之情量与大小争，斯无往而不逍遥矣。"②然而，正如甘于做泥涂之龟的庄子心怀的却是高山真人之志，袁宏道不仅不能安于人虫之分，甚至于真做"不要紧"的"常人"，也是不得安心的。因此，他之求闲适，实在是因为背面有为天下的大志不甘。就此而言，"闲适人生"确实是"兼济天下"的文人士夫的另一个面目，这面目展现为美学，是对功利人生的补充超越——它以超功利的闲情逸致贯注于人生自由灵动，它本质上是一种由我及物、由物及心的"达"——达至人生于世的自然自在。袁宏道畅舒性灵而求闲适，

① 《袁宏道集笺校》，第 1484 页。
② 同上书，第 796 页。

人生意义就在于此。

袁宏道的"闲适人生",以其撰写的小品文为体裁,造就了一种亲切、鲜活、即物即我的审美情趣及审美方式。这种审美方式,即非审美的静观,也非由我及物的移情,而是在我与物相遇的当下,我的生命舒张,感官与物象自然沟通,在身心调适中,我的眼耳手足肌肤与物象一同朗然于天地光景中。我们且看袁宏道《瓶史》写"浴花"一则:

> 夫花有喜怒寤寐晓夕,浴花者得其候,乃为膏雨。澹云薄日,夕阳佳月,花之晓也;狂号连雨,烈焰浓寒,花之夕也。唇檀烘目,媚体藏风,花之喜也。晕酣神敛,烟色迷离,花之愁也。欹枝困槛,如不胜风,花之梦也;嫣然流盼,光华溢目,花之醒也。晓则空亭大厦,昏则曲房奥室,愁则屏气危坐,喜则欢呼调笑,梦则垂帘下帷,醒则分膏理泽,所以悦其性情,时其起居也。浴晓者上也,浴寐者次也,浴喜者下也。若夫浴夕浴愁,直花刑耳,又何取焉。浴之之法,用泉甘而清者细微浇注,如微雨解醒,清露润甲。不可以手触花,及指尖折剔,亦不可付之庸奴猥婢。浴梅宜隐士,浴海棠宜韵致客,浴牡丹、芍药宜靓妆妙女,浴榴宜艳色婢,浴木樨宜清慧儿,浴莲宜娇媚妾,浴菊宜好古而奇者,浴腊梅宜清瘦僧。然寒花性不耐浴,当以轻绡护之。标格既称,神彩自发,花之性命可延,宁独滋其光润也哉?[①]

这则在《瓶史》中标题为"洗沐"的文章,全文更长。在常人看来,如此说道"洗花",实在神乎其神,小题大作了。然则,袁宏道视花为物,非视之为无情性之植物,而如视人一般,同以"性灵"视之。花既有"性灵",爱花赏花者,自然当以"性灵"的立场与之相待遇。袁宏道主张"悦其性情,时其起居",不仅是主张依循花的生物节律伺养之,而且主张尊重花的个性,不同性情的花当由具有相应性情的人来伺养。袁宏道虽然在这里用了指述人的行为情态的"梦""醒""愁""喜"等词语指述花的生活,但意不

---

① 《袁宏道集笺校》,第 824 页。

在将花拟人化,而是主张"性情"本来是天下万物与人类共有的,不能以"性情"待物者,绝不可得物之生趣也。"夫赏花有地有时,不得其时而漫然命客,皆为唐突……若不论风日,不择佳地,神气散缓,了不相属,此与妓舍酒馆中花何异哉?"①赏花本为"求雅",而不懂花的性情,不能以性情待之,反成恶俗。袁宏道由此开拓的审美空间,可以称为一个以"性情"为核心,由我生物,由物悦情的生命空间。

袁宏道的闲适小品,发之于物我并生的性情,落实于市井人生,更酿造出在天地景物风致中看人生、赏玩人情世故的审美意绪。他的西湖纪游诸篇,都是这样的"闲适"小品。比如《西湖二》:

> 西湖最盛,为春为月。一日之盛,为朝烟,为夕岚。今岁春雪甚盛,梅花为寒所勒,与杏桃相次开发,尤为奇观。石篑数为余言,传金吾园中梅,张功甫家故物也,急往观之。余时为桃花所恋,竟不忍去。湖上由断桥至苏堤一带,绿烟红雾,弥漫二十余里。歌吹为风,粉汗为雨,罗纨之盛,多于堤畔之草,艳冶极矣。然杭人游湖,止午未申三时,其实湖光染翠之工,山岚设色之妙,皆在朝日始出,夕舂未下,始极其浓媚。月景尤不可言,花态柳情,山容水意,别是一种趣味。此乐留与山僧游客受用,安可为俗士道哉!②

西湖纪游,本当以西湖景致为对象,以其变迁风韵为主题。而袁宏道笔墨敷衍出来的,却是风物中的人间性情,褒贬抑扬,不脱山水晨昏之灵气,但更渲染出意味醇厚的人情世态。这样的以景托人、借景写人的文学趣味,虽不可说是袁宏道孤心独发,但却是他将之推广提升到中兴之景。明清之际张岱的游记小品,实深得袁宏道真传。比如张氏的《西湖七月半》,无疑有很重的袁宏道《西湖》组文的印迹。兹录《西湖七月半》上半部分如下:

---

① 《袁宏道集笺校》,第 827 页。
② 同上书,第 423—424 页。

西湖七月半，一无可看，止可看看七月半之人。看七月半之人，以五类看之：其一，楼船箫鼓，峨冠盛筵，灯火优傒，声光相乱，名为看月，而实不见月者，看之。其一，亦船亦楼，名娃闺秀，携及童娈，笑啼杂之，环坐露台，左右盼望，身在月下，而实不看月者，看之。其一，亦船亦声歌，名妓闲僧，浅斟低唱，弱管轻丝，竹肉相发，亦在月下，亦看月，而欲人看其看月者，看之。其一，不舟不车，不衫不帻，酒醉饭饱，呼群三五，跻入人丛，昭庆、断桥，喧呼嘈杂，装假醉，唱无腔曲，月亦看，看月者亦看，不看月者亦看，而实无一看者，看之。其一，小船轻幌，净几暖炉，茶铛旋煮，素瓷静递，好友佳人，邀月同坐，或匿影树下，或逃嚣里湖，看月而人不见其看月之态，亦不作意看月者，看之。①

第二节　性灵论的精神背景

一、借禅以诠儒

袁宗道的治学道路，始于学仙求道的养生之学，继而习禅求顿悟之功，再后打通儒释道，终归于儒家性命之学。② 他曾表述自己的学术历程说："三教圣人，门庭各异，本领是同。所谓学禅而后知儒，非虚语也。先辈谓儒门澹泊，收拾不住，皆归释氏。故今之高明有志向者，腐朽吾鲁、邹之书，而以诸宗语录为珍奇，率终身濡首其中，而不知返。不知彼之所有，森然具吾牍中，特吾儒浑含不泄尽耳，真所谓淡而不厌者也。闲来与诸弟及数友讲论，稍稍借禅以诠儒，始欣然舍竺典，而寻求本业之妙义。"③从这段话可见，在经过学仙习禅之后，袁宗道体认的是儒家圣学的深刻包含（"不知彼之所有森然具吾牍中，特吾儒浑含不泄尽耳"），"借禅

---

① ［清］张岱：《陶庵梦忆》卷七，清乾隆五十九年王文诰刻本。
② 参见《珂雪斋集》，第 708—709 页。
③ ［明］袁宗道：《白苏斋类集》，钱伯诚标点，第 237 页，上海古籍出版社，2007 年。

以诠儒"只不过是一时方便之举,宗旨却在追寻儒学的精义("寻求本业之妙义")。

"借禅以诠儒"("以禅诠儒")是当时儒家禅学化的一个潮流,其核心就是只讲妙悟,不讲修行。对这种求道态度,由禅返儒的袁宗道是持反对立场的。"先生深恶圆顿之学为无忌惮之所托,宿益泯解为修同学者轿枉之过,至食素持珠,先生以为不可。"[①]进一步讲,由禅反儒的袁宗道,对于佛禅的核心教义"空"是不认同的。我们可以用他对佛经"晦昧为空说"的解读为例来看他对"空"的不同态度。

佛典《楞严经》教人破除对"有"的迷执,有"晦昧为空"一说:

> 我常说言:色心诸缘,及心所使。诸所缘法,唯心所现。汝身汝心,皆是妙明真精妙心中所现物。云何汝等,遗失本妙圆妙明心,宝明妙性,认悟中迷。晦昧为空,空晦暗中,结暗为色,色杂妄想,想相为身。聚缘内摇,趣外奔逸。昏扰扰相,以为心性。一迷为心,决定惑为色身之内。不知色身外泊山河虚空大地,咸是妙明真心中物。譬如澄清百千大海,弃之,唯认一浮沤体,目为全潮,穷尽瀛渤。汝等即是迷中倍人,如我垂手,等无差别。如来说为可怜悯者。[②]

《楞严经》此段经文指出,觉悟的心是体认"万法由心"——世界万物都是心意活动所产生的幻相,因此以"空"为本。但是,"空"并非一实在虚空,而是"妙明真心",世界万物都在这妙明真心中。当人丧失"妙明真心",即心智进入晦昧状态,就会迷执在暗中,"结暗为色,色杂妄想",结果是以幻为真、以虚相为心性——这就是"晦昧为空"。在晦昧中,人的心意活动产生五阴(色、受、想、行、识),五阴的总根源是迷空为有,要破除五阴,就要消除"有"的意识,即破除色相。"此五阴元,重迭生起,生因识

---

① 《珂雪斋集》,第 709—710 页。
② [唐]般利密帝译:《大佛顶如来密因修证了义诸菩萨万行首楞严经》卷二,大正新修大藏经本。

有，灭从色除。"①破"晦昧为空"，宗旨是归于"万法皆空"的"真空"。

李贽在《焚书》中有《解经文》一文专门阐释"晦昧为空"。他认为，"晦昧"就是"不明"，亦即"无明"。"无明"就是对自己的心地不明白，其基本表现是自认为自己的真心"如太虚空，无相可得"，蓄意着力要消除一切心相，以求"无相之初"，结果是昏扰不宁，欲净复乱——"本欲为空，而反为色"。"夫使空而可为，又安得谓真空哉！纵然为得空来，亦即是掘地出土之空，如今之所共见太虚空耳，与真空总无交涉也。"②李贽认同《楞严经》的教义，自我身体与周围世界都是自我真心包蕴的物相，"真空"必须在这个"相蕴于心"的层面来领悟。他说：

> 岂知吾之色身泊外而山河，遍而大地，并所见之太虚空等，皆是吾妙明真心中一点物相耳。是皆心相自然，谁能空之耶？心相既总是真心中所现物，真心岂果在色身之内耶？夫诸相总是吾真心中一点物，即浮沤总是大海中一点泡也。使大海可以空却一点泡，则真心亦可以空却一点相矣，何自迷乎？③

粗略地看，李贽此处的解说与我们前段所引《楞严经》经文相类同。李贽说"夫诸相总是吾真心中一点物，即浮沤总是大海中一点泡也"，无疑是沿袭《楞严经》所说"色身外泊山河虚空大地，咸是妙明真心中物"。但是，虽然李贽追循《楞严经》以"真空"立意，而且以"妙明真心"为"真空"，他的宗旨并不是"以有证空"，而是"以空存有"。《楞严经》破除"晦昧为空"的药方是"生因识有，灭从色除"，李贽却认为"真空不可为"，如大海不能空却一点泡沫，真心也不能灭除物相——真空就是物相中，亦如真空就是晦昧中。真空不是破除物相，而是将物相包容（吸纳）在真心中。"比类以观，则晦昧为空之迷惑，可破也已。且真心既已包却色身，泊一切山河虚空大地诸有为相矣，则以相为心，以心为在色身之内，其迷惑又

---

① ［唐］般利密帝译：《大佛顶如来密因修证了义诸菩萨万行首楞严经》卷第一〇。
②③［明］李贽：《李贽文集》第一卷，《焚书》，第 127 页。

可破也。"①

　　袁宗道论说"晦昧为空",是对李贽之说的发挥。万历二十二年(1594 年),公安三袁与数位同道结伴专程前往湖北麻城向李贽访学,这是袁宗道首次面见李氏。在《白苏斋类集》中载有袁宗道致李贽书信四封。其中,袁氏对李氏称"忽得法语,助我精进不浅"、"不佞读他人文字觉懑懑,读翁片言只语,辄精神百倍"等等。② 这样的表述,可见袁宗道对李贽学问文章的赞赏和敬重。但是,尽管钦佩有加,袁宗道并没有在精神理念上归宗于李贽。袁中道《石浦先生传》说袁宗道"癸巳,走黄州龙潭问学,归而复自研求"③。这"复自研求",可说是袁宗道在龙潭问学中尽管从李贽获得诸多警醒启迪,但终归还是走的有别于李贽的问学道路。在致李贽的第四封中,袁宗道针对李贽关于"晦昧为空"所论而发表的论说,表明的正是他"复自研求"的结果。

　　袁宗道在这封写于 1597 年的信中,首先表示对李贽的肯定意见。他说:"晦昧为空,为字从来未有如此解者,未有如此直截透彻者。为之一字,正是今古学道人铜枷铁锁,一切声闻缘觉,妄为修证。古德诃其重厚昏沉,此是通身晦昧,坐在为字中者。即如入地菩萨见性,尚隔罗縠,是亦未能脱尽晦昧。盖一分见处,便是他一分为处。一分为处,便是他一分晦昧处也。"④袁宗道肯定李贽对"晦昧为空"的"为"字的阐释,"真空不可为","为"就是"晦昧","为"就是"铜枷铁锁"。李贽讲"真空不可为",不同于佛经的是他主张物相不可灭,实际上是为以自我为中心的世界存在提供自由的空间。

　　然而,袁宗道并没有循着李贽这个路线走下去。他承认古人"为空"确为以迷为觉的禅病,并且借《楞严经》的话头引申说,"为空"之病"正堕在识阴黑暗区宇里"——与佛经意旨强调病根在"识有"不同,他强调的

①　[明]李贽:《李贽文集》第一卷,《焚书》,第 127 页。
②　《白苏斋类集》,第 209—210 页。
③　《珂雪斋集》,第 707—709 页。
④　《白苏斋类集》,第 210 页。

是"识"的缺失。进而袁宗道指出,与古人犯"晦昧为空"的禅病不同,今人或以堆积佛法为学,或假禅求利,伪空求有,他将之归为"晦昧为有"。"茫茫宇宙,觅一晦昧为空者,且不易得,而况绝学无为者哉!"①由此可见,袁宗道这番议论,不仅脱离了佛禅"以有证空"的教义,也脱离了李贽"以空存有"的自我中心道路。他不仅反对"为空",而且反对"无学",对于"绝学无为"的神话,他显然是既不相信,也不向往的。

二、士先器识而后文艺

袁宗道论文学,起点和归旨,都是儒家中庸之道的"诚意"之旨。吴调公说:"袁宗道为人诚笃,严于律己,在绝俗和洁癖上有似元人倪瓒,并与同辈钟惺相近,所以他在伦理观上特别提倡'士先器识而后文艺',公安派性灵说之'真',在他身上表现为'诚'。"②以"诚"论袁宗道文旨,是准确的。但是,需要指出的是,先有袁宗道的"诚"而后才有袁宏道"性灵之真",而非袁宗道以"诚"体现"性灵之真"。说得更确切一点:如果我们将公安三袁视为一个整体,它的发展途径是从袁宗道的"诚"转化为袁宏道的"真",这个转化过程,是儒家政治整体主义转向世俗个人主义的过程。

在《读中庸》一文中,袁宗道对"诚"有如此一段阐述:

> 诚者自诚也,而道自道也。自者全体现成,不假求索。若求之趋之,是从他觅,非自也。无怪其转疏转远耳。今问于人曰:"汝何以名人?"彼必曰:"我有耳目口鼻而为人,我能见闻觉知而为人。"不知此等皆因缘而合,缘尽而散,毕竟祇同于龟毛兔角耳。人所谓有而不知,其实无也。诚之在人,如空在诸相中,春在花木里,抟之无形,觅之无踪。人所谓无,而不知其实有也。盖耳目口鼻见闻觉知,全仗诚力,无诚则无物矣。譬如无空,安能发挥诸相;非春,岂能生

---

① 《白苏斋类集》,第211页。
② 吴调公:《论公安派三袁文艺思想之异同》,《社会科学战线》,1986年第1期,第162页。

育万物。①

《读中庸》是袁宗道《海蠡篇》中一文，是其"学禅而后知儒"时期的论说，其旨意是"稍稍借禅以诠儒，始欣然舍竺典，而寻求本业之妙义"。② 这段引文充斥佛语"因缘"、"空—相"，但意旨仍是《中庸》"率性而诚"之义。他认为人的感受认知"全仗诚力，无诚则无物"，就是将《中庸》以体认"天命之性"为核心的"诚意"作为学问人生的"性命之根"。

以体认"天命之性"为"诚"的旨归，这个"诚"是去小我求大我、去私德求公德，就道学而言，则是恭敬圣宗、谨守古道。袁宗道说：

> 大哉仲尼之圣，然非自为大也，第祖述尧、舜耳，宪章文、武耳。上律天时下袭水土耳。曰祖述，不敢作也。曰宪章，不敢悖也。曰律曰袭，不敢违异也。岂惟孔子不自为大，即天地亦不自为大。圣人律之袭之，正律袭其不自为大者耳。譬如天地无不持载矣，覆帱矣，四时日月错行代明于其间矣，并育并行不相悖不相害矣。何其大也。而岂天地之自为大哉，秋毫皆德为之耳。故曰：小德川流，大德敦化。此天地之所以为大也。夫天地不自为大，而以德大。仲尼亦不自为大，而以天地之大为大，所谓律之袭之也。盖德生天地，生圣人，而天地圣人何庸心焉。是以毫厘有心，天地悬隔。何谓大德小德，所谓诚也，诚固非有心之所能合也。③

袁宗道将孔子的神圣伟大限定为"律袭其不自为大"，"曰律曰袭，不敢违异"的精神，更进而认为"大德小德"之辨，就在于能否对这个精神有率性而诚的体认。孔子之神圣伟大，尚且只能祖述、宪章往圣前哲，更何况孔子而下的人们？ 无疑，在"诚"的主旨下，袁宗道所能开出的路线是"守成之诚"，而非"创新之真"。

宗经崇本，诚笃自律，可以说是袁宗道之"诚"的基本原则。在这个

---

① 《白苏斋类集》，第 264 页。
② 同上书，第 237 页。
③ 同上书，第 265 页。

原则下,他的文学思想必然规定着对文体的因袭奉守。在他著名的《刻文章辨体序》一文中,他主张从深层辨析文体,遵从各类文体体例、规则,不得相混。他说:

> 故夫不深惟其体,而以臆为之,则《渔父》、《卜居》之精远,《阿房》、《赤壁》之宏奇,见为失骚赋体。"落霞孤鹜"之篇,见为伤俳,"黄鹤"、"白云"之句,见为似古。而况夫他之朴椒者乎!今天下人握夜光,家抱连城,类惮于结撰,传景辄鸣。自凿一堂,猥云独喻千古;全舍津筏,猥云凭陵百代。而古人体裁,一切弁髦,而不知破规非圆,削矩非方。即令沉思出寰宇之外,酝酿在象数之先,终属师心,愈远本色矣。则吴公《文章辨体》之刻也,乌可以已哉!抑不佞闻之,胡宽营新丰,至鸡犬各识其家,而终非真新丰也。优人效孙叔敖,抵掌惊楚王,而终非真叔敖也。岂非抱形似而失真境,泥皮相而遗神情者乎!①

在这段话中,袁宗道明确表示遵从文体成规、反对破格独创的主张。在他看来,既有的文体资源和楷则,是写作者的珪璋瑰宝,不识而用之,就是错失瑰宝。文体的混淆和独撰都是越轨违规之举("破规非圆,削矩非方"),而其要害是标新立异,违背诚意之旨("终属师心,愈远本色")。值得注意的是,袁宗道在这里将"师心"与"本色"相对立,认为正是"师心"使"本色"丧失。这与袁宏道后来提出的"师心不师道"②的主张是相反的。袁宗道所谓"本色",并不是晚明文坛以自我性情为主旨的"本色",而是儒家道学的"诚意"之旨。

"胡宽营新丰",是指汉高祖刘邦为排解太上皇的思乡愁绪,故命匠人胡宽在都城仿建新丰城的典故。③ 李攀龙在《古乐府序》文中称赞"胡宽营新丰"是"善用其拟者也",并且认为如伯乐相马"得其精而忘其粗,

---

① 《白苏斋类集》,第81—82页。
② 《袁宏道集笺校》,第700页。
③ [晋]葛洪:《西京杂记》卷二,《四部丛刊》景明嘉靖本。

在其内而忘其外"，模拟古人之作就是从形式至精神义理的仿习传承——"有以当其无，有拟之用"。他为自己拟议古乐府作论证说："《易》曰：拟议以成其变化，日新之谓盛德。不可与言诗乎哉?"①袁宗道却认为，胡宽与优孟所为都是"抱形似而失真境，泥皮相而遗神情"。他反对拟议，矛盾所指是抱形失真、泥相遗神，但并不是从根本上反对仿袭古人，因为他是主张"律袭其不自为大"的，但"律袭"必须以"诚"为前提。

袁宗道论文，还有一个很重要的命题是"士先器识而后文艺"。他反对"有意耀其才"，主张"先立其本"，"本立而其用自不可秘"。他在文中举了许多先世因文罗祸的英烈文人（扬雄、祢衡、杨修等），认为他们的悲剧就根源于，

> 本不立也。本不立者，何也? 其器诚狭，其识诚卑也。故君子者，口不言文艺，而先植其本。凝神而敛志，回光而内鉴，锷敛而藏声。其器若万斛之舟，无所不载也;若乔岳之屹立，莫撼莫震也;若大海之吐纳百川，弗涸弗盈也。其识若登泰巅而瞭远，尺寸千里也;若镜明水止，纤芥眉须，无留形也;若龟卜蓍筮，今古得失，凶吉修短，无遗策也。故方其韬光养晦，退然不胜，如田畯野夫之胸无一能。而比其不得已而鸣，则矢口皆经济，吐咳成谟谋;振球琅之音，炳龙虎之文;星日比光，天壤不朽。岂比夫操觚属辞，矜骈丽而夸月露，拟之涂糈土羹，无裨缓急之用者哉。②

袁宗道所谓作文章之本，就是作者的胸怀（"器"）和见识（"识"）。"士先器识而后文艺"，就是主张文人的进修之途，根本之要是培养胸怀、开拓见识，得这两个根本的坚实广大，其文章就自然光华灿烂，气吞山河。袁宗道此论，是承袭传儒家传统的"文质之辨"而来，遵从的是"尚质轻文"的原则，进而言之，则是"文以载道"的道学文论的重申。

---

① [明]李攀龙：《沧溟集》卷一，清文渊阁《四库全书》补配清。
② 《白苏斋类集》，第 92 页。

三、文以达辨

在学术史上,袁宗道的《论文(上、下)》被普遍认为是公安派的重要文献。但是,在解读它的意义时,有两种不同意见。一种意见认为,它直击李梦阳、李攀龙、王世贞等文坛魁首的复古模拟主张,是"公安派树声气、奠根基"的文章,而且这篇没有署明写作时间的文章当写在袁宏道确立"性灵论"之前。[①] 另一种意见认为,袁宗道的文学革新思想,是在袁宏道"性灵论"的影响下形成的,袁宏道1596年撰《叙小修诗》打出"独抒性灵"的文学旗帜,袁宗道《论文》则撰写于袁宏道此文后,是对袁宏道革新主张的呼应。[②]

讨论袁宗道《论文(上、下)》在公安派文学运动中的意义(作用),该文写作的时间(具体讲,在《叙小修诗》前或后),是一个问题;该文是否影响袁宏道思想,或者反之,袁宗道是否受袁宏道思想影响,是另一个问题。这两个问题,可能有联系,但不必然有联系。这就是说,无论《论文(上、下)》撰于《叙小修诗》前或后,都不能据之确定两者之间的影响关系。我们需要做的工作应是深入两文作文本分析,才可能确实把握两者的关系。在本节,我们主要解读《论文(上、下)》的思想意旨;对于《叙小修诗》的解读,将在本章第三节中展开。

袁宗道在《论文(上)》开篇,提出了他论文的纲领。他说:

> 口舌代心者也,文章又代口舌者也。展转隔碍,虽写得畅显,已恐不如口舌矣,况能如心之所存乎?故孔子论文曰:"辞达而已。"达不达,文不文之辨也。唐、虞、三代之文,无不达者。今人读古书,不即通晓,辄谓古文奇奥,今人下笔不宜平易。夫时有古今,语言亦有古今。今人所诧谓奇字奥句,安知非古之街谈巷语耶?[③]

这段话说得很明白,袁宗道认为,文章就是代言的工具,它的宗旨就是代

---

① 《白苏斋类集》,第2—3页。
② 黄仁生:《公安派的酝酿准备进程考述》,《中国文学研究(辑刊)》2005年第1期。
③ 《白苏斋类集》,第283页。

替口舌有效地传达心声。他意识到并且强调文章与心声之间隔着口语（"口舌"）一层，因此，文章传达的有效性，是文章作者必须自觉意识而且致力解决的根本问题。他指出，古人写作，所使用语言，是以当时口语为基础的，今人所谓"古文奇奥"，不过是因为今日的口语变化了，不能适应古人口语。显然，袁宗道在这里提出了文章求达的一个原则：文言合一，即文章语言要合于口语。正是在这个原则下，他提出文章的文学性的标准是"达"——"达不达，文不文之辨也"。如果单纯论文章的意旨是"达"，袁宗道所论就只是重申孔子为儒家确立的"辞达而已"的旧论；但是，他论"唐、虞、三代之文，无不达者"，而称其非"奇字奥句"，而是"古之街谈巷语"，即提出"达"的原则是"文言合一"，这就是对孔子旧说的一个革新，这个革新把文章求达的前提确立在今人的时常交流（口语）中，是一个反对膜拜古人、因袭模拟的主张。

依据自己确立的文言合一的"达"的原则，袁宗道在《论文（上）》中对李梦阳（空同）所倡导的复古模拟之风，进行了批判。他说：

> 空同不知，篇篇模拟，亦谓反正。后之文人，遂视为定例，尊若令甲，凡有一语不肖古者，即大怒，骂为野路恶道。不知空同模拟，自一人创之，犹不甚可厌。迨其后以一传百，以讹益讹，愈趋愈下，不足观矣。且空同诸文，尚多己意，纪事述情，往往逼真。其尤可取者，地名官衔，俱用时制。今却嫌时制不文，取秦、汉名衔以文之。观者若不检一统志，几不识为何乡贯矣。且文之佳恶，不在地名官衔也。司马迁之文，其佳处在叙事如画，议论超越。而近说乃云西京以还，封建宫殿，官师郡邑，其名不驯雅，虽子长复出，不能成史。则子长佳处，彼尚未梦见也，而况能肖子长也乎？①

袁宗道认为，李梦阳所以倡导模拟古人，是因为不知道古人作文，本是"文言合一"的。李氏倡导模拟古人，"篇篇模拟"，引导了追随者唯模拟

---

① 《白苏斋类集》，第284页。

是尊、非模拟为恶的风气（"凡有一语不肖古者，即大怒，骂为野路恶道"），在这种风气之下，连李氏文章尚有的"己意"、"实情"都从模拟者的文章中丧失了。这些模拟者，把文章的文学性追求设定对所谓源于古文的"奇字奥句"的仿制，甚至现代地名官衔也要改仿古制。他们学司马迁（子长）不学其达——"叙事如画，议论超越"，剽袭其文词以求"雅驯"。袁宗道此段论述，紧扣文章语言立论，虽然论述未及深入，的确犀利击复古模拟派"迷古失义"的要害。

在《论文（上）》结尾部分，袁宗道正面提出了自己对待学习古人的原则。他说：

> 或曰："信如子言，古不必学耶？"余曰："古文贵达，学达即所谓学古也，学其意不必泥其字句也。"今之圆领方袍，所以学古人之缀叶蔽皮也；今之五味煎熬，所以学古人之茹毛饮血也。何也？古人之意期于饱口腹，蔽形体。今人之意亦期于饱口腹，蔽形体，未尝异也。彼摘古字句入己著作者，是无异缀皮叶于衣袂之中，投毛血于殽核之内也。大抵古人之文，专期于达；而今人之文，专期于不达。以不达学达，是可谓学古者乎！①

袁宗道认为"古文贵达"，将"达"作为古文的核心价值，因此主张"学达即学古"。正如古人语言不同于今人语言，所以向古人学达，"学其意不必泥其字句"。复古派模拟古文的做法，却是"泥其字句"而不是"学其意"。

他进而认为，古人与今人，虽然同为求达，但是，从古到今，正如服装从缀叶蔽皮发展到圆领方袍、饮食从茹毛饮血发展到五味煎熬，语言的发展变化，也决定了学习古人不能泥于字句，以模拟为工。因此，模拟者的作为，实际上是一种历史倒退，不是求达，而是求不达。"彼摘古字句入己著作者，是无异缀皮叶于衣袂之中，投毛血于殽核之内也。"袁宗道论古文与今文，不止于"古今之差"立论——这是此前诸多反复古论的领

---

① 《白苏斋类集》，第284页。

袖们共同的论调,而且明确指出今优于古,其"是今非古"的观念的确是一种具有革命意味的观念。我们在这里看到了李贽所谓"诗何必古选,文何必先秦"①的回音,但是李贽仍然还只是以"变"立论古今;袁宗道所论,则直接道出"今胜于古"的信息。

袁宗道在《论文(下)》中,转而以"学问"、"意见"立论,主张不同的学问,产生不同的意见,而不同的意见,则创出不同的语言。他说:

> 爇香者,沉则沉烟,檀则檀气。何也? 其性异也。奏乐者钟不藉鼓响,鼓不假钟音,何也? 其器殊也。文章亦然。有一派学问,则酿出一种意见。有一种意见。则创出一般言语。无意见则虚浮,虚浮则雷同矣。故大喜者必绝倒,大哀者必号痛,大怒者必叫吼动地,发上指冠。惟戏场中人,心中本无可喜事,而欲强笑;亦无可哀事,而欲强哭。其势不得不假借模拟耳。②

袁宗道认为,今天的文人正是既没有真学问,又没有真意见,浮浮泛泛,胸中茫然无识。他们以文章为訾利邀名的行市之物。"夫以茫昧之胸,而妄意鸿巨之裁,自非行乞左、马之侧,募缘残溺,盗窃遗矢,安能写满卷帙乎? 试将诸公一编,抹去古语陈句,几不免于曳白矣。"③袁宗道此论,就不是从文章意识,而是从人格心胸立论,来揭复古派模拟古人的人格心性短处了。他指责模拟古文是"募缘残溺,盗窃遗矢",话说到这样,可说是痛斥无讳了。袁宗道此语,当是袁宏道斥剿袭模拟之徒"粪里嚼查,顺口接屁"④的先声。

《论文(下)》的主要部分,是对李攀龙(沧溟)和王世贞(凤洲)的文论的批评。他说:

> 余少时喜读沧溟、凤洲二先生集。二集佳处,固不可掩,其持论大谬,迷误后学,有不容不辨者。沧溟赠王序,谓"视古修词,宁失诸理"。夫孔子所云辞达者,正达此理耳。无理则所达为何物乎? 无

---

① [明]李贽:《李贽文集》第一卷,《焚书》,第 92 页。
②③《白苏斋类集》,第 285 页。
④《袁宏道集笺校》,第 502 页。

论《典》、《谟》、《语》、《孟》，即诸子百氏，谁非谈理者？道家则明清净之理，法家则明赏罚之理，阴阳家则述鬼神之理，墨家则揭俭慈之理，农家则叙耕桑之理，兵家则列奇正变化之理。汉、唐、宋诸名家，如董、贾、韩、柳、欧、苏、曾王诸公，及国朝阳明、荆川，皆理充于腹而文随之。彼何所见，乃强赖古人失理耶？凤洲《艺苑卮言》不可具驳，其赠李序曰："六经固理数已尽，不复措语矣。"沧溟强赖古人无理，而凤洲则不许今人有理，何说乎？①

袁宗道认为，文章的主旨就是论理，"夫孔子所云辞达者，正达此理耳"。他批评李攀龙力主修辞为尚、为修辞而失理（"视古修词，宁失诸理"）②；又批评王世贞"六经固理数已尽，不复措语矣"的言论③，依王氏此言，《六经》既已将理说尽，今人撰文则不必论理了。袁宗道认为，李攀龙强赖古人无理，王世贞不许今人有理，两人之错皆在反对文章达理。对于李、王二人的言论，袁宗道作了尖锐的批驳，不仅称他们为其模拟解嘲，而且直指其"流毒后学"。他说：

> 此一时遁辞，聊以解一二识者模拟之嘲，而不知其流毒后学，使人狂醉，至于今不可解喻也。然其病源则不在模拟，而在无识。若使胸中的有所见，苟塞于中，将墨不暇研，笔不暇挥，兔起鹘落，犹恐或逸；况有闲力暇晷，引用古人词句耶？故学者诚能从学生理，从理生文，虽驱之使模，不可得矣。④

袁宗道指出李、王之模拟之病，不在模拟，而在"无识"。这是直击要害之论，对于李、王的复古主张，无疑是釜底抽薪。"从学生理，从理生文"，是袁宗道为治李、王模拟之病开出的药方。这个药方，以"理"为枢机，无疑透露的是袁宗道文论仍然据守在儒家道学立场，与李贽以

---

① 《白苏斋类集》，第 285—286 页。
② 李攀龙言论见［明］李攀龙《沧溟集》卷一六，清文渊阁《四库全书》补配本。
③ 王世贞言论见［明］王世贞《弇州四部稿》卷五七文部，明万历刻本。
④ 《白苏斋类集》，第 286 页。

来的以"情"为核心，以个性表现为主旨的文论思想是不同立场的。与李贽、徐渭、汤显祖诸人的文论思想相比，《论文（上，下）》的思想更相近于明初文坛魁首宋濂的《文原》所谓"本建则其末治，体着则其用章"的道统文学观。①

《论文（上，下）》所表现的"从学生理，从理生文"的道统文学观，不仅与李贽等性灵论思想先驱的思想不合，甚至也不仅在精神实质上有悖于袁宏道所主张的"独抒性灵，不拘格套，非从自己胸臆流出，不肯下笔"②的性灵论主旨。

袁宗道对于袁宏道性灵论主张的态度，从其 1597 年撰写的两封信《大人书》和《答陶石篑》中可见出。《大人书》说道：

> 《大人书》：二哥有书来，正同陶石篑游齐云山，自云过真州度夏。新刻（《锦帆集》）大有意，但举世皆为格套所拘，而一人极力摆脱，能免末俗之讥乎？大抵世间文字，有喜则有嗔，有极喜则有极嗔，此自然之理也。③

这封信值得注意的是，袁宗道是以旁观者的角色来谈论袁宏道性灵论的。他肯定汇集了袁宏道性灵论的代表作《叙小修诗》等文的"《锦帆集》）大有意"，指出袁宏道的革新运动是"举世皆为格套所拘，而一人极力摆脱"。既然指出只是袁宏道"一人极力摆脱"，则袁宗道认为自己和袁中道都尚不属于这个运动。在《答陶石篑》中，袁宗道再次肯定袁宏道对复古模拟的批评是"亦自有见"，并以后七子之一汪道昆的新书滞销为例，指出"可见模拟文字，正如书画赝本，决难行世"。袁宗道这是一如既往地批评复古派。然而，此信改变了《论文（下）》中严斥王世贞"病在无识"、"流毒后学"的态度，反而肯定王氏"自家本色，时时露出"，称其晚年创作为"我辈所深赏者"。他这种态度转变何来不知，

---

① 参见［明］宋濂《文原》，蔡景康（编选）：《明代文论选》，第 3 页。
②《袁宏道集笺校》，第 187—189 页。
③《白苏斋类集》，第 216 页。

但是可以确定的是,1597年的袁宗道并没有全身立足在袁宏道性灵论的立场上。[1]

实际上,袁宗道没有、也未打算走出他的道学文学立场,以《论文(上,下)》代表他的文学宗旨,是没有错的。袁宏道的文学革新运动,确是"举世皆为格套所拘,而一人极力摆脱"的奋斗。而袁宗道的道统文学观,正是袁宏道暗地要从中破除的格套。兄弟之间的内在冲突,显然被他们一致的反对复古模拟态度所遮蔽了。但是,袁宗道自己心里是很清楚的,所以他对袁宏道的革新论调在适度表达了肯定之后,绝不深一步作解读和支持。

第三节 不拘格套的性灵说

一、性灵说的提出

袁宏道与其兄袁宗道,虽然为同胞兄弟,但性情与处世态度却差异很大。对此,三弟袁中道如是说:"当是时,伯修(袁宗道)与先生(袁宏道),虽于千古不传之秘,符同水乳,而于应世之迹,微有不同。伯修则谓居人间,当敛其锋锷,与世抑扬,万石周慎,为安亲保身之道。而先生则谓凤凰不与凡鸟争巢,麒麟不共凡马伏枥,大丈夫当独往独来,自舒其逸耳,岂可逐世啼笑,听人穿鼻络首! 意见各不同如此。"[2]宗宏两兄之间如此不同,使他们在常人看来立于共同的文学立场上,却实际主张着不同的文学原则。两人都反对剽窃模拟、虚伪浮弱的文风,但是袁宗道是以道学为旨归的,而袁宏道却以反道学的个人性情为旨归。

袁宏道成为公安派的执旗人、性灵论的倡导者,与李贽的影响直接相关。袁氏三兄弟,均对李贽的思想、学问敬重有加,而且在不同程度上都受其影响,但是袁宏道与李贽思想性情的契合最深。1591年(万历十

---

[1]《白苏斋类集》,第234页。
[2]《珂雪斋集》,第756页。

九年)春夏之际,袁宏道只身前往湖北麻城龙湖拜访李贽,而袁宗道、袁中道首次拜见李贽,则在三年之后(万历二十二年)——是年,三兄弟结伴前往龙湖拜见李贽。袁中道记述,李贽曾对人说:"伯(袁宗道)也稳实,仲(袁宏道)也英特,皆天下名士也。然至于入微一路,则谆谆望之先生(袁宏道),盖谓其识力胆力,皆迥绝于世,真英灵男子,可以担荷此一事耳。"①由此可见李贽对袁宏道的特别器重、心契。结识李贽、从学其下,对于袁宏道的影响,是其学问思想转折的关键一步。袁中道说:"先生既见龙湖,始知一向掇拾陈言,株守俗见,死于古人语下,一段精光,不得披露。至是浩浩焉如鸿毛之遇顺风,巨鱼之纵大壑。能为心师,不师于心,能转古人,不为古转。发为语言,一一从胸襟流出,盖天盖地,如象截急流,雷开蛰户,浸浸乎其未有涯也。"②

应当说,转折入李贽的思想世界,受其熏陶、砥砺,是袁宏道突破袁宗道所奉守的道学文学观的一个必要契机。李贽以自我为中心的人生观和文学观,不仅突破传统道学的束缚,实际上也突破了阳明心学的"圣学"情结。阳明思想的要义,自然是解放程朱道学的繁琐义理缠缚,但其主旨仍然是归宗为孔孟圣教的"天下为公"的天理。李贽却借阳明的心性解放之途,达成自我生命的解放,寻求个人心性的快乐自在,即他之所谓"自私自利"之学。李贽式的人生理想,落实为艺术,就是突破一切规范体制的自由表现和自由体验,这即他的"童心说"和"化工说"的主旨。李贽的《焚书》初版于 1590 年(万历十八年),1595 年,作吴县令的袁宏道致信李贽说:"作吴令亦颇简易,但无奈奔走何耳……幸床头有《焚书》一部,愁可以破颜,病可以健脾,昏可以醒眼,甚得力。"③这证明,在 1596 年前,袁宏道不仅阅读了《焚书》,而且与之精神契合极深,奉之为朝夕诵读的经典。因此,1596 年,袁宏道以《叙小修诗》等文为代表,发出"独抒性灵,不拘格套,非从自己胸臆流出,不肯下笔"④的性灵论主张时,我们就

---

①②《珂雪斋集》,第 756 页。
③《袁宏道集笺校》,第 221 页。
④ 同上书,第 187 页。

不奇怪袁宏道与李贽之间所表现的几乎是一气同声的契合。①

袁宏道倡导性灵论,是以晚明艺术思想解放为大背景的,李贽是在文化精神的层面为他提供了基础支撑性的思想资源,而汤显祖所代表的唯情论文学思潮,则在艺术创作的层面,给予他重要的激励支持。当时的明代文坛,一方面为王世贞、李梦鳞把持,拟古复古之风笼罩文坛,积弱成疾;另一方面则是唐顺中、汤显祖和徐渭诸人主张情感至上,为情作文的反叛之声。袁宏道的性灵论,实是反拟古、求真情的文学思潮的集大成之声。清人钱谦益说:"中郎(袁宏道)之论出,王李之云雾一扫,天下之文人才士,始知疏瀹心灵,搜剔慧性,以荡涤摹拟涂泽之病,其功伟矣。机锋侧出,矫枉过正,于是狂瞽交扇,鄙俚公行,雅致灭裂,风华扫地,竟陵代起,以凄清幽独矫之,而海内之风气复大变。"②袁宏道之说得有如此影响力,这既有他思想敏锐、言词犀利之功,但根本原因,还是因为性灵论是应运而生的时代之声。

二、独抒性灵,不拘格套

"性灵"一词,早在六朝时,已被用于文学批评,钟嵘、刘勰、颜之推都使用过。钟嵘说:"晋步兵阮籍其源出于《小雅》,无雕虫之功,而咏怀之作,可以陶性灵、发幽思,言在耳目之内,情寄八荒之表,洋洋乎会于风雅,使人忘其鄙近,自致远大,颇多感慨之词,厥旨渊放,归趣难求,颜延年注解,怯言其志。"③他突出了"性灵"实为诗人自我的情感所本源,而且指出"性灵"所发的诗歌特征是"厥旨渊放,归趣难求"。钟嵘此说,是与他主性情的诗歌本体观一致的。他说:"气之动物,物之感人,故摇荡性情、形诸舞咏、照烛三才,晖丽万有,灵祇待之以致飨,幽微籍之以昭告,

---

① 关于李贽与袁宏道的思想关系,参见何天杰《李贽与三袁关系考论》(《中国文化研究》2002 年春之卷)。
② [清]钱谦益:《列朝诗集》丁集卷一二,清顺治九年毛氏汲古阁刻本。
③ [南北朝]钟嵘:《诗品》诗品中,明夷门广牍本。

动天地,感鬼神,莫近于诗。"①与钟氏之说相比,颜之推所谓"原其所积,文章之体,标举兴会,发引性灵,使人矜伐,故忽于持操"②,并刘勰所谓"综述性灵,敷写器象"(《文心雕龙·情采》)等说,还未直击诗歌之本,因此清人刘熙载称钟嵘之说"为以性灵论诗者所本"③,是有道理的。

至于明代,将"性灵"引用于诗文评说,则更为普遍。前后七子的领袖李梦阳、王世贞都有相关论说。王世贞说"诗以陶写性灵、抒纪志事而已"④,单从字面而言,就很接近性灵说了。但是,可以归之于公安派名下的性灵说,与此前涉及到"性灵"概念的文论之不同,是必须由袁宏道的论说主张来表示的。袁宏道倡导性灵论,最具代表性的文章,自然是写于1596(万历二十四年)的《叙小修诗》一文。

[《叙小修诗》之一]弟少也慧,十岁余即著《黄山》、《雪》二赋,几五千余言,虽不大佳,然刻画饤饾,傅以相如、太冲之法,视今之文士矜重以垂不朽者,无以异也。然弟自厌薄之,弃去。顾独喜读老子、庄周、列御寇诸家言,皆自作注疏,多言外趣,旁及西方之书,教外之语,备极研究。既长,胆量愈廓,识见愈朗,的然以豪杰自命,而欲与一世之豪杰为友。其视妻子之相聚,如鹿豕之与群而不相属也;其视乡里小儿,如牛马之尾行而不可与一日居也。泛舟西陵,走马塞上,穷览燕、赵、齐、鲁、吴、越之地,足迹所至,几半天下,而诗文亦因之以日进。大都独抒性灵,不拘格套,非从自己胸臆流出,不肯下笔。有时情与境会,顷刻千言,如水东注,令人夺魂。其间有佳处,亦有疵处,佳处自不必言,即疵处亦多本色独造语。然予则极喜其疵处;而所谓佳者,尚不能不以粉饰蹈袭为恨,以为未能尽脱近代文人气习故也。⑤

---

① [南北朝]钟嵘:《诗品》诗品上。
② [南北朝]颜之推:《颜氏家训》卷上,《四部丛刊》景明本。
③ [清]刘熙载:《艺概》卷三,清同治刻古桐书屋六种本。
④ [明]王世贞:《弇州山人四部续稿》卷一六八文部,清文渊阁《四库全书》本。
⑤ 《袁宏道集笺校》,第187—188页。

这是《叙小修诗》的第一段。这一段叙述袁中道的文学经历和生活情态。袁中道以少年聪慧发蒙,开始也不过步趋模拟先贤,但待其识见增长而至于自我觉悟的时候,不仅喜读老庄一派"非圣之书",而且"的然以豪杰自命",表现出对世俗亲情伦常的背弃,卓然独行而寄情于天下山水。正是这个特立独行的出世豪杰形象,成为袁宏道性灵论的代言人。

"大都独抒性灵,不拘格套,非从自己胸臆流出,不肯下笔。"袁宏道在此提出性灵论的宗旨是独特自由的自我表现,它的要义是在形式上不受规范约束,在内容上是自我真情表现。袁宏道好友,性灵论的支持者江盈科在《敝箧集叙》中转述袁宏道话说:"诗何必唐,又何必初与盛?要以出自性灵者为真诗尔。夫性灵窍于心,寓于境。境所偶触,心能摄之;心所欲吐,腕能运之。心能摄境,即蟪蚁蜂虿皆足寄兴,不必《关雎》《驺虞》矣;腕能运心,即谐词谑语皆是观感,不必法言庄什矣。以心摄境,以腕运心,则性灵无不毕达,是之谓真诗,而何必唐,又何必初与盛之为沾沾!"①

自我表现,可以是澎湃激越的,也可以是婉约低徊的,但是,袁宏道借评袁中道诗,推崇"如水东注,令人夺魂"的直露式表达。值得注意的是,袁宏道特别赞赏袁中道诗歌的"疵处"而轻其"佳处",认为其"佳处"没有摆脱"粉饰蹈袭"的习气,而"疵处"却"多本色独造语"。推崇"本色独造语",就是推崇真我和个性表现,性灵论的宗旨就在于此。

李贽以"童心说"立意,其一,童心就是真心,"夫童心者,真心也。若以童心为不可,是以真心为不可也。夫童心者,绝假纯真,最初一念之本心也";其二,好文章必须是真心之作,有真心就有好文章,"天下之至文,未有不出于童心焉者也。苟童心常存,则道理不行,闻见不立,无时不文,无人不文,无一样创制体格文字而非文者"②。李贽童心说的立意,正是袁宏道性灵论思想所源。

---

① 《袁宏道集笺校》,第 1685 页。
② [明]李贽:《李贽文集》第一卷,《焚书》,第 91—92 页。

　　袁宏道倡导"独抒性灵"的"本色独造语",是针对晚明"剽窃成风,万口一响,诗道寝弱"的文坛风气而发的。袁宏道认为,剽窃模拟造成了"共为一诗"的局面,作诗实为做"诗家奴仆"①。在 1596—1600 年间,他修书撰文的主题内容,就是抨击这种"共为一诗"之风。在写于 1597 年的长信《张幼于》中,袁宏道对模仿蹈袭再次作了尖锐痛斥,用词非常犀利。他说:

> 　　至于诗,则不肖聊戏笔耳。信心而出,信口而谈。世人喜唐,仆则曰唐无诗;世人喜秦、汉,仆则曰秦、汉无文;世人卑宋黜元,仆则曰诗文在宋、元诸大家。昔老子欲死圣人,庄生讥毁孔子,然至今其书不废;荀卿言性恶,亦得与孟子同传。何者? 见从己出,不曾依傍半个古人,所以他顶天立地。今人虽讥讪得,却是废他不得。不然,粪里嚼查,顺口接屁,倚势欺良,如今苏州投靠家人一般。记得几个烂熟故事,便曰博识;用得几个现成字眼,亦曰骚人。计骗杜工部,固扎李空同,一个八寸三分帽子,人人戴得,以是言诗,安在而不诗哉? 不肖恶之深,所以立言亦自有矫枉之过。②

　　在此信中,袁宏道直言自己作诗"聊戏笔耳。信心而出,信口而谈",对于循规蹈矩、步趋模拟之徒是一个颠覆性的态度。对于世人对秦汉唐宋诗文的尊卑褒贬,他亦颠倒而言。他的目的就是要倡导一个"见从己出,不曾依傍半个古人"的立个性、写真情的文风。因为对剽窃模拟、"共为一诗"的深恶,他立言不惮矫枉过正,竟然以"粪里嚼查,顺口接屁,倚势欺良"这样的语词斥责批评对象。

　　在《张幼于》这封信中,袁宏道特别拒绝张氏以"似唐诗"选取其诗。袁宏道指出,在自己的诗作中,"似唐诗"非"自有之诗",而"非唐诗"才是"自得意之诗"。他说:

---

① 《袁宏道集笺校》,第 695—696 页。
② 同上书,第 501—502 页。

公谓仆诗亦似唐人，此言极是。然要之切于所取者，皆仆似唐之诗，非仆得意诗也。夫其似唐者见取，则其不取者断断乎非唐诗可知。既非唐诗，安得不谓中郎自有之诗，又安得以幼于之不取，保中郎之不自得意耶？仆求自得而已，他则何敢知。近日湖上诸作，尤觉秽杂，去唐愈远，然愈自得意。昨已为长洲公觅去发刊。然仆逆知幼于之一抹到底，决无一句入眼也。何也？真不似唐也。不似唐，是干唐律，是大罪人也，安可复谓之诗哉？①

在这段话中，袁宏道很明确地将反对模拟的目的落实到自我确立：世人以唐诗为榜样，求"似唐诗"，他反其道而行之，求"非唐诗"，并认为只有在"非唐诗"中，才可求自得意，才能成就自我之诗。

三、非法非古

性灵论的主旨是主张自由任性的自我表现，为达此目的，就必须破除拟古派所设置的唯古是崇、步趋模拟的立场。袁宏道说：

[《叙小修诗》之二]盖诗文至近代而卑极矣，文则必欲准于秦汉，诗则必欲准于盛唐，抄袭模拟，影响步趋，见人有一语不相肖者，则共指以为野狐外道。曾不知文准秦、汉矣，秦、汉人何尝字字学六经欤？诗准盛唐矣，盛唐人何尝字字学汉、魏欤？秦、汉而学六经，岂复有秦、汉之文？盛唐而学汉、魏，岂复有盛唐之诗？唯夫代有升降，而法不相沿，各极其变，各穷其趣，所以可贵，原不可以优劣论也。且夫天下之物，孤行则必不可无，必不可无，虽欲废焉而不能；雷同则可以不有，可以不有，则虽欲存焉而不能。故吾谓今之诗文不传矣。其万一传者，或今闾阎妇人孺子所唱擘破玉、打草竿之类，犹是无闻无识真人所作，故多真声，不效颦于汉、魏，不学步于盛唐，任性而发，尚能通于人之喜怒哀乐嗜好情欲，是可

①《袁宏道集笺校》，第502页。

喜也。①

前后七子的文学旗帜是尚古非今，与之相反对，则是去古推今。李贽说："诗何必古选，文何必先秦。降而为六朝，变而为近体；又变而为传奇，变而为院本，为杂剧，为《西厢曲》，为《水浒传》，为今之举子业，皆古今之至文，不可得而时势先后论也。故吾因是而有感于童心者之自文也，更说甚么《六经》，更说什么《语》、《孟》乎？"②这是当时最激烈大胆的反复古言论。袁宏道批评复古派"文必秦汉，诗必盛唐"的主张，使用的武器也从李贽所谓"皆古今之至文，不可得而时势先后论"之主张演化出来。在"真心出至文"的立论下，李贽将原本不为文学正统所认可的俚俗艺术推崇为"天下至文"，而且转而菲薄圣典《六经》；袁宏道的论说，则以"代有升降，而法不相沿，各极其变，各穷其趣"立论，同样否定"古胜今弱"，也同样推崇民间"无闻无识真人所作"的俚俗艺术，嘉奖其妙处在于不模拟剽窃，"任性而发"。"尚能通于人之喜怒哀乐嗜好情欲，是可喜也。"袁宏道此说发出的是对人生日常的自然情感欲望的肯定、推崇，将之作为艺术的主题内容，是特别明确地发展出艺术世俗化的呼声。就此而言，虽然两人都关注并吸取民间俚俗艺术的素朴自然之真意，但是，李贽的立场仍然还是在一个"士夫"的"精神建构"上，而袁宏道则表达着"士夫"肯定并追求世俗欲望情感的意志。

1596 年，在写作《叙小修诗》的同年，袁宏道写了《诸大家时文序》等文，阐述"时变文变"，"文必从古而今"的文学演变观。在《诸大家时文序》中，袁宏道指出"以后视今，今犹古也"，古今之分，是顺时延续转变的。他批评拟袭古文词作文的做法，认为如此导致了"所谓古文者，至今日而蔽极"的文坛状态。他说：

> 优于汉谓之文，不文矣；奴于唐谓之诗，不诗矣。取宋、元诸公之余沫而润色之，谓之词曲诸家，不词曲诸家矣。大约愈古愈近，愈

---

① 《袁宏道集笺校》，第 188 页。
② ［明］李贽：《李贽文集》，第一卷，《焚书》，第 92 页。

似愈赝,天地间真文渐灭殆尽。独博士家言,犹有可取。其体无沿袭,其词必极才之所至,其调年变而月不同,手眼各出,机轴亦异,二百年来,上之所以取士,与士子之伸其独往者,仅有此文。而卑今之士,反以为文不类古,至摈斥之,不见齿于词林。嗟夫,彼不知有时也,安知有文!①

袁宏道认为模拟古词作文,"愈古愈近,愈似愈赝,天地间真文渐灭殆尽";他推崇时文,"体无沿袭,其词必极才之所至,其调年变而月不同,手眼各出,机轴亦异"。比之于"古文"(拟古之文),"时文"的长处就在于依时顺变,"手眼各出,机轴亦异",即成为随心任情的真实表现。

"求真",是袁宏道反拟古复古的意旨所在。在《丘长孺》(1596年)一信中,他说:

> 大抵物真则贵,真则我面不能同君面,而况古人之面貌乎?……今之君子,乃欲概天下而唐之,又且以不唐病宋。夫既以不唐病宋矣,何不以不选病唐,不汉、魏病选,不三百篇病汉,不结绳鸟迹病三百篇耶?果儿,反不如一张白纸,诗灯一派,扫土而尽矣。夫诗之气,一代减一代,故古也厚今也薄。诗之奇之妙之工无所不极,一代盛一代,故古有不尽之情,今无不写之景。然则古何必高,今何必卑哉?②

"真"是个人才气性情的独特存在,它不仅不能求同于古人,而且也不能混同于古人。"贵真",就是推崇表现自我的个性真实。《诗经》、汉魏诗歌、选体(源自萧统《文选》)诗歌、唐代诗歌、宋代诗歌,是历史递进的。袁宏道认为,从情感气势而言,诗作从古而今确有一个递减之势;但从状写奇妙而言,诗作却是今优于古。"古有不尽之情,今无不写之景",自然不可高古卑今。在1597年的《江进之》一信中,袁宏道提出"夫物始繁者

①《袁宏道集笺校》,第184—185页。
② 同上书,第284—285页。

终必简,始晦者终必明,始乱者终必整,始艰者终必流丽痛快"的论说,以此为准则,诗文发展,从古至今,后代优于前代。"世道既变,文亦因之,今之不必摹古者也,亦势也……人事物态,有时而更,乡语方言,有时而易,事今日之事,则亦文今日之文而已矣。"①

"求真",要表现"真我面目",则不能"有法"(拘于格套),而是要"无法"(不拘格套),信心任口而作。在 1597 年《小陶论书》一文中,袁宏道提出"古人无法,不可学"的论说:

> 小陶与一友人论书。陶曰:"公书却带俗气,当从二王入门。"友人曰:"是也。然二王安得俗?"陶曰:"不然。凡学诗者从盛唐入,其流必为白雪楼;学书者从二王入,其流必为停云馆。盖二王妙处,无畦径可入,学者摹之不得,必至圆熟媚软。公看苏、黄诸君,何曾一笔效古人,然精神跃出,与二王并可不朽。昔人有向鲁直道子瞻书但无古法者,鲁直曰:'古人复何法哉?'此言得诗文三昧,不独字学。"余闻之失笑曰:"如公言,奚独诗文? 禅宗儒旨,一以贯之矣。"②

在《答张东阿》(1599 年)信中,袁宏道说:"唐人妙处,正在无法耳。如六朝、汉、魏者,唐人既以为不必法,沈、宋、李、杜者,唐之人虽慕之,亦决不肯法,此李唐所以度越千古也。"③在袁宏道看来,古人的妙处,就在于求真任心,不步趋模拟,不循规蹈矩,即无法而行。因此,他认为,学古人,唯一可学的,就是其"无法"。在《叙竹林集》(1599 年)中,袁宏道说:

> 往与伯修过董玄宰。伯修曰"近代画苑诸名家,如文征仲、唐伯虎、沈石田辈,颇有古人笔意不?"玄宰曰:"近代高手,无一笔不肖古人者。夫无不肖,即无肖也,谓之无画可也。"余闻之悚然曰:"是见道语也。"故善画者,师物不师人;善学者,师心不师道;善为诗者,师森罗万象,不师先辈。法李唐者,岂谓其机格与字句哉? 法其不为

---

① 《袁宏道集笺校》,第 515—516 页。
② 同上书,第 472—473 页。
③ 同上书,第 753 页。

汉,不为魏,不为六朝之心而已,是真法者也。是故减灶背水之法,迹而败,未若反而胜也。夫反所以迹也。今之作者,见人一语肖物,目为新诗,取古人一二浮滥之语,句规而字矩之,谬谓复古,是迹其法,不迹其胜者也,败之道也。嗟夫!是犹呼傅粉抹墨之人,而直谓之蔡中郎,岂不悖哉!……不法为法,不古为古。①

董其昌(玄宰)所谓"无不肖,即无肖",是指习画者临摹古人,从笔画上步趋模拟古人,仅得其笔画形式("无不肖"),而失其精神气韵——"无肖"。绘画的旨归是以形得神,无神,即"无画"。袁宏道对董说作发挥,在"人—物"、"道—心"、"万象—先辈"三重两极对立中,明确主张以"物"、"心"和"万象"为师。袁宏道的选择,是要排斥他人("人")、学问("道")和古人("先辈")的障碍,让自我以无拘束的心灵直接与现实万象打交道。袁宏道提出学习古人,不能从形式、字句着手——"袭其迹",而要得其精神真谛——"反所以迹"。唐人能创作不朽于世的唐诗,其"真法"就是唐人自作唐人,即"其不为汉,不为魏,不为六朝之心"。"不法为法,不古为古",在袁宏道看来,"法"与"古"的至理均在于自我与自然的直接交流以及相应的真情表现。

袁宏道写于1600年的《雪涛阁集序》,当是他关于"时异文变"思想的一篇总结性的文章。在该文中,他说:

> 文之不能不古而今也,时使之也。……夫古有古之时,今有今之时,袭古人语言之迹,而冒以为古,是处严冬而袭夏之葛者也。《骚》之不袭《雅》也,《雅》之体穷于怨,不《骚》不足以寄也。后之人有拟而为之者,终不肖也,何也?彼直求《骚》于《骚》之中也。至苏、李述别及《十九》等篇,《骚》之音节体致皆变矣,然不谓之真《骚》不可也。古之为诗者,有泛寄之情,无直书之事;而其为文也,有直书之事,无泛寄之情,故诗虚而文实。晋、唐以后,为诗者有赠别,有叙

①《袁宏道集笺校》,第700—701页。

事；为文者有辨说，有论叙。架空而言，不必有其事与其人，是诗之
体已不虚，而文之体已不能实矣。古人之法，顾安可概哉！……近
代文人，始为复古之说以胜之。夫复古是已，然至以剽袭为复古，句
比字拟，务为牵合，弃目前之景，摭腐滥之辞，有才者诎于法，而不敢
自伸其才，无之者，拾一二浮泛之语，帮凑成诗。智者牵于习，而愚
者乐其易，一唱亿和，优人骀子，皆谈雅道。吁，诗至此，抑可羞哉！
夫即诗而文之为弊，盖可知矣。①

袁宏道在这里以屈原创作的《离骚》体裁为中心，论述了诗歌体裁、风格
必然顺时而变的规律。"《骚》之不袭《雅》也，《雅》之体穷于怨，不《骚》不
足以寄也。"袁宏道承认《诗经》中的《雅》与《骚》之间有情感上的相近性，
但又认为《雅》的体式不足以表达屈原的情感，因此屈原创作《骚》体裁。
应当注意的是，袁宏道一方面看到苏、李述别诗及《古诗十九首》对《骚》
体的改变，另一方面又肯定它们对《骚》的精神继承性，认为必须称为"真
《骚》"。这说明，袁宏道主张诗文顺时而变，反对因袭古人，但并不反对
和否定从古而今的传承关系。进而言之，袁宏道论及从古而今，诗由虚
而实、文由实而虚的演变，并得出古人之法变化无穷，不可概括。在对文
学历史演变规律认知的基础上，袁宏道指出复古主义的症结在于，字比
句拟、拘于格套，致使作者对外与生动的现实人生隔绝，对内屈抑才情心
意，从而不得不终结于模拟附和，文学创新之力衰竭。

在古今、新旧之争中，袁宏道并不一味厚今薄古、喜新厌旧。他对于
古今新旧，只持一个标准去衡量，即是否出于性灵之作。江盈科《敝箧集
叙》记述说，袁宏道曾告之：

唐人之诗，无论工不工，第取而读之，其色鲜妍，如旦晚脱笔研
者。今人之诗即工乎，然句句字字拾人饤饾，才离笔研，已似旧诗
矣。夫唐人千岁而新，今人脱手而旧，岂非流自性灵与出自模拟者

①《袁宏道集笺校》，第709—710页。

所从来异乎！……盖新者见嗜，旧者见厌，物之恒理。唯诗亦然，新则人争嗜之，旧则人争厌之。流自性灵者，不期新而新；出自模拟者，力求脱旧而转得旧。由斯以观，诗期于自性灵出尔，又何必唐，何必初与盛之为沾沾哉！①

四、情至感人

性灵论的精神原则，正面主张自我表现和个性张扬，反面主张打破因循格套、模拟仿袭，因此，它在创作手法上则主张任性纵情、直率激烈。袁宏道说：

> ［《叙小修诗》之三］盖弟既不得志于时，多感慨；又性喜豪华，不安贫窭；爱念光景，不受寂寞。百金到手，顷刻都尽，故尝贫；而沉湎嬉戏，不知樽节，故尝病；贫复不任贫，病复不任病，故多愁。愁极则吟，故尝以贫病无聊之苦，发之于诗，每每若哭若骂，不胜其哀生失路之感。予读而悲之。大概情至之语，自能感人，是谓真诗，可传也。而或者犹以太露病之，曾不知情随境变，字逐情生，但恐不达，何露之有？且《离骚》一经，忿怼之极，党人偷乐，众女谣诼，不揆中情，信谗齌怒，皆明示唾骂，安在所谓怨而不伤者乎？穷愁之时，痛哭流涕，颠倒反覆，不暇择音，怨矣，宁有不伤者？且燥湿异地，刚柔异性，若夫劲质而多怼，峭急而多露，是之谓楚风，又何疑焉！②

袁宏道的描述，将袁中道表现为一个不受世俗规范束缚而又情感丰富、任情恣性的诗人。这样的诗人，必然是才情过人，而命途坎坷。在现实生活中，他只是一个潦倒无能的弱者，但恰是其积贫累病，而胸郁极愁，不可不发之于诗。袁宏道为袁中道诗歌失于直露伤怨作辩护，认为"情至之语，自能感人，是谓真诗"，"情随境变，字逐情生，但恐不达，何露之有"。袁宏道此论，无论从意旨还是从文字来看，都与李贽《焚书·杂说》

---

① 《袁宏道集笺校》，第 1685 页。
② 同上书，第 188—189 页。

中所论相近。李贽说：

　　且夫世之真能文者，比其初皆非有意于为文也。其胸中有如许无状可怪之事，其喉间有如许欲吐而不敢吐之物，其口头又时时有许多欲语而莫可所以告语之处，蓄极积久，势不能遏。一旦见景生情，触目兴叹；夺他人之酒杯，浇自己之垒块；诉心中之不平，感数奇于千载。既已喷玉唾珠，昭回云汉，为章于天矣，遂亦自负，发狂大叫，流涕恸哭，不能自止。宁使见者闻者切齿咬牙，欲杀欲割，而终不忍藏于名山，投之水火。①

　　两相比较，袁宏道之论，对李贽思想的接受认同是显而易见的。他不仅接受了李贽的直抒胸臆的主张，而且也把李贽所推崇的愤懑激烈的狂者文学作为最真实、最个性的文学加以推崇。与李贽每每标举"豪杰异人"、"大才狂汉"、"出格丈夫"，并自认"其心狂痴，其行率易"一样，袁宏道也以"颠狂"为文人士夫之至尊品格。他说：

　　夫颠狂二字，岂可轻易奉承人者？狂为仲尼所思，狂无论矣。若颠在古人中，亦不易得，而求之释，有普化焉。张无尽诗曰"盘山会里翻筋斗，到此方知普化颠"是也。化虽颠去，实古佛也。求之玄，有周颠焉，高帝所礼敬者也。玄门尤多，他如蓝采和、张三丰、王害风之类皆是。求之儒，有米颠焉，米颠拜石，呼为丈人，与蔡京书，书中画一船，其颠尤可笑。然临终掌曰："众香国里来，众香国里去。"此其云来，岂草草者？不肖恨幼于不颠狂耳，若实颠狂，将北面而事之，岂直与幼于为友哉？②

这段话写在1597年《张幼于》信中。在推崇一干历史狂士之后，袁宏道发出概叹"不肖恨幼于不颠狂耳，若实颠狂，将北面而事之，真与幼于为友哉？"这就是，不仅他自认为颠狂之士，更要求他人亦作颠狂，方可与为

---

① ［明］李贽：《李贽文集》第一卷，《焚书》，第91页。
② 《袁宏道集笺校》，第502—503页。

友。值得注意的是,在早一年(1596 年)撰写的《识张幼于箴铭后》中,袁宏道还承认古今士人中,既有如司马相如、东方朔、蔡邕、阮籍一样的放达人,又有拘谨恭敬备至的"慎密人"。"两种若冰炭不相入,吾辈宜何居? 袁子曰:两者不相肖也,亦不相笑也,各任其性耳。性之所安,殆不可强,率性而行,是谓真人。今若强放达者而为慎密,强慎密者而为放达,续凫项,断鹤颈,不亦大可叹哉!"①据其"率性而行,是谓真人"之论,在此文中袁宏道是认同"淳谦周密,恂恂规矩",即非放达、非颠狂的性情的。而一年之后,对于同一个"张幼于",袁宏道却要违其淳谦的天性、"强求"其颠狂。

袁宏道推崇为明代第一的文人,是旷世奇人徐渭。在其《徐文长传》中,袁宏道将他在 1597 年从友人陶望龄家中偶然读到徐渭作品时的情景,描写为一次"惊跃"的人生奇遇,深恨"何相识之晚"。他用近于"文学"传奇的笔调向读者描述徐渭形象:

> 文长自负才略,好奇计,谈兵多中,视一世士无可当意者,然竟不偶。文长既已不得志于有司,遂乃放浪曲蘖,恣情山水,走齐、鲁、燕、赵之地,穷览朔漠,其所见山奔海立,沙起云行,风鸣树偃,幽谷大都,人物鱼鸟,一切可惊可愕之状,一一皆达之于诗。其胸中又有勃然不可磨灭之气,英雄失路托足无门之悲,故其为诗,如嗔如笑,如水鸣峡,如种出土,如寡妇之夜哭,羁人之寒起,虽其体格时有卑者,然匠心独出,有王者气,非彼巾帼而事人者所敢望也。文有卓识,气沉而法严,不以模拟损才,不以议论伤格,韩、曾之流亚也。文长既雅不与时调合,当时所谓骚坛主盟者,文长皆叱而奴之,故其名不出于越,悲夫!②

在袁宏道的笔下,徐渭俨然成为一个天生的文学英雄,其天才盖世、卓尔不群、慷慨激烈,都被本质化,成为其终生不渝的特质。这显然不是徐渭

---

① 《袁宏道集笺校》,第 193 页。
② 同上书,第 716 页。

的本来面貌。徐渭从一个怀才不遇的普通文人,锻炼成为一个绝世破俗的文化英雄,是历半生百死千难的人生磨难的结果。徐渭于1593年病逝,袁宏道在其逝后四年发现他,而1599袁宏道撰写此传时,徐氏已逝六年。袁宏道对徐渭的理想化书写,当然不只是一个文人对另一个已故文人的浪漫想象或普通敬意所使然,而是借徐渭其人,再塑性灵论代言人的理想形象。而这时,离《叙小修诗》的1596年已过五个年头。由此足见,袁宏道坚持性灵,以恃才傲物、任性纵情的狂士文人为文学英豪的理念仍没有改变。

五、性灵论的式微

袁宏道的"性灵论",基本命题和核心观念都是从徐渭的"本色论"、李贽的"童心说"和汤显祖的"至情论"传承、发挥而来,四者核心的共同点就是王阳明的"致良知论"——发明本心,任情自然。"性灵论"的独特意义在于,它是"本色论"、"童心说"和"至情论"综合性的形而下转化,它将后三者的精英性、精神性和玄想性的自我(本心),转化为一个日常性、经验性和感受性的个人。因此,"性灵美学"掀起的是一场突破传统中国美学的两大基本主题(儒家的伦理主题和道家的自然形上主题)的文化生活运动,它标志着中国古典美学向世俗化或市民化的转型。

在公安三袁中,袁宏道无论才情个性,都是其兄与弟的放大。他们三兄弟的人生、学问、仕途,大致轨迹是相同的,但惟以袁宏道意气豪迈、果断担当,因此成为性灵论的倡导者、公安派的旗帜。因为他们有许多近似处,而且三兄弟手足情深,为人为文,也互相呼应维护,因此被世俗称为"公安三袁",以表彰他们的思想精神的同一。然而,若以袁宏道确定的"独抒性灵,不拘格套"作标准,不仅长兄袁宗道思想不合辙,而且三弟袁中道也与之有不可忽略的差异。

袁宏道在《叙小修诗》中称赞袁中道诗歌说:"大都独抒性灵,不拘格套,非从自己胸臆流出,不肯下笔。"袁中道对自己的诗歌评价"姑抒吾意所欲言而已矣",大意与袁宏道所论"非从自己胸臆流出,不肯下笔"同。

但是,袁中道又称:"抒吾意所欲言,即未敢尽远于法,第欲以意役法,不以法役意。故合于古法者存,不合于古法者亦存。"①这就与袁宏道所谓"独抒性灵,不拘格套"有差异。"未敢尽远于法",当然就不是"不拘格套"了——"以意役法",主张对法的运用要有达意的选择性,而不是盲从袭用,但仍然是遵从于法的。

针对时人对袁宏道文学主张及其诗文创作的攻讦,晚年袁中道写了大量文章为袁宏道辩护,他的基本做法是:第一,力申袁宏道从前期破除李、王复古缚执的过激尖锐到后期稳实谨严的学风转变。袁中道说:"先生(袁宏道)诗文如《锦帆》、《解脱》意在破人之缚执,故时有游戏之语;盖其才高胆大无心于世之毁誉,聊以舒其意之所欲言耳……况学以年变,笔随岁老,故自《破砚》以后无一字无来历,无一语不生动,无一篇不警策。"②第二,为性灵论的"不拘格套,直抒胸臆"作弥补、纠偏。他在《阮集之诗序》、《蔡不瑕诗序》和《花雪赋引》诸文都谈同一个问题:如果失于法度,信心任口而作,无情不写,无景不收,诗文必流于俚俗。他说:

> 天下无百年不变之文章,有作始,自有末流;有末流,还有作始。其变也,皆若有气行乎其间。创为变者,与受变者,皆不及知。是故性情之发,无所不吐,其势必互异而趋俚。趋于俚,又将变矣。作者始不得不以法律救性情之穷,法律之持,无所不束,其势必互同而趋浮。趋于浮,又将变矣。作者始不得不以性情救法律之穷。夫昔之繁芜,有持法律者救之;今之剽窃,又将有主性情者救之矣。此必变之势也。③

袁中道关于袁宏道的功过是非,说得很明白。他认为袁宏道救王(世贞)李(梦鳞)复古之病,矫枉过正:王李复古,泥古泥法,因而窒息了创作者的心灵和感觉("外有狭不能收之景,内有郁不能畅之情,迫胁情境,使遏

---

① 《珂雪斋集》,第 19 页。
② 同上书,第 521—523 页。
③ 同上书,第 459 页。

抑不得出")；袁宏道所做的，正是解缚破执，让创作者心灵解放、感觉展开，但认为其"舍法为奇"，终成无情不写、无景不收的新俗套。因此，袁中道为后辈诗人开出的药方就是：

> 若辈当熟读汉魏及三唐人诗，然后下笔。切莫率自胗臆，便谓不阡不陌，可以名世也。夫情无所不写，而亦有不必写之情；景无所不收，而亦有不必收之景。知此乃可以言诗矣。①

袁中道告诫后辈作诗者，表现描绘情与景要有取舍节制，"切莫率自胗臆，便谓不阡不陌，可以名世也"。这实际上是对"不拘格套，直抒胸臆"的迂曲否定了。袁中道发此说，不仅表达了他个人的文学观念，而且也反映了袁宏道身后文学风气的新变，在此之际，竟陵派首领钟惺（1574—1624）、谭元春（1586—1631）为矫正公安派诗文的"清真近俚"之弊，变而倡导"深幽孤绝"的诗文风格。钟惺说：

> 今非无学古者，大要取古人之极肤极狭极熟，便于口手者，以为古人在是。使捷者矫之，必于古人外，自为一人之诗以为异，要其异，又皆同乎古人之险且僻者，不则其俚者也。则何以服学古者之心？无以服其心，而又坚其说，以告人曰千变万化不出古人。问其所为古人，则又向之极肤极狭极熟者也。世真不知有古人矣。惺与同邑谭子元春忧之，内省诸心，不敢先有所谓学古不学古者，而第求古人真诗所在。真诗者，精神所为也。察其幽情单绪、孤行静寄于喧杂之中，而乃以其虚怀定力，独往冥游于寥廓之外，如访者之几于一逢，求者之幸于一获，入者之欣于一至。不敢谓吾之说，非即向者千变万化不出古人之说，而特不敢以肤者狭者熟者塞之也。②

钟、谭所持竟陵派的主张，在这段出于其《诗归序》的话中说得很明白。他们认为王李复古，步趋模拟，以袭取古人字句为学古人（"取古人

---

① 《珂雪斋集》，第458页。
② ［明］钟惺：《隐秀轩集》，隐秀轩文昃集序，明天启二年沈春泽刻本。

之极肤极狭极熟,便于口手者,以为古人在是");公安派反王、李,矫枉过正,非古人而为之,求奇异而落入险僻之套、俚率之俗。"真诗者,精神所为也。"钟、谭二人,欲破此两途之弊,以"求古人真诗所在"为旨,倡导学古人,"不求途径之异",而要"求精神所同"。他们开出的药方就是"察其幽情单绪、孤行静寄于喧杂之中,而乃以其虚怀定力,独往冥游于寥廓之外"。这样的"真诗"意旨落实下来,倡行的就是"深幽孤绝"的诗文风格。

对于袁宏道的文学主张,钟惺代表竟陵派,有两点批评值得注意。其一,袁宏道推崇性灵,"性灵无不毕达,是之谓真诗",而钟惺则针对其"灵",推崇"厚"。钟氏说:

> 诗至于厚而无余事矣。然从古未有无灵心,而能为诗者。厚出于灵,而灵者不即能厚。弟尝谓古人诗有两派,难入手处。有如元气大化、声臭已绝,此以平而厚者也,古诗十九首苏、李是也。有如高岩浚壑,岸壁无阶,此以险而厚者也,汉郊祀、铙歌、魏武帝乐府是也。非不灵也,厚之极,灵不足以言之也。然必保此灵心,方可读书养气,以求其厚。①

钟氏肯定作诗须有"灵心",甚至承认"厚出于灵"。但是,他认为诗歌的高境界是"至于厚",而"厚"是从"读书养气"得来的,是"灵不足以言之"的。这不是直接否定"独抒性灵",但却是对它的严重修正。其二,袁宏道论文,推崇"趣",而且认为"趣得之自然者深,得之学问者浅"。钟惺对以"趣"论文,却不以为然。他说:

> 今之选东坡文者多矣,不察其本末,漫然以趣之一字尽之。故读其序记、论策、奏议,则勉卒业而恐卧,及其小牍、小文则捐寝食徇之。以李温陵心眼未免此累,况其下此者乎? 夫文之于趣,无之而无之者也。譬之人,趣其所以生也,趣死则死。人之能知觉运动以生者,趣所为也。能知觉运动以生,而为圣贤、为豪杰者,非尽趣所

---

① [明]钟惺:《隐秀轩集》,隐秀轩文往集牍一。

为也。故趣者,止于其足以生而已。今取其止于足以生者,以尽东
坡之文可乎哉?①

在钟氏看来,"趣"只是作文的一个契机或文章中的一种兴致。他同意文
章须以"趣"而存,正如人须以"趣"为生命运动的发起。"夫文之于趣,无
之而无之者也。"但是,他否定将"趣"定义为文章的要旨和重要品性。钟
惺以人为例:"趣"是赋予人知觉运动的动机,但人成为圣贤、豪杰,则非
"趣"所可使然。因此,钟惺论文,所重的不是"趣"而是高于其上的"雄博
高逸之气,纡回峭拔之情"。据此两点可见,钟惺代表竟陵派所主张的,
就是将诗文意旨从袁宏道的"俚率的性灵"拉回到"幽峭的精神"。

竟陵派主文坛一时风气,公安派及其性灵论旗帜就式微于世了。对
此,声称"中郎(袁宏道)之论出,王李之云雾一扫"的钱谦益又说道:

机锋侧出,矫枉过正,于是狂瞀交扇,鄙俚公行,雅故灭裂,风华
扫地,竟陵代起,以凄清幽独矫之,而海内之风气复大变。譬之有病
于此,邪气结轖,不得不用大承汤下之,然输泻太利,元气受伤,则别
症生焉。北地(李攀龙)、济南(王世贞)结轖之邪气也,公安泻下之,
劫药也。竟陵传染之,别症也。余分闰气,其与几何? 庆、历以下诗
道三变,而归于凌夷熸熄,岂细故哉?②

第四节　自然为真的审美论

一、趣得之自然

1597 年,袁宏道在《叙陈正甫会心集》一文中,阐述他关于"趣"的观
念。他说:

世人所难得者唯趣。趣如山中之色,水中之味,花中之光,女中

① [明]钟惺:《隐秀轩集》,隐秀轩文昃集序。
② [清]钱谦益:《列朝诗集》丁集卷一二。

之态,虽善说者不能下一语,唯会心者知之。今之人慕趣之名,求趣之似,于是有辨说书画,涉猎古董以为清;寄意玄虚,脱迹尘纷以为远;又其下则有如苏州之烧香煮茶者。此等皆趣之皮毛,何关神情。夫趣得之自然者深,得之学问者浅。当其为童子也,不知有趣,然无往而非趣也。面无端容,目无定睛,口喃喃而欲语,足跳跃而不定,人生之至乐,真无逾于此时者。孟子所谓不失赤子,老子所谓能婴儿,盖指此也。趣之正等正觉最上乘也。山林之人,无拘无缚,得自在度日,故虽不求趣而趣近之。愚不肖之近趣也,以无品也。品愈卑故所求愈下。或为酒肉,或为声伎,率心而行,无所忌惮,自以为绝望于世,故举世非笑之不顾也,此又一趣也。迨夫年渐长,官渐高,品渐大,有身如梏,有心如棘,毛孔骨节俱为闻见知识所缚,入理愈深,然其去趣愈远矣。①

袁宏道论"趣",要旨有三:其一,"趣"是表现于人生的一种空灵的格调,可以感觉,却不可以捕捉;但是,"趣"又不是表面形式或光环——它本质上是自内而外的"神情";其二,"趣"得之于"自然"。所谓"自然",就是自我的真性灵(真性情)的表现,而儿童的心灵最真、最纯,最自然,表现为人生,就是最高级的"趣";其三,学问、阅历和种种社会规范,是对人生自然的限制,也就是对"趣"的束缚,因此,在成人社会中,只有不受知识、规范束缚而保持自由放任的人,才因为保持了人生之自然而具有真趣。

袁宏道论"趣",显然综合了严羽和李贽的思想。严羽论诗说道:"诗者吟咏情性也。盛唐诸人惟在兴趣,羚羊挂角,无迹可求。故其妙处,透彻玲珑,不可凑泊,如空中之音,相中之色,水中之月,镜中之象,言有尽而意无穷。"②袁宏道所说"趣如山中之色,水中之味,花中之光,女中之态,虽善说者不能下一语,唯会心者知之"是对严说略有变换的转述。两

---

① 《袁宏道集笺校》,第463—464页。
② [宋]严羽:《沧浪诗话校释》,第26页。

人都认为"趣"（"兴趣"）既难得（达成）又难识（把握）。但是，值得注意的是，严羽的"兴趣说"，专于论诗，是从诗歌的意象—意境特征立论的——"盛唐诸人惟在兴趣"；袁宏道论"趣"，却是从人生本意着眼——"世人所难得者唯趣"。两人着眼点的差异，也确定了他们论趣旨归的不同。这个不同，就是袁宏道从严羽借禅喻诗的神韵空灵，转向了李贽的自然任性。

李贽关于"趣"，有"真趣"、"天趣"和"奇趣"的用法，这三趣实为一，即"真人真趣"。在为"山农打滚"辩护时，李贽称"山农自得良知真趣，自打而自滚之，何与诸人事，而又以为禅机也？"李贽以"山农打滚"论"真趣"，结论是"真趣"的真谛就是"为己自得"——真趣是"自得良知真趣，自打而自滚之"，与他人无关系，与学问义理无关系。

袁宏道论"趣"，立足点显然是李贽的"真趣观"。他论趣的总纲"趣得之自然者深，得之学问者浅"，是李贽童心说"天下之至文，未有不出于童心"的转语。他同样认为"闻见知识"是得趣和识趣的障碍。童子"不知有趣，然无往而非趣"，成人"入理愈深，然其去趣愈远"，说明的都是"趣"是无闻见知识束缚的自然真心的人生情态。值得注意的是，他不仅赞赏山林之人"无拘无缚，得自在度日"，"不求趣而趣近之"；而且认同酒肉声色之徒，认为其"率心而行，无所忌惮"是"以无品近趣"。袁宏道不仅发挥了李贽"为己自得"的"真趣观"，而且把他从士夫学者颜山农的"自得良知真趣"扩展到追求酒肉声色享乐的"无所顾忌"。换言之，如果说李贽的"真趣观"尽管非学非理，但仍然还是从学者的性命之学立论；袁宏道的趣味观，则直接表达为一种自然任性的世俗生活精神。

在1597年，袁宏道还写了另一篇重要文章《与仙人论性书》。在该文中，袁宏道借佛学"万相唯识"的观念阐述了他的处世观。他说：

> 一切计较，皆缘见性未真，误以神识为性。既误认神，便未免认神之躯壳，既误认躯壳，便将形与神对，性与命对。性与命对，故曰性命双修；形与神对，故曰形神俱妙。种种过计，皆始于此。若夫真

> 神真性,天地之所不能载也,净秽之所不能遗也,万念之所不能缘也,智识之所不能入也,岂区区形骸所能对待着哉?①

现世间一切物相,都来自于自我的心思意念,即都离不开心的活动作用。但是,"心"本性又是空的,因为离开了它的活动作用,它本身就空无一物。然而,正是这"心"之"空"落实于万象,以万象的生成幻灭展现了佛的真神真性——空。物、心、佛,在"空"的"心印"活动中,是三位一体的,体悟到这三位一体,就"立地成佛"。袁宏道在这里得出的存在论结论,兼容了佛道的形与神、性与命的双重同一观。既然形神无对、性命一体,那么,一切计划区别皆是自划地牢、自作囚徒。所谓"真神真性",实际上就是"不知有趣,然无往而非趣"的童心。若童心不存,等而下之,则是"无拘无缚,得自在度日"的山林人生;再等而下之,则是"率心而行,无所忌惮"的酒肉声色之谋。因之,"趣"就是以自我生命的自然完整为基础的"为己自得"。

在 1598 年的《广庄》一书中,袁宏道阐述庄子"'逍遥'、'齐物'、'养生'诸义,认为人自据有限的感官识见去衡量天下事物的大小是非,并以之作为养生求胜的根据,本是虚妄自缚。袁宏道据庄子之论指出,人均以自己的标准("情量")衡量天下事物,只能拘于自己的有限把握力,因此不可能对事物作出客观判断。他说:

> 由此推之,极情量之广狭,不足以尽世间之大小明矣。⋯⋯圣不能见垣外,故智未始不蒙也。正倒由我,顺逆自彼,游戏根尘无妨碍,尽圣人者,岂有三头九臂,迥然出于人与虫之外哉? 惟能安人虫之分,而不以一己之情量与大小争,斯无往而不逍遥矣。②

袁宏道明确人的识见的有限性,从而反对以人的识见衡量天下事物。在他看来,圣人都不能见方外之物,普通人的智识蒙昧就更不待言("圣不

---

① 《袁宏道集笺校》,第 488—490 页。
② 同上书,第 796 页。

能见垣外,故智未始不蒙也")。他所主张的是超越是非大小区别而任性
自在("正倒由我,顺逆自彼,游戏根尘无妨碍")。圣人之高,不出于"人
与虫之外","惟能安人虫之分,而不以一己之情量与大小争,斯无往而不
逍遥"。《广庄》的主旨,是《与仙人论性书》的要义相通的,"安人虫之分"
之论,也是袁宏道论趣之要义所在。因为"人虫之分"本是自然之分,"安
人虫之分"即是顺自然而行,"真趣"就在其中。

二、淡不可造

1604 年,袁宏道写《叙咼氏家绳集》,论"淡"。该文说:

> 苏子瞻酷嗜陶令诗,贵其淡而适也。凡物酿之得甘,炙之得苦,
> 唯淡也不可造;不可造,是文之真性灵也。浓者不复薄,甘者不复
> 辛,唯淡也无不可造;无不可造,是文之真变态也。风值水而漪生,
> 日薄山而岚出,虽有顾、吴,不能设色也,淡之至也。元亮以之。东
> 野、长江欲以人力取淡,刻露之极,遂成寒瘦。香山之率也,玉局之
> 放也,而一累于理,一累于学,故皆望岫焉而却,其才非不至也,非淡
> 之本色也。里咼氏,世有文誉,而遂溪公尤多著述。前后为令,不及
> 数十日辄自罢去,家甚贫,出处志节,大约似陶令,而诗文之淡亦似
> 之。非似陶令也,公自似也。公之出处,超然甘味,似公之性;公之
> 性真率简易,无复雕饰,似公之文若诗。故曰公自似者也。今之学
> 陶者,率如响榻,其勾画是也,而韵致非。故不类公以身为陶,故信
> 心而言,皆东篱也。余非谓公之才遂超东野诸人,而公是淡之本色,
> 故一往所诣古人,或有至,有不至耳。[①]

袁宏道对"淡"的论述,有三层基本含义。其一,"淡不可造,是文之
真性灵"。"淡"不是任何人工设计、有意为之的品质,它是作者内在自然
的"真性灵";其二,"淡无不可造,是文之真变态"。"淡"本身不是一种文

---

①《袁宏道集笺校》,第 1103—1104 页。

学风格或品味,但是它是使文学风格和品味得以成真——获得生趣、神韵——的源泉,文学的丰富生动都根源于它,因此是"无不可造",是"文之真变态";其三,淡是"真性灵"的生命本色,不仅不因学而至,也无关于才;反而言之,才与学都可能成为对"淡"的限制、拖累。白居易("香山")作诗以"直率"和苏东坡("玉局")作诗以"豪放",但却不能达于"淡",根本原因就在他们"一累于理,一累于学,故皆望岫焉而却,其才非不至也,非淡之本色也"。

袁宏道论"淡"核心论点在于:"淡"得之于自然,亦即得之于我之真性真情的自然表率。因此,"淡不可造",既指淡不可刻意为之,亦指淡非模拟仿袭而来。他在这篇《叙呙氏家绳集》中,将他评论的诗人里呙氏与陶渊明相比较,认为两者的生平与诗风都相近相似,而且都归于"淡"。但是,他明确否定里呙氏的"淡"是仿习陶渊明而来——"非似陶令也,公自似也",即是指"淡"是我之为我的本性流露。"公以身为陶,故信心而言,皆东篱也。"所谓"以身为陶",是指身体力行于"淡"的人生,自似而似陶,"故信心而言,皆东篱(陶渊明)也"。换言之,在袁宏道看来,"淡"本于自然素朴的生活态度,是其真切实践的自然流露,"真率简易,无复雕饰"。

从 1597 年写《叙陈正甫会心集》到 1604 年写《叙呙氏家绳集》,袁宏道的人生经历了七个年头。这期间,袁宏道写于 1599 年的《西方合论》集中展示了袁宏道由禅宗归依净土宗后的佛学观念。在该书引论中,他认为,本应"悟修并重"的禅学,却在今天"狂滥遂极"[①]。袁宏道在 1600 年再度辞官回归公安,在城南柳浪的六年隐居生活中,持素戒色、潜心修行。这个袁宏道的新面目,与 1600 年前的袁宏道是大为殊异的。在 1601 年的《答陶周望》一信中,袁宏道已经明确提出"冷淡"的学道观。他说:"山居颇自在,舍弟近亦喜把笔。闲适之时,间闻亦唱和。柳浪湖上,水月被搜,无复遁处。往只以精猛为工课,今始知任运亦工课。精猛是

---

① 《袁宏道集笺校》,第 1638 页。

热闹,任运是冷淡。人情走热闹则易,走冷淡则难。此道之所以愈求愈远也。"①"任运是冷淡",当是他论淡思想的发端。

他在此期间的哲学思想,汇总表现于 1604 年的答问录《德山麈谭》。在这个答问录中,袁宏道以儒、道、释为经纬,纵横论议治学为人,他的主旨是因自然、顺人情。他认为执理拂情和标奇尚异都不可取,前者不知"理在情中",后者"执着太甚";他引用临济禅师"随缘消日月,任运着衣裳"的诗语,主张"随缘任运"的生活态度。以《德山麈谭》而论,柳浪时期的袁宏道,是将儒、释、道均作"日用伦常"来看。他说:

> 一切人皆具三教。饥则餐,倦则眠,炎则风,寒则衣,此仙之摄生也。小民往复,亦有揖让,尊尊亲亲,截然不紊,此儒之礼教也。唤着即应,引着即行,此禅之无住也。触类而通,三教之学,尽在我矣,奚必远有所慕哉?②

"顺人情可久,逆人情难行"③,这是袁宏道所谓"人具三教"的旨归。"随缘任运",也就是自然顺情而行,对内是自然顺情,对外是过平常人生。"打倒自家身子,安心与世俗人一样"④,这是《德山麈谭》的结论、宗旨,当然也是此期间袁宏道的精神旨归。而作为审美范畴的"淡"被他特别标举,根源也在此。

袁宏道论淡,虽然源自他在柳浪隐居时期特殊的心境、意识,但是,他关于"淡"的核心思想并未脱离庄子的主旨。我们前面所引袁宏道论述,所谓"唯淡不可造",即谓淡得之于自然;所谓"唯淡无不可造",即谓淡为万物之本,生天生地。这两说都是本于庄子的。袁宏道认为淡不可以人力获得,理与学都是对"淡"的障碍。这也是庄子以自然为本的美学主张的要义。在《德山麈谭》中,袁宏道特别表达了对"明"(理智知识)的

---

① 《袁宏道集笺校》,第 1244 页。
② 同上书,第 1290 页。
③ 同上书,第 1291 页。
④ 同上书,第 1297 页。

否定态度。他说：

> 世人终身受病，唯是一明，非贪嗔痴也。因明故有贪有嗔及诸习气。试观市上人，衣服稍整，便耻挑粪，岂非明之为害？凡人体面过不得处，日用少不得处，皆是一个明字，使得不自在。小孩子明处不多，故习气亦少。今使赤子与壮者较，明万不及一；若较自在，则赤子天渊矣。①

理与学的功用是"明"，而"明"增添习气，损害纯真自在。成人明胜于孩童，而自在却不仅远不及于孩童，而且有天壤之别。"自在"是"淡"的应有之意。

"淡之本色"，是自我自然真性情所在。这个"淡之本色"将"淡"落实于自我，与袁宏道性灵论中的"本色独造"是相通的。因此，有学者认为袁宏道对"淡"等范畴的阐述标志着对性灵论主张的自我否定和放弃②，是失于片面看问题了。

三、韵出于自然

袁宏道在 1607 年《寿存丝张公七十序》中论"韵"。他说：

> 山有色，岚是也；水有文，波是也；学道有致，韵是也。山无岚则枯，水无波则腐，学道无韵则老学究而已。昔夫子之贤回也以乐，而其与曾点也以童冠咏歌。夫乐与咏歌，固学道人之波澜色泽也。江左之士，喜为任达，而至今谈名理者必宗之。俗儒不知，叱为放诞，而一一绳之以理，于是高明玄旷清虚澹远者，一切皆归之二氏。而所谓腐滥纤啬卑滞局局者，尽取为吾儒之受用，吾不知诸儒何所师承，而冒焉以为孔氏之学脉也。且夫任达不足以持世，是安石之谈笑，不足以静江表也；旷逸不足以出世，是白苏之风流，不足以谈物

---

① 《袁宏道集笺校》，第 1291 页。
② 参见王均江《袁宏道美学思想的转变与儒释道精神的循环》，《武汉大学学报（人文科学版）》2001 年第 1 期，第 100—105 页。

外也。大都士之有韵者，理必入微，而理又不可以得韵。故叫跳反掷者，稚子之韵也；嬉笑怒骂者，醉人之韵也。醉者无心，稚子亦无心，无心故理无所托，而自然之韵出焉。由斯以观，理者是非之窟宅，而韵者大解脱之场也……公今年七十，当吾夫子从心之年。从者，纵也，纵心则理绝而韵始全。公若不信，则呼稚子醉人而问之。①

袁宏道论"韵"，要旨有三：其一，从"学道"立意，认为"韵"来自于学问通达之后的超越境界，"韵"本身就是这超越的表现；其二，儒家道统，本来以超越从容之乐为学道之致——"韵"，而俗儒出于学道不达，将拘束迂腐作为儒学之旨；其三，"韵"与"趣"相同，根本上是得之于自然，就成人而言，"韵"是从理的束缚中得大解脱的结果。

袁宏道把"韵"比拟为"山之岚"、"水之波"，认为颜乐点咏是"学道人之波澜色泽"。"山无岚则枯，水无波则腐，学道无韵则老学究而已。"他非常明确地把"韵"定义为求人生性命之学所获得的超越而自然的人生境界——"学道有致，韵是也"。"学道有致"，就是不拘于理与学，反而是从中超脱出来，以乐的精神与游戏的状态展现平易质实的人生妙义——"道"。《论语》载，"一箪食，一瓢饮，在陋巷，人不堪其忧，回也不改其乐"（《论语·乡党》），曾点以"浴于沂，风乎舞雩，咏而归"为人生理想（《论语·乡党》）。他认为，颜回之乐和曾点之咏歌所体现的生命精神，也就是学道所致之"韵"。

袁宏道认为这种充满生气灵动的精神意气，本质上"任达"、"旷逸"，是儒家圣学的生命所在。但是，俗儒不知，把"高明玄旷清虚澹远者，一切皆归之二氏（道、释）"，把"腐滥纤啬卑滞局局者，尽取为吾儒之受用"。俗儒即是学道无致的"老学究"，其病在于不能入于理而超于理，而是完全为理所缚，执理论世。"学道有致"，有双层含义：其一，对理的精深研求体悟——"大都士之有韵者，理必入微"；其二，超脱理缚，复返于常人自然自在的自由情态——"纵心则理绝而韵始全"。袁宏道此论，

---

① 《袁宏道集笺校》，第 1541—1542 页。

明确把"韵"与"理"相对。有心于理,即为理所缚而失于韵;无心于理,即从理得解脱,纵心自然,复归于韵。"理者是非之窟宅,而韵者大解脱之场也",袁宏道论"韵",竟又归结于稚子、醉人的"无心"。稚子叫跳反掷,醉人嬉笑怒骂,皆是其"韵",而其所以得"韵",根本在于"纵心则理绝而韵始全"。

1606 年,袁宏道在《答陶周望》一信中,回顾了自己在柳浪隐居六年的心境、意识的变化。他说:"大都世间自有一种平易质实,与道相近者,而自视庸庸,以道为高而不敢学。清士名流,目以为非吾不能学道也,而矫厉太甚,终成自欺,与道背驰而不可学。近者不学,学者不近,所以两难。罗近溪曰:'圣人者,常人而肯安心者也。常人者,圣人而不肯安心者也。'此语抉圣学之髓。……若非归山六年反复研究,追寻真贼所在,至于今日亦将为无忌惮之小人矣。"①

袁宏道此信,是其《德山麈谭》"打倒自家身子,安心与世俗人一样"②意旨的进一步阐发。他认为,"平易质实",是生活的常情、常态,学问的至道就是懂得而且安心于这常情、常态。袁宏道表示,自己归山六年,追寻到了自身之内的"真贼所在"——"无忌惮之小人"。在《德山麈谭》中,袁宏道关于"无忌惮"有如下论述:

> 问:何谓无忌惮? 答:不知中庸之不可能,而欲标奇尚异以能之。此人形迹虽好看,然执着太甚,心则死矣。世间唯此一种人最易动人,故为夫子所痛恨。③

"无忌惮"的特征是"标奇尚异",而其要害是不知不可为而为之——"执着太甚,心则死矣"。正是在这"平易质实"——"常人而肯安心"——的精神旨归中,袁宏道提出了他对"韵"的论述。

"韵"本指"声韵",魏晋人开始以"气韵"、"神韵"品评人物,意指人物

①《袁宏道集笺校》,第 1276—1277 页。
② 同上书,第 1297 页。
③ 同上书,第 1284 页。

的气质、风度和神气。南朝谢赫以"气韵"、"神韵"品评绘画,是将"韵"转化为艺术批评范畴的开端,此后唐宋人纷纷以"韵"(或复词"气韵"、"神韵"等)指称艺术作品的风格、意味和精神品位等非具象性意蕴。宋人范温《潜溪诗话》总结前人论述,对"韵"的美学内涵作了系统阐发。他认为"韵"不是艺术作品的局部特征,而是整体特征,最高品格——"韵者,美之极也";"韵"是艺术作品超越图画、文字、声音之外的意味、意蕴——"有余意之谓韵";"韵"不是来自"尽发于外"的露才用长,而是"收藏于内"的精神容裕,它的本质是"必也备众善而自韬晦,行于简易闲淡之中,而有深远无穷之味"。① 钱锺书进而概括说:

> 综合诸说,刊华落实,则是:画之写景物,不尚工细,诗之道情事,不贵详尽,皆须留有余地,耐人玩味,俾由其所写之景物而冥观未写之景物,据其所道之情事而默识未道之情事。取之象外,得于言表(to overhear the understood),"韵"之谓也。②

袁宏道论"韵",与前人有差异。如上述钱锺书所概括,前人论韵,自谢赫而至范温,着眼点在于艺术作品构成的"隐露"(虚实)关系,"露"即作品直接表象出来的内容,"隐"则是作品借其表象暗含的意蕴,是超越于表象的。"取之象外,得于言表",途径在"言表",目的在"象外",所以求有余(余意、余味),"有韵"的创作风格是收敛含蓄,意象特征是空灵虚旷。袁宏道的着眼点,显然不在于作品构成的隐露虚实,也不在于作品的形神关系,而是视"理"为人生之束缚、以"韵"为人生之大解脱。他所赞成的"任达"、"旷逸",更遑论稚子醉汉的"无心",都是"纵心理绝"之举,以之为"韵",实在难以虚旷空灵论,反而是解除法理之虚高,归返于平易质实的自在人生。

---

① [宋]范温:《潜溪诗话》,引文见钱锺书《管锥编》第四册,第247—249页,北京:三联书店,2001年。
② 钱锺书:《管锥编》第四册,第242页。

四、刊华而求质

1609年,袁宏道撰写《行素园存稿引》,以论"质"为主题。该文全文如下:

> 物之传者必以质,文之不传,非曰不工,质不至也。树之不实,非无花叶也;人之不泽,非无肤发也,文章亦尔。行世者必真,悦俗者必媚。真久必见,媚久必厌,自然之理也。故今之人所刻画而求肖者,古人皆厌离而思去之。古之为文者,刊华而求质,敝精神而学之,唯恐真之不极也。博学而详说,吾已大其蓄矣,然犹未能会诸心也。久而胸中涣然若有所释焉,如醉之忽醒,而涨水之思决也。虽然,试诸手犹若掣也。一变而去辞,再变而去理,三变而吾为文之意忽尽,如水之极于澹,而芭蕉之极于空,机境偶触,文忽生焉。风高响作,月动影随,天下翕然而文之,而古之人不自以为文也,曰是质之至焉者矣。大都入之愈深,则其言愈质,言之愈质,则其传愈远。夫质犹面也,以为不华而饰之朱粉,妍者必减,媸者必增也。噫,今之文不传矣。嘉、隆以来,所为名公哲匠者,余皆诵其诗读其书,而未有深好也。古者如赝,才者如莽,奇者如吃,模拟之所至,亦各自以为极,而求之质无有也。最后乃得定之方先生集读之,三复而叹曰:"质在是矣。"有长庆之实,无其俗;有濂、洛之理,无其腐。百世而后肖然独传者,非先生也耶?先生今年九十有四,而精神不衰,其为诗文也益遒。夫质者,道之干也,载于言则为文,表于世则为功,葆于身则为寿,三者皆先生所余,似未足以尽先生也。岂古所称得道者?而余何足以知之。①

袁宏道论"质",主张有四:其一,文章要传世,必须以"质"胜,而"质"的本质就是"真",即自然真实;其二,"质"的获得,是剥除虚饰浮华而求真的过程,铅华洗尽,"质"就达到;其三,"质"作为"真"的体现,其真谛是

---

① 《袁宏道集笺校》,第1570—1571页。

作文者的生命精神回归自然,它通过"去文"、"去理","去为文之意"而达到如自然行风一样,文章无意为之而作;其四,"质"是作者自我深入人生体验的产物,体验愈深,"质"就愈纯,感染影响力就越强——愈能传世。

文质之争,是自古以来不息于文人士夫的公案。孔子为儒家立原则,认为"质胜文则野,文胜质则史",主张"文质彬彬",即文与质相符合。老庄却持自然宗旨,非文反伪,以素朴自然的"真"为标榜。刘勰综合儒道,认为"文附质"、"质待文"。他说:"夫铅黛所以饰容,而盼倩生于淑姿;文采所以饰言,而辩丽本于情性。故情者,文之经,辞者,理之纬;经正而后纬成,理定而后辞畅,此立文之本源也。"(《文心雕龙·情采》)刘勰以情为质为经,以辞为理为纬。"纬"者,饰也,饰经成理也。他持的是情本论的主张,所谓"辩丽本于情性",即"文附质";但是又认为情(情性)须待文采之辞理定和表彰,所谓"盼倩生于淑姿",即"质待文"。

袁宏道论质,不是持"文质彬彬"的原则,他不认为"质待文"是必然的,也不认为"文附质"是必要的。"古之为文者,刊华而求质,敝精神而学之,唯恐真之不极也。"这是袁宏道论质的要旨,"质"不待"文",而是对"文"之华采装饰剥除清洗的产物——"刊华而求质";"求质",就是求真,求纯然无杂、素朴无伪的真——"真之极"。"质"就是"真"的高度纯化的境界。惟"真"可以传世,而"媚"则令人厌弃("真久必见,媚久必厌,自然之理也")。袁宏道又指出"质"是"实而不俗,理而不腐"("有长庆之实,无其俗;有濂、洛之理,无其腐")。"实",是具体实在之物,"理"是章法规矩,两者可真可伪;"俗"与"腐"都是违真反质的。从上下文看,袁宏道此说立意在于"不俗"与"不腐",亦即"反俗"、"反腐"而求真。

袁宏道认为,"求质"就是去媚求真的人格精神进修历程。在这个历程中,"博学详说"只是一个前导性的进修阶段,而"质"的达成,却是豁然开朗的顿悟。"刊华而求质"就是剔除"为文"的"辞"、"理"追求——"为文之意忽尽",无心于文,而自然成文。在文质之争中,刘勰有"为情造文"与"为文造情"之分,他主张前者而反对后者。(《文心雕龙·情采》)"古之人不自以为文也,曰是质之至焉者矣。"袁宏道之旨,不仅反对"为文造情"，而且也不主张"为情造文"。"一变而去辞，再变而去理"，"辞""理"双去，他所赞许的文章当然只能是"信心信口"的自然之文了。所以他用"风高响作，月动影随，天下翕然而文之"喻比"质之至"。

袁宏道论质，主张刊华求质，与他早期性灵论新奇独造，立意略有区别。但是，他主张新奇独造，旨在于打破格套，反对模拟，从而直抒胸臆，其旨归在于为文的自然真实；他主张刊华求质，旨在于反对虚伪造作，并且反对实而俗、理而腐的文风，旨归仍然在于为文的自然真实。约以1600年为界，袁宏道思想前后的差别，大概是由慷慨激越，深化为质实平易，而其为自我性灵的真实自然之心，是不变的。"大都人之愈深，则其言愈质，言之愈质，则其传愈远。夫质犹面也，以为不华而饰之朱粉，妍者必减，媸者必增也。"质在于人生世界的深刻体入，如果粉饰伪质，减美增丑。这实在是他论质的旨归：为文的至道，不是求文之华美合理，而是达人生是真情自然。

钱伯城说："袁宏道此文主'质'，与前主情，主性灵，又有不同。然主自然，则一也。"①不少当代学者，认为袁宏道论质论淡，表现了从禅归儒、从自我表现到循理尚学的基本精神转换，②这是不合实情的，学者们此论是拘于袁宏道前后文章的表象差异了——他们拘于袁宏道一时对儒道释的差别说法，不知这只是"因病下药"的方便之言，不知道袁宏道之为袁宏道，其真胸臆并不在于儒释道三家的差别高下并先后择之为皈依，其"一切人皆具三教"之说已经把三教打成一片。③

准确讲，袁宏道前后期的文章风格和作文立意，确有变化差别，但是

---

① 《袁宏道集笺校》，第1571页。
② 参见孟祥荣《论袁宏道思想的自我转变及其文化意义》，《云梦学刊》2001年第4期。
③ 周作人有一段评述袁宏道宗教态度可资参考："中郎（袁宏道）喜谈禅，又谈净土，著有《西方合论》十卷，这一部分我所不大喜欢，东坡之喜谈修炼也正是同样的一种癖。伯修与小修，陶石篑、石梁、李卓吾、屠长卿，也都谈佛教，这大约是明末文坛的普通现象，正统派照例是儒教徒，而非正统派便自然多逃儒归佛。佛教在那时虽不是新思想，却总是一个自由天地，容得他们讬足，至于是否能够说俯仰，那我就好代为回答了。"（周作人：《重印中郎先生全集序》，载《袁宏道集笺校》，第1522—1523页）

在基本精神层面,袁宏道是一以贯之地主张"真情自然"的。① 他对于"学"与"理",始终保持着警惕,晚年的努力,其实是试图从早期简单地拒学绝理深化发展到超学化理。"夫趣得之自然者深,得之学问者浅","纵心则理绝而韵始全","不自以为文也,曰是质之至",立意都在于自然真实。而且,应当说,"趣"、"淡"、"韵"和"质",不仅都是"主自然",而且也都是"主情感"。"大都入之愈深,则其言愈质,言之愈质,则其传愈远。"袁宏道此言"入之愈深",非谓理学,而是情感——无情感何以谈"入"?因此,钱伯城认为袁宏道论质,"主自然",而不"主情感",则又不确切了。

1609 年,袁宏道病逝前一年,入秦川作乡试主考官("典试秦中"),他写有程文(考试范文)《和者乐之所由生》一文。该主题如下:

> 天下未尝一日无乐也。天下之人有时而离性情,则乐亦有时废。而天下无无性情之人,故乐之音节代有存亡,而乐未始存亡也。夫音节者,乐之宣泄,而非乐之本也。风之行于空也,有龂有坎,有凹有凸,有林木洞壑,则自然之籁出焉。圣人知之,是故因人心之啤啸嘻跃呕唯阿,别之为宫商,调之为丝竹,用以宣天地之郁,而适万物之情,摹声节响,乐如是已矣。天下见圣人之乐,有时走百灵而仪凤皇,遂以为有鬼工神授,而不知圣人非有加于性情之外也,本人心自有之和,以宣节之耳。和之极而至于彻幽导物,不可穷诘焉,此则和之自为造物,而圣人不知也。夫和者,人心畅适之一念,通圣凡而具足者也。观海水者,见其澎湃浩渺,遂以为天下无水,而不知近而求之,檐滴蹄涔皆水也。圣人于人,大小有间矣,而畅适之一念,岂有间哉!②

"和者乐之所由生",语出朱熹《四书章句集注·论语集注卷一》,是朱熹引用程门弟子范祖禹的话。范氏说:"敬者,礼之所以立也;和者,乐之所由生也。有敬而无和,则礼胜;有和而无礼,则乐胜。乐胜则流,礼

---

① 参见郭绍虞《中国文学批评史》下卷,第 245—249 页。
② 《袁宏道集笺校》,第 1522—1523 页。

胜则离矣。知和之为美，而不以礼节之，则至于流。此其所以不可行也。故君子礼乐不可斯须去身，动而有节，则礼也；行而有和，则乐也。有子可谓达礼乐之本。"①袁宏道论文的主旨，并未循范氏的"礼乐兼行"的立意，而是以"和"为"乐"之本，又认为圣人所创圣乐，"非有加于性情之外也，本人心自有之和"；"夫和者，人心畅适之一念"。这就是以把人心内在自然之情作为乐（广义讲艺术）的本原。这可见，袁宏道主情论的立场是没有变的。

袁宏道论乐，当是受到王阳明的"乐是心之本体"一说的影响。王阳明说：

> "乐"是心之本体，虽不同于七情之乐，而亦不外于七情之乐。虽则圣贤别有真乐，而亦常人之乐所同有。但常人有之而不自知，反自求许多忧苦，自加迷弃。虽在忧苦迷弃之中，而此乐又未常不存。但一念开明，反身而诚，即此而在矣。②

王阳明论乐，强调乐在本心，本心即乐；袁宏道在王阳明"本心即乐"的主旨下，推进一步，主张"和"——天下圣人凡人本心性情皆有的"自然之和"。王阳明讲"无人不乐"，袁宏道讲"无心不和"。"夫和非他也，喜怒哀乐之中节者也。喜怒哀乐莫不有和，则莫不有乐。喜不溢，怒不迁，乐不淫，哀不伤，和之道也。惟和不可斯须去身，则乐亦不可期须去身。"③作为一篇官方考试的范文，袁宏道此文自然有必不可少的"正统"痕迹，但是他提出"不以功德论乐，而以性情论乐"，是对孔门乐论具有大胆挑战的，而他所捍卫的正是他自己一以贯之的"主情论"。

---

① ［宋］朱熹：《论孟精义》论语精义卷一上，清文渊阁《四库全书》本。
② 《王阳明全集》，第 70 页。
③ 《袁宏道集笺校》，第 1524 页。

第九章　晚明美学新趋向:化雅入俗

在明代美学发展中,中国古典美学主题仍然在诗、书、画的理论中占据主流;但是,在明代晚期,伴随着世俗化的生活精神的增强,形成了一个可以概括为"化雅入俗"的新美学趋向。

"化雅入俗",是在情—法之争、形—意之争两大主题运动之后,明代美学转向了一个肯定世俗生活、张扬个人享乐、商品经济注入生活,而且消费文化逐渐常态化的生活世界。在这个化雅入俗的美学新趋向中,我们看到,一方面是传统的"雅"的原则和旨趣被"俗"吸纳了——它们仍然保存着"雅"的样态,但是,它们传达的是"俗"的精神;另一方面,"俗"中心化了,它成为价值选择的基点,它不仅不需要借"雅"立足,反而是因为与"雅"对峙,而具有价值。在这个"化雅入俗"的美学转进中,"俚"、"情"、"物"的美学关注被突显出来。

第一节　以俚反文:"俗"的崛起

相比较于前朝,明代艺术的发展,一个突出的现象是小说、戏曲的空前繁荣。这两种原本作为与雅的诗歌相对的"俗文学"的中兴,充分反映和适应了明代社会生活的世俗化发展。"四部奇书"《三国演义》、《水浒传》、《西游记》和《金瓶梅》的出现,不仅是中国传统话本小说的"集大成"式的结晶成果,而且也把作为"稗史"的"小说"与正史的"史传"之间的不可逾越的鸿沟作了某种穿越或填补。

在这四部长篇小说中,《金瓶梅》的选题尤其值得重视,因为它是第一部真正以世俗生活题材为主题的长篇小说。《三国演义》系历史演义,《水浒传》系英雄传奇,《西游记》系神魔志怪,就题材而言,仍然是历史惯例,惟有《金瓶梅》开掘了小说"描摹世态"的先河——鲁迅谓之为"世情书"①。罗宗强指出:"晚明文学思想的世俗化倾向,最为突出地反映在小说创作中。万历年间出现的市井小说《金瓶梅》,反映了文学思想的巨大变化。写商业、商人的小说早有,但是深入写商业繁荣的一个市镇各个层面生活情状的,《金瓶梅》则是首创。"②

然而,更为值得注意的是,小说由短篇话本而成长篇章回,在"史"与"稗"之争中,"稗"伸张自己的"俗"的文化价值。冯梦龙(1574—1646)说:

> 大抵唐人选言,入于文心;宋人通俗,谐于里耳。天下之文心少而里耳多,则小说之资于选言者少,而资于通俗者多。试令说话人当场描写,可喜可愕,可悲可涕,可歌可舞;再欲捉刀,再欲下拜,再欲决胆,再欲捐金;怯者勇,淫者贞,薄者敦,顽钝者汗下。虽小诵《孝经》、《论语》,其感人未必如是之捷且深也。噫,不通俗而能之乎?③

> 野史尽真乎?曰:不必也。尽赝乎?曰:不必也。然则,去其赝而存其真乎?曰:不必也……人不必有其事,事不必丽其人,其真者可以补金匮石室之遗,而赝者亦必有一番激扬劝诱,悲歌感慨之意。事真而理不赝,即事赝而理亦真,不害于风化,不谬于圣贤,不戾于诗书经史,若此者可废乎!④

① 鲁迅:《鲁迅全集》第九卷,第179页。
② 罗宗强:《试析明代后期文学思想的世俗化倾向》,《天津社会科学》2012年第6期。
③ [明]冯梦龙:《古今小说序》,叶朗总主编《中国历代美学文库》,明代卷(下),第90页。
④ [明]冯梦龙:《警世通言序》,叶朗总主编《中国历代美学文库》,明代卷(下),第92页。

　　冯梦龙这两则论小说的话，以"选言"（文言）对"通俗"（白话），"文心"对"里耳"，主张小说以通俗的白话文学为依托，而非以典雅的文言文学为依托，是明确主张"俗"不附于"雅"。他认为通俗小说具有"当场描写，可喜可愕，可悲可涕，可歌可舞"的大众感染力，是《孝经》、《论语》等经典所不具备的。冯氏的文学立场仍然未脱儒家教化主义，但是他认为通俗的小说教化力量更胜于圣人典籍，又是出格之论了。然而，更值得注意的是，他主张小说中的"真"、"赝"皆当保存，"人不必有其事，事不必丽其人"，"事真而理不赝，即事赝而理亦真"，这与孔子典定的"删诗正义"的传统是明确反对的。"赝者亦必有一番激扬劝诱，悲歌感慨之意"，这个论点，是纯粹从通俗小说的感染力出发的——虽然声称"教化"，实际上是对大众以话本野史为俗乐张目。冯氏还将正统儒学者（"切磋之彦"，"博雅之儒"）与通俗小说家的创作相比较。他说："视彼切磋之彦，貌而不情；博雅之儒，文而丧质，所得而未知孰赝孰真也！"[1]据冯氏之意，当然是儒学者假，小说者真了。因此，冯氏伸张的是一个新的艺术批评系统。

　　冯梦龙编刻《三言》[2]和凌濛初（1580—1644）编刻《两拍》[3]，汇集了他们收集、整理，甚至新创的数以百计的中篇小说。这些小说，有不少取材于唐宋话本传奇或民间故事，但也有相当分量是取材于明代新兴的市井商业生活的。小说由传统的传奇向新兴的市民生活题材转换，这是一个非常重要的新现象。它标志着市民生活成了审美对象。凌濛初说：

　　　　语有之："少所见，多所怪。"今之人但知耳目之外，牛鬼蛇神之为奇，而不知耳目之内，日用起居，其为谲诡幻怪，非可以常理测者固多也。昔华人至异域，异域咤以牛粪金。随诘华之异者，则曰有虫蠕蠕，而吐为彩缯锦绮，即可以衣被天下。彼舌挢而不信，乃华人

①［明］冯梦龙：《警世通言序》，叶朗总主编《中国历代美学文库》，明代卷（下），第92页。
②《三言》：包括《喻世明言》、《警世通言》、《醒世恒言》。
③《两拍》：包括《一刻拍案惊奇》、《二刻拍案惊奇》。

未之或奇也。则所谓必于耳目之外索谲诡幻怪以为奇,赘也。①

冯氏认为"耳目之内,日用起居,其为谲诡幻怪,非可以常理测者固多也",这不仅是在主张一种现实主义的小说观,而且直接揭示了现实本身蕴含着丰富复杂的文学资源。在《三言》、《两拍》中,不仅有大量市井百姓生活题材,而且传统被作为歧视、嘲弄对象的商人、娼女,被转换称赞、讴歌的人物。《三言》中的《卖油郎独占花魁》,写小商贩卖油郎不仅打破世俗观念爱上了周旋在权贵之间的名妓,而且通过自己的一腔痴情和勤劳致富,战胜多位强势竞争对手,赢得了这位名妓的爱心,结为连理。

第二节　以情为真:非教化之乐

中国艺术的传统,是以诗为正宗,以诗称国。"词"在唐宋之际兴起,被称为"诗余",词之后的曲,更被视为等下。中国艺术尚雅贬俗,有一核心的宗旨是教化民心。王阳明倡导"满街都是圣人",以为教化的本义,就是"发明本心良知"。但是,他认为艺术的作用,却是对民众的教化。他说:

> 先生曰:"古乐不作久矣。今之戏子,尚与古乐意思相近。"未达,请问。先生曰:"《韶》之九成,便是舜的一本戏子。《武》之九变,便是武王的一本戏子。圣人一生实事俱播在乐中。所以有德者闻之,便知他尽善尽美,与尽美未尽善处。若后世作乐,只是做些词调,于民俗风化绝无关涉,何以化民善俗?今要民俗反朴还淳,取今之戏子,将妖淫词调俱去了,只取忠臣孝子故事,使愚俗百姓人人易晓,无意中感激他良知起来,却于风化有益,然后古乐渐次可复矣。"②

然而,有明以来,自李梦阳称"真诗在民间"而至袁宏道称"当代无文

---

① [明]凌濛初:《拍案惊奇序》,叶朗总主编《中国历代美学文库》,明代卷(下),第239页。
② 《王阳明全集》,第113页。

字,闾巷有真诗"①,其间对民间歌谣的肯定、推崇不断。推崇民间歌谣,
明季士夫所重,在于其真切自然,是直抒胸臆的"本色语"。

李开先(1502—1568)论"市井艳词"说:

> 忧而词哀,乐而词亵,此今古同情也。正德初尚《山坡羊》,嘉靖
> 初尚《锁南枝》。一则商调,一则越调。商,伤也;越,悦也。时可考
> 见矣。二词哗于市井,虽儿女子初学言者亦知歌之。但淫艳亵狎不
> 堪入耳。其声则然矣,语意则直出肺肝,不加雕刻,俱男女相与之
> 情,虽君臣友朋亦多有托此者,以其情尤足感人也。故风出谣口,真
> 诗只在民间。②

市井艳词,以伦理风化而言,是"淫艳亵狎不堪入耳";但就言情感意而
言,却"语意则直出肺肝,不加雕刻"。"市井艳词"的主题内容"俱男女相
与之情","其情尤足感人",因此是"真诗"。所谓"真诗",即是以真性情
写真性情之诗。王阳明"将妖淫词调俱去了,只取忠臣孝子故事",这是
与李开先以"淫艳亵狎不堪入耳"的"市井艳词"为真诗的立场相反的。
然而,晚明艺术思想的一个新趋向,正是去雅就俗、尚情避教。冯梦龙论
《山歌》的言论,可为这时期艺术思想的代表。他说:

> 书契以来,代有歌谣,太史所陈,并称风雅,尚矣。自楚骚唐律,争
> 妍竞畅,而民间性情之响,遂不得列于诗坛,于是别之曰"山歌",言田
> 夫野竖矢口寄兴之所为,荐绅学士家不道也。唯诗坛不列,荐绅学士
> 不道,而歌之权愈轻,歌者之心亦愈浅;今所盛行者,皆私情谱耳。虽
> 然,《桑间》、《濮上》、《国风》刺之,尼父录焉,以是为情真而不可废也。
> 山歌虽俚甚矣,独非《郑》《卫》之遗欤?且今虽季世,而但有假诗文,无
> 假山歌,则以山歌不与诗文争名,故不屑假。苟其不屑假,而吾藉以存
> 真,不亦可乎?抑今人想见上古之陈于太史者如彼,而近代之留于民

---

① 《袁宏道集笺校》,第81页。
② [明]李开先:《李中麓闲居集》文卷六,明刻本。

间者如此,倘亦论世之林云尔。若乎借男女之真情,发名教之伪药,其功于《挂枝儿》等,故录《挂枝词》,而次及《山歌》。①

冯梦龙主张山歌"以情而不可废","借男女之真情,发名教之伪药"。以情为真、以"儿女真情"为"救世之药",这比之与嵇康"越名教而任自然",是对儒家教化正统更彻底的反叛颠覆。

晚明的艺术思想,不仅以情为真,以情为教,而且把汤显祖的"唯情论"更极端化为"迷情不悟"的"情痴论"。潘之恒(1556—1622)在评汤氏《牡丹亭》时说:

> 故能痴者而后能有情,能情者而后能写其情。杜(丽娘)之情痴而幻;柳(梦梅)之情痴而荡。一以梦为真,一以生为真。惟其情真,而幻荡将何所不至矣……政以杜当伤情之极,而忽值钟情之梦。虽天下致情,无有当于此者。柳当失意之时,忽逢得意之会,虽一生如意,莫有过于此者。或寻之梦而不得,寻之溟漠而得,其偶合于幽而不畅,合于昭昭而表其微。虽父母不之信,天下莫之信,而两人之自信尤真也! 临川笔端,真欲戏弄造化。②

"情痴"一词,语出《世说新语》。该书载:晋人任瞻少时容貌俊美,曾作晋武帝司马炎葬礼的仪仗队员("挽郎"),晋室南渡之后,王戎欲选任瞻为女婿。王氏得知任从棺材铺经过,还会因思武帝而落泪,称之为"有情痴"("行从棺邸下度,流涕悲哀,王丞相闻之曰:'此是有情癡。'")③唐时僧人译佛经,常以"有情痴"作"迷情不悟"意,与"慧明觉悟"相对。如《十地经》说:"是诸有情痴,昏瞖瞙无明,黑暗之所覆蔽,入在广大黑暗稠林,远离慧明,堕大暗处,趣入见取险难之路。"④然而,在晚明语境中,"(有)

---

① [明]冯梦龙:《叙山歌》,叶朗总主编《中国历代美学文库》,明代卷(下),第 96 页。
② [明]潘之恒:《观赏牡丹亭还魂记书赠二孺》,叶朗总主编《历代美学文库》,明代卷(中),第 266—267 页。
③ [南北朝]刘义庆:《世说新语》卷下之下,"纰漏第三十四",第 205 页。
④ [唐]尸罗达摩:《十地经》佛说十地经卷第二,大正新修大藏经本。

情痴"却取得了正面含义。谭元春评诗说"思深而奇,情苦而媚"为"有情痴";又说"不痴,不可为情"。① 冯梦龙辑《太霞新奏》中录有王泊良《三学士》一曲:"自古佳人能有几? 从来妆点堪疑。如卿姿貌方撩我,自我评量还负伊。况是怜才多意气,我原是有情痴。"②"况是怜才多意气,我原是有情痴",这是包括冯梦龙在内的明末文人很时尚的自许。

"情痴"之外,还有"情种"一说。明末张琦撰《情痴寤言》,为"情种"张目。他说:

> 人,情种也;人而无情,不至于人矣,曷望其至人乎? 情之为物也,役耳目,易神理,忘晦明,废饥寒,穷九州,越八荒,穿金石,动天地,率百物,生可以生,死可以死,死可以生,生可以死,死又可以不死,生又可以忘生。远远近近,悠悠漾漾,杳弗知其所之。而处此者之无聊也,借诗书以闲摄之,笔墨磬泻之,歌咏条畅之,按拍纾迟之,律吕镇定之,俾飘飖者返其居,郁沉者达其志,渐而浓郁者几于淡,岂非宅神育性之术欤? 余于情识淡然矣,挟一真率有情之侣与俱,不胜其向往也,间一拂情,又不能违心以就世法,人亦多笑之,弗顾也。自率其情已矣,世路之间有疑吾情者,缘之艰也,吾无庸强其信。斯情者,我辈亦能痴焉,但问一腔热血,所当酬者几人耳? 信乎意气之感也,卒然中之,形影皆怜;静焉思之,梦魂亦泪。钟情也夫? 伤心也夫? 此其所以痴也。如是以为情,而情止矣! 如是之情以为歌咏、声音,而歌咏、声音止矣!③

张琦的"情种论"是与潘之恒的"情痴论"共同出于汤显祖的"至情论"的。潘氏讲"能痴者而后能有情",就是以"痴"定"情"。张氏讲"人,情种也;人而无情,不至于人矣",这是以"情"定"人"。将"人"的本质定性为"情",这是对儒家传统以"仁义"之"性"定性人的颠覆。所以,"情种

---

① ［明］钟惺:《唐诗归》卷一三盛唐八。
② ［明］冯梦龙:《太霞新奏》卷六,明天启刻本。
③ ［明］张琦:《情痴寤言》,叶朗总主编《历代美学文库》明代卷(下),第248页。

论"比"情痴论"在尚情主义路线上,是真正把"情感"推到至高至尊的地位。汤显祖的"至情论"的要旨,是主张情感的真义是非理性无功利超道义的情爱("情不知所起,一往而深"),而真有情者,即"至情"则是超越一切现实束缚的自由之爱("生者可以死,死可以生")。这种情感至上、为情而情的"情感主义",是明末艺术的美学基石,在这个基石上,"泛情主义"的审美—艺术风潮蔚然成风。

尚情,以情为真,"情"就成为人生世界的"核心",人世间的风土人物都将从"情痴"、"情种"的"情眼"看出。因此,现实与虚幻就不再用一个常识的既定标准来做区别,而美丑善恶,也不再是以圣人之言来衡量。袁于令(1592—1674)《西游记题词》说:

> 文不幻,不文;幻不极,不幻。是知天下极幻之事,乃极真之事;
> 极幻之理,乃极真之理。故言真不如言幻,言佛不如言魔。魔非他,
> 即我也。我化为佛,未佛皆魔。[①]

"极幻之事,乃极真之事;极幻之理,乃极真之理",这依然是从汤显祖所谓"梦中之情,何必非真"、"第云理之所必无,安知情之所必有邪"之说来。但是,汤显祖之说,虽然推崇"至情",但是就情论情,于情之外,仍然是以理论世。然而,袁于令所表达的却是一种"因情生事,以情论世"的泛情主义。这种泛情主义推动了明清"言情"艺术的中兴、流行。入清以后,蒲松龄的《聊斋志异》,写鬼怪为至情之精灵,是以极幻之事写极真之情;曹雪芹的《红楼梦》,人生一大幻景,是以极实之事,写极真之情。这两部奇书之成,当归于由汤显祖滥觞的明末泛情主义。

泛情主义不仅倡兴了以"情"为主题的俗艺术的创作、流行,而且对传统的"雅"的艺术,产生了重要的影响。明末艺术的一个重要现象,就是以俗化雅。古琴艺术,在中国文化传统中,始终是以"雅音"传世的。在明末的艺术的俗化浪潮中,"非教化之乐"的流行,也使以"古雅"为

---

① [明]袁于令:《西游记题词》,叶朗总主编《中国历代美学文库》,明代卷(下),第 327 页。

"正"的古琴艺术经历了"俗化"的调整。虞山派琴学大师徐上瀛（徐祺，约1582—约1562）撰《溪山琴况》，推崇尚雅斥俗、尊古非今的古琴美学，并重申"理一身之性情，以理天下人之性情"的教化论。徐氏秉承宋代崔遵度（954—1020）的"清丽而静和润而远"①的琴学观，以"黜俗归雅"。关于"时古之辨"，他说："大都声争而媚耳者，吾知其时也。音澹而会心者，吾知其古也。"②徐氏明时古之辨的要旨是扬雅抑俗。他说：

> 古人之于诗，则曰风雅；于琴则曰大雅。自古音沦没，即有继空谷之响，未免郢人寡和，则且苦思求售，去故谋新，遂以弦上作琵琶声。此以雅音而翻为俗调也。惟真雅者不然，修其清静贞正，而藉琴以明心见性，遇不遇听之也，而在我足以自况。斯真大雅之归也。然琴中雅俗之辨争在纤微。喜工柔媚则俗，落指重浊则俗，性好炎闹则俗，指拘局促则俗，取音荒厉则俗，入弦仓卒则俗，指法不式则俗，气质浮躁则俗，种种俗态未易枚举，但能体认得静远澹逸四字，有正始风，斯俗情悉去，臻于大雅矣。③

徐氏给"黜俗归雅"开出的药方是"体认得静远澹逸四字，有正始风"。然而，他并没有彻底坚持自己的初衷，而是在推崇"静远澹逸"的"雅音"的同时，又为"亮采丽圆"的"美音"张目。比如，他论"圆"说：

> 五音活泼之趣，半在吟猱，而吟猱之妙处，全在圆满宛转。动荡无滞，无碍，不少不多，以至恰好，谓之圆。吟猱之巨细、缓急，俱有圆音。不足则音亏缺，太过则音支离，皆为不美。故琴之妙在取音，取音宛转则情联，圆满则意吐，其趣如水之兴澜，其体如珠之走盘，其声如哦咏之有韵，斯可以名其圆矣。抑又论之，不独吟猱贵圆，而一弹、一转、一折之间，亦自有圆音在焉。如一弹而获中和之用，一按而凑妙合之机，一转而函无痕之趣，一折而应起伏之微。于是，欲

---

① ［宋］晁载之：《续谈助》续谈助卷之三，清《十万卷楼丛书》本。
②③ ［清］徐祺：《溪山琴况》，清康熙十二年蔡毓荣刻本，第2—3页。

> 轻而得其所以轻,欲重而得其所以重,天然之妙,犹若水滴荷心,不
> 能定拟,神哉圆乎!①

徐氏论琴乐,是儒道并持。以儒家的乐教立场,他以"德协神人"为旨,求"中和之音";以道家的养生立场,他以"涵养情性"为旨,求"太和之气"。"中和之音"的本旨在于"合",所谓"弦与指合,指与音合,音与意合,而和之至"。②"太和之气"的本旨"希声",所谓"未按弦时,当先肃其气,澄其心,缓其度,远其神,从万籁俱寂中冷然音生"。③"中和"与"太和",一"合",一"希",本是不相调和的。但是在徐氏的琴学中却不以为隙隔。究其实质,并不是儒道的沟通融合,而是琴学在儒家的"禁人邪恶"(董仲舒语)和道家的"寄言广意"(嵇康语)之争中,最后以"美音"的原则,消弥了二者的对峙。

《溪山琴况》表明,在明末琴学中,"难学易忘不中听"的古雅琴乐,正在转向亮采圆润的"美音",世俗化的走向使它在扭转"琴到无人听时工"的"冲和大雅"之趣。概括讲,"化雅入俗",是明末泛情感艺术思潮对"雅乐"的必然改写。

第三节 长物为美:物态美的彰显

在中国文化传统中,儒道两体系确立的精神,均视物为精神升华之道的障碍。在道家体系中,老子讲"大象无形,大音希声",庄子讲"游于无有",自然是否定"物"的;而在儒家体系中,对于"物",更采取了一种警惕戒惧的态度,其代表性说法就是"玩物丧志"的命题。《尚书》说:

> 人不易物,惟德其物。德盛不狎侮。狎侮君子,罔以尽人心;狎
> 侮小人,罔以尽其力。不役耳目,百度惟贞。玩人丧德,玩物丧志。④

把"恋物"与"失德"联系起来,是古代中国的一个一以贯之的观念,这个

---

① ② ③ [清]徐祺:《溪山琴况》,清康熙十二年蔡毓荣刻本,第5页。
④ [汉]孔安国:《尚书》卷七,《四部丛刊》景宋本,第75页。

观念不仅左右了古代中国社会对实体物质的态度，也影响到对艺术的态度。宋代儒家学者程颢（1032—1085）回答"作文害道否"说：

> 害也！凡为文不专意，则不工。若专意，则志局于此。又安能与天地同其大也？《书》云"玩物丧志"，为文亦玩物。①

但是明代的文士夫挑战和放弃了这种"物害"观念。徐有贞（1407—1472）说：

> 有玩物丧志者，有玩物得趣者。夫玩物一也，而有丧志得趣之分焉。故善玩物者，玩物之理；不善玩物者，玩物之形色。玩理者养其心，玩形色者荡其心。然则君子之所玩，亦必知所谨矣。②

徐氏此说，将玩物区分为"善玩"与"不善玩"，认为"善玩"则为借物明理养心，"不善玩"则是溺于声色而乱心。"善玩"得趣，"不善玩"才为"丧志"。焦竑则更进而以《易传》"制器尚象"论为"玩物"正名。他说：

> 圣人制器尚象，其义深远，后世寖以不存鼎盘量铭间。见于经，而手不拊敦彝之器，目不存虫鱼之书，抑已久矣……是时博雅好古之士，广览经传，求其源委，而人主复赏其识鉴，味其议论，以为一时之盛。然第为玩物丧志之资，而于古制器尚象者未尝过而问焉。未几，尚方所储历代重器，仅以给燔烹食戎马，岂不悲哉？易曰："形而上者谓之道，形而下者谓之器。"夫道无形，而器有象，如牺尊之重迟，蜼敦之智辨，黄目之清明，山罍之镇静，壶尊着尊之质朴，使人指掌而意悟，目击而道存，皆有不言之教焉。③

"指掌而意悟，目击而道存"，玩物不仅是不是丧志之役，反而是"不言之教"，物之可爱、可玩自不在话下了。

在明末尚物赏的语境中，文震亨（1585—1645）著《长物志》，分十二

---

① ［宋］程颢：《二程遗书》二程遗书卷一八，清文渊阁《四库全书》本。
② ［明］徐有贞：《武功集》卷一—蒙学稿，清文渊阁《四库全书》本。
③ ［明］焦竑：《焦氏澹园集》卷一四序，明万历三十四年刻本。

卷论室庐、花木、水石、禽鱼、书画、几榻、器具、衣饰、舟车、位置、蔬果、香茗,所论涉及家居所需的房舍、器具、饰物和用品。下面摘引两则:

> 石令人古,水令人远。园林水石最不可无,要须回环峭拔,安插得宜。一峯则太华千寻,一勺则江湖万里,又须修竹老木怪藤丑树交覆角立,苍崖碧涧奔泉泛流,如入深岩绝壑之中,乃为名区胜地,约略其名,匪一端矣。①

> 语鸟拂阁以低飞,游鱼排荇而径度,幽人会心,辄令竟日忘倦。顾声音颜色,饮啄态度,远而巢居穴处,眠沙泳浦,戏广浮深;近而穿屋贺厦,知岁司晨,啼春噪晚者,品类不可胜纪。丹林绿水,岂令凡俗之品,阑入其中。故必疏其雅洁,可供清玩者数种,令童子爱养饵饲,得其性情,庶几驯鸟雀,狎凫鱼,亦山林之经济也。②

> 香茗之用,其利最溥。物外高隐,坐语道德,可以清心悦神。初阳薄暝,兴味萧骚,可以畅怀舒啸,晴窗揭帖,挥麈闲吟。篝灯夜读,可以远辟睡魔,青衣红袖,密语谈私,可以助情意。坐雨闭窗,饭余散步,可以遣闷除烦,醉筵醒客,夜语蓬窗,长啸空楼,冰弦戛指,可以佐欢解渴,品之最优者,以沈香芥茶为首,第焚煮有法,必贞夫韵士,乃能究心耳。③

"长物"之说,源自《老子·二十四章》所说:"曰余食赘行,物故恶之,故有道者不处也。"宋人林希逸释义说:"此意余食赘行皆长物也。有道者无迹,有迹者则为长物矣。曰余曰赘,庄子骈拇枝指之意也。食之余弃,形之赘疣,人必恶之。此有道者所以不处也,言不以迹自累也。"④因此,"长物"即谓多余之物,非必需之物。《世说新语》载王恭以自己唯一的筆席送给王忱故事,称"恭作人无长物",即指王恭生活简朴、无多余之

---

① [明]文震亨:《长物志》卷三水石,清《粤雅堂丛书》本。
② [明]文震亨:《长物志》卷四禽鱼,清《粤雅堂丛书》本。
③ [明]文震亨:《长物志》卷十二香茗,清《粤雅堂丛书》本。
④ [周]李耳,[宋]林希逸(口义):《老子鬳斋口义》卷上,元初刻本。

物。这大概是"长物"一词首度出现。进入唐代以后，此词很流行。颜真卿（709—784/785）有"性嗜清贫，室无长物"之说。① 白居易诗多次使用"长物"一词，比如"朝餐不过饱，五鼎徒为尔。夕寝止求安，一衾而已矣。此外皆长物，于我云相似"②。佛经翻译也用"长物"指简朴生活需要之外之物。玄奘译《瑜伽师地论》说："受用圆满者，谓衣仅蔽身，食才充腹，便生喜足，于余长物非时食等，皆悉远离。"③

文震亨为"长物"作"志"，一则以"长物"为生活"余物"，一则又以之为文人士夫悦情逸性的必需之物。明人沈春泽（生活于晚明）为《长物志》作序说："夫标榜林壑，品题酒茗，收藏位置图史、杯铛之属，于世为闲事，于身为长物，而品人者，于此观韵焉，何也？挹古今清华美妙之气于耳目之前，供我呼吸，罗天地琐杂碎细之物于几席之上，听我指挥，挟日用寒不可衣，饥不可食之器，尊踰拱璧，享轻千金，以寄我慷慨不平，非有真韵、真才与真情以胜之，其调弗同也。"④沈氏这段叙言，不仅指出了文氏《长物志》的要旨，而且也揭示了晚明尚物赏物风气的意趣所在。"日用寒不可衣，饥不可食之器"，"于世为闲事，于身为长物"，"长物"的意义正在其"多余"的归属为玩赏者提供了寄托和表现"真韵、真才与真情"的空间。

计成（1582—？）的《园冶》是一部总论园林建筑思想和方略的专著。建筑技术以实用、坚固和美观为三要素。然而，计氏论建园，却以"轩楹高爽，窗户虚邻，纳千顷之汪洋，收四时之烂缦"为意趣，而所追求的园林总体风格是"虽由人作，宛自天开"⑤。这样的建园思想，无疑是"唯美"的建筑观。他说：

> 凡结林园，无分村郭，地偏为胜。开林择剪蓬蒿，景到随机，在

---

① ［唐］颜真卿：《颜鲁公文集》卷九，清三长物斋丛书本。
② ［唐］白居易：《白氏长庆集》白氏文集卷第六十二。
③ ［唐］玄奘：《瑜伽师地论》瑜伽师地论卷第九十八，大正新修大藏经本。
④ ［明］沈春泽：《长物志序》，叶朗总主编《中国历代美学文库》，明代卷（下），第298页。
⑤ ［明］计成：《园冶》卷一，营造学社本。

涧共修兰芷。径缘三益，业拟千秋。围墙隐约于萝间，架屋蜿蜒于木末。山楼凭远，纵目皆然；竹坞寻幽，醉心即是。轩楹高爽，窗户虚邻，纳千顷之汪洋，收四时之烂缦。梧阴匝地，槐荫当庭，插柳沿堤，栽梅绕屋。结茅竹里，浚一派之长源，障锦山屏，列千寻之耸翠。虽由人作，宛自天开。刹宇隐环窗，彷佛片图小李；岩峦堆劈石，参差半壁大痴。萧寺可以卜邻，梵音到耳；远峰偏宜借景，秀色堪餐。紫气青霞，鹤声送来枕上；白苹红蓼，鸥盟同结矶边。看山上个篮舆，问水拖条枋杖。斜飞堞雉，横跨长虹，不羡摩诘辋川，何数季伦金谷？一湾仅于消夏，百亩岂为藏春？养鹿堪游，种鱼可捕。凉亭浮白，冰调竹树风生。暖阁偎红，雪煮炉铛涛沸。渴吻消尽，烦顿开除。夜雨芭蕉，似杂鲛人之泣泪；晓风杨柳，若翻蛮女之纤腰。移竹当窗，分梨为院；溶溶月色，瑟瑟风声。静扰一榻琴书，动涵半轮秋水。清气觉来几席，凡尘顿远襟怀。窗牖无拘，随宜合用；栏杆信画，因境而成。制式新番，裁除旧套；大观不足，小筑允宜。①

据计成自述，他早年学画，"最喜关仝、荆浩笔意"，他的建园观念，实为"引画入园"。他主张园林建筑要超越人工的限制而进入到天然的自在无限，这似乎是一种追慕清虚旷远的道家境界。在建园技术中，计成特别强调"借景"。他说："夫借景，林园之最要者也。如远借、邻借、仰借、俯借，应时而借。然物情所逗，目寄心期，似意在笔先，庶几描写之尽哉！"②这也似乎也是在强化这种类似于画境的园林构建意旨。③

然而，我们深入分析计成的园林美学，特别是细致解读他的"借景说"，计氏的建园要旨，并不在于清虚旷远的意境空间的建构，他所着眼的是"切要四时，触景皆是"的一个内涵丰富、生气淋漓的生活实景。其

---

①② ［明］计成：《园冶》卷一，营造学社本。
③ 宗白华认为"借景"的主要作用在于组织和丰富园林空间。他说："无论是借景、对景，还是隔景、分景，者是通过布置空间、组织空间、创造空间、扩大空间的种种手法，丰富美的感受、创造了艺术意境。中国园林艺术在这方面有特殊的表现，它是理解中国民族的美感特点的一个重要的领域。"（宗白华：《美学散步》，第57页，上海人民出版社，1981年）

建园思想是开辟了一种以园林为载体的尚物赏物的生活通感的审美观。这种园林审美观重在对园林环境的四季生物组成的物态气氛的"自然实景营造"。在这个实景中,四时夜旦都进行着作为园林居者的我与天地风物的交流感触("花殊不谢,景摘偏新")。① 重视感触、追求生气,而不是造境空远、独对幽玄,是计成建园美学的主旨,这个主旨是代表着晚明尚物赏物的审美旨趣的。

晚明美学的"化雅为俗"趋向的兴起,可以视作中国古典美学向现代美学转换的一个萌芽。但是,清军入关,明朝败亡,政权在汉满两族之间的交替,在清王朝廷治下,中国社会的现代性转型被中断,以"经学重振"为标志,中国文化再度被扭转到儒家道学为主流的惯行运行中,在此背景下,中国美学的现代转型的萌芽也相应中止,直到 20 世纪初叶,才由王国维等先行者引西方美学为导向,重启中国美学的现代转型。

① ［明］计成:《园冶》卷一。

参考文献

［战国］庄周：《庄子集释》，［清］郭庆藩（辑），中华书局，1961 年。

［汉］司马迁：《史记》，中华书局，2005 年。

［汉］毛亨撰，［汉］郑玄笺，［唐］孔颖达疏：《毛诗注疏》，阮元刻《十三经注疏》本。

［三国］王弼注：《周易注疏》，清阮刻十三经注疏本。

［南北朝］钟嵘：《诗品》诗品中，明夷门广牍本。

［南北朝］刘勰：《文心雕龙》，《四部丛刊》景明嘉靖刊本。

［南北朝］刘义庆撰、刘孝标注：《世说新语》，《四部丛刊》景明袁氏嘉庆堂本。

［南北朝］谢赫：《古画品录》，明津逮秘书本。

［唐］般利密帝译：《大佛顶如来密因修证了义诸菩萨万行首楞严经》，大正新修大藏经本。

［唐］张彦远：《历代名画记》，明津逮秘书本。

［五代］释延寿：《宗镜录》，卷七七，大正新修大藏经。

［宋］欧阳修：《欧阳修全集》，李逸安点校，中华书局，2001 年。

［宋］程颢、程颐：《二程遗书》，清文渊阁《四库全书》本。

［宋］朱熹：《四书章句集注》，中华书局，1983 年。

［宋］米芾：《画史》，明津逮秘书本。

［宋］严羽：《沧浪诗话校释》，郭绍虞校释，人民文学出版社，1983 年。

［宋］郭熙：《林泉高致集》，明刻百川学海本。

［宋］魏庆之：《诗人玉屑》，清文渊阁《四库全书》本。

［宋］胡仔：《苕溪渔隐丛话前集》，清乾隆刻本。

［明］王守仁：《王阳明全集》，上海古籍出版社，1999 年。

［明］文徵明：《甫田集》，清文渊阁《四库全书》本。

〔明〕陈继儒：《岩楼幽事》，明宝颜堂秘籍本。

〔明〕唐寅：《唐伯虎先生集》，明万历刻本。

〔明〕朱谋垔：《画史会要》，清文渊阁《四库全书》本。

〔明〕屠隆：《考盘余事》，明陈眉公订正秘籍本。

〔明〕沈德符：《万历野获编》，清道光七年姚氏刻同治八年补修本。

〔明〕谢榛：《四溟诗话》，宛平校点，人民文学出版社，1998 年。

〔明〕王世贞：《弇州四部稿》，明万历刻本。

〔明〕王世贞：《弇州山人四部续稿》，清文渊阁《四库全书》本。

〔明〕焦竑：《焦氏澹园集》，明万历三十四年刻本。

〔明〕徐渭：《徐渭集》，中华书局，1983 年。

〔明〕李贽：《李贽文集》，张建业（主编）、刘幼生（副主编），中国社会科学文献出版社，2000 年。

〔明〕释真可：《紫柏老人集》，明天启七年释三炬刻本。

〔明〕汤显祖：《汤显祖全集》，徐朔方笺校，北京古籍出版社，1999 年。

〔明〕王思任：《谑庵文饭小品》，清顺治刻本。

〔明〕吕天成：《曲品》，清乾隆五十六年杨志鸿钞本。

〔明〕王骥德：《曲律》，明天启五年毛以遂刻本。

〔明〕董其昌：《画禅室随笔》，清文渊阁《四库全书》本。

〔明〕董其昌：《容台集》，明崇祯三年董庭刻本。

〔明〕袁宗道：《白苏斋类集》，钱伯城标点，上海古籍出版社，2007 年。

〔明〕袁宏道：《袁宏道集笺校》，钱伯城笺校，上海古籍出版社，2008 年。

〔明〕袁中道：《珂雪斋集》，钱伯城点校，上海古籍出版社，1989 年。

〔明〕钟惺：《隐秀轩集》，明天启二年沈春泽刻本。

〔明〕李开先：《李中麓闲居集》，明刻本。

〔明〕何良俊：《四友斋丛说》，明万历七年张仲颐刻本。

〔明〕解缙：《文毅集》，清文渊阁《四库全书》本。

〔明〕项穆：《书法雅言》，清文渊阁《四库全书》本。

〔明〕文震亨：《长物志》，清粤雅堂丛书本。

〔明〕计成：《园冶》，营造学社本。

〔明〕陆时雍：《诗镜》，任文京、赵东岚点校，河北大学出版社，2010 年。

〔明〕张岱：《陶庵梦忆》卷七，清乾隆五十九年王文诰刻本。

〔清〕张照：《石渠宝笈》，清文渊阁《四库全书》本。

〔清〕徐祺：《溪山琴况》，清康熙十二年蔡毓荣刻本。

〔清〕王夫之：《姜斋诗话》，《四部丛刊》景船山遗书本。

〔清〕钱谦益：《列朝诗集》，清顺治九年毛氏汲古阁刻本。

〔清〕孙岳颁：《佩文斋书画谱》，清文渊阁《四库全书》本。

［清］刘熙载:《艺概》卷三,清同治刻古桐书屋六种本。

［清］赵翼:《廿二史札记》,清嘉庆五年湛贻堂刻本。

［清］万斯同:《明史》卷三八八文苑传,清钞本。

［清］张廷玉:《明史》,清乾隆武英殿刻本。

［清］卞永誉:《式古堂书画录考》,清文渊阁《四库全书》本。

［清］姜绍书:《无声诗史》,清康熙观妙斋刻本。

王国维:《王国维学术经典集》,干春松等编,江西人民出版社,1997年。

冯友兰:《贞元六书》,华东师范大学出版社,1996年。

汤用彤:《魏晋玄学论稿》,人民出版社,1957年。

宗白华:《美学散步》,上海人民出版社,1981年。

牟宗三:《从陆象山到刘蕺山》,台北:学生书局,1982年。

徐复观:《中国艺术精神》,春风文艺出版社,1987年。

郭绍虞:《中国文学批评史》,百花文艺出版社,1999年。

徐朔方:《晚明曲家年谱》,浙江古籍出版社,1993年。

李泽厚:《中国古代思想史论》,安徽文艺出版社,1994年。

李泽厚:《华夏美学》,中外文化出版公司,1989年。

庞朴:《一分为三》,海天出版社,1995年。

叶朗:《中国美学史大纲》,上海人民出版社,1985年。

叶朗总主编:《中国历代美学文库》明代卷,高等教育出版社,2003年。

叶朗:《美学原理》,北京大学出版社,2012年。

蔡景康编选:《明代文论选》,人民文学出版社,1991年。

陈来:《有无之境》,人民出版社,1991年。

肖鹰:《中西艺术导论》,北京大学出版社,2005年。

［意］利玛窦,［比］金尼阁:《利玛窦中国札记》,何高济等译,中华书局,2010年。

［德］康德:《纯粹理性批判》,蓝公武译,商务印书馆,1982年。

［德］康德:《判断力批判》上卷,宗白华译,商务印书馆,1964年。

［德］胡塞尔:《现象学的方法》,倪梁康译,上海译文出版社,1994年。

［德］海德格尔:《存在与时间》,陈嘉应译,商务印书馆,1987年。

Martin Heidegger, *Poetry, language, thought*, Harper & Row, Publishers, 1971.

Martin Heidegger, *Basic Writings*, Routledge, 1977.

Martin Heidegger, *On the Way to Language*, Harper & Row, Publishers, 1971.

H.-G. Gadamer, *Truth and Method*, tr. G. Barden & J. Cumming. The Crosssroad Publishing Company 1975.

Adorno，*Aesthetic Theory*，Routledge & Kegan Paul，1984.

J. M. Bernstein，*The Fat of Art*，Polity Press，1993.

〔美〕黄仁宇:《中国大历史》,生活·读书·新知三联书店,2007年。

〔美〕黄仁宇:《万历十五年(增订本)》,中华书局,2007年。

〔美〕刘若愚:《中国文学理论》,杜国真译,江苏教育出版社,2006年。

〔美〕高居翰:《江岸送别:明代初期与中期绘画》,夏春梅等译,生活·读书·新知三联书店,2009年。

〔美〕高居翰:《山外山:晚明绘画》,生活·读书·新知三联书店,2009年。

〔美〕陈世骧:《陈世骧文存》,辽宁教育出版社,1998年。

〔美〕高友工:《美典:中国文学研究论集》,生活·读书·新知三联书店,2008年。

〔美〕余英时:《现代儒学的回顾与展望》,生活·读书·新知三联书店,2004年。

〔美〕方闻:《心印:中国书画风格与结构分析研究》,李维琨译,陕西人民出版社,2004年。

〔德〕顾彬:《中国传统戏剧》,黄明嘉译,华东师范大学出版社,2011年。

索　引